Brückenverstärkung mit geklebter Bewehrung

Wolfgang Finckh · Johannes Kreutz ·
Florian Eberth

Brückenverstärkung mit geklebter Bewehrung

Springer Vieweg

Wolfgang Finckh
OTH Regensburg
Regensburg, Bayern, Deutschland

Johannes Kreutz
Khoch3 GmbH
Oberschleißheim, Bayern, Deutschland

Florian Eberth
Simpson Strong-Tie GmbH
Bad Nauheim, Hessen, Deutschland

ISBN 978-3-658-49257-1 ISBN 978-3-658-49258-8 (eBook)
https://doi.org/10.1007/978-3-658-49258-8

Die Deutsche Nationalbibliothek verzeichnet diese Publikation in der Deutschen Nationalbibliografie; detaillierte bibliografische Daten sind im Internet über https://portal.dnb.de abrufbar.

Springer Vieweg ist ein Imprint der eingetragenen Gesellschaft Springer Fachmedien Wiesbaden GmbH und ist ein Teil von Springer Nature.
Die Anschrift der Gesellschaft ist: Abraham-Lincoln-Str. 46, 65189 Wiesbaden, Germany

Vorwort

Zahlreiche Ereignisse in der jüngeren Vergangenheit, wie z. B. der Einsturz der Carolabrücke, die Vollsperrung der BAB 45 bei Lüdenscheid oder die Sperrung der Ringbrücke in Berlin haben gezeigt, dass unsere Brückeninfrastruktur in einem bedenklichen Zustand ist.

Auch wenn genügend finanzielle Mittel zur Verfügung stehen, wird es kurz- und mittelfristig aufgrund von begrenzten Kapazitäten und langen Planungs- und Genehmigungsprozessen nicht möglich sein, alle Brücken mit Handlungsbedarf neu zu bauen. Auch ist dies nicht immer wirtschaftlich sinnvoll und nachhaltig. In vielen Fällen ist es nachhaltiger, die Brücken instand zu halten und ihre Tragdefizite durch Verstärkungen zu kompensieren.

Das Verfahren der Verstärkung von Betonbauteilen mit geklebter Bewehrung zeichnet sich durch eine schnelle und unkomplizierte Ausführung aus und wird seit den 1980er Jahren erfolgreich bei Brückenverstärkungen angewendet. Es stehen Bemessungs- und Ausführungsvorschriften sowie zahlreiche zugelassene Verstärkungsprodukte zur Verfügung, welche auch im Brückenbau unter nicht-ruhender Belastung angewendet werden dürfen. Die zahlreich publizierten Erläuterungen zur Berechnung dieser Verstärkungen beziehen sich jedoch im Wesentlichen auf den Hochbau.

Dieses Buch soll einen Beitrag dazu leisten, Brückenverstärkungen mit dem Verfahren der geklebten Bewehrung praxisnah berechnen zu können. Dazu wird in Kap. 1 zunächst auf die allgemeinen Besonderheiten bei Brücken im Bestand sowie auf die Nachrechnung von Brücken eingegangen. In Kap. 2 wird dann erläutert, bei welchen Brückenverstärkungen die geklebte Bewehrung gut angewendet werden kann. Da die meisten Betonbrücken im Bestand vorgespannt sind, werden in Kap. 3 die Besonderheiten von Verstärkungen von Spannbetonbauteilen mit geklebter Bewehrung erläutert. Bei der aufgeklebten Bewehrung sind einige Merkmale zu berücksichtigen, deswegen ist hierzu in Kap. 4 ein umfangreiches Bemessungsbeispiel an einer Fußgängerbrücke enthalten. Ein entscheidendes Kriterium bei Straßen- und Eisenbahnbrücken sind die nicht-ruhenden Lasten und die daraus folgende Notwendigkeit eines Ermüdungsnachweises. Dieser wird zunächst für Stahlbeton- und Spannbetonbauwerke in Kap. 5 erläutert, da gerade der in der Praxis eher weniger angewendete Betriebsfestigkeitsnachweis für Brücken im Bestand und bei Verstärkungsmaßnahmen eine besondere

Bedeutung hat. In Kap. 6 wird dann das Ermüdungsverhalten eingeklebter Bewehrung erläutert und wie der Ermüdungsnachweis hier zu führen ist, was dann in Kap. 7 anhand eines Beispiels zur Verstärkung in Brückenquerrichtung verdeutlicht wird. Für die aufgeklebte Bewehrung wird das Ermüdungsverhalten und der Ermüdungsnachweis in Kap. 8 erläutert und in Kap. 9 mit einem Beispiel zur Brückenverstärkung in Längsrichtung verdeutlicht. Abschließen wird in Kap. 10 noch auf die Spannungsrisskorrosion von bestehenden Spannbetonbrücken eingegangen. Es wird eine Möglichkeit vorgestellt, wie mit der geklebten Bewehrung ein rechnerisch ausreichendes Ankündigungsverhalten hergestellt werden kann, so dass eine spannungsrisskorrosionsgefährdete Brücke nicht schlagartig versagt. Hierzu ist auch ein Beispiel in Kap. 10 enthalten.

Alle Berechnungsbeispiele wurden soweit möglich „von Hand" berechnet. Schnittgrößen und Spannungsermittlungen sind jedoch mit dem im Brückenbau gängigen Programm SOFiSTiK durchgeführt worden. Die dazu nötigen Eingabebefehle werden als elektronisches Zusatzmaterial zum Buch mitgegeben.

Wir hoffen, dass das Buch eine Hilfestellung für die Berechnungspraxis ist. Dem Springer Vieweg Verlag sei für die unkomplizierte Zusammenarbeit gedankt. Vor allem möchte wir uns für die Bereitschaft bedanken, das Buch den Studierenden kostengünstig bzw. im Rahmen des DEAL-Vertrags über SpringerLink zur Verfügung zu stellen.

Regensburg
im Juli 2025

Wolfgang Finckh
Johannes Kreutz
Florian Eberth

Konkurrierende Interessen Die Autor*innen haben keine für den Inhalt dieses Manuskripts relevanten Interessenkonflikte.

Inhaltsverzeichnis

Über die Autoren

Prof. Dr.-Ing. Wolfgang Finckh, Jahrgang 1982, studierte an der Technischen Universität München und war danach wissenschaftlicher Mitarbeiter am dortigen Lehrstuhl für Massivbau. Er arbeitete danach bei einer bedeutenden deutschen Bauunternehmung im Technischen Büro und in einem großen Ingenieurbüro im Bereich des konstruktiven Ingenieurbaus. Seit 2021 ist er Professor für Stahlbetonbau und Spannbetonbau an der Ostbayerischen Technischen Hochschule Regensburg. Neben der dortigen Tätigkeit ist er Mitglied in mehreren Gremien im Stahlbetonbau. Insbesondere ist er dort maßgeblich an der Erstellung der Regelwerke für das Verstärken von Betonbauteilen beteiligt.

Dr.-Ing. Johannes Kreutz, Jahrgang 1982, studierte an der Technischen Universität München und war danach wissenschaftlicher Mitarbeiter am dortigen Lehrstuhl für Mechanik. Nach seiner Promotion hat er das Ingenieurbüro Khoch3 GmbH für Tragwerksplanung gegründet, wo er bis heute als Geschäftsprüfer tätig ist. Seit 2023 hat er die Anerkennung als Prüfingenieure für Standsicherheit in der Fachrichtung Massivbau.

Dipl.-Ing. (FH) Florian Eberth, Jahrgang 1981, studierte an der HAWK in Göttingen und war danach in der Planung bei einer Ingenieurgesellschaft in Frankreich tätig. Seit 2011 ist er bei der Firma S&P Clever Reinforcement für die Tragwerksplanung für geklebte Verstärkung verantwortlich. Neben dieser Tätigkeit schult und berät er Ingenieurbüros im Bereich der geklebten Bewehrung.

Grundlagen zum Brückenbestand in Deutschland

1

Zusammenfassung

Im ersten Kapitel wird die Situation bezüglich der Bestandsbrücken in Deutschland erläutert. Neben der Darstellung und den Erläuterungen bekannter Defizite bei Bestandbrücken, wird insbesondere auf die Nachrechnung von Brücken eingegangen, welche die Basis für eine mögliche Verstärkung bildet.

1.1 Brückenbestand

In der Bundesrepublik Deutschland gibt es circa 150.000 Brücken. Diese Brücken können auf die unterschiedlichen Baulastträger circa wie folgt verteilt werden.

- Bundesfernstraßen: 40.219 Brücken nach (Bundesanstalt für Straßen- und Verkehrswesen (BASt), 2024)
- Wasserschifffahrtsamt: circa 1300 Brücken nach (Wasserstraßen- und Schifffahrtsverwaltung des Bundes (WSV), 2025)
- Landes- bzw. Staatsstraßen (Bundesländer): circa 20.000 Brücken
- Kommunale Baulast: circa 50.000 Brücken
- Deutsche Bahn AG: circa 25.000 Brücken nach (Deutsche Bahn AG (DB AG), 2025)
- Private Bauherren: circa 3000 Brücken
  (z. B. Kraftwerksbetreiber, Werksgelände; Privatbahnen, Forstbetriebe)

Die Zahlen der Landesstraßen-Brücken sowie die Zahlen der kommunalen Brücken und die der privaten Bauherren sind grobe Schätzungen aus verschiedenen Quellen. Leider liegen hier keine offiziellen Angaben vor, da insbesondere die Kommunen und die privaten Bauherren keine zentralen Statistiken betreiben.

W. Finckh et al., *Brückenverstärkung mit geklebter Bewehrung*,
https://doi.org/10.1007/978-3-658-49258-8_1

Je nach Baulastträger werden die Brücken unterschiedlich begutachtet und gewartet und sind somit in unterschiedlich guten Zuständen. Das Regelwerk für die Brückenprüfung nach DIN 1076 (11.1999) sowie die Reglungen der Bundesanstalt für Straßen- und Verkehrswesen (BASt) gelten streng genommen nur für die Bundesfernstraßen. Im Regelfall werden jedoch diese Regelungen auch von andere Baulastträgern wie Kommunen und Bundesländern adaptiert. Die Deutsche Bahn AG besitzt ihr eigenes Regelwerk für Brücken und hat auch eine andere Brückenbenotung.

Circa 85 % aller Brücken sind aus Stahlbeton oder Spannbeton gebaut. Die restlichen 15 % entfallen im Wesentlichen auf Stahl und Stahlverbundbrücken. Mauerwerksbrücken sind im Zehntel Promillebereich. Holz-, Aluminium oder Brücken aus Faserverbundwerkstoffen sind für Straßen- und Bahnbrücken nicht relevant.

Das Alter der Brückeninfrastruktur ist sehr divers. Bei Straßenbrücken ist in Westdeutschland ein großer Teil in den 1960er und 1970er Jahren beim Ausbau des Straßennetzes erstellt worden. In Ostdeutschland sind einige Brücken, welche jedoch im Wesentlichen kommunal verwaltet sind, zur Zeit der Deutschen Demokratischen Republik erstellt worden. Der größere Teil, vor allen diejenigen der Bundesfernstraßen, sind erst nach der Wiedervereinigung gebaut worden.

Bei den Brücken der Bahn ist das Alter noch deutlich diverser, hier sind auch noch viele Brücken aus den 1920er und 1930er Jahren vorhanden.

Gemäß DIN EN 1990 (10.2021) ist für Brücken im Neubau die angenommene Nutzungsdauer nach Tab. 1.1 in Nutzungsdauerklasse 5 auf 100 Jahre auszulegen. Hierbei ist jedoch zu beachten, dass bestimmte Teile von Brücken, wie zum Beispiel Lager, Übergangskonstruktionen und Kappen nur der Nutzungsdauerklasse 2 zugeordnet werden und somit nur eine Nutzungsdauer von 25 Jahren angestrebt wird. Dieses Konzept der DIN EN 1990 (10.2021) gilt jedoch nur, falls sowohl

Tab. 1.1 Klassen der für die Bemessung angenommenen Nutzungsdauer nach DIN EN 1990 (10.2021)

Klasse der für die Bemessung angenommenen Nutzungsdauer	Für die Bemessung angenommene Nutzungsdauer	Beispiele
1.	10 Jahre	Tragwerke mit befristeter Standzeit[a)]
2.	10 bis 25 Jahre	austauschbare Tragwerksteile, z. B. Kranbahnträger, Lager
3.	15 bis 30 Jahre	landwirtschaftlich genutzte und ähnliche Tragwerke
4.	50 Jahre	Gebäude und andere gewöhnliche Tragwerke
5.	100 Jahre	Monumentale Gebäude, Brücken und andere Ingenieurbauwerke

[a)]Tragwerke oder Teile eines Tragwerks, die mit der Absicht der Wiederverwendung demontiert werden können, sollten nicht als Tragwerke mit befristeter Standzeit betrachtet werden die damaligen Annahmen bezüglich der Nutzung sowie bezüglich des technischen Verständnisses über die Lebenszeit des Bauwerks fortbestehen. Da der Verkehr in Intensität und Last sowohl im Bereich der Straßen wie auch im Bereich der Eisenbahn in den letzten 100 Jahren deutlich zugenommen hat und wir heute Kenntnisse von damals noch unbekannten technischen Problemen haben, kann in vielen Fällen die ursprünglich angestrebte Nutzungsdauer von 100 Jahren nicht erreicht werden. Möglicherweise kann jedoch mit einer Verstärkungsmaßnahme die Lebensdauer erhöht werden.

1.2 Gründe für eine Nachrechnung von Brücken

1.2.1 Allgemeines

Seit den 2010er Jahren werden Brücken, insbesondere die der Bundesfernstraßen, im größeren Stil nachgerechnet. Es gibt mehrere Gründe, warum eine Brückennachrechnung notwendig und sinnvoll ist, welche im Nachfolgenden genauer betrachtet werden.

1.2.2 Überblick über die Beschaffenheit der Brückeninfrastruktur

Einer der wichtigsten Gründe zur Nachrechnung von Brücken ist es, einen Überblick über den Zustand der Brücke zu erhalten. Die Zustandsnoten gemäß DIN 1076 (11. 1999) berücksichtigen neben der Standsicherheit (S) auch die Verkehrssicherheit (V) und die Dauerhaftigkeit (D). Sie haben somit für sich eine sehr begrenzte Aussagekraft bezüglich der Tragfähigkeit. Dieser Umstand macht es erforderlich, die Tragfähigkeit im Rahmen einer Nachrechnung mit den Erkenntnissen der Bauwerksprüfung zu beurteilen. Häufig erhalten Bauwerke nach der Brückenprüfung gemäß DIN 1076 (11.1999) eine schlechte Note, weil die Verkehrssicherheit zum Beispiel des Geländers oder des Fahrzeugrückhaltesystems nicht gegeben ist, was jedoch für die Tragfähigkeit der Brücke keine weitere Bedeutung hat und mit relativ geringem finanziellen Einsatz behoben werden kann. Andererseits kann es sein, dass ein Bauwerk eine sehr gute Note erhält, weil äußerlich keine Mängel erkennbar sind, das Tragwerk jedoch zum Beispiel aufgrund eines immanenten Problems der Bauart nicht als ausreichend tragfähig angesehen werden kann.

Da die Beseitigung einer schlechten Tragfähigkeit meist einen deutlich höheren Aufwand, wie z. B. eine Verstärkung oder einen Ersatzneubau bedeutet, ist es für die Finanzplanung des Baulastträgers von entscheidender Bedeutung, den Zustand der Brückentragfähigkeit zu kennen, um zeitnah Finanzierungen zu organisieren, damit es nicht zu einer Brückensperrung kommt, welche zu erheblichen volkswirtschaftlichen Schäden führt. Aus diesem Grund wurde im Bereich der Bundesfernstraßen der Traglastindex eingeführt welcher in Abschn. 1.3.2 erläutert wird.

1.2.3 Eignung für Schwertransporte

Ein weiterer Grund für eine Nachrechnung ist, herauszufinden, ob sich die Brücke für die Durchführung von Schwertransporten eignet. In einem Industrieland wie Deutschland ist es notwendig auch schwere Güter wie zum Beispiel Baumaschinen, Transformatoren, Fertigteile oder andere Großbauteile zu transportieren. Um die Routen dieser Schwertransporte festzulegen, muss bekannt sein, wie hoch die Tragfähigkeiten der Brücken auf der vorgesehenen Route sind. Wenn die Tragfähigkeiten bekannt sind, ist es auch möglich, eventuell den Transport durchzuführen und entsprechende Kompensationsmaßnahmen wie zum Beispiel Sperrung der Brücke für den restlichen Verkehr, Überfahrt im Schritttempo oder unterstützende Maßnahmen festzulegen, um die Belastbarkeit der Brücke nicht zu überschreiten.

1.2.4 Eignung für verkehrliche Umnutzung

Alte Brücken sind für die gültigen Lastmodelle ihrer Bauzeit ausgelegt worden. Diese Lastmodelle gelten heute nicht mehr. Um jedoch herauszufinden, inwieweit eine Brücke den heutigen verkehrlichen Anforderungen noch genügt oder ob zum Beispiel Tonnagebeschränkungen erforderlich sind, ist es notwendig die Tragfähigkeit der Brücke über eine Nachrechnung herauszufinden. Bei Straßen im kommunalen Bereich werden in der letzten Zeit immer mehr Fahrradwege gefordert. Eine Nachrechnung kann auch herausfinden ob zum Beispiel die dafür notwendige Verbreiterung der Brücke statisch möglich ist.

1.2.5 Beurteilung bekannter Probleme

1.2.5.1 Allgemeines

Häufig waren insbesondere in den 1950er bis 1970er Jahre Bauweisen gerade im Großbrückenbau neu und es mussten erst Erfahrungen gesammelt werden, ob die so gebauten Strukturen auch dauerhaft funktionieren. Aufgrund der in den letzten Jahrzehnten gesammelten Erfahrungen wissen wir jedoch, dass einige dieser Konstruktionen Probleme bereiten, welche sogar zum Einsturz von Brücken führen können. Bei Brücken in Deutschland können im Wesentlichen die folgenden allgemein bekannten Probleme der Bauart identifiziert werden. Neben diesen Problemen kann ein Bauwerk auch weitere individuelle Probleme aufweisen.

1.2.5.2 Koppelfugenermüdung

Bei abschnittsweise hergestellten Spannbetonbrücken sind am Übergang der unterschiedlichen Bauabschnitte Koppelfugen vorhanden. Insbesondere bei Großbrücken, welche auf Vorschubrüstung oder im Taktschieben entstanden sind, sind diese Koppelfugen vorhanden. Bis 1980 war es zulässig, alle Spannglieder über eine sogenannte Spanngliedkopplung an dieser Stelle zu koppeln bzw. zu stoßen.

Die Koppelanker führen durch ihre Geometrie zu einer ausgeprägten Querschnittsschwächung des Betonquerschnitts. Zudem führen die Spannvorgänge durch die Be- und Entlastung des zuerst hergestellten Bauabschnitts zu Eigenspannungszuständen, welche die Rissbildung in der Fuge zusätzlich begünstigen. Es bildet sich eine Sollrissstelle im Beton. Aufgrund des schlechten Verbundes der glatten Koppler zum Beton werden nahezu alle Differenzkräfte aus Verkehr in die Spannglieder eingeleitet. Da an den Spanngliedkopplern die Spannstähle geometrisch umgeleitet werden und gleichzeitig auch durch die Verankerung quergepresst werden, haben die Spanngliedkoppler einen geringeren Ermüdungswiderstand als das Spannglied im Regelbereich. Aus den genannten Gründen sind solche 100 % Koppelstellen, welche heutzutage nicht mehr zulässig sind, häufig ermüdungsgefährdet. Weitere Informationen finden sich z. B. in (Penka, 2005). Insbesondere bei Brücken vor 1967[1] sind diese Koppelstellen besonders vulnerabel, da in den damaligen Berechnungen Temperaturlasten und Setzungsdifferenzen meist nicht berücksichtigt wurden. Somit wurde die Vorspannung zu gering gewählt und es entstehen die vorher genannten Risse.

In der Praxis ist hier als Schadensfall in Deutschland nur die Hochstraße Prinzenallee in Düsseldorf bekannt, wo 1976 nach 18 Jahren Nutzungsdauer Brüche des Spannstahls an vier Koppelfugen aufgetreten sind.

1.2.5.3 Spannungsrisskorrosion

In der Vergangenheit wurden teilweise bestimmte hochfeste vergütete Spannstähle verwendet, welche gegenüber der sogenannten Spannungsrisskorrosion stark gefährdet sind. Bei dieser Korrosionsart kann ein plötzliches verformungsarmes Versagen eintreten, welches ohne vorher augenscheinlich sichtbare Korrosionsausbildung auftritt. Diese Spannstähle wurden in Westdeutschland im Wesentlichen Ende der 1950er bis Mitte der 1960er Jahre eingesetzt. In Ostdeutschland wurden diese Stähle sehr häufig und bis in die Angänge der 1990er Jahre verbaut und gelten für den gesamten Zeitraum als stark gefährdet.

Das prominenteste Beispiel ist die Carolabrücke in Dresden, welche im September 2024 ohne wesentliche Vorankündigung plötzlich einstürzte.

1.2.5.4 Fehlende Mindestquerkraftbewehrung

Bei zahlreichen alten Spannbetonbrücken ist die heutige Mindestquerkraftbewehrung nicht vorhanden. Diese Mindestquerkraftbewehrung soll ein schlagartiges Versagen auf Querkraft verhindern. Ein solches schlagartiges Versagen trat bei der Salzbachtalbrücke im Zuge der BAB A66 auf. Daraufhin wurden die Brücke und die Autobahn im Jahre 2021 gesperrt. Da bereits der Ersatzneubau am anderen Teilbauwerk begonnen hatte, konnte der Ersatzneubau und somit die Autobahn im Jahre 2023 wieder freigegeben werden.

[1] Erst mit der Einführung der (DIN 1072, 11.1967) wurde die Berücksichtigung von Temperaturlasten und Setzungen gefordert.

1.2.5.5 Beulen insbesondere von Stegblechen

Bei Stahlbrücken kann insbesondere bei hohen Stegen das statische Stabilitätsphänomen des Beulens auftreten. Heutzutage wird dies über entsprechende Nachweise in den Normen ausgeschlossen. Diese Nachweise werden jedoch erst seit 1978 gefordert. Somit kann es sein, dass alte Stahlbrücken beulgefährdet sind. Falls diese Beulen im Wesentlichen durch Verkehrslasten auftreten, kann es auch sein, dass sich die Beulen in den Beulfeldern „auf und ab" bewegen und es zum sogenannten Stegblechatmen kommt, was zu Rissen in den Stegen führen kann.

Bei der Rahmedetalbrücke im Zuge der BAB A45 führte die die Entdeckung zahlreicher Ausbeulungen im Jahre 2021 zu einer Vollsperrung der Brücke und somit der BAB A45 im Bereich Lüdenscheid. Die Rahmedetalbrücke ist mittlerweile gesprengt und es wird am Ersatzneubau gearbeitet. Die Fertigstellung des ersten Überbaus und somit die Wiederinbetriebnahme der BAB A 45 erfolgt Ende 2025. Eine zu späte Entdeckung dieses Problems beziehungsweise ein zu spätes Handeln führte somit zu einer Komplettsperrung einer wichtigen Autobahn für circa 4 Jahre.

1.2.5.6 Orthotrope Fahrbahnplatten

Bei Stahlbrücken wurden in der Vergangenheit teilweise auch die Fahrbahnplatten aus Stahl gefertigt. Hierbei wurde eine sogenannte orthotrope Fahrbahnplatte verwendet, bei der die Fahrbahnplatte aus einem Stahlblech mit zahlreichen Versteifungen gefertigt wurde. Insbesondere zur Anfangszeit dieser Bauweise wurden häufig auch I-förmige Steifen verbaut und an die Querträger angeschweißt. Die Achslasten der Fahrzeuge führen bei dieser Bauweise zu mehrachsiger Biegung im Steifenquerschnitt, welche insbesondere im Anschlussbereich zum Querträger zu hohen Spannungsspitzen führt. Da die Achslasten stark unterschiedlich sind und auch deren Position im Straßenverkehr nicht exakt definiert ist, ermüdet der Anschlussbereich, was zu großen Rissen der Stahlbaukonstruktion führen kann.

Ein bekanntes Beispiel war die Rheinbrücke der BAB A1 in Leverkusen. Diese Brücke wurde aufgrund von Rissen in der orthotropen Fahrbahnplatte im Jahre 2012 für Fahrzeuge über 3,5 t gesperrt. Seit 2024 ist der Ersatzneubau der Brücke befahrbar. Somit musste der Schwerverkehr in dieser wichtigen überregionalen Verbindung über 12 Jahre circa einen Umweg von 20 Kilometer fahren. Aufgrund des hohen Verkehrsaufkommens der BAB A1 entstanden dadurch volkswirtschaftliche Schäden im Milliardenbereich.

1.3 Regelwerk für Brücken

1.3.1 Allgemeines Regelwerk

Für den Neubau von Brücken gilt im Allgemeinen das durch die Verwaltungsvorschriften eingeführte technische Regelwerk. Dies betrifft vor Allem die Eurocodes. Im Bereich des Massivbrückenbaus sind hier vor allem die Grundlagennorm DIN EN 1990 (10.2021) mit den zugehörigen Nationalen Anhang DIN EN 1990/NA (12.2010), DIN EN 1990/NA/A1 (05.2024), die Lastnorm DIN EN 1991-2

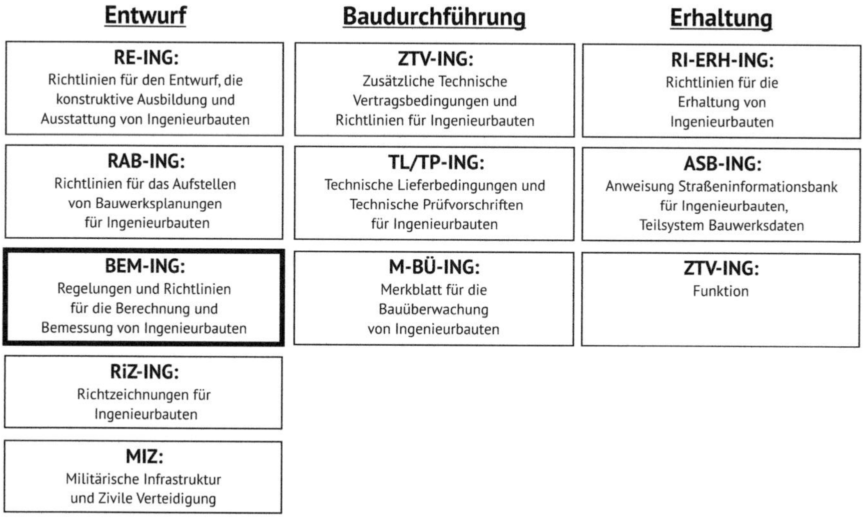

Abb. 1.1 Überblick über das Regelwerk von Straßenbrücken des Bundes, in Anlehnung an (Bundesanstalt für Straßen- und Verkehrswesen (BASt), 2025)

(12.2010) in Verbindung mit der DIN EN 1991-2/NA (08.2012) sowie die Bemessungsnorm des Betonbaus DIN EN 1992-2 (12.2010) in Verbindung mit der DIN EN 1992–2/NA (04.2013) zu nennen.

Zukünftig soll voraussichtlich ab dem Jahr 2028 die zweite Generation der Eurocodes eingeführt werden. Im Betonbau wird diese Generation mit der EN 1992-1-1 (11.2023) Anhänge beinhalten, die den Bestand sowie das Verstärken von Betonbauteilen regeln. Diese Anhänge werden in Deutschland durch Richtlinien des Deutschen Ausschuss für Stahlbeton (DAfStb) ersetzt.

Derzeit sind für Bestandsbauwerke keine Regelungen in den Eurocodes enthalten. Nationale Normen gibt es derzeit nur bei der Bauwerksprüfung, bei der Nachrechnung von Brücken stehen nur Regelwerke der jeweiligen Baulastträger zur Verfügung, auf welche im Nachfolgenden eingegangen wird.

1.3.2 Regelwerk für Bundesfernstraßen

1.3.2.1 Überblick

Das Bundesministerium für Digitales und Verkehr[2] erlässt die Bauvorschriften für die Bundesfernstraßen. Diese werden im Auftrag des Ministeriums von der

[2] Dieses Ministerium ändert wie viele Ministerien oft seinen Namen. Von 1949 bis 1999 hieß das Ministerium Bundesministerium für Verkehr, von 1999 bis 2005 Bundesministerium für Verkehr, Bau und Wohnungswesen, von 2005 bis 2013 Bundesministerium für Verkehr, Bau und Stadtentwicklung und von 2013 bis 2021 Bundesministerium für Verkehr und digitale Infrastruktur.

Bundesanstalt für Straßen- und Verkehrswesen (BASt) entwickelt. In Abb. 1.1 ist ein Überblick über die derzeitigen Regelungen für Straßenbrücken dargestellt.

Besonders relevant für die Tragwerksplanung von Brücken ist die hervorgehobene BEM-ING, welche Regelungen und Richtlinien für die Berechnung und Bemessung von Ingenieurbauten enthält. Die BEM-ING besteht aus 3 Teilen, wobei derzeit nur der Teil 3 endgültig vorliegt. Für den Teil 1 und 2 wird auf andere Regelwerke der BASt beziehungsweise des Ministeriums verwiesen. So mit gliedern sich die Teile wie folgt:

- Teil 1 Berechnung und Bemessung von Brückenneubauten:
  Derzeit gilt hier das ARS 22/2012 (11.2012) inklusiver Anlage, welches den Einführungserlass der Eurocodes darstellt.
- Teil 2 Nachrechnung von Straßenbrücken im Bestand:
  Gelten hier folgende Regelwerke:
  - Einführungserlasse RS (05.2011) und RS (04.2015)
  - Nachrechnungsrichtlinie BASt-NaReLi (05.2011) und 1. Ergänzung BASt-NaReLi-1.E (04.2015)
  - Handlungsanweisung Spannungsrisskorrosion HA-SPK (06.2011)
- Teil 3 Berechnung von Straßenbrücken im Bestand für Schwertransporte
  - Einführungserlass ARS 14/2024 (04.2024)
  - BEM-ING 3-1 (03.2023): Abschn. 1: Richtlinie für die Bearbeitung von Schwertransporten im Bereich des konstruktiven Ingenieurbaues (RIBS-ING)
  - BEM-ING 3-2 (04.2024): Abschn. 2: Richtlinien für die Berechnung von Brücken für Schwertransporte
  - BEM-ING 3-3 (08.2016): Abschn. 3: Anforderungen für den Einsatz von Überfahrt-Hilfskonstruktionen

Im nachfolgenden Abschnitt wird das Regelwerk zur Nachrechnung von Brücken genauer beschrieben.

1.3.2.2 Regelwerke für die Nachrechnung für Brücken

Für die Nachrechnung von Brücken steht BASt-NaReLi (05.2011) in Verbindung mit der BASt-NaReLi-1.E (04.2015) zur Verfügung. Eine Neuauflage dieser Richtlinie ist schon länger in Diskussion. Die Nachrechnungsrichtlinie bezieht sich nicht, wie der Neubau auf die Eurocodes, sondern bezieht sich noch auf die DIN-Fachberichte. Diese werden hierbei durch die Nachrechnungsrichtlinie ergänzt, beziehungsweise geändert. Für die Nachrechnung von Brücken sind somit zusätzlich zur Nachrechnungsrichtlinie die DIN FB 101 (03.2009), DIN FB 102 (03.2009), DIN FB 103 (03.2009) und der DIN FB 104 (03.2009) zu verwenden. Die DIN-Fachberichte, welche den Vorläufer der Eurocodes im Brückenbau darstellen, unterscheiden sich vor allem in der Gliederung und gewissen Einzelheiten von den Eurocodes. Das Grundkonzept ist jedoch weitgehend deckungsgleich. Für die Anwendung stellt dies leider eine sehr unschöne Situation dar, welche auch mit der Neuauflage der Nachrechnungsrichtlinie vermutlich nicht bereinigt wird. Insbesondere bei Verstärkungsmaßnahmen tritt dadurch zwangsläufig eine eigentlich

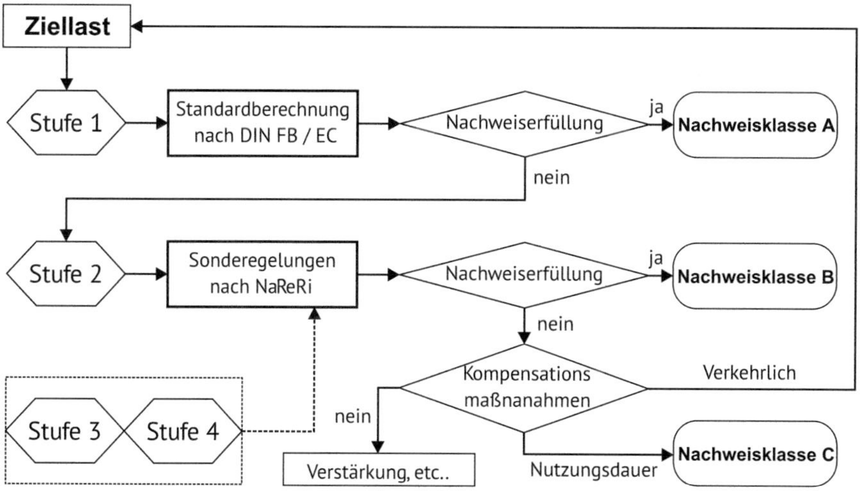

Abb. 1.2 Schematischer Ablauf einer Brückennachrechnung, in Anlehnung an (Marzahn et al., 2013)

nicht zulässige Mischung der verschiedenen Normengenerationen auf, da sich Zulassungen und das Regelwerke für die Verstärkungen auf die Eurocodes beziehen.

Eine Nachrechnung von Brücken nach BASt-NaReLi (05.2011) folgt dem in Abb. 1.2 dargestellten Ablauf. Zunächst wird das Ziellastniveau definiert. Die Definition dieses Ziellastniveaus, sollte in Absprache mit dem Baulastträger erfolgen und legt das zu verwendende Lastmodell fest. Als Lastmodell steht hierfür entweder das LM 1 nach DIN FB 101 (03.2009) oder geringere Lastniveaus wie der SLW 60 oder der SLW 30 nach DIN 1072 (12.1985) zur Verfügung. Mit dem festgelegten Lastmodell wird zunächst eine Berechnung nach der Stufe 1 durchgeführt, was einer Standardberechnung nach DIN-Fachbericht darstellt. Die einzige Besonderheit hierbei stellt möglicherweise die Verwendung alter Materialien dar, für die in der BASt-NaReLi (05.2011) Umrechnungstabellen enthalten sind. Falls alle Nachweise ohne Defizite erbracht werden können, so entspricht die Brücke der Nachweisklasse A. Falls die Nachweise jedoch nicht vollständig erbracht werden können, kann bei kleineren Defiziten ein Nachweis in der Stufe 2 erfolgen. In dieser Stufe 2 sind für einige Nachweise Sonderregelungen enthalten und es kann gegebenenfalls auf der Lastseite unter bestimmten Voraussetzungen für einige Lasten ein reduzierter Sicherheitsbeiwert verwendet werden. Falls hiermit die Nachweise in Gänze erfüllt sind, ist die Brücke der Nachweisklasse B zuzuordnen. Wenn dies jedoch nicht der Fall ist, so sind verschiedene Kompensationsmaßnahmen, Verkehrseinschränkungen oder Verstärkungsmaßnahmen denkbar.

Grundsätzlich sind auch noch Nachrechnungen nach Stufe 3 und Stufe 4 denkbar, welche Messwertgestützte Berechnungen beziehungsweise wissenschaftliche Methoden darstellen. Dies bedarf jedoch einer expliziten Zustimmung der Bauaufsichtsbehörde.

Einen umfangreichen Überblick über die Nachrechnung von Brücken sowie eine Beschreibung der Sonderreglungen der Stufe 2 wird in Marzahn et al. (2013), Marzahn et al. (2015) und Hegger et al. (2021) gegeben.

1.3.2.3 Traglastindex

Der Traglastindex wurde 2020 eingeführt, um die Tragfähigkeit von Bestandsbauwerken einheitlich zu bewerten. Er ergibt sich aus dem Verhältnis von Soll- zu Ist-Tragfähigkeit. Die Soll-Tragfähigkeit des Bauwerks wird auf Basis des aktuellen Ziellastniveaus zum Zeitpunkt der Bewertung oder Nachrechnung bestimmt. Das Ziellastniveau ist, gemäß Nachrechnungsrichtlinie BASt-NaReLi (05.2011) abhängig von der aktuell vorhandenen Verkehrsstärke, der Verkehrszusammensetzung sowie dem jeweiligen Straßenquerschnitt. Die Ist-Tragfähigkeit der Brücke ergibt sich aus der Nachrechnung des Bestandsbauwerks.

Anhand des gerade gennannten Verhältnisses und unter Einbeziehung bauartbedingter Sonderkriterien ergibt sich eine Einstufung in die Indexstufen I bis V nach Tab. 1.2.

1.3.3 Regelwerk für Brücken der DB-AG

1.3.3.1 Grundlage

Die Brücken der Eisenbahnen des Bundes, welche durch die DB-Infra Go verwaltet werden, haben ein eigenes Regelwerk. Das für die Eisenbahnen des Bundes gültige Regelwerk wird in der EiTB (01.2025) vom Eisenbahn Bundesamt festgelegt. Grundsätzlich gelten hier auch die Eurocodes mit entsprechenden Ergänzungen durch die EiTB (01. 2025), welche auch das Regelwerk der Deutschen Bahn AG zusätzlich einführt.

Für den Brückenneubau und den Brückenunterhalt ist dies die RiL 804 (09.2020) und für die Nachrechnung von Brücken die RiL 805 (03.2022). Für die Nachrechnung von Brücken kann gemäß RiL 805 (03.2022) die Bewertung der Tragsicherheit in vier unterschiedliche Stufen mit steigendem Genauigkeitsgrad unterteilt werden:

- In Bewertungsstufe 1 wird die Tragsicherheit durch generalisierende ingenieurmäßige Betrachtungen beurteilt. Ein diesbezügliches Verfahren für alle Bauwerksarten ist in der RiL 805 (03.2022) angegeben.
- In Bewertungsstufe 2 wird der Nachweis der Tragsicherheit durch Berechnungen, ggf. auf der Basis der vorhandenen Statik, geführt. Neben eigenen Berechnungen können auch Softwareprogramme zum Einsatz kommen, die auf die jeweiligen Bauwerksarten abgestimmt sind.
- In Bewertungsstufe 3 wird der Nachweis der Tragsicherheit durch Anwendung komplexer Rechenmethoden geführt. Dabei ist das Ziel, durch den hohen Aufwand der Berechnung zusätzliche Tragreserven der Konstruktion zu erschließen.

Tab. 1.2 Überblick über den Traglastindex

Index	Beschreibung
I	Die aktuelle, klassifizierte Brückentragfähigkeit entspricht dem geforderten Ziellastniveau oder liegt darüber. Es ergeben sich keine Einschränkungen für die verkehrliche Nutzung.
II	Die aktuelle, klassifizierte Brückentragfähigkeit liegt in Abhängigkeit vom DTV-SV und der größten Stützweite bis zu einer Brückeneinstufungsklasse unterhalb des Ziellastniveaus. Für die verkehrliche Nutzung sind langfristig, sofern keine Nachrechnung vorliegt, ggf. weiterführende Untersuchungen durchzuführen.
III	Die aktuelle, klassifizierte Brückentragfähigkeit liegt in Abhängigkeit vom DTV-SV und der größten Stützweite bis zu zwei Brückeneinstufungsklassen unterhalb des Ziellastniveaus. Für die verkehrliche Nutzung sind langfristig (bis zum Jahr 2035), sofern keine Nachrechnung vorliegt, ggf. weiterführende Untersuchungen durchzuführen.
IV	Die aktuelle, klassifizierte Brückentragfähigkeit liegt in Abhängigkeit vom DTV-SV und der größten Stützweite bis zu drei Brückeneinstufungsklassen unterhalb des Ziellastniveaus. Für die verkehrliche Nutzung sind mittel- bis langfristig (bis zum Jahr 2030), sofern keine Nachrechnung vorliegt, ggf. weiterführende Untersuchungen durchzuführen.
V	Die aktuelle, klassifizierte Brückentragfähigkeit liegt in Abhängigkeit vom DTV-SV und der größten Stützweite in der Regel mehr als drei Brückenklassen unterhalb des Ziellastniveaus. Für die verkehrliche Nutzung sind, sofern keine Nachrechnung vorliegt, ggf. weiterführende Untersuchungen durchzuführen. Darüber hinaus sind folgende bauart- und materialbedingte Konstruktionsdetails für Brücken mit Einzelstützweiten ab 20 m zu berücksichtigen, bei denen entweder die Bewertung nachfolgender Kriterien noch offen ist oder zu einem negativen Resultat führte und noch keine Gegenmaßnahmen ergriffen wurde: 1. Stahl- und Stahlverbundbrücken: a. Beulsicherheit der Tragelemente bei Bauwerken mit Baujahr bis einschließlich 1978 2. Spannbetonbrücken: a. Vorhandene Querkraftbewehrung im Vergleich zur Mindestbewehrung für Querkraft nach DIN-Fachbericht 102 bzw. DIN EN 1992–2 bei Bauwerken mit Baujahr bis einschl. 1966 b. Ermüdungssicherheit der Koppelfugen bei Bauwerken mit Koppelfugen und Baujahr bis einschließlich 1980 c. Nachweis eines ausreichenden rechnerischen Ankündigungsverhaltens bei Spanngliedausfall infolge Spannungsrisskorrosion (SpRK) bei Bauwerken, die mit gegenüber SpRK sensitiven Spannstählen gebaut wurden

- In Bewertungsstufe 4 wird die Tragsicherheit durch eine messwertgestützte Berechnung festgestellt. Durch die Messung der Eisenbahnbrücke unter Verkehrslast wird das tatsächliche Tragverhalten ermittelt und die Berechnung anhand der Messdaten kalibriert.

Nachrechnungen für die Bewertungsstufen 1 und 2 werden in der Eigenverantwortung von DB Infra-Go als fachkundigem Infrastrukturunternehmen durchgeführt, sofern sie zur Abwicklung des Betriebsprogramms dienen. Hierzu gehört auch die Durchführung von Schwerwagentransporten. Nachrechnungen für die Bewertungsstufen 3 und 4 werden meist durch Ingenieurbüro durchgeführt und sind durch einen vom EBA anerkannten Prüfingenieur zu prüfen.

1.3.3.2 Belastbarkeitswert

Bei Bahnbrücken wird kein Traglastindex angegeben, sondern es kann aufgrund des standardisierten Lastmodells ein sogenannter Belastbarkeitswert (β_{71}) angegeben werden. Dieser Belastbarkeitswert ist derjenige Faktor, mit dem die Einwirkungen aus dem Lastmodell LM 71 zu multiplizieren sind, sodass im Grenzzustand der Tragfähigkeit die Ausnutzung genau 1,0 ergibt. Der Belastbarkeitswert wird üblicherweise für verschiedene Tragelemente und deren verschiedene Nachweise getrennt angegeben. Dies bedeutet es gibt für eine Bahnbrücke mehrere Belastbarkeitswerte, wobei meist der kleinste Wert für die Gesamtbeurteilung relevant ist. Somit stellt der Belastbarkeitswert ein Maß für den Ausnutzungsgrad von Brückentragwerken und deren Einzelbauteile infolge von Eisenbahnverkehrslasten dar.

Für Brückenneubauten, die unter dem Lastmodell LM 71 bemessen worden sind, muss gelten $\beta_{71} \geq 1{,}0$, ansonsten wäre die Brücke falsch bemessen worden. Der Belastbarkeitswert dient unter anderem und in Kombination mit den zugehörigen Einflusslinien für die Ermittlung der Bedingungen der tatsächlichen verkehrenden Züge, insbesondere für Schwerwagenverkehr.

1.3.3.3 Schwertransporte

Bei der Bahn werden im Neubau die Schwertransporte durch die Lastmodelle SW/0 oder sowie durch das größere Lastmodell SW/2 abgedeckt. Schwertransporte auf der Schiene werden nach der RiL 458 (10.2015) Modul 0301: Außergewöhnliche Sendungen; Schwerwagentransporte; Aufgaben des bautechnischen Schwerwagensachbearbeiters beurteilt.

Mit der in der RiL 458 (10.2015) enthalten Lastwertgraphen können brückenbautechnischen Bedingungen für die UIC-, DB-Wagenverbände bzw. Betriebslastenzüge der Schwerwagenklassen, bezogen auf den Einfeldträger, ermittelt werden. Hierbei dient der Belastbarkeitswert (β_{71}) als Ausgangsbasis. Über eine Abminderung der Geschwindigkeit, kann der Schwingbeiwert reduziert werden und somit für jede Brücke die individuelle Geschwindigkeit festgelegt werden. Meist können dadurch die Schwertransporte gefahren werden.

1.4 Ergebnisse der Nachrechnung

Häufig zeigt eine Brückennachrechnung Defizite auf, und das gewünschte Ziellastniveau kann nicht ohne Einschränkungen erfüllt werden. Um das Ziellastniveau zu erreichen und eine ausreichend sichere Brückeninfrastruktur zu halten können neben dem Ersatzneubau, welcher neben einem sehr hohen Ressourcenbedarf auch einen langen Planungsvorlauf benötig, auch Verstärkungsmaßnahmen ausgeführt werden. Diese Verstärkungsmaßnahmen dienen auch häufig einer Überbrückung des Planungs- und Genehmigungsvorlaufes um weiterhin die Brücke entsprechend ihrer verkehrlichen Bedeutung nutzen zu können, bis der Neubau für die Nutzung zur Verfügung steht.

Für die Verstärkung stehen für verschiedene Methoden zur Verfügung, ein Überblick ist in (Schnellenbach-Held et al., 2016) enthalten. Die Auswahl des richtigen Verstärkungsverfahren ist stark abhängig vom Brückentyp, vom Zustand sowie von der Art und Umfang des Defizits, und ist somit eine sehr individuelle Problemstellung. Bei großen Defiziten ist meist nur eine Verstärkung mit externen zusätzlichen Spanngliedern möglich. Bei kleineren und lokalen Defiziten bietet auch die geklebte Bewehrung zahlreiche Möglichkeiten. Diese Möglichkeiten werden im nachfolgenden Kapitel aufgezeigt.

Literatur

ARS 14/2024. (04.2024). Allgemeines Rundschreiben Straßenbau Nr. 14/2024, Fortschreibung der Regelungen und Richthnien für die Berechnung von Ingenieurbauten (BEM-ING) – Teil 3 „Berechnung von Straßenbrücken im Bestand für Schwertransporte“, Ausgabe 2024/04, Bonn.

ARS 22/2012. (11.2012). Allgemeines Rundschreiben Straßenbau Nr. 22/2012, Technische Baubestimmungen Brücken – Einführung der Eurocodes für Brücken, Bonn.

BASt-NaReLi. (05.2011). Richtlinie zur Nachrechnung von Straßenbrücken im Bestand (Nachrechnungsrichtlinie), Bergisch-Gladbach.

BASt-NaReLi-1.E. (04.2015). 1. Ergänzung zur Richtlinie zur Nachrechnung von Straßenbrücken im Bestand(Nachrechnungsrichtlinie) 05/2011, Bergisch-Gladbach.

BEM-ING 3-1. (03.2023). Regelungen und Richtlinien für die Berechnung und Bemessung von Ingenieurbauten Teil 3: Berechnung von Straßenbrücken im Bestand für Schwertransporte; Abschnitt 1 Richtlinie für die Bearbeitung von Schwertransporten im Bereich des konstruktiven Ingenieurbaues (RIBS-ING), Bonn.

BEM-ING 3-2. (04.2024). Regelungen und Richtlinien für die Berechnung und Bemessung von Ingenieurbauten Teil 3: Berechnung von Straßenbrücken im Bestand für Schwertransporte; Abschnitt 2 Berechnungsverfahren, Bonn.

BEM-ING 3-3. (08.2016). Regelungen und Richtlinien für die Berechnung und Bemessung von Ingenieurbauten Teil 3: Berechnung von Straßenbrücken im Bestand für Schwertransporte; Abschnitt 3 Anforderungen für den Einsatz von Überfahrt-Hilfskonstruktionen, Bonn.

Bundesanstalt für Straßen- und Verkehrswesen. (2024). *Brückenstatistik*. https://www.bast.de/DE/Statistik/Bruecken/Brueckenstatistik.html. Zugegriffen: 07. März 2025.

Bundesanstalt für Straßen- und Verkehrswesen. (2025). *Regelwerke Brücken- und Ingenieurbau*. https://www.bast.de/DE/Publikationen/Regelwerke/Regelwerke-B_node.html. Zugegriffen: 07. März 2025.

Deutsche Bahn AG. (2025). *Deutschlands Eisenbahnbrücken*. https://bruecken.deutschebahn.com/. Zugegriffen: 07. März 2025.

DIN 1072. (11.1967). *Straßen- und Wegbrücken; Lastannahmen*. Berlin.

DIN 1072. (12.1985). Straßen- und Wegbrücken; Lastannahmen.

DIN 1076. (11.1999). Ingenieurbauwerke im Zuge von Straßen und Wegen – Überwachung und Prüfung.

DIN EN 1990. (10.2021). Eurocode: Grundlagen der Tragwerksplanung; Deutsche Fassung EN 1990:2002 + A1:2005 + A1:2005/AC:2010.

DIN EN 1990/NA. (12.2010). Nationaler Anhang – National festgelegte Parameter – Eurocode: Grundlagen der Tragwerksplanung.

DIN EN 1990/NA/A1. (05.2024). Nationaler Anhang – National festgelegte Parameter – Eurocode: Grundlagen der Tragwerksplanung; Änderung A1.

DIN EN 1991–2. (12.2010). Eurocode 1: Einwirkungen auf Tragwerke – Teil 2: Verkehrslasten auf Brücken; Deutsche Fassung EN 1991–2:2003 + AC:2010, Berlin.

DIN EN 1991–2/NA. (08.2012). Nationaler Anhang – National festgelegte Parameter – Eurocode 1: Einwirkungen auf Tragwerke – Teil 2: Verkehrslasten auf Brücken, Berlin.

DIN EN 1992–2. (12.2010). Eurocode 2: Bemessung und Konstruktion von Stahlbeton- und Spannbetontragwerken – Teil 2: Betonbrücken – Bemessungs- und Konstruktionsregeln; Deutsche Fassung EN 1992–2:2005 + AC:2008, Berlin.

DIN EN 1992–2/NA. (04.2013). Nationaler Anhang – National festgelegte Parameter – Eurocode 2: Bemessung und Konstruktion von Stahlbeton- und Spannbetontragwerken – Teil 2: Betonbrücken – Bemessungs- und Konstruktionsregeln, Berlin.

DIN FB 101. (03.2009). DIN-Fachbericht 101: Einwirkungen auf Brücken, Berlin.

DIN FB 102. (03.2009). DIN-Fachbericht 102: Betonbrücken, Berlin.

DIN FB 103. (03.2009). DIN-Fachbericht 103: Stahlbrücken, Berlin.

DIN FB 104. (03.2009). DIN-Fachbericht 104: Verbundbrücken, Berlin.

EiTB. (01.2025). Eisenbahnspezifische Technische Baubestimmungen, Bonn.

EN 1992-1-1. (11.2023). Eurocode 2. Design of concrete structures. General rules and rules for buildings, bridges and civil engineering structures.

HA-SPK. (06.2011). Handlungsanweisung zur Überprüfung und Beurteilung von älteren Brückenbauwerken, die mit vergütetem, spannungsrisskorrosionsgefährdetem Spannstahl erstellt wurden (Handlungsanweisung Spannungsrisskorrosion).

Hegger, J., Fischer, O., Marzahn, G., Maurer, R., Teworte, F., Kerkeni, N., Müller, M., Schramm, N., Stakalies, E., Adam, V., & Schmidt, M. (2021). Nachrechnung von Brücken. In J. Hegger & P. Mark (Hrsg.), *Stahlbetonbau-Fokus: Brückenbau. Beispiele zu Entwurf, Bemessung und Konstruktion* (S. D1.1–D1.120). Beuth Verlag GmbH.

Marzahn, G., Maurer, R., Zilch, K., Dunkelberg, D., & Kolodziejczyk, A. (2013). Die Nachrechnung von bestehenden Straßenbrücken aus Beton. In K. Bergmeister, F. Fingerloos, & J.-D. Wörner (Hrsg.), *Beton Kalender* (S. 271–344). Ernst & Sohn.

Marzahn, G., Hegger, J., Maurer, R., Zilch, K., Dunkelberg, D., Kolodziejczyk, A., Teworte, F. (2015). Die Nachrechnung von Betonbrücken – Fortschreibung der Nachrechnungsrichtlinie. In K. Bergmeister, F. Fingerloos, & J.-D. Wörner (Hrsg.), *Beton Kalender* (S. 820–904). Ernst & Sohn.

Penka, E. (2005). Beurteilung der Ermüdungssicherheit von Koppelfugenquerschnitten bestehender Spannbetonbrücken durch Langzeitmessungen. München.

RiL 458. (10.2015). Außergewöhnliche Sendungen behandeln. Karlsruhe.

RiL 804. (09.2020). Eisenbahnbrücken (und sonstige Ingenieurbauwerke) planen, bauen und instandalten. Karlsruhe.

RiL 805. (03.2022). Tragsicherheit bestehender Eisenbahnbrücken. Karlsruhe.

RS. (04.2015). StB 17/7192.70/23-2408274: Nachrechnung und Ertüchtigung des Brückenbestandes der Bundesfernstraßen – Richtlinie für die Nachrechnung von Straßenbrücken im Bestand (Nachrechnungsrichtlinie) Ausgabe 05/2011–1. Ergänzung -Ausgabe 04/2015, Bonn.

RS. (05.2011). StB 17/7192.70/23-1425389: Nachrechnung und Ertüchtigung des Brückenbestandes der Bundesfernstraßen – Richtlinie für die Nachrechnung von Straßenbrücken im Bestand (Nachrechnungsrichtlinie) Ausgabe 05/2011, Bonn.

Schnellenbach-Held, M., Welsch, T., Fickler, S., Hegger, J., Reißen, K. (2016). *Verstärkungen älterer Beton- und Spannbetonbrücken; Erfahrungssammlung, Dokumentation 2016*. Bundesanstalt für Straßenwesen (BASt), Bergisch Gladbach.

Wasserstraßen- und Schifffahrtsverwaltung des Bundes. (2025). *GDWS – Brücken und Tunnel*. https://www.gdws.wsv.bund.de/DE/wasserstrassen/02_bauwerke-anlagen/bruecken-tunnel/bruecken-tunnel-node.html. Zugegriffen: 07. März 2025.

2 Geklebte Bewehrung zur Verstärkung von Brücken

Zusammenfassung

Im Kap. 2 wird die geklebte Bewehrung als Methode der Brückenverstärkung beschrieben. Es wird erläutert, welche Defizite bei Brücken gut mit der geklebten Bewehrung verstärkt werden können. Zusätzlich werden die Besonderheiten, die bei einer Planung und Ausführung einer Brückenverstärkung mit geklebter Bewehrung zu beachten sind, dargestellt.

2.1 Grundlagen geklebte Bewehrung

Mit geklebter Bewehrung kann jegliche Art von fehlender Bewehrung ergänzt werden. Im nachfolgenden Kapitel, wie auch in den Regelwerken wird zwischen eingeklebter und aufgeklebter Bewehrung unterschieden. Mit der eingeklebten Bewehrung können mit den in Deutschland gültigen Regelwerken derzeit fehlende Biegebewehrung und fehlende Gurtbewehrung ergänzt werden. Mit der aufgeklebten Bewehrung ist es theoretisch möglich, jegliche Art von fehlender Bewehrung zu ergänzen beziehungsweise zu ersetzen, vorausgesetzt die entsprechenden Nachweise funktionieren.

Dieses Buch bezieht sich das Anfang 2025 in Deutschland gültige Regelwerk, da dieses jedoch in Europa auch als Basis für den Anhang J der EN 1992-1-1 (11.2023) diente, und es allgemein als vollständig und leicht konservativ gilt, können die hier präsentierten Rechenverfahren auch in anderen europäischen Ländern ohne Bedenken angewendet werden.

In den nachfolgenden Abschnitten sowie in allen weiteren folgenden Kapiteln wird davon ausgegangen, dass der Lesende bereits eine Vorkenntnis über die geklebte Bewehrung und insbesondere bezüglich deren tragwerksplanerischen Aspekten hat. Als Vorlektüre zu diesem Buch wird (Finckh, 2024) empfohlen, wo

W. Finckh et al., *Brückenverstärkung mit geklebter Bewehrung*,
https://doi.org/10.1007/978-3-658-49258-8_2

alle Verstärkungsverfahren der geklebten Bewehrung sowie zahlreiche Grundlage beim Bauen im Bestand dargestellt, erläutert und mit Beispielen veranschaulicht sind.

Die Verstärkung von Betonbauteilen mit geklebter Bewehrung wird durch die DAfStb-RiLi VBgB (03.2012) geregelt. Diese Richtlinie regelt sowohl die Bemessung wie auch die Ausführung. In der Bemessung wird die DIN EN 1992-1-1 (01.2011) in Verbindung mit der DIN EN 1992-1-1/NA (04.2013) durch die für die DAfStb-RiLi VBgB (03.2012) um verstärkungsspezifische Regelungen ergänzt. Zu der Richtlinie wurde im Jahr 2020 eine Berichtigung, die DAfStb-RiLi VBgB (10.2020) mit redaktionellen Korrekturen, veröffentlicht. Die Richtlinie zusammen mit redaktioneller Korrektur ist in (Bergmeister et al., 2021) abgedruckt. Zur Erläuterung und Veranschaulichung der Richtlinie existiert mit (DAfStb, 2013) auch eine Hintergrunddokumentation und eine Bemessungsbeispielsammlung.

Zusätzlich ist für das Verstärkungssystem, welches im Wesentlichen aus Klebstoff und Bewehrungselement besteht, eine bauaufsichtliche Zulassung (aBZ) bzw. eine allgemeine Bauartgenehmigung (aBG) erforderlich. Im Rahmen dieses Buches wird für alle Beispiele das System Sto S&P nach Z-36.12-86 (01.2025), Z-36.12-87 (01.2020) bzw. Z-36.12-88 (08.2024) verwendet.

2.2 Sinnvolle Anwendungsgebiete

2.2.1 Allgemeines

Die Vorteile einer geklebten Bewehrung sind im Allgemeinen die kurze Bauzeit und die relativ einfache Ausführung auf der Baustelle im Vergleich zu anderen Verfahren. Ein weiterer großer Vorteil ist, dass sowohl das Eigengewicht wie auch die Querschnittsabmessungen nicht bzw. kaum vergrößert werden.

Allerdings können mit geklebter Bewehrung im Allgemeinen nur moderate Defizite kompensiert werden. Bei sehr großen Defiziten, wie dies zum Beispiel bei großen Talbrücken in Längsrichtung der Fall sein kann, sind Verstärkungen mit externen Spanngliedern meist besser geeignet. Diese wurden in der Vergangenheit jedoch schon häufig in Kombination mit einer Verstärkung mit geklebter Bewehrung in Querrichtung eingesetzt.

Nachfolgend werden einige nach Meinung der Autoren sinnvolle Anwendungsgebiete bei Brückenverstärkungen mit geklebter Bewehrung behandelt.

2.2.2 Ergänzung fehlender Feldbewehrung mit aufgeklebter Bewehrung

Kleinere bis mittlere Defizite von Feldlängsbewehrung können gut durch aufgeklebte Bewehrung ergänzt werden, wenn eine ausreichend große Klebefläche zur Verfügung steht. In Abb. 2.1 sind einige Querschnitte dargestellt, welche sich gut für eine Biegeverstärkung in Längsrichtung mit aufgeklebter Bewehrung für

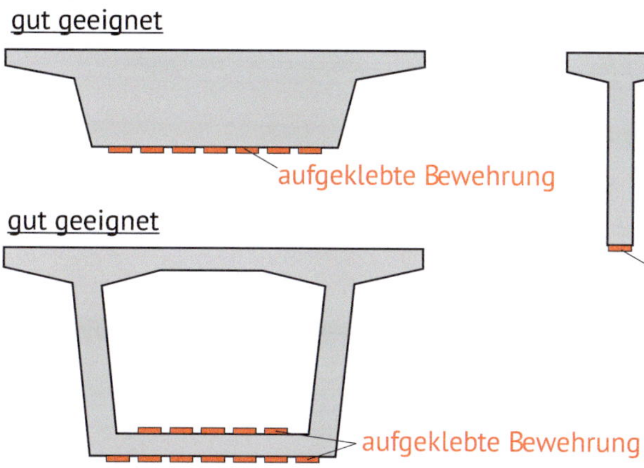

Abb. 2.1 Gut und bedingt geeignete Querschnitte für eine Feldmomentenverstärkung mit aufgeklebter Bewehrung

Feldmomente eignen. Der ebenfalls in Abb. 2.1 dargestellte Plattenbalkenquerschnitt mit hohen dünnen Stegen, wie er gerne Mitte der 1960er gebaut worden ist, eignet sich nur sehr bedingt für eine Feldmomentenverstärkung mit aufgeklebter Bewehrung. Von großen Verstärkungen an den Seitenflächen der Stege ist hier aufgrund der geringeren Hebelarme abzuraten, außerdem sollten bei einer Verstärkung an den Seitenflächen der Stege, beim Verbundnachweis bestimmte Effekte wie die Bauteilkrümmung nicht in Rechnung gestellt werden.

Für eine Stützmomentenverstärkung ist die aufgeklebte Bewehrung nur sehr bedingt geeignet, da diese zu einer leichten Vergrößerung des Querschnittes unter der Asphaltdecke führt. Auch kann es aufgrund der nicht vorhandenen Isolierung bzw. Temperaturdämpfung beim Asphaltieren zu einer Überschreitung Glasübergangstemperatur der Epoxidharze führen. Hierbei haben Versuche von (Czaderski et al., 2017) jedoch gezeigt, dass nach einer Abkühlphase von wenigen Stunden die Epoxidharze wieder erhärten und wieder belastbar sind. Des Weiteren wird der Verbundnachweis der aufgeklebten Bewehrung im Stützmomentenbereich zu sehr geringen aufnehmbaren Spannungen der aufgeklebten Bewehrung in diesem Bereich führen.

2.2.3 Ergänzung fehlender Stütz- und Feldbewehrung mit eingeklebter Bewehrung

Für eine Biegeverstärkung in Brückenlängsrichtung im Stützmomentenbereich ist die eingeklebte Bewehrung deutlich geeigneter. Hier steht im Regelfall wie Abb. 2.2 zeigt eine große Fläche zur Verfügung, um die eingeklebte Bewehrung anzuordnen. Untersuchungen von (Borchert, 2005; Hülder et al., 2006) haben

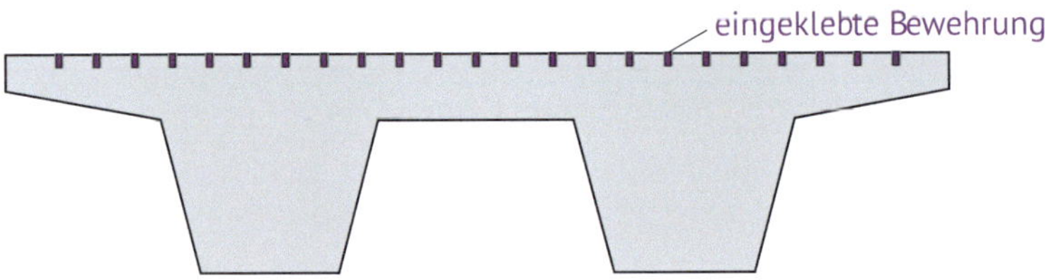

Abb. 2.2 Anordnung der eingeklebten Bewehrung im Stützmomentenbereich bei einer Verstärkung in Brückenlängsrichtung

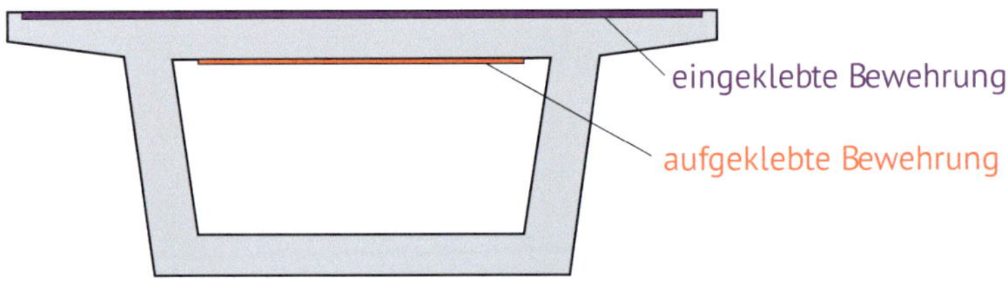

Abb. 2.3 Mögliche Verstärkung eines Hohlkastenquerschnittes in Brückenquerrichtung mit aufgeklebter Bewehrung

gezeigt, dass bei der einklebten Bewehrung aufgrund der Temperaturdämpfung durch den Beton beim Asphaltieren die Glasübergangstemperaturen der Epoxidharze bei richtiger Verarbeitung nicht überschritten werden.

Auch eine Feldmomentenverstärkung in Brückenlängsrichtung kann mit eingeklebter Bewehrung erfolgen. Auch hier sind die Querschnitte mit großen unterseitigen Flächen deutlich geeigneter als schmale Plattenbalkenquerschnitte. Eine unterseitige Verstärkung mit eingeklebter Bewehrung ist im Vergleich zu einer oberseitigen Ausführung mit deutlich höheren Aufwendungen verbunden, da das Einschneiden der Schlitze für die eingeklebte Bewehrung von unten deutlich aufwendiger ist. Hierfür sind teilweise für die jeweilige Situation eigens angefertigte Gerätschaften nötig.

2.2.4 Ergänzung von fehlender Querbewehrung

Häufig ist aufgrund der heute höheren Achslasten oder aufgrund von unzureichenden Berechnungsmodellen zur Bauzeit die Bewehrung in Brückenquerrichtung unzureichend. Diese kann oberseitig, wie Abb. 2.3 zeigt gut mit eingeklebter Bewehrung ergänzt werden. Falls für die Feldmomente in Brückenquerrichtung Bewehrung fehlt, kann diese auch gut unterseitig mit aufgeklebter Bewehrung ergänzt werden.

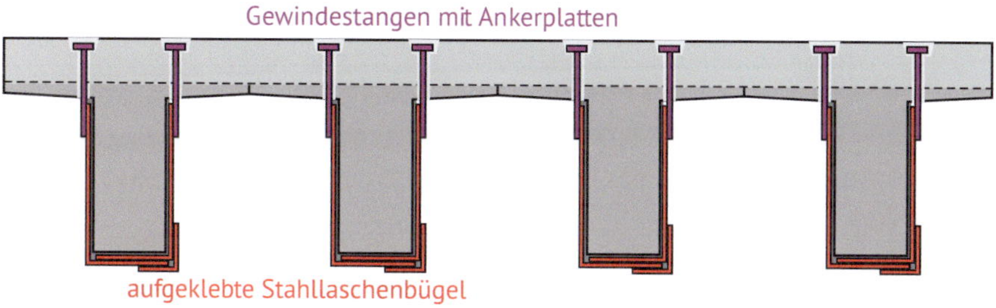

Abb. 2.4 Ausführung einer Querkraftverstärkung mit aufgeklebten Stahllaschenbügeln bei einer typischen Fertigteilbrücke, wie sie häufig seit den 1980er Jahren ausgeführt wurde

2.2.5 Querkraftverstärkungen mit Laschenbügeln

Neben einem Defizit in der Biegelängsbewehrung ist bei Brücken sehr häufig die Querkraftbewehrung im Bestand nicht ausreichend. Für diesen Fall bieten außen aufgeklebte Stahllaschenbügel eine gute Verstärkungsmöglichkeit. Da jedoch Brücken immer eine oberseitige Farhrbahnplatte haben, welche im Regelfall nicht vergrößert bzw. verdickt wird, und die Stahllaschenbügel nach DAfStb-RiLi VBgB (03.2012) in der Druckzone verankert werden müssen, sind hier einige Gedanken erforderlich. So kann z. B. die oberseitige Verankerung über Stahlplatten erfolgen, welche in der Betondeckung der Fahrbahnplatte angeordnet werden. In (Schnellenbach-Held et al., 2016) sind Ausführungsbeispiele für die Verankerung von Stahllaschenbügeln der Druckzone enthalten. Beispielhaft ist so eine Verstärkung ist in Abb. 2.4 dargestellt.

Wünschenswert wäre hier eine Ausführung mit Edelstahllaschen. Diese sind derzeit jedoch nicht mit den allgemeinen Bauartgenehmigungen bzw. Zulassungen abgedeckt. Es bestehen andererseits weder bemessungstechnisch noch materialtechnisch Bedenken, vorausgesetzt es werden geeignete Edelstahlsorten gewählt. Für eine Anwendung muss allerdings eine vorhabenbezogene Bauartgenehmigung beantragt werden, in welcher die Verträglichkeit der Edelstahlsorte mit der Verklebung geprüft und bescheinigt wird.

2.2.6 Herstellung des Ankündigungsverhaltens bei Spannungsrisskorrosion

Wie bereits in Kap. 1 erwähnt, haben einige Spannbetonbrücken das Problem der sogenannten Spannungsrisskorrosion. Um ein plötzliches Herabfallen der Brücke zu verhindern, sollte gemäß der HA-SPK (06.2011) ein ausreichendes Ankündigungsverhalten vorhanden sein. Dies bedeutet im Regelfall, dass es vor dem Kollaps zu einem ausgeprägten Biegeriss kommt, welcher ein Bauteilversagen

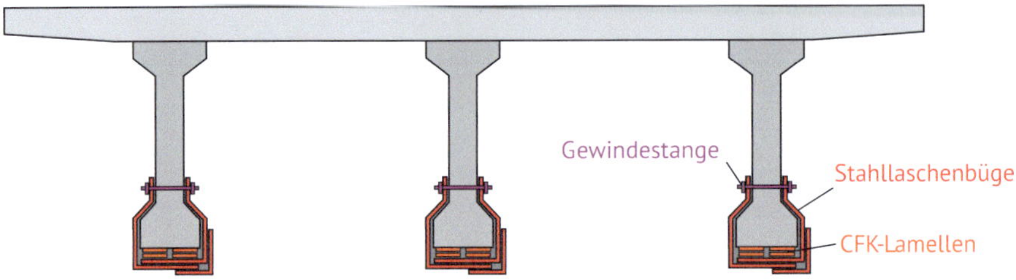

Abb. 2.5 Mögliche Verstärkungen mit aufgeklebter Bewehrung und zusätzlichen Stahllaschenbügeln zur Herstellung eines Ankündigungsverhaltens bei spannungsrisskorrosionsgefährdeten Bauteilen

ankündigt. Dieses Verhalten kann durch die Anordnung einer ausreichenden Robustheitsbewehrung erreicht werden. Da diese im Bestand jedoch meist nicht vorhanden ist, kann auch hier eine Verstärkung mit geklebter Bewehrung sinnvoll sein, mit dem Zweck, die fehlende Robustheitsbewehrung zu ergänzen. Grundsätzlich kann eine solche Verstärkung sowohl mit eingeklebter als auch mit aufgeklebter Bewehrung erfolgen. Wichtig beim Ankündigungsverhalten ist, dass die Risse ausreichen groß werden, um sie bei der Prüfung nach DIN 1076 (11.1999) auch zu erkennen. Dieses Ziel kann gut mit aufgeklebter Bewehrung erreicht werden, wenn diese in bestimmten Abständen mit Laschenbügeln umschlossen wird, wie dies Abb. 2.5 zeigt.

Bei dieser Ausführungsvariante, welche in Kap. 10 genauer beschrieben wird, tritt bei einem kritischen Spanndrahtbruch eine Entkopplung der Lamelle zwischen den Laschenbügeln auf und es kann somit über einen längeren Bereich eine größere Dehnung in den ergänzten Stahllamellen erzeugt werden, welche zu einer größeren Rissbildung in der Betonstruktur führt.

2.3 Allgemeine Herausforderungen

2.3.1 Verstärkungsmaßnahmen im Brücken

Verstärkungsmaßnahmen bei Brücken haben im Allgemeinen zahlreiche Herausforderungen. Zum einen muss für die Bauzeit meist der Verkehr reduziert oder ganz vom Brückenbauwerk ferngehalten werden. Des Weiteren sind Brückenbauwerke immer den klimatischen Bedingungen ausgesetzt und es müssen aufgrund des Wetters Arbeiten ruhen beziehungsweise verschoben werden.

Bei größeren Verstärkungsmaßnahmen, insbesondere wenn diese einen oberseitigen bzw. fahrbahnseitigen Eingriff verlangen, ist die Durchführung einer solchen Verstärkungsmaßnahme nur sinnvoll, wenn gleichzeitig bzw. nachfolgend

Abdichtung und Kappen der Brücke erneuert werden. Eine Verstärkungsmaßnahme sollte somit mit einer weiterreichenden Instandsetzungsmaßnahme der Brücke verbunden werden.

2.3.2 Bestandskennwerte

Bei einer Brückennachrechnung werden in Stufe 1 meist nur die Betonkennwerte entsprechend einer Umrechnung aus dem Bestandsunterlagen verwendet. Da jedoch insbesondere bei der aufgeklebten Bewehrung als Eingangsgröße für verschiedene Nachweis die tatsächliche Oberflächenzugfestigkeit benötigt wird, sollte vor der detaillierten Verstärkungsplanung immer eine Prüfung der Betonfestigkeiten am Bestand erfolgen. Insbesondere die Oberflächenzugfestigkeit sollte vorab gründlich geprüft werden, da diese die Nachweise erheblich beeinflusst. Hierbei sei angemerkt, dass je nach Nachweis eine größere Oberflächenzugfestigkeit positiv, aber auch negativ wirken kann. So wirkt beim Verbundnachweis eine größere Oberflächenzugfestigkeit zunächst positiv, da höhere Verbundspannungen aufgenommen werden können. Allerdings bewirkt eine größere Oberflächenzugfestigkeit auch eine Vergrößerung des Rissmomentes, was zu größeren Rissabständen und zu höheren einwirkenden Lamellenkräften bei der Erstrissbildung führt.

Auch bei der eingeklebten Bewehrung ist häufig eine zusätzliche Verbügelung mit Stahllaschen erforderlich, für welche ebenfalls diese Kennwerte benötigt werden. Hinzu kommt bei der eingeklebten Bewehrung, dass eine ausreichende Betondeckung vorhanden sein muss, um die Schlitze für die Lamellen ohne eine Beschädigung der vorhandenen Bewehrung herstellen zu können. Auch dies sollte vor der detaillierten Verstärkungsplanung geprüft werden, da sonst in der Ausführung möglicherweise das gesamte Verstärkungsprojekt nachträglich scheitern kann.

2.3.3 Temperatur bei der Verklebung

Der für die geklebte Bewehrung benötigte Epoxidharzklebstoff darf nur bei Bauteiltemperaturen oberhalb von circa 10 Grad Celsius verarbeitet werden. Da diese Temperaturen insbesondere im Winter nicht gesichert erreicht werden, sollte die Bauzeit für eine Verstärkungsmaßnahme möglichst in den wärmeren Jahreszeiten liegen. Falls dies nicht möglich ist, müssen während den Verstärkungsarbeiten die Brücken in Teilen eingehaust und beheizt werden.

Im Sommer ist zusätzlich zu beachten, dass die Epoxidharze bei sehr warmen Temperaturen deutlich schneller aushärten und somit die Verarbeitungszeit der Klebstoffe abnimmt.

2.3.4 Tragwerksplanung

Eine Brückennachrechnung ist aufgrund der zahlreichen Lasten, der möglicherweise geometrischen Komplexität und der Randbedingungen aus der bestehenden Spann- und Betonstahlbewehrung bereits ein komplexes Planungsthema. Da die Verstärkung direkt in den Brückenbestand eingreift, muss als Grundlage zwingend eine Nachrechnung erfolgt sein, bevor die Verstärkungsmaßnahme geplant werden kann. Da die mit der Nachrechnung betrauten Planenden bereits fundierte Kenntnisse über den Bestand erlangt haben, sollten diese im Regelfall auch mit der Planung der Verstärkung betraut werden. Die Planung der Verstärkung sollte zur Ausschreibung der Bauleistung ausführungsreif und geprüft vorliegen, um die meist knappe Bauzeit nicht zu gefährden. Eine Vergabe der Ausführungsplanung zusammen mit der Ausführung der Baumaßnahme, wie dies im Neubau teilweise üblich ist, kann bei Verstärkungsmaßnahmen aus den genannten Gründen zu erheblichen Problemen führen.

2.4 Besonderheiten bei eingeklebter Bewehrung

2.4.1 Allgemeines

Aufgrund des guten, und steifen Verbundverhaltens der eingeklebten Bewehrung, welches zu sehr geringen Rissbreiten führt, ist die Tragwerksplanung deutlich einfacher als für aufgeklebte Bewehrungen und in Grundsätzen mit der Bemessung einer abgestuften einbetonierten Bewehrung vergleichbar.

Sofern hierbei CFK-Lamellen zum Einsatz kommen, sind deren besondere Eigenschaften zu berücksichtigen. Die CFK-Lamellen verhalten sich bis zum Bruch linear elastisch und besitzen somit kein Fließverhalten. Die Festigkeiten der CFK-Lamellen übersteigen die Festigkeiten des Betonstahls deutlich und liegen auch meist oberhalb derer der Spannstähle. Alle diese Besonderheiten müssen in der Querschnittsbemessung berücksichtigt werden. In Kap. 3 wird dies für Spannbeton erläutert. Für Stahlbeton ist dies umfangreich in (Finckh, 2024) Kap. 6 beschrieben.

Nachfolgend sind noch einige Besonderheiten der eingeklebten Bewehrung, welche im Brückenbau vorkommen können, angegeben.

2.4.2 Betondeckung

Für die eingeklebte Bewehrung sollte bezüglich der Bestandsbewehrung mindestens eine Betondeckung von 15 mm vorhanden sein, da sonst nur sehr geringe Verstärkungsquerschnitte eingebaut werden können. Es muss sichergestellt werden, dass durch das Einschneiden der Schlitze die vorhandene innere Bewehrung nicht zu Schaden kommt. Somit sollte die Betondeckung intensiv mittels zerstörungsfreier Prüfung (vgl. z. B. [DBV, 01.2014]) ermittelt und dokumentiert werden. Es

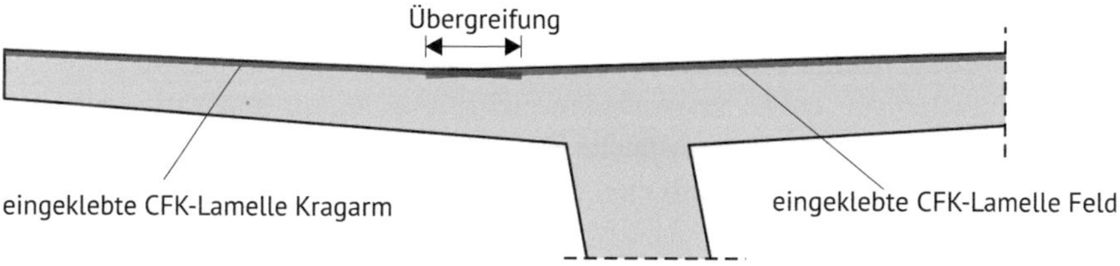

Abb. 2.6 Ausführung von eingeklebter Bewehrung im Bereich eines Querneigungswechsels

wird empfohlen, eine statistische Auswertung zum Beispiel nach (DBV, 12.2015) durchzuführen und die Schlitztiefe entsprechend des Quantilwertes abzüglich eines gerätespezifischen Deltawertes festzulegen.

2.4.3 Neigungswechsel

Insbesondere bei Verstärkungen in Querrichtung kann es sein, dass die Oberfläche, in welche die Bewehrung eingeklebt werden soll, einen Neigungswechsel aufweist. Dieser ist zum Beispiel oberseitig häufig beim Querneigungswechsel am Entwässerungstiefpunkt vorhanden. Die einzuklebenden CFK-Lamellen haben meist eine Höhe von circa 20 Millimeter und sind deshalb in dieser Richtung kaum biegbar. Falls dies doch der Fall wäre, muss ein ausreichender Ausrundungsradius vorhanden sein und in der Bemessung müssen sowohl die Umlenkkräfte wie auch die elastischen Spannungen aufgrund des Biegens berücksichtigt werden.

Im Regelfall ist es besser, an dieser Stelle eine Übergreifung zweier Lamellen vorzusehen, wie dies Abb. 2.6 zeigt. Hierbei ist jedoch zu berücksichtigen, dass im Bereich der Übergreifung möglicherweise eine höhere Betondeckung im Bestand benötigt wird. Falls diese nicht vorhanden ist, kann im Vorfeld ein geringer Querschnittsauftrag z. B. durch Instandsetzungsmörtel erstellt werden.

2.5 Besonderheiten bei aufgeklebter Bewehrung

2.5.1 Allgemeines

Bei der Verstärkung mit aufgeklebter Bewehrung werden meist CFK-Lamellen direkt auf die Betonoberfläche verklebt. Da der Verbund maßgeblich von der mäßigen Zugfestigkeit der oberflächennahen Betonschichten abhängt, müssen für den Verbundnachweis deutlich aufwendigere Verfahren angewendet werden. Aus diesem Grund wird für den Nachweis des Verbundes nach der DAfStb-RiLi VBgB (03.2012) neben dem Endverankerungsnachweis ein kontinuierlicher Verbundnachweis am sogenannten Zwischenrisselement erforderlich. Dieses Verfahren wird detailliert in (Finckh, 2024) Kap. 7 erläutert. Für Brückenverstärkungen ist meist nur der genaue Nachweis am Zwischenrisselement sinnvoll anwendbar, da die Vereinfachungen entweder nicht anwendbar oder unwirtschaftlich sind. Auf den Verbundnachweis haben zahlreiche Randbedingungen einen Einfluss. Neben der Kraft in der Verstärkung sind dies vor allem der Kraftverlauf der Verstärkung über das Bauteil sowie die Rissbildung der Bestandstruktur. Im Brückenbau gibt es bezüglich dieser Einflussfaktoren einige Besonderheiten, welche nachfolgend beschrieben werden.

2.5.2 Spannbeton

Betonbrücken sind bei Spannweiten größer 15 Meter meist vorgespannt. Die zum Zeitpunkt der Verstärkung vorhandene Vorspannung hat einen erheblichen Einfluss auf die mechanisch eindeutig berechenbare Lamellenzugkraft. Die Vorspannung beeinflusst jedoch auch die Rissbildung und das Krümmungsverhalten erheblich. Bei statisch unbestimmten Systemen hat die Vorspannung auch Auswirkungen auf die Schnittgrößenverteilung (statisch unbestimmte Wirkung der Vorspannung).

Die im Bauteil herrschende Vorspannung zum Zeitpunkt der Verstärkung ist meist nicht vollständig bekannt, da nach dem Vorspannen des Bauteils die Vorspannkraft aufgrund der sofortigen Verluste (z. B. elastische Betonverkürzung, Reibung oder Keilschlupf) und der zeitabhängigen Verluste (z. B. Kriechen, Schwinden und Relaxation) abnimmt. Insbesondere die zeitabhängigen Verluste unterliegen erheblichen Schwankungen. Aufgrund der komplexen Themenstellung wird der Einfluss der Vorspannung intensiv in Kap. 3 besprochen. Sämtliche Einflüsse der Vorspannung auf die Wirkung von geklebter Bewehrung sind auch umfangreich in (Finckh, 2012) beschrieben.

2.5.3 Rissbildung

Im Hochbau kann beim Nachweis des Zwischenrisselements häufig von einem konstanten Rissbild ausgegangen werden, da sich die Querschnitte über das Bauteil meist weder in Geometrie noch im Bewehrungsgrad verändern.

Im Brückenbau sind sehr häufig zahlreiche Querschnittsveränderungen insbesondere im Bewehrungsgrad vorhanden. Zusätzlich sind viele Brücken vorgespannt. Die Vorspannung erhöht das Rissmoment und somit auch den Rissabstand. Allerdings hat die Verbundwirkung der Spannglieder eine Verringerung des Rissabstandes zur Folge. Da bei den meisten Brücken die Spannglieder girlandenförmig geführt sind und die Vorspannung an jeder Stelle im Bauteil aufgrund der Reibungsverluste anders ist, variiert auch der Rissabstand. Wie dieser Problemstellung begegnet werden kann, wird in Kap. 3 und 4 erläutert.

2.5.4 Wanderlasten und Lastfallkombinationen

Der Nachweis am Zwischenrisselement ist zum einen abhängig von der Kraftdifferenz zwischen den beiden Rissufern und zum anderen abhängig vom Grundkraftniveau am Zwischenrisselement. Das Grundkraftniveau ist charakterisiert durch das Biegemoment und die Kraftdifferenz ist charakterisiert durch die Steigung der Momentenlinie, welche der Querkraft entspricht. Allerdings sind sowohl Kraftdifferenz als auch Grundkraftniveau abhängig vom Krümmungsverhalten des Bauteils. Dies bedeutet insbesondere, dass die Vordehnungen des Bauteils beziehungsweise der Bewehrungen sowie die Fließgrenze der Bewehrungen einen erheblichen Einfluss haben.

Da sich der Momentenverlauf insbesondere bei Wanderlasten bei jeder Lastfallkombination unterscheidet, herrscht unter jeder Lastfallkombination sowohl eine andere Kraftdifferenz wie auch ein anderes Grundkraftniveau. Erschwerend kommt hinzu, dass es sein kann, dass bei jeder Lastfallkombination der Ort im Träger, wo der dieser vom Zustand II[1] in den Zustand III[2] übergeht, ein anderer sein kann. Somit müssen im Regelfall alle maßgeblichen Lastfallkombination untersucht werden, was insbesondere mit einer Handrechnung kaum möglich ist. Aus diesem Grund werden insbesondere im Kap. 8 und 9 Verfahren vorgestellt, wie diese verschiedenen Lastfallkombinationen effizient behandelt werden.

2.6 Ermüdung

Bei Brücken im Bestand bestehen im Vergleich zum Neubau einige Besonderheiten bezüglich des Ermüdungsnachweises.

Zum einen haben Brücken im Laufe ihrer Lebensdauer meist bereits eine Ermüdungsbeanspruchung erhalten, welche in der Berechnung berücksichtigt werden müssen. Bei Straßenbrücken liefert die BASt-NaReLi (05.2011) hierzu nach Jahren unterteilt Angaben über den bisherigen Verkehr. Bei Bahnbrücken ist häufig der Verkehr in der Vergangenheit genauer bekannt, da die Personenzüge nach Fahrplan fahren und die Güterzüge vom Streckenverantwortlichen freigegeben werden müssen und dadurch dokumentiert sind.

Zum anderen wurden bei bestehenden Brücken teilweise andere Materialien verwendet, als dies heute im Neubau der Fall ist. Gerade bei Material vor dem zweiten Weltkrieg kann hier ein unterschiedliches Ermüdungsverhalten gegenüber den heutigen Materialien vorliegen. Gemäß (Maurer et al., 2012) können für den Nachweis älterer Stabstähle (Betonstahl) die heutigen Bemessungswöhlerlinien gegen Ermüdung herangezogen werden. Allerdings wurden in den zugehörigen Untersuchungen nur Betonstähle ab dem Jahr 1955 untersucht. In (Maurer et al., 2012) wurde ebenfalls festgestellt, dass auch für Spannstähle im sofortigen

[1] Zustand II: gerissener Zustand.

[2] Zustand III: innerer Betonstahl fließt.

Verbund oder in Stahlhüllrohren im nachträglichen Verbund aus diesem Zeitraum die heutigen Bemessungswöhlerlinien verwendet werden können.

Häufig kann bereits bei der Nachrechnung das im Neubau häufig verwendete Verfahren der Spannungsäquivalenten-Schwingbreiten nicht mehr verwendet werden, da bisherige Ermüdungsbeanspruchung nicht zutreffend in den Nachweis integriert werden können. Somit muss häufig ein Betriebslastnachweis geführt werden, welcher deutlich aufwendiger ist und in den meisten Softwarelösungen nicht implementiert ist. Da für die Verstärkungsverfahren keine Spannungsäquivalenten Schwingbreiten vorliegen beziehungsweise hier teilweise mittelspannungsabhängige Dauerfestigkeiten verwendet werden, muss bei Verstärkungen immer ein Betriebslastnachweis erfolgen. Aus diesem Grund wird dieser Nachweis in Kap. 5 genauer erläutert.

Literatur

BASt-NaReLi. (05.2011). Richtlinie zur Nachrechnung von Straßenbrücken im Bestand (Nachrechnungsrichtlinie), Bergisch-Gladbach.

Bergmeister, K., Fingerloos, F., & Wörner, J.-D. (Hrsg.). (2021). *Beton Kalender 2021*. Ernst & Sohn.

Borchert, K. (2005). Epoxidharze im konstruktiven Einsatz. In R. Niedermeier (Hrsg.), *Massivbau in ganzer Breite*. Festschrift zum 60. Geburtstag von Univ.-Prof. Dr.-Ing. Konrad Zilch (S. 189–194). Springer.

Czaderski, C., Gallego, J. M., Michels, J. (2017). *Temperature stability and durability of externally bonded CFRP strips in bridge construction* (Forschung im Straßenwesen, Report No.: 684). Bundesamt für Straßen ASTRA.

DAfStb, (Hrsg.). (2013). *Erläuterungen und Beispiele zur DAfStb-Richtlinie: „Verstärken von Betonbauteilen mit geklebter Bewehrung"; DAfStb-Heft 595*. Beuth.

DAfStb-RiLi VBgB. (03.2012). Richtlinie Verstärken von Betonbauteilen mit geklebter Bewehrung.

DAfStb-RiLi VBgB. (10.2020). Verstärken von Betonbauteilen mit geklebter Bewehrung, Erste Korrektur und Ergänzung.

Deutscher Beton- und Bautechnik-Verein E.V. (01.2014). DBV-Merkblatt „Anwendung zerstörungsfreier Prüfverfahren im Bauwesen".

Deutscher Beton- und Bautechnik-Verein E.V. (12.2015). DBV-Merkblatt „Betondeckung und Bewehrung – Sicherung der Betondeckung beim Entwerfen, Herstellen und Einbauen der Bewehrung sowie des Betons nach Eurocode 2".

DIN 1076. (11.1999). Ingenieurbauwerke im Zuge von Straßen und Wegen – Überwachung und Prüfung.

DIN EN 1992-1-1. (01.2011). Eurocode 2: Bemessung und Konstruktion von Stahlbeton- und Spannbetontragwerken – Teil 1–1: Allgemeine Bemessungsregeln und Regeln für den Hochbau; Deutsche Fassung EN 1992-1-1:2004 + AC:2010, Berlin.

DIN EN 1992-1-1/NA. (04.2013). Nationaler Anhang – National festgelegte Parameter – Eurocode 2: Bemessung und Konstruktion von Stahlbeton- und Spannbetontragwerken – Teil 1–1: Allgemeine Bemessungsregeln und Regeln für den Hochbau; Deutsche Fassung EN 1992-1-1:2004 + AC:2010, Berlin.

EN 1992-1-1. (11.2023). Eurocode 2. Design of concrete structures. General rules and rules for buildings, bridges and civil engineering structures.

Finckh, W. (2012). Einfluss bauteilspezifischer Effekte auf die Bemessung von mit CFK-Lamellen verstärkten Stahlbetonbauteilen. Dissertation, München.

Finckh, W. (2024). *Verstärken von Betonbauteilen.* Tragwerksplanung im Bestand. Springer Fachmedien Wiesbaden; Imprint Springer Vieweg.

HA-SPK. (06.2011). Handlungsanweisung zur Überprüfung und Beurteilung von älteren Brückenbauwerken, die mit vergütetem, spannungsrisskorrosionsgefährdetem Spannstahl erstellt wurden (Handlungsanweisung Spannungsrisskorrosion).

Hülder, G., Dallner, C., & Ehrenstein, G. (2006). Aushärtung von Epoxidharzklebstoffen zur nachträglichen Verstärkung von Tragwerken mit CFK-Lamellen. *Bauingenieur, 81,* 449–454.

Maurer, R., Heeke, G., Kiziltan, H., Kolodziejczyk, A., Zilch, K., Dunkelberg, D., & Fitik, B. (2012). *Nachrechnung von Betonbrücken zur Bewertung der Tragfähigkeit bestehender Bauwerke; Berichte der Bundesanstalt für Straßenwesen – Heft B 89.* Wirtschaftsverlag NW.

Schnellenbach-Held, M., Welsch, T., Fickler, S., Hegger, J., & Reißen, K. (2016). Verstärkungen älterer Beton- und Spannbetonbrücken; Erfahrungssammlung, Dokumentation 2016. Bundesanstalt für Straßenwesen (BASt), Bergisch Gladbach.

Z-36.12-86. (01.2025). Bausatz zum Verstärken von Beton-, Stahl- und Spannbetonbauteilen durch schubfest aufgeklebte Sto S&P CFK Lamellen nach der DAfStb-Verstärkungs-Richtlinie.

Z-36.12-87. (01.2020). Bausatz „StoGB System 1“ für schubfeste Klebeverbindungen zwischen Stahlplatten und Stahl- und Spannbetonbauteilen nach der DAfStb-Verstärkungs-Richtlinie.

Z-36.12-88. (08.2024). Bausatz StoCretec zum Verstärken von Stahl- und Spannbetonbauteilen durch in Schlitze verklebte CFK-Lamellen nach der DAfStb-Verstärkungs-Richtlinie.

Verstärken von Brücken aus Spannbeton

3

Abstract

Gegenstand von Kapitel 3 sind die Besonderheiten einer Verstärkung von Spannbetonbauteilen. Es werden die Einflüsse der Vorspannung auf die Vordehnung sowie auf die Kräfte in der Verstärkung vorgestellt, was auch je an einem Rechenbeispiel demonstriert wird. Für die Verstärkung von Spannbetonbrücken mit aufgeklebter Bewehrung werden noch weitere rechnerische Besonderheiten erläutert.

3.1 Grundlagen

3.1.1 Allgemeines

Nachfolgend wird nur ein kurzer Abriss über die, für das Verstärken notwendigen, Randbedingungen aus der Vorspannung gegeben. Es wird vorausgesetzt, dass dem Lesenden die Grundkenntnisse der Spannbetonbaus bekannt sind. Diese können zum Beispiel (Rombach, 2010) nachgelesen werden. Für die Vorspannung von Brücken sind in (Roßner & Graubner, 2012) zahlreiche Rechenbeispiele vorhanden.

Brücken werden meist ab einer Spannweite von circa 15 Meter vorgespannt. Im Laufe der Geschichte des Spannbetonbaus (vgl. z. B. (Zilch & Weiher, 2008)) haben sich zahlreiche Fortschritte ergeben und es wurden zahlreiche verschiedene Arten zur Aufbringung der Vorspannung entwickelt. Zur Aufbringung der Vorspannung wird im Allgemeinen zwischen Spannbettvorspannung und nachträglicher Vorspannung gegen den erhärtenden Beton unterschieden. Die Spannglieder können entweder im Verbund oder ohne Verbund eingebaut werden. Da die Vorspannung im Spannbett immer im Verbund erfolgt, wird somit zwischen sofortigem Verbund, nachträglichem Verbund und Verbundlos unterschieden. Alle diese Vorspannarten können im Brückenbau vorkommen, wobei die meisten Brücken im

W. Finckh et al., *Brückenverstärkung mit geklebter Bewehrung*, https://doi.org/10.1007/978-3-658-49258-8_3

nachträglichen Verbund vorgespannt wurden. Es ist aber auch eine Kombination verschiedener Vorspannarten möglich.

Im Laufe der Zeit wurde eine Vielzahl von Vorspannverfahren entwickelt. Ab Ende der 50er Jahre wurden für Spannverfahren die ersten Zulassungen erteilt. Nach Kenntnis der Autoren ist dies im Jahre 1957 der Fall gewesen. Es ist jedoch möglich, dass auch vorher Bauwerke mit Zustimmung im Einzelfall vorgespannt wurden. Diese können zum Beispiel aufgrund von Eigenentwicklungen oder auf Grundlage der Freyssinet Patente[1] sowie des Systems von (Magnel, 1948) erstellt worden sein (vgl. z. B. (Leonhardt, 1973)) Eine Auflistung älterer Spannverfahren ab dem Jahre 1960 ist in (Schnell et al., 2016) enthalten. Es fehlen jedoch die Spannverfahren vor 1960. Nach Kenntnis der Autoren sind vor 1960 die nachfolgenden Zulassungen erteilt worden:

- Zulassung II A 4-2.420 NR.1898/57; Gegenstand: Spannverfahren Monierbau (SIGMA-St 145/160); Prüfstelle: Ministerium NRW; Antragsteller: Beton- und Monierbau AG; 14.09.1957
- Zulassung IV B 5-9129 F 210; Gegenstand: Dywidag-Spannverfahren; Prüfstelle: Ministerium Bayern; Antragsteller: Dyckerhoff und Widmann AG; 14.09.1957
- Zulassung VB-64 A 16/27-1/58; Gegenstand: Spannverfahren Holzmann (SH); Prüfstelle: Ministerium Hessen; Antragsteller: Phillip Holzmann AG; 12.12.1958
- Zulassung II A 4-2.420 NR. 2551/59; Gegenstand: Spannverfahren "Hochtief"; Prüfstelle: Ministerium NRW; Antragsteller: Firma Hochtief AG für Hoch- und Tiefbauten; 18.08.1959
- Zulassung II A 4-2.420 NR.1389-60; Gegenstand: Spannverfahren Polensky & Zöllner [SIGMA St 145/160]; Prüfstelle: Ministerium NRW; Antragsteller: Polensky & Zöllner; 27.05.1960
- Spannverfahren „Freyssinet-Wayss & Freytag AG“; Prüfstelle: Ministerium Hessen; Antragsteller: Wayss & Freytag AG; 28.11.1958

Einen weiteren Überblick über ältere Spannverfahren ist in (Leonhardt, 1973) enthalten. Für die Nachrechnung und für die Verstärkung von Spannbetonbauteilen sind die Informationen aus der Zulassung entscheidend. Ohne das Vorliegen der damaligen Zulassung ist eine Bewertung des Bauwerks kaum möglich. Alte Zulassungen können über (Fraunhofer IRB, 23.03.2024) bezogen werden.

3.1.2 Spanngliedlage

Die Lage der Vorspannbewehrung im Querschnitt, welche auch als Spanngliedlage bezeichnet wird, hat einen erheblichen Einfluss auf das Tragverhalten von Spannbetonbauwerken. Die Vorspannung erzeugt neben einer Normalkraft auch

[1] Franz. Patent 870.070 und 926.505, österr. Patent 168.420, Schweiz. Patent 226.657.

ein Biegemoment, welches vom Abstand der Spannglieder zum Schwerpunkt abhängt. Die Spanngliedlage hat somit einen direkten Einfluss auf die Schnittgrößen infolge Vorspannung. Zusätzlich wird über die Spanngliederlage auch der Querschnittswiderstand beeinflusst.

Je nach Spannverfahren werden unterschiedliche Formen der Spanngliedlage verwendet. So sind Spannglieder im sofortigen Verbund im Regelfall geradlinig und Spannglieder im nachträglichen Verbund sind meist girlandenförmig angeordnet. Diese Formen sind oft Momentenaffin zum Verlauf des Biegemoments der ständigen Lasten eingebaut worden. Es gibt jedoch auch Besonderheiten, insbesondere bei komplexeren Bauverfahren wie zum Beispiel dem Taktschieben oder dem Freivorbau wurden häufig auch gerade Spannglieder im nachträglichen Verbund angeordnet.

Da die Spanngliedlage einen erheblichen Einfluss auf das Tragverhalten hat, muss diese bei einer Nachrechnung und einer Verstärkung von Brücken zuverlässig bekannt sein. Die Informationen bezüglich der Lage können entweder aus der Bestandsstatik oder aus den Spannplänen entnommen werden. Falls diese nicht vorhanden sind, ist theoretisch auch eine Ortung der Spannglieder im Bauwerk möglich, dies ist jedoch mit sehr hohen Aufwendungen und einer gewissen Unsicherheit verbunden.

Falls die Spanngliedlage aus der Statik entnommen worden ist, muss darauf geachtet werden, wie zur Bauzeit mit den Exzentrizitäten im Hüllrohr umgegangen worden ist. Häufig wurden in der Bestandsstatik zur Minimierung des Rechenaufwandes auch mehrere Spannglieder, die versetzt zueinander angeordnet wurden, in einer mittleren Lage betrachtet. Dies muss bei der Analyse berücksichtigt werden.

Bei einer Nachrechnung und einer Verstärkung sollte die Spangliedlage möglichst detailgenau modelliert werden, um alle Effekte möglichst genau betrachten zu können. Da früher insbesondere bei Spannverfahren mit niedrig legierten Spannstählen sehr viele Spannglieder mit unterschiedlichsten Richtungen und kleineren Querschnitten angeordnet wurden, kann die Nachmodellierung der Spannglieder mit einem erheblichen Aufwand verbunden sein. Hierbei ist darauf zu achten, dass die Spannglieder in der EDV auch wirklich so verlaufen wie im Bestand und nicht durch Algorithmen der Software unbeabsichtigt verändert werden.

3.1.3 Vorspanngrad

Spannbetonbauteile sind im Bestand unterschiedlich stark vorgespannt. In der Anfangszeit des Spannbetonbaus dachte man ein dauerhaftes Bauteil nur dann zu erhalten, wenn das Bauteil voll vorgespannt wird, was bedeutet, dass rechnerisch unter allen Gebrauchslasten keine Zugspannungen auftreten dürfen. In Deutschland erkannte man bereits sehr früh, mit der Einführung der DIN 4227 (10.1953), dass keine Beeinträchtigung der Dauerhaftigkeit vorliegt, wenn auch geringe rechnerische Zugspannungen im Beton auftreten. Hierbei mussten bei der sogenannten beschränkten Vorspannung im Gebrauchszustand die Zugspannungen unterhalb eines abgeminderten Werts der Betonzugfestigkeit bleiben.

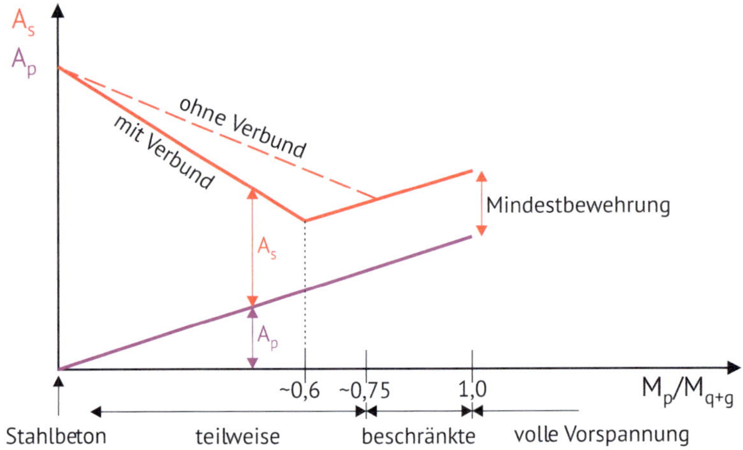

Abb. 3.1 Erforderliche Gesamtbewehrungsmenge in Abhängigkeit vom Vorspanngrad. (Nach (Bieger et al., 1995))

In Abb. 3.1 ist die erforderliche Menge der Beton- und Spannstahlbewehrung in Abhängigkeit des Vorspanngrades dargestellt.

Aus Abb. 3.1 erkennt man, dass auch die beschränkte Vorspannung nicht das wirtschaftliche Optimum für einen Spannbetonbauteil darstellt. Aus diesem Grund wurde mit der DIN 4227-2 (07.1982) auch in Deutschland die sogenannte teilweise Vorspannung vorgesehen, welche jedoch nur bei bestimmten Beanspruchungen angewendet werden durfte und auch offiziell nie über den Entwurfsstatus hinaus gekommen ist. Zusätzlich durfte der Vorspanngrad auch nicht unter 20 % liegen.

Mit der Einführung der DIN 1045-1 (07.2001) wurde die strikte Unterscheidung zwischen Spannbeton und Stahlbeton aufgegeben. Seit 2001 ist somit in Abhängigkeit der Expositionsklasse und der Nutzungsart die Dekompression in unterschiedlichen Gebrauchslastniveaus nachzuweisen. Unter der Expositionsklasse XC 1 dürfte sogar auf den Dekompressionsnachweis komplett verzichtet werden und der Vorspanngrad kann damit beliebig gewählt werden.

3.1.4 Spannkraft

3.1.4.1 Grundlagen

Ein wesentlicher Parameter bei vorgespannten Bauwerken ist die Spannkraft. Diese Spannkraft stellt jedoch keine Konstante dar, sondern ist meist zeitlich veränderlich und auch insbesondere bei der Vorspannung gegen den erhärtenden Beton nicht an jeder Stelle entlang des Bauteils gleich. Die Spannkraft unterliegt zahlreichen Spannkraftverlusten und ist zusätzlich abhängig von der Art wie vorgespannt wurde. Die Spannkraftverluste werden in sofortige und zeitabhängige

Verluste unterteilt. Nachfolgend werden diese Einflussfaktoren besprochen und es wird im letzten Abschnitt eine Empfehlung für die ansetzbare Vorspannkraft im Zuge einer Verstärkung mit geklebter Bewehrung gegeben.

3.1.4.2 Sofortige Verluste

Die sofortigen Verluste stelle jene Spannkraftverluste dar, welche unmittelbar nach beziehungsweise während dem Vorspannprozess auftreten. Üblicherweise werden die folgenden Verluste unterschieden:

- Spannkraftverluste aus elastischer Betonverkürzung
- Spannkraftverluste aus Reibung
- Spannkraftverluste aus Keilschlupf

Die Spannkraftverluste infolge elastischer Betonverkürzung, stellen die Verluste dar, welche aufgrund der Verkürzung des Bauteils unter der Vorspannung und der ebenfalls damit verbundenen Verkürzung der zuvor gespannten Spannglieder auftreten. Diese lassen sich mechanisch exakt bestimmen, hängen jedoch stark vom E Modul[2] ab, welcher während des Vorspannzeitpunkts im Bauteil vorlag. Leider ist dieser bei den meisten Bauvorhaben nicht bekannt. Daneben hängen die Spannkraftverluste infolge elastischer Betonverkürzung von der Spannreihenfolge der Spannglieder ab, welche ebenfalls nicht immer dokumentiert ist. Eine exakte Herleitung der Verluste infolge Betonverkürzung ist beispielsweise in (Zilch & Zehetmaier, 2010) enthalten. Bei der Berechnung mit Softwarelösungen muss beachtet werden, dass diese Verluste manchmal direkt implementiert sind, manchmal jedoch nicht implementiert sind und über ein Überspannen der Spannglieder beim Anspannprozess berücksichtigt werden.

Einen weiteren Verlust stellt die Reibung zwischen Spannglied und Hüllrohr dar. Diese Verluste infolge Reibung treten somit nur bei der nachträglichen Vorspannung gegen den erhärtenden Beton auf. Die Reibbeiwerte der Litzen oder Drähte gegenüber dem Hüllrohr sind den bauaufsichtlichen Zulassungen zu entnehmen und sind gerade bei alten Spanngliedern sehr unterschiedlich. Neben dem Reibbeiwert ist der Kraftverlust maßgeblich abhängig vom Anpressdruck der Spannglieder gegen das Hüllrohr. Der Anpressdruck folgt aus der Krümmung der Spanglieder und ist zum Beispiel bei einem parabolischen Verlauf konstant und bei einem linearen Verlauf des Spanngliedes theoretisch null. Beispielhaft ist der idealisierte Verlauf der Spannkraft unter Berücksichtigung der Reibverluste bei einem parabolische Spannglied in Abb. 3.2 dargestellt.

Bei der Krümmung der Spannglieder muss neben der planmäßigen Krümmung die unplanmäßige Krümmung der Hüllrohre berücksichtigt werden. Die Hüllrohre

[2] Der E-Modul im Betonbau hängt im erheblichen Maße von der Gesteinskörnung (Zuschlag) ab und schwankt um ± 30 %. Da meist der junge Beton nach wenigen Stunden/Tagen vorgespannt wird, ist bei der Überlegung zusätzlich die zeitliche Entwicklung des E-Moduls zu berücksichtigen, welche oft ebenfalls nicht exakt bekannt ist.

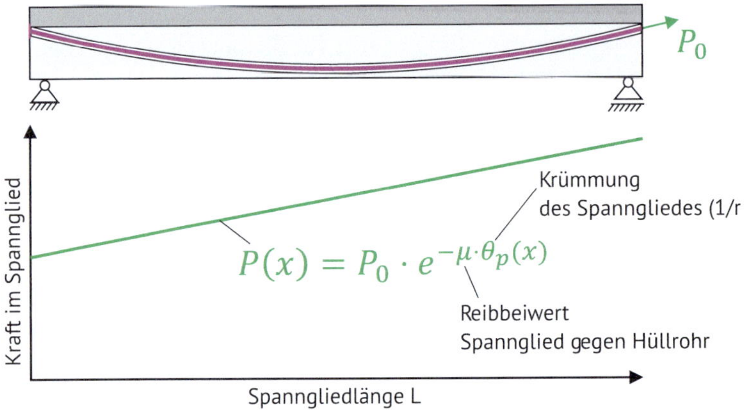

Abb. 3.2 Beispielhafter Spannkraftverlauf, welcher durch die Reibung beeinflusst wurde

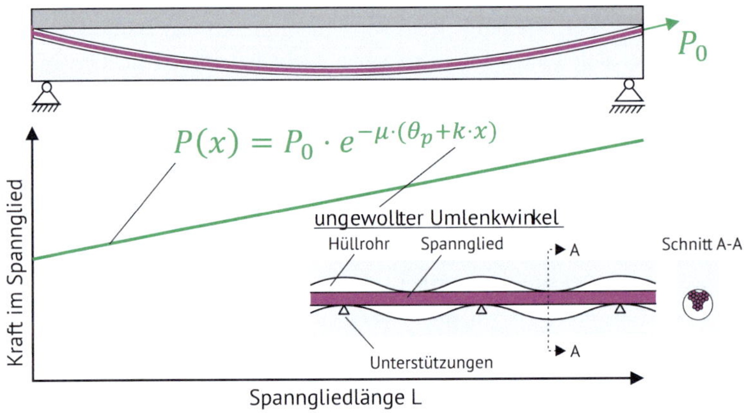

Abb. 3.3 Einfluss der unplamäßigen Krümmung der Spannglieder

können nie ganz exakt dem planmäßigen Verlauf folgen, da diese Toleranzen aufweisen und auch nur in gewissen Abständen unterstützt beziehungsweise fixiert werden. Dies hat zur Folge, dass eine zusätzliche Reibung entsteht, wie dies in Abb. 3.3 dargestellt ist.

Neben dieser Unplanmäßigkeit können die Verluste aus Reibung theoretisch relativ exakt berechnet werden, sofern der genaue Reibbeiwert bekannt ist. Der Reibbeiwert wird jedoch auch vom Zustand der Hüllrohre und der Spannglieder beeinflusst. So kann der Reibbeiwert durch Flugrost teilweise erheblich erhöht sein. Aus diesem Grund wird in Deutschland eine Überspannreserve vorgesehen, um auch bei einer erhöhten Reibung das Spannglied planmäßig vorzuspannen. Die genaue Spannkraft und die genauen Spannkraftverluste können bei einer Aufzeichnung des Spannweges und der Spannkraft im Spannprotokoll sehr genau

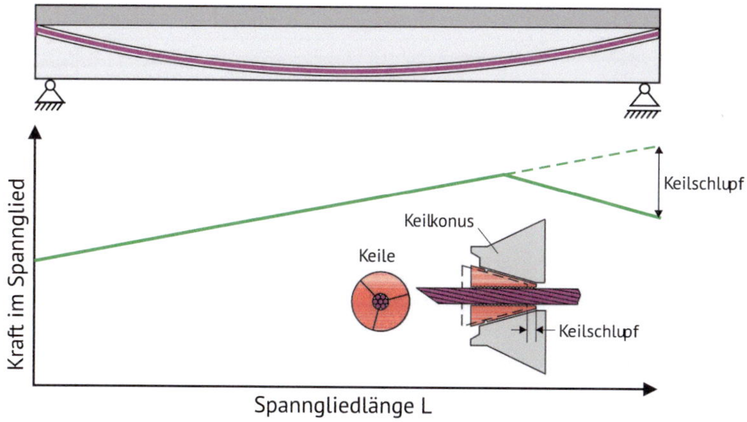

Abb. 3.4 Einfluss des Keilschlupfes auf die Vorspannkraft

zurückgerechnet werden. Leider liegen häufig diese Spannprotokolle nicht vor. Falls doch, sollten diese bei der Nachrechnung entsprechend berücksichtigt werden.

Ein weiterer Spannkraftverlust kommt an der Verankerungsstelle über den Schlupf der Verankerung der Litzen beziehungsweise Drähte zustande. In den heutigen Zulassungen wird hier vom Keilschlupf gesprochen. Da früher auch andere Verankerungsarten zugelassen waren, kann es durchaus zu Unterschieden in den älteren Spanngliedzulassungen kommen. Der Schlupf bewirkt, wie in Abb. 3.4 dargestellt, eine Reduktion der Vorspannkraft ausgehend von der Stelle des Spannankers.

Die Werte für den Keilschlupf sind der jeweiligen Zulassung zu entnehmen. Sie variieren zwischen 0 und 12 mm je nach Verfahren. Zu beachten ist auch, dass es bei alten Zulassungen auch am Festanker ein Keilschlupf geben kann. Neben diesem Keilschlupf können im Bereich der Verankerungsstelle auch erhöhte Reibverluste auftreten, welche dann ebenfalls in der Berechnung berücksichtigt werden müssen.

Die Ausbildung der Spann- und Festanker war in der Vergangenheit oft sehr unterschiedlich. Dadurch wurden auch unterschiedlich hohe Verluste und Keilschlüpfe hervorgerufen. Eine Übersicht über gängige und ehemalige Vorspannanker mit den zugehörigen Produkten ist in Abb. 3.5 dargestellt.

Neben den in Abb. 3.5 dargestellten Spannankern sind auch noch reine Festanker, wie Verbundanker und Schlaufenanker möglich, welche jedoch eher selten vorkommen.

3.1.4.3 Anspannprozess

Der Anspannprozess hat auf die Vorspannung im Bauteil einen erheblichen Einfluss. Bei Bauteilen im sofortigen Verbund tritt aufgrund des Anspannprozesses eine über das Bauteil konstante Vorspannkraft auf.

Verankerung		Verfahren z.B.	Skizze	Vorteile	Anwendung
Gewinde	Stäbe (aufgerollt, eingeschnitten oder Gewindestahl)	Dywidag Wayss & Freytag ϕ_p=10...36mm	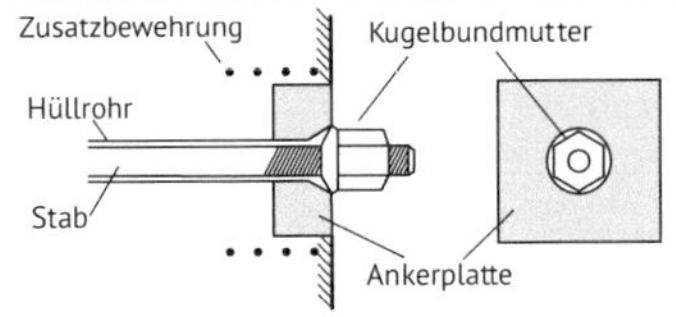	billige Verankerung kein Schlupf einfaches Vorspannen einfacher Muffenstoß	für kurze Spannglieder kleines P_0 Koppelung
Keil	Drähte Innen- oder Außenkeil	Hochtief; Grün-Bilfinger Leoba Held-Franke Vorspann-Technik ϕ_p=7...12,2mm	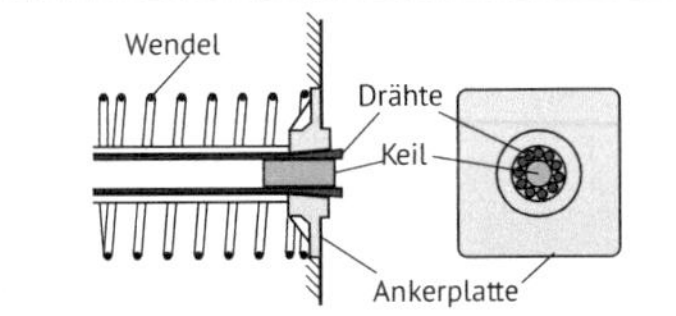	billige Verankerung geringe Verluste großes σ_{p0}	für mittellange bis lange Spannglieder mittlere bis große P_0
Keile	Litze Einzelkeile je Litze	DSI BBV VSL ϕ_p=12,2...15,7mm	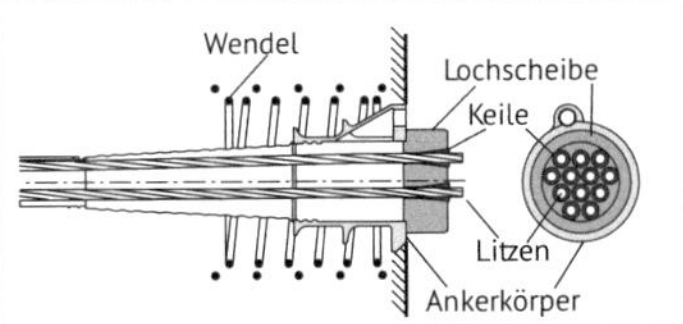	billige Verankerung geringe Verluste großes σ_{p0} einfaches Vorspannen	für mittellange bis lange Spannglieder mittlere bis große P_0
Keilringe	Drähte/Ovaldrähte (aufgepesste Keilringe)	Heilit Polensky & Zöllner ϕ_p=9mm Ovaldraht 4,5/11mm	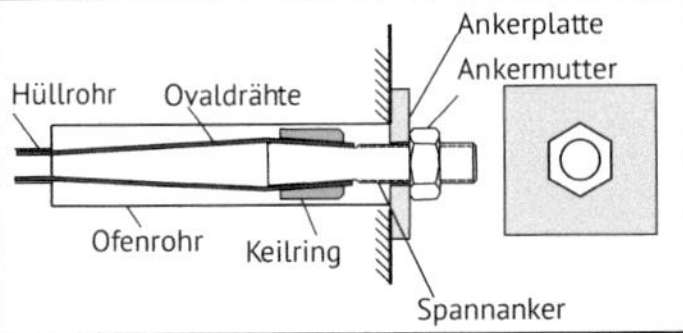	kein Schlupf großes σ_{p0}	für mittellange bis lange Spannglieder mittlere bis große P_0
Klemmen	Ovaldrähte Innen- oder Außenkeil	Holzmann - KA Ovaldraht 4,5/11mm	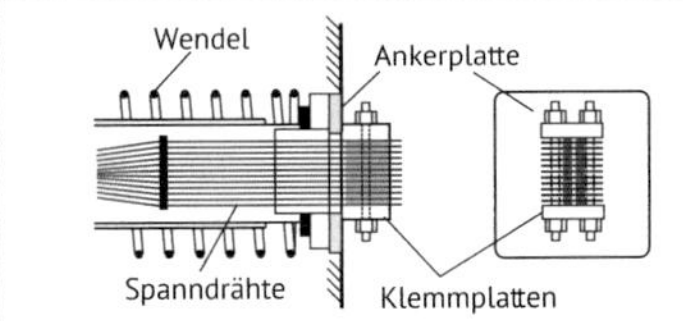	kein Schlupf beliebiges P_0 geringe Verluste großes σ_{p0}	für lange Spannglieder große P_0
Stauchköpfe	Drähte	BBRV - SUSPA ϕ_p=7 mm	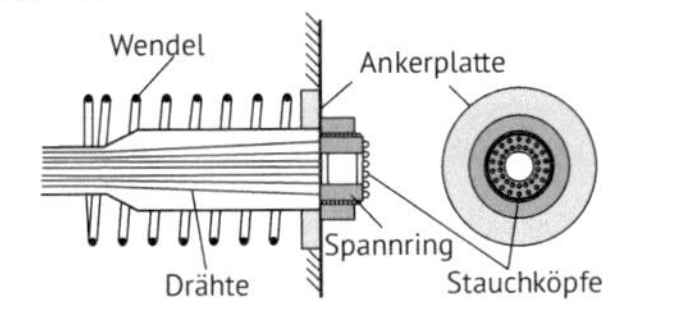	kaum Schlupf beliebiges P_0 geringe Verluste großes σ_{p0} einfaches Vorspannen	für mittellange bis lange Spannglieder mittlere bis große P_0
Haftreibung	Drähte	Heilit BeMo ϕ_p=6 und 7,5mm	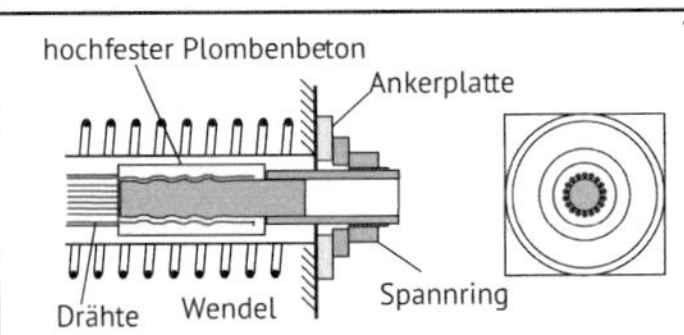	kaum Schlupf beliebiges P_0 geringe Verluste großes σ_{p0} einfaches Vorspannen	für mittellange bis lange Spannglieder mittlere bis große P_0

Abb. 3.5 Überblick über unterschiedliche Vorspannanker

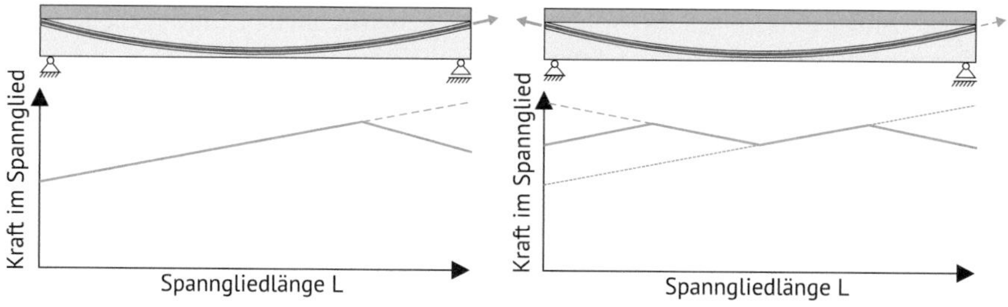

Abb. 3.6 Spannkraftverlauf bei unterschiedlichen Anspannprozessen

Bei Bauteilen im nachträglichen Verbund wird gegen den erhärteten Beton vorgespannt. Hierbei kann das Spannglied an unterschiedlichen Stellen vorgespannt werden. Wird das Bauteil nur von einer Seite vorgespannt und über den Keilschlupf nachgelassen, so erhält man den in Abb. 3.6 links dargestellten Spannkraftverlauf. Somit herrscht über dieses Bauteil ein unsymmetrischer Spannkraftverlauf. Da dies für die Bemessung nicht ideal ist, wird häufig auch von der anderen Seite nachgespannt, wie dies Abb. 3.6 rechts zeigt.

Früher waren teilweise weitere, spezielle Anspannprozesse üblich da einige Spannverfahren keinen Keilschlupf aufwiesen. Um eine möglichst gleichmäßige Vorspannkraft entlang der Bauteilachse zu erhalten, wurde deshalb beispielsweise mehrfach angespannt und wieder nachgelassen.

Da der Spannprozess einen erheblichen Einfluss auf die Vorspannkraft hat, sollte diese bei einer Nachrechnung und Verstärkung bekannt sein und entsprechend nachmodelliert werden. Meist ist dieser Spannprozess in der Bestandsstatik dokumentiert und findet sich ebenfalls in den Spannprotokollen wieder.

3.1.4.4 Zeitabhängige Verluste

Neben den sofortigen Verlusten und dem Anspannprozess haben auch zeitabhängige Verluste wie zum Beispiel Kriechen, Schwinden und Relaxation einen erheblichen Einfluss auf die Vorspannkraft. Die Kriech- und Schwindverluste sind stark davon abhängig, bei welchem Betonalter das Bauteil vorgespannt wurde. Daneben haben vor allem die Betonfestigkeit sowie die Bauteilbelüftung einen großen Einfluss auf das Kriechen und Schwinden. Diese Einflüsse können mit der DIN EN 1992-1-1 (01.2011) rechnerisch abgeschätzt werden. Für zahlreiche weitere Einflüsse, wie zum Beispiel Temperaturen, Betonmischung oder besondere Betonzusatzmittel ist dies nicht der Fall. Sie können somit nicht genauer quantifiziert werden. Aus diesem Grund und weil das Betonalter und die Endfestigkeit meist nicht exakt bekannt sind, streuen die Kriech- und Schwindbeiwerte teilweise in einem erheblichen Umfang. Daher schlägt die DIN EN 1992-2 (12.2010) in Verbindung mit DIN EN 1992-2/NA (04.2013) vor, bei kritischen Bauteilen das Kriechen und Schwinden um ±30 % zu variieren. Zusätzlich wird auch bei den

Gebrauchsnachweisen, wo die Vorspannung einen erheblichen Einfluss hat, empfohlen die Vorspannkraft je nach Spannart um ±10 % mit dem Beiwert r_{inf} und r_{sub} zu variieren.

Neben den zeitabhängigen Verlusten infolge des Verhaltens des Betons kann der Spannstahl ein Relaxationsverhalten aufweisen, was ebenfalls zu Verlusten bei der Vorspannkraft führt. Heutige Spannstähle haben relativ niedrige Relaxationen. Deshalb wird häufig im Neubau auf diesen Verlust nicht mit großer Aufmerksamkeit eingegangen. Im Bestand kann es jedoch sein, dass Spannstähle mit einem deutlich ausgeprägten Relaxationsverhalten verwendet wurden, welches dann auch entsprechend berücksichtigt werden muss.

3.1.5 Ansetzbare Vorspannkraft

Wie aus den vorherigen Abschnitten ersichtlich, unterliegt die tatsächliche Vorspannkraft im Bauteil zum Zeitpunkt der Verstärkung zahlreichen Einflüssen, welche meist nicht vollständig geklärt werden können. Die Vorspannkraft hat bei den Nachweisen der geklebten Bewehrung und insbesondere bei der aufgeklebten Bewehrung einen Einfluss auf die Berechnungsergebnisse. Es kann jedoch nicht von vornherein gesagt werden, ob sich eine höhere Vorspannkraft oder eine niedrigere Vorspannkraft günstig auf die Nachweise auswirkt. So wirkt zum Beispiel eine hohe Vorspannkraft ungünstig bei der Ermittlung des Rissbildes, führt jedoch zu geringeren Lamellenkräften in der nachträglich verklebten Bewehrung. Dies hat zur Folge, dass sich diese Effekte im Verbundnachweis möglicherweise ausgleichen. Es wird deshalb empfohlen, möglichst mit einer sehr präzisen Abschätzung der Vorspannkraft zu rechnen und keine pauschalen Abminderungen zu treffen, wie dies manchmal bei der Nachrechnung oder bei der Einschätzung des Ankündigungsverhaltens nach HA-SPK (06.2011) empfohlen wird.

Bei großen Unsicherheiten bezüglich der Vorspannkraft wird empfohlen, zwei Berechnungen durchzuführen. Einmal mit einem oberen Grenzwert der Vorspannkraft und einmal mit dem unteren Grenzwert. Es wird nicht empfohlen, für die Vorspannkraft je nach Nachweis den unteren oder den oberen Grenzwert unterschiedlich zu wählen, da die Gesamtauswirkungen hierbei nicht klar ersichtlich sind und dies auch zu stark unwirtschaftlichen Ergebnissen führen kann.

3.2 Statisch unbestimmte Wirkung der Vorspannung

Aufgrund des Vorspannens treten Längs- und Biegeverformungen auf, welche bei statisch bestimmten Systemen zwangsfrei aufgenommen werden können. Bei statisch unbestimmten Systemen ist jedoch eine Verformungsbehinderung vorhanden und es treten zusätzliche Schnittgrößen auf. Die Berechnung der statisch unbestimmten Wirkung der Vorspannung ist ausführlich in (Rombach, 2010) beschrieben. Neben den dort beschriebenen Einflüssen hat auch der Bauablauf einen erheblichen Einfluss auf die statisch unbestimmte Vorspannung, da häufig die

Vorspannung in einem anderen statischen System aufgebracht wird, als im Endzustand vorhanden ist. Da die statisch unbestimmte Wirkung der Vorspannung auch als ein Verlust der Wirtschaftlichkeit betrachtet werden kann, hat man in der Vergangenheit sehr häufig insbesondere bei Brückenbauwerken die Bauzustände und den Spanngliedverlauf so optimiert, dass die statisch unbestimmten Effekte möglichst klein wurden.

Bei der Verstärkung von Spannbetonbauteilen mit geklebter Bewehrung ist es wichtig, dass der Anteil der statisch unbestimmten Vorspannung bekannt ist, da dieser in der Dehnungsermittlung anders behandelt werden muss.

Des Weiteren stellt die Schnittgröße aus dem statisch unbestimmten Anteil der Vorspannung eine unzuverlässigere Kenngröße dar, da sie neben der Vorspannkraft von den Steifigkeiten der Bauteile abhängt. Somit sollte mit den Schnittgrößen aus den statisch Unbestimmten Vorspannanteilen erhöhte Aufmerksamkeit gewidmet werden.

3.3 Vordehnung

3.3.1 Grundlagen

Die Ermittlung der Vordehnung sollte bei einem Spannbetonbauteil sehr genau durchgeführt werden. Hierbei ist zunächst der Zustand des Bauteils zu untersuchen, wobei drei Szenarien möglich sind:

1. Das Bauteil ist so stark vorgespannt, dass die Zugspannungen unter seltener Lastfallkombination nicht die Zugfestigkeit des Betons überschreiten. Die Vordehnungen können somit linear-elastisch im ungerissenen Zustand ermittelt werden.
2. Die Zugspannungen unter seltener Lastfallkombination sind größer als die Zugfestigkeit des Betons. Unter den Gebrauchslasten während des Verstärkens (meist quasi-ständig) ist der Nachweis der Dekompression am Querschnittsrand erfüllt. Die Vordehnungen kann somit wie im vorigen Fall mit linear-elastischem Materialverhalten ermittelt werden.
3. Unter den Gebrauchslasten während des Verstärkens (meist quasi-ständig) ist der Nachweis der Dekompression am Querschnittsrand nicht erfüllt und die Zugspannungen unter seltener Lastfallkombination übersteigen die Zugfestigkeit des Betons. Die Vordehnungen müssen hier nicht-linear im gerissenen Zustand ermittelt werden.

Bei der Ermittlung der Vordehnungen sollte bei Spanngliedern im nachträglichen Verbund ebenfalls der Verpresszeitpunkt berücksichtigt werden. Falls das Bauteil z. B. bereits vor dem Aufbringen der Einwirkung Eigengewicht (z. B. durch das Ablassen des Lehrgerüsts) verpresst war, wirkt für das Eigengewicht bereits der Ideelle Querschnitt und nicht der Nettoquerschnitt.

3.3.2 Bespielermittlung der Vordehnung

3.3.2.1 Allgemeines

Für den in Abb. 3.7 dargestellten Querschnitt soll die Vordehnung unter Eigengewicht und Ausbaulast ermittelt werden. Der Querschnitt wurde mit dem Litzenspannverfahren nach Z-13.1–21 (03.1998) vorgespannt. Zum Zeitpunkt der Ermittlung der Vordehnung hatte das Spannglied eine Spannung von $\sigma_{pmt} = 800\ \mathrm{N/mm^2}$.

3.3.2.2 Zustandsermittlung

Zunächst wird untersucht, ob sich der Querschnitt unter der quasi-ständigen Last im gerissenen Zustand befindet. Da die Vorspannung im nachträglichen Verbund aufgebracht wurde, wird für die Vorspannung und das Eigengewicht der Nettoquerschnitt benötigt. Das Hüllrohr hat gemäß Z-13.1-21 (03.1998) einen Außendurchmesser von 47 mm. Die Nettoquerschnittswerte ergeben sich dann zu (vgl. auch (Zilch & Zehetmaier, 2010)):

$$A_n = A_c - A_{hp} = 1{,}0 \cdot 0{,}3 - 2 \cdot \frac{0{,}047^2}{4} \cdot \pi = 0{,}297\ \mathrm{m}^2$$

$$\Delta z_n = -\frac{A_{hp} \cdot z_{cp}}{A_n} = -\frac{0{,}03 \cdot 0{,}05}{0{,}297} = 5{,}1 \cdot 10^{-3}\ \mathrm{m} = 5{,}1\ \mathrm{mm}$$

$$I_n = I_c + A_c \cdot \Delta z_n^2 - A_{hp} \cdot z_{np}^2$$

$$I_n = \frac{0{,}3^3 \cdot 1{,}0}{12} + 0{,}3 \cdot \left(5{,}1 \cdot 10^{-3}\right)^2 - 0{,}03 \cdot 0{,}045^2 = 2{,}20 \cdot 10^{-3}\ \mathrm{m}^4$$

Die Ausbau- und Verkehrslast wirken auf den ideellen Querschnitt. Mit E-Modul des Spannstahls von $E_p = 195.000\ \mathrm{N/mm^2}$ nach Z-13.1-21 (03.1998) und dem E-Modul des Betonstahls und des Betons nach DIN EN 1992-1-1 (01.2011) ergeben sich die Verhältnisse der Elastizitätsmoduln:

$$\alpha_s = \frac{E_s}{E_c} = \frac{200}{34} = 5{,}88$$

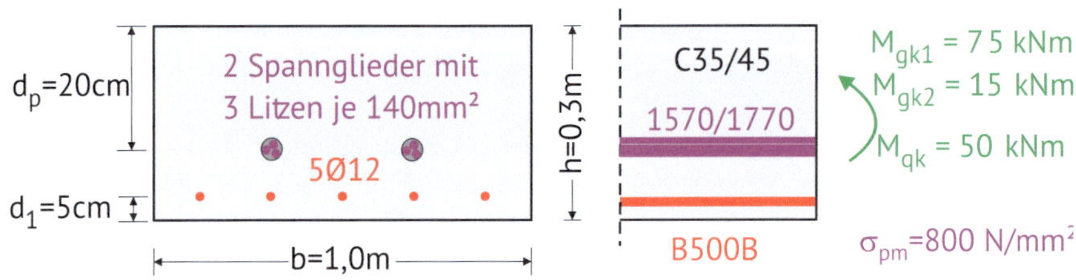

Abb. 3.7 Querschnitt, an dem die Vordehnung ermittelt werden soll

$$\alpha_p = \frac{E_p}{E_c} = \frac{195}{34} = 5{,}74$$

Damit können die ideellen Querschnittswerte ermittelt werden:

$$A_i = A_c + (\alpha_s - 1) \cdot A_s + \left(\alpha_p - 1\right) \cdot A_p =$$

$$A_i = 0{,}3 + (5{,}88 - 1) \cdot 5 \cdot 1{,}13 \cdot 10^{-4} + (5{,}74 - 1) \cdot 6 \cdot 140 \cdot 10^{-6} = 0{,}307\ \text{m}^2$$

$$\Delta z_i = \frac{(\alpha_s - 1) \cdot A_s \cdot z_{cs} + \left(\alpha_p - 1\right) \cdot A_p \cdot z_{cp}}{A_i} =$$

$$\Delta z_i = \frac{4{,}88 \cdot 5{,}65 \cdot 10^{-4} \cdot 0{,}1 + 4{,}74 \cdot 8{,}4 \cdot 10^{-4} \cdot 0{,}05}{0{,}307} = 1{,}5 \cdot 10^{-3}\text{m} = 1{,}5\ \text{mm}$$

$$I_n = I_c + A_c \cdot \Delta z_i^2 + (\alpha_s - 1) \cdot A_s \cdot z_{is}^2 + \left(\alpha_p - 1\right) \cdot A_p \cdot z_{ip}^2$$

$$I_n = 0{,}025 + 0{,}3 \cdot \left(1{,}5 \cdot 10^{-3}\right)^2 + 4{,}88 \cdot 5{,}65 \cdot 10^{-4} \cdot 0{,}1485^2 +$$

$$+ 4{,}74 \cdot 8{,}4 \cdot 10^{-4} \cdot 0{,}0985^2 = 2{,}51 \cdot 10^{-3}\text{m}^4$$

Die linear-elastischen Spannungen am unteren Querschnittsrand ergeben sich für die Vorspannung und das Eigengewicht zu:

$$\sigma_{p,u} = \frac{N_p}{A_n} + \frac{M_p}{I_n} \cdot z_{n,u} =$$

$$\sigma_{p,u} = \frac{-8{,}4 \cdot 10^{-4} \cdot 800}{0{,}297} + \frac{-8{,}4 \cdot 10^{-4} \cdot 800 \cdot 0{,}045}{2{,}20 \cdot 10^{-3}} \cdot 0{,}155 = -4{,}39 \frac{\text{MN}}{\text{m}^2}$$

$$\sigma_{g1,u} = \frac{M_{gk1}}{I_n} \cdot z_{n,u} = \frac{0{,}075}{2{,}20 \cdot 10^{-3}} \cdot 0{,}155 = 5{,}3 \frac{\text{MN}}{\text{m}^2}$$

Die linear-elastischen Spannungen am unteren Querschnittsrand ergeben sich für die Ausbau- und Verkehrslast zu:

$$\sigma_{g2,u} = \frac{M_{gk2}}{I_i} \cdot z_{i,u} = \frac{0{,}015}{2{,}51 \cdot 10^{-3}} \cdot 0{,}1485 = 0{,}89 \frac{\text{MN}}{\text{m}^2}$$

$$\sigma_{q,u} = \frac{M_{qk}}{I_i} \cdot z_{i,u} = \frac{0{,}05}{2{,}51 \cdot 10^{-3}} \cdot 0{,}1485 = 2{,}96 \frac{\text{MN}}{\text{m}^2}$$

Damit ergibt sich die linear-elastische Spannung unter seltener Lastfallkombination zu:

$$\sigma_{\text{rare},u} = 5{,}3 - 4{,}39 + 0{,}89 + 2{,}96 = 4{,}76 \frac{\text{MN}}{\text{m}^2}$$

Da diese Spannung größer als die Zugfestigkeit des C35/45 von $f_{ctm} = 3{,}2\,\text{N/mm}^2$ ist, kann davon ausgegangen werden, dass der Querschnitt gerissen ist. Die linear-elastische Spannung für die Vordehnungsermittlung unter ständigen Lasten beträgt:

$$\sigma_{\text{perm},u} = 5{,}3 - 4{,}39 + 0{,}89 = 1{,}8\frac{\text{MN}}{\text{m}^2}$$

Damit befindet sich der Querschnitt auch unter ständigen Lasten im nicht-linearen Zustand und die Dehnung müssen am gerissenen Querschnitt ermittelt werden.

3.3.2.3 Ermittlung der Vordehnung

Für den Querschnitt sollt unter der Belastung von $M_{gk} = 15 + 75 = 90\,\text{kNm}$ die Vordehnung unter Berücksichtigung der Vorspannung ermittelt werden. Zur Berechnung ist ein zweifach iteratives Vorgehen erforderlich. Zunächst wird die Betonstahldehnung geschätzt:

$$\varepsilon_s = 0{,}2\,‰$$

Mit dieser Annahme lässt sich nun die Zugkraft in der Bewehrung ermitteln:

$$\sigma_s = E_s \cdot \varepsilon_s = 200.000 \cdot 0{,}2\,‰ = 40\,\text{N/mm}^2$$

$$F_{sk} = \sigma_s \cdot A_s = 40 \cdot 5{,}65 \cdot 10^2 = 22619\,\text{N}$$

Die Vorspannung beträgt:

$$P_m = \sigma_{pm} \cdot A_p = 800 \cdot 8{,}4 \cdot 10^2 = 672000\,\text{N}$$

Nun kann über das horizontale Gleichgewicht unter der Annahme von $\varepsilon_c < 2\,‰$ die Betonstahlstauchung ermittelt werden:

$$F_{ck} = F_{sk} + F_{pk}$$

$$b \cdot \alpha_R \cdot x \cdot f_{ck} = F_{sk} + \Delta F_{pk} + P_m$$

$$b \cdot \left(\frac{\varepsilon_c}{2} - \frac{{\varepsilon_c}^2}{12}\right) \cdot x \cdot f_{ck} = F_{sk} + \varepsilon_c \cdot \frac{d_p - x}{x} \cdot E_p \cdot A_p + P_m$$

$$1000 \cdot \left(\frac{\varepsilon_c}{2} - \frac{{\varepsilon_c}^2}{12}\right) \cdot x \cdot 35 = 22619 + \varepsilon_c \cdot \frac{200 - x}{x} \cdot 195 \cdot 8{,}4 \cdot 10^2 + 672000$$

Dabei wird die Druckzonenhohe wie folgt bestimmt und die Gleichung ist damit nur noch von der Betonstauchung abhängig.

$$x = \frac{\varepsilon_c}{\varepsilon_c + \varepsilon_s} \cdot d_s = \frac{\varepsilon_c}{\varepsilon_c + 0{,}2} \cdot 250$$

Über eine Gleichungslöser kann nun die Betonstauchung zu $\varepsilon_c = 0{,}289\,‰$ ermittelt werden und es ergibt sich:

$$F_{ck} = F_{sk} + \Delta F_{pk} + P_m$$

$$711358 = 22619 + 16739 + 672000$$

Mit der Dehnung von $\varepsilon_c = 0{,}289\,‰$ kann nun die Druckzonenhöhe bestimmt werden:

$$x = \frac{\varepsilon_c}{\varepsilon_c + \varepsilon_s} \cdot d = \frac{0{,}289}{0{,}289 + 0{,}2} \cdot 250 = 148 \text{ mm}$$

Mit der Druckzonenhöhe kann nun der Angriffspunkt der Betondruckkraft bestimmt werden.

$$a = k_a \cdot x = \frac{8 - \varepsilon_c}{24 - 4 \cdot \varepsilon_c} \cdot x = \frac{8 - 0{,}289}{24 - 4 \cdot 0{,}289} \cdot 148 = 50 \text{ mm}$$

Damit kann das innere Moment des Querschnitts bestimmt werden:

$$M_R = \left(\Delta F_{pk} + P_m\right) \cdot \left(d_p - a\right) + F_{sk} \cdot (d_s - a)$$

$$M_R = (16739 + 672000) \cdot (200 - 50) + 22619 \cdot (250 - 50) = 108 \cdot 10^6 \text{ Nmm}$$

Da das einwirkende Moment nur $M_{Ed} = 90\,\text{kNm}$ beträgt, war die Betonstahldehnung zu groß. Als nächstes wird die Dehnung zu $\varepsilon_s = 0{,}05\,‰$ geschätzt. Mit dieser Annahme lässt sich nun die Zugkraft in der Bewehrung ermitteln:

$$\sigma_s = E_s \cdot \varepsilon_s = 200.000 \cdot 0{,}05\,‰ = 10 \text{ N/mm}^2$$

$$F_{sk} = \sigma_s \cdot A_s = 10 \cdot 5{,}65 \cdot 10^2 = 5650\,\text{N}$$

Nun kann über das horizontale Gleichgewicht unter der Annahme von $\varepsilon_c < 2\,‰$ die Betonstahlstauchung ermittelt werden:

$$b \cdot \left(\frac{\varepsilon_c}{2} - \frac{\varepsilon_c{}^2}{12}\right) \cdot x \cdot f_{ck} = F_{sk} + \varepsilon_c \cdot \frac{d_p - x}{x} \cdot E_p \cdot A_p + P_m$$

$$1000 \cdot \left(\frac{\varepsilon_c}{2} - \frac{\varepsilon_c{}^2}{12}\right) \cdot x \cdot 35 = 5650 + \varepsilon_c \cdot \frac{200 - x}{x} \cdot 195 \cdot 8{,}4 \cdot 10^2 + 672000$$

Dabei wird die Druckzonenhohe wie folgt bestimmt und die Gleichung ist damit nur noch von der Betonstauchung abhängig.

$$x = \frac{\varepsilon_c}{\varepsilon_c + \varepsilon_s} \cdot d_s = \frac{\varepsilon_c}{\varepsilon_c + 0{,}05} \cdot 250$$

Über eine Gleichungslöser kann nun die Betonstauchung zu $\varepsilon_c = 0{,}200\,‰$ ermittelt werden und es ergibt sich:

$$F_{ck} = F_{sk} + \Delta F_{pk} + P_m$$

$$67750 = 5650 + 0 + 672000$$

Mit der Dehnung von $\varepsilon_c = 0{,}200\,‰$ kann nun die Druckzonenhöhe berechnet werden:

$$x = \frac{\varepsilon_c}{\varepsilon_c + \varepsilon_s} \cdot d = \frac{0{,}200}{0{,}200 + 0{,}2} \cdot 250 = 200\ \text{mm}$$

Mit der Druckzonenhöhe kann nun der Angriffspunkt der Betondruckkraft bestimmt werden.

$$a = k_a \cdot x = \frac{8 - \varepsilon_c}{24 - 4 \cdot \varepsilon_c} \cdot x = \frac{8 - 0{,}200}{24 - 4 \cdot 0{,}200} \cdot 200 = 67\ \text{mm}$$

Damit kann das innere Moment des Querschnitts ermittelt werden:

$$M_R = \left(\Delta F_{pk} + P_m\right) \cdot \left(d_p - a\right) + F_{sk} \cdot (d_s - a)$$

$$M_R = (0 + 672000) \cdot (200 - 67) + 5650 \cdot (250 - 67) = 90{,}2 \cdot 10^6\ \text{Nmm}$$

Da nun somit das äußere Moment von $M_{Ek} = 90$ kNm circa dem inneren Moment von 90,2 kNm entspricht, herrschen bei dieser Einwirkung die Randdehnung $\varepsilon_c = 0{,}2\,‰$ und $\varepsilon_s = 0{,}05\,‰$ am Querschnitt.

3.4 Spannungsermittlung am Querschnitt

3.4.1 Gleichgewicht am Querschnitt

Die Spannungs- und Dehnungsermittlungen am Querschnitt erfolgen üblicherweise über das Gleichgewicht am Querschnitt. Die Grundlagen des Gleichgewichts am Querschnitt sind in (Finckh, 2023b) Kap. 2 übersichtlich dargestellt. Diese Beziehungen kann man für die Verstärkung erweitern, wie dies zum Beispiel in (Finckh, 2024) angegeben ist. Nachfolgend wird das Gleichgewicht am Querschnitt um die Vorspannkraft und die Spannglieder erweitert. Die Berücksichtigung der statisch bestimmten Wirkung der Vorspannung kann bei der Bemessung eines Spannbetonquerschnitts gemäß (Grasser et al., 1996) auf drei unterschiedliche Ansätze (Abb. 3.8) erfolgen.

A. Ansatz der maßgebenden Vordehnungen der Spannbewehrung bei der Ermittlung der Spanngliedehnung und Betrachtung des Gesamtquerschnittes, bestehend aus Betonquerschnitt, Betonstahlbewehrung und Spannstahlbewehrung. Die bedeutet, dass im GZT die gesamte Dehnung des Spannstahls $\varepsilon_{pmt}^{(0)} + \Delta\varepsilon_p$ auf der Seite des Bauteilwiderstandes angerechnet wird
B. Ansatz der zu den Vordehnungen $\varepsilon_{pmt}^{(0)}$ äquivalenten Spanngliedkräfte $P_{mt}^{(0)}$ auf den Betonquerschnitt in Höhe der entsprechenden Spanngliedlagen als quasi einwirkende Schnittgrößen und Betrachtung eines aktiven Gesamtquerschnittes, bestehend aus Betonquerschnitt, Betonstahlbewehrung und Spannstahlbewehrung, wobei die Spannstahlbewehrung als nicht vorgespannt behandelt wird.

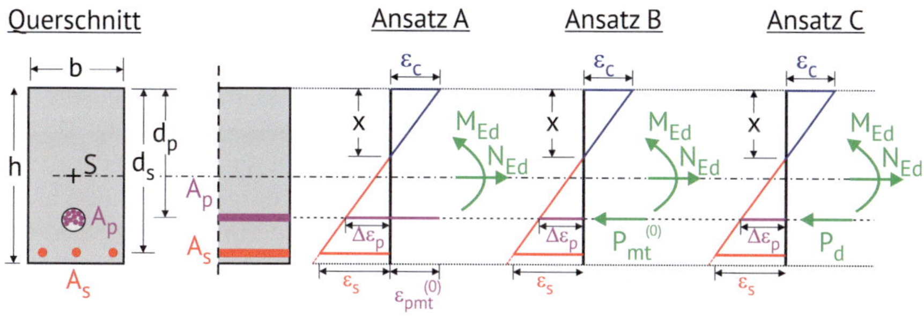

Abb. 3.8 Berücksichtigung der statisch bestimmten Wirkung der Vorspannung bei der Querschnittsbemessung

C. Ansatz der aus Vordehnung und Zusatzdehnung resultierenden SpanngliedkräfteP_d, als zusätzlich einwirkende Schnittgrößen und Betrachtung eines fiktiven, nur noch durch Betonstahl bewehrten Betonquerschnittes. Dabei sind für die Spanngliedkräfte P_d zunächst sinnvolle Annahmen zu treffen und nachträglich diese Annahmen zu überprüfen, für in der Zugzone liegende Spannglieder können für die Spanngliedkräfte P_d in der Regel die Fließkräfte angenommen werden.

Die statisch unbestimmte Wirkung der Vorspannung muss immer als Einwirkung berücksichtigt werden.

Für die Spannungs- und Dehnungsermittlung eines verstärkten Querschnitts eignet sich nur der Ansatz A, da nur dieser der mechanischen Wirkungsweise entspricht und somit die Verwendung der wirklichen Spannungs-Dehnungs-Linien möglich ist.

Damit kann das Gleichgewicht am Querschnitt über die Spannungen und Dehnungen in Abb. 3.9 beschrieben werden.

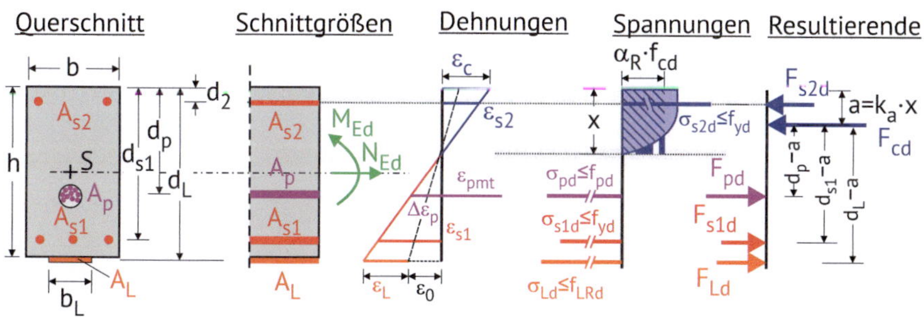

Abb. 3.9 Geometrie, Dehnungsverteilung und Bauteilwiderstände eines verstärkten und vorbelasteten Spannbetonquerschnittes

3.4.2 Unterschiedliche Fließgrenzen

Beim Spannbetonquerschnitt kann es vorkommen, dass die Spannglieder zu einem anderen Zeitpunkt zu fließen beginnen, als die innere Bewehrung. Da die Höhenlage der Spannglieder meist in jedem Querschnitt anders ist, die Höhenlage der Bewehrung jedoch meist konstant ist, können über die Bauteillänge mehrere Fließbereiche mit unterschiedlichen Randbedingungen vorhanden sein. Bei den Fließgrenzen ist zusätzlich zu beachten, dass die Spannglieder im Gegensatz zum Betonstahl meist keine klar definierte Fließgrenze aufweisen, sondern einen Bereich, in dem sie ins Fließen übergehen. Aus diesem Grund unterscheidet die Bemessungsnorm bereits mehrere Grenzen, wie sie auch in der Spannungs-Dehnungs-Linie in Abb. 3.10 dargestellt sind.

Bei Spannstählen werden folgende Grenzen unterschieden:

- Die Elastizitätsgrenze, welche meist über den plastischen Dehnungszuwachs von ein Promille bestimmt wird und nach DIN EN 1992-1-1 (01.2011) als $f_{p0,1k}$ und nach BASt-NaReLi (05.2011) als $\beta_{0,01}$ bezeichnet wird.
- Die Fließgrenze, welche meist über den plastischen Dehnungszuwachs von zwei Promille bestimmt wird und nach DIN EN 1992-1-1 (01.2011) als $f_{p0,2k}$ und nach BASt-NaReLi (05.2011) als β_s bezeichnet wird.
- Die Bruchgrenze, welche nach DIN EN 1992-1-1 (01.2011) als f_{pk} und nach BASt-NaReLi (05.2011) als σ_{br} bezeichnet wird
- Die zugehörigen Bruchdehnung, welche nach DIN EN 1992-1-1 (01.2011) als ε_{uk} und nach BASt-NaReLi (05.2011) als δ_{10} bezeichnet wird

Die Spannungs-Dehnungs-Linie des Spanstahls darf gemäß DIN EN 1992-1-1 (01.2011) in Verbindung mit der DIN EN 1992-1-1/NA (04.2013) wie folgt beschrieben werden:

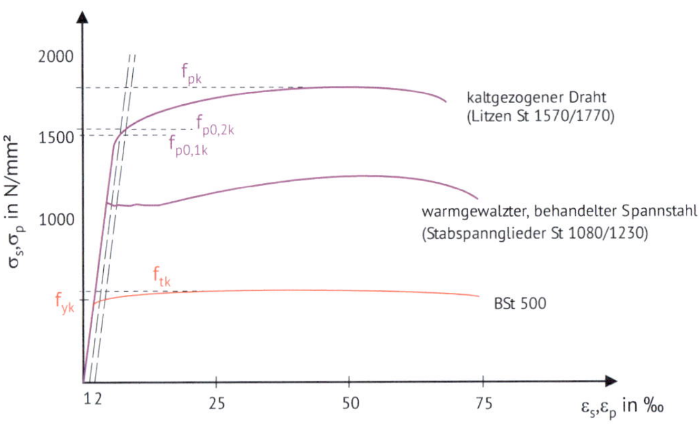

Abb. 3.10 Spannungs-Dehnungs-Linien für den Spannstahl

$$\sigma_{pd} = \begin{cases} \varepsilon_p \cdot E_p & \text{für } \varepsilon_p \leq \varepsilon_{pd} \\ f_{pd} + \frac{\varepsilon_p - \varepsilon_{pd}}{\varepsilon_{uk} - \varepsilon_{pd}} \cdot (f_{tpd} - f_{pd}) & \text{für } \varepsilon_{pd} \leq \varepsilon_s \leq \varepsilon_{uk} \end{cases} \tag{3.1}$$

Dabei ist:

σ_{pd}	Spannstahlspannung
ε_p	Dehnung des Spannstahls ($\varepsilon_p = \Delta\varepsilon_p + \varepsilon_{pmt} \leq 0{,}9\varepsilon_{uk}$)
E_p	E-Modul Spannstahl. Bei Litzen meist 195.000 N/mm^2. Bei Drähten meist 205.000 N/mm^2.
f_{pd}	Fließgrenze: $f_{pd} = f_{p0,1k}/\gamma_s$
ε_{pd}	Fließdehnung $\varepsilon_{pd} = f_{pd}/E_p$
ε_{uk}	Charakteristische Dehnung des Spannstahls unter Höchstlast
f_{tpd}	Bemessungswert der Zugfestigkeit des Spannstahls $f_{tpd} = f_{pk}/\gamma_s$

Da nach dem Fließen die Spannstahlbewehrung nur noch geringe Kraftzuwächse aufnehmen kann, müssen nahezu alle Kraftzuwächse durch die linear-elastische Verstärkung (meist CFK-Lamelle) aufgenommen werden. Da sich die Verstärkung bis zum Bruch linear-elastisch verhält, und somit ein deutlich spröderes Versagen aufweist als der Stahl, sollten die Spannungs-Dehnungs-Linie sowie die eingeprägten Zustände (Vordehnung, Vorspannung) möglichst genau abgebildet werden.

3.4.3 Beispielberechnungen am verstärkten Spannbetonquerschnitt

3.4.3.1 Allgemeines

Der in Abschn. 3.3.2 betrachtet Querschnitt soll nun, wie in Abb. 3.11 dargestellt, mit 6 CFK-Lamellen Sto S&P 150/2000 nach Z-36.12-86 (01.2025) mit der Breite von $b_L = 100$ mm und $t_L = 1{,}4$ mm verstärkt werden. Während der Verstärkung wirkt das Moment von $M_o = 90$ kNm. Für dieses Moment wurde Abschn. 3.3.2 die Vordehnung von $\varepsilon_c = 0{,}2\,‰$ und $\varepsilon_s = 0{,}05\,‰$ ermittelt.

Nach Z-36.12-86 (01.2025) ergibt sich die maximal ansetzbare Zugfestigkeit zu:

$$f_{LRud} = \alpha_{\text{zeit}} \cdot \frac{f_{Luk}}{\gamma_{LL}} = 0{,}9 \cdot \frac{2350}{1{,}2} = 1762{,}5 \text{ N/mm}^2$$

Ebenfalls kann aus Z-36.12-86 (01.2025) der E-Modul $E_L = 168000$ N/mm^2 und die Bruchdehnung $\varepsilon_{Luk} = 15\,‰$ abgelesen werden.

Die Festigkeitswerte des Betons und des Betonstahls B500B ergeben sich nach DIN EN 1992-1-1 (01.2011) in Verbindung mit der DIN EN 1992-1-1/NA (04.2013). Der Spannstahl St1570/1770 hat gemäß (Fingerloos et al., 2016) die idealisierten Festigkeitskennwerte von $f_{p0,1k} = 1500$ N/mm^2, $f_{p0,2k} = 1570$ N/mm^2 und $f_{pk} = 1770$ N/mm^2 sowie eine Bruchdehnung von $\varepsilon_{uk} = 35\,‰$.

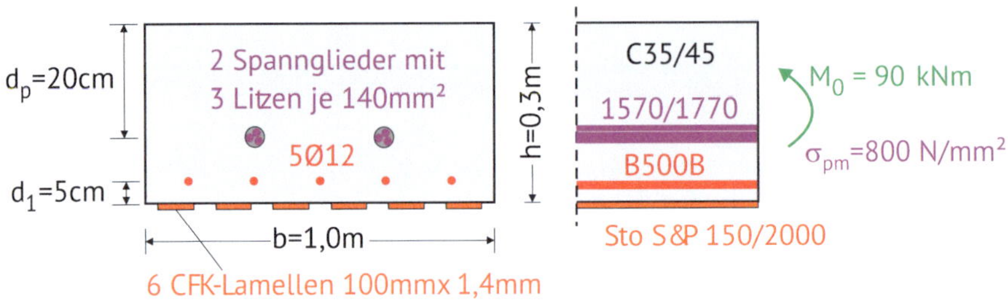

Abb. 3.11 Verstärkter Querschnitt für die Beispielberechnungen

3.4.3.2 Ermittlung der Tragfähigkeit

Zunächst wird die Tragfähigkeit des Querschnitts ermittelt. Dabei wird davon ausgegangen, dass die maximale Lamellendehnung erreicht wird.

$$\varepsilon_{LRd} = \frac{f_{LRd}}{E_{Lm}} = \frac{1762{,}5}{168 \cdot 10^3} = 10{,}49\,‰$$

Die maximal in der Bemessung ansetzbare Lamellenkraft ergibt sich somit zu:

$$F_{LRd} = f_{LRd} \cdot A_L = 1762{,}5 \cdot 140 \cdot 6 = 1480500\text{N}$$

Da die Lamellendehnung ε_{LRd} deutlich größer als f_{yd}/E_s ist, wird weiterhin davon ausgegangen, dass sich der Betonstahl im Fließen befindet. Auf einen Ansatz der Nachverfestigung des Betonstahls wird auf der sicheren Seite liegend verzichtet:

$$F_{sd} = \frac{A_s \cdot f_{yk}}{\gamma_s} = \frac{5{,}65 \cdot 10^2 \cdot 500}{1{,}15} = 245652\text{N}$$

Die Fließgrenze und die Festigkeit des Spannstahls ergibt sich gemäß DIN EN 1992-1-1 (01.2011) zu:

$$f_{pd} = \frac{f_{p0,1k}}{\gamma_s} = \frac{1500}{1{,}15} = 1304\ \text{N/mm}^2$$

$$f_{tpd} = \frac{f_{pk}}{\gamma_s} = \frac{1770}{1{,}15} = 1539\ \text{N/mm}^2$$

Dies entspricht folgender Dehnung:

$$\varepsilon_{pd} = \frac{f_{pd}}{E_p} = \frac{1304}{195} = 6{,}69\,‰$$

Durch die Vorspannung ist bereits folgende Dehnung aktiviert:

$$\varepsilon_{pmt} = \frac{\sigma_{pm}}{E_p} = \frac{800}{195} = 4{,}1\,‰$$

Somit tritt ein Fließen des Spannstahls ein, wenn die Zusatzdehnung von $\Delta\varepsilon_p = 6{,}69 - 4{,}1 = 2{,}59\,‰$ erreicht wird. Im Folgenden wird deshalb davon ausgegangen, dass die Spannstahlbewehrung ebenfalls fließt. Hierbei wird jedoch der ansteigende Ansatz der Spannungs-Dehnungs-Linie verwendet und die Spannstahlstahlspannung kann wie folgt ermittelt werden:

$$\sigma_{pd} = f_{pd} + \frac{\varepsilon_p - \varepsilon_{pd}}{\varepsilon_{uk} - \varepsilon_{pd}} \cdot \left(f_{tpd} - f_{pd}\right) =$$

$$\sigma_{pd} = 1304 + \frac{\Delta\varepsilon_p + 4{,}1 - 6{,}69}{35 - 6{,}69} \cdot (1539 - 1304) = 1304 + \frac{\Delta\varepsilon_p - 2{,}59}{28{,}31} \cdot 235$$

Die Vordehnung auf Höhe der aufgeklebten CFK-Lamellen ergibt sich mit der in Abschn. 3.3.2 ermittelten Vordehnung des Betonstahls zu:

$$\varepsilon_{L,0} = \varepsilon_{s,0} + \frac{d_L - d_s}{d_s} \cdot \left(\varepsilon_{s,0} + \varepsilon_{c,0}\right) = 0{,}05 + \frac{300 - 250}{250} \cdot (0{,}05 + 0{,}2) = 0{,}1\,‰$$

Die Gesamtdehnung des Querschnitts auf Höhe der Lamelle ergibt sich damit zu:

$$\varepsilon_{L,0} + \varepsilon_{LRd} = 0{,}1 + 10{,}49 = 10{,}59\,‰$$

Unter Annahme einer Betonstauchung $\varepsilon_c > 2\,‰$ kann die Betondruckkraft wie folgt beschrieben werden:

$$F_{cd} = b \cdot x \cdot f_{cd} \cdot \alpha_R = b \cdot \xi \cdot d_L \cdot f_{cd} \cdot \left(1 - \frac{2}{3 \cdot \varepsilon_c}\right) =$$

$$F_{cd} = 1000 \cdot x \cdot 19{,}83 \cdot \left(1 - \frac{2}{3 \cdot \varepsilon_c}\right)$$

Dabei wird die Druckzonenhohe wie folgt bestimmt und die Gleichung ist damit nur noch von der Betonstauchung abhängig.

$$x = \frac{\varepsilon_c}{\varepsilon_c + \varepsilon_{L,0} + \varepsilon_{LRd}} \cdot d_L = \frac{\varepsilon_c}{\varepsilon_c + 10{,}59} \cdot 300$$

Das Gleichgewicht am Querschnitt kann dann wie folgt beschrieben werden:

$$F_{cd} = F_{sd} + F_{pd} + F_{LRd}$$

$$1000 \cdot x \cdot 19{,}83 \cdot \left(1 - \frac{2}{3 \cdot \varepsilon_c}\right) = 245652 + \sigma_{pd} \cdot 8{,}4 \cdot 10^2 + 1480500$$

Über eine Gleichungslöser kann nun die Betonstauchung zu $\varepsilon_c = 10{,}6\,‰$ ermittelt werden und es ergibt sich:

$$F_{ck} = F_{sk} + F_{pk} + F_{LRd}$$

$$2827649 = 245652 + 1101285 + 1480500$$

Da dieser Wert größer als die maximale Stauchung des Betons $\varepsilon_{cu} = 3{,}5\,‰$ ist, ist die Betondruckzone maßgebend. Somit wird $\varepsilon_c = 3{,}5\,‰$ gesetzt und die

Lamellendehnung als Variable angenommen. Es wird nun davon ausgegangen, dass der Spannstahl nicht fließt, der Betonstahl jedoch schon. Somit ergeben sich die Beziehungen wie folgt:

$$x = \frac{\varepsilon_c}{\varepsilon_c + \varepsilon_{L,0} + \varepsilon_L} \cdot d_L = \frac{3{,}5}{3{,}5 + 0{,}1 + \varepsilon_L} \cdot 300$$

$$F_{cd} = 1000 \cdot x \cdot 19{,}83 \cdot 0{,}81$$

$$F_{Ld} = \varepsilon_L \cdot E_L \cdot A_L = \varepsilon_L \cdot 168 \cdot 6 \cdot 140$$

$$P_m = \sigma_{pm} \cdot A_p = 800 \cdot 8{,}4 \cdot 10^2 = 672000 \text{ N}$$

$$\Delta F_{pk} = \varepsilon_c \cdot \frac{d_p - x}{x} \cdot E_p \cdot A_p = 3{,}5 \cdot \frac{200 - x}{x} \cdot 195 \cdot 8{,}4 \cdot 10^2$$

Damit kann das Gleichgewicht beschrieben werden. Über eine Gleichungslöser kann nun die Lamellendehnung zu $\varepsilon_L = 4{,}94\,‰$ ermittelt werden und es ergibt sich:

$$F_{cd} = F_{sd} + \Delta F_{pk} + P_m + F_{Ld}$$

$$1974150 = 245652 + 359218 + 672000 + 697068$$

Damit können die Druckzonenhöhe und die anderen Dehnungen wie folgt bestimmt werden:

$$x = \xi \cdot d_L = \frac{\varepsilon_c}{\varepsilon_c + \varepsilon_{L,0} + \varepsilon_L} \cdot d_L = \frac{3{,}5}{3{,}5 + 0{,}1 + 4{,}94} \cdot 300 = 123 \text{ mm}$$

$$\Delta\varepsilon_p = \varepsilon_c \cdot \frac{d_p - x}{x} = 3{,}5 \cdot \frac{200 - 123}{123} = 2{,}19\,‰ < \varepsilon_{pd} - \varepsilon_{pmt} = 2{,}59\,‰$$

$$\varepsilon_s = \varepsilon_c \cdot \frac{d_s - x}{x} = 3{,}5 \cdot \frac{250 - 123}{123} = 3{,}61\,‰ > \varepsilon_{yd} = 2{,}175\,‰$$

Die Annahme, dass der Betonstahl fließt und dass der Spannstahl noch nicht, war somit korrekt. Über den Beiwert k_a (für $\varepsilon_c = 3{,}5\,‰$) können nun die inneren Hebelarme bestimmt werden:

$$a = k_a \cdot x = 0{,}416 \cdot 123 = 51 \text{ mm}$$

$$z_s = d_s - a = 250 - 51 = 199 \text{ mm}$$

$$z_p = d_p - a = 200 - 51 = 149 \text{ mm}$$

$$z_L = d_L - a = 300 - 51 = 249 \text{ mm}$$

Die Momententragfähigkeit des verstärkten Spannbetonquerschnitts ergibt sich somit zu:

$$M_{Rd} = z_{s1} \cdot F_{sd} + z_L \cdot F_{Ld} + z_p \cdot (\Delta F_{pk} + P_m) =$$

$$M_{Rd} = 199 \cdot 245652 + 249 \cdot 697068 + 149 \cdot (359218 + 672000) =$$

$$M_{Rd} = 376 \cdot 10^6 \text{ Nmm} = 376 \text{ kNm}$$

3.4.3.3 Ermittlung der Dehnungen bei beliebiger Belastung

Es soll für den Querschnitt aus Abschn. 3.4.3.1 die Dehnung für $M_{Ed} = 300$ kNm ermittelt werden. Zur Berechnung ist ein zweifach iteratives Vorgehen erforderlich. Zunächst wird die Lamellendehnung zu $\varepsilon_L = 3{,}05\,‰$ geschätzt. Mit dieser Annahme lässt sich nun die Zugkraft in der Lamelle ermitteln:

$$F_{Ld} = \varepsilon_L \cdot E_L \cdot A_L = 3{,}05 \cdot 168 \cdot 6 \cdot 140 = 430416 \text{ N}$$

Die Gesamtdehnung des Querschnitts auf Höhe der Lamelle ergibt sich damit zu:

$$\varepsilon_{L,0} + \varepsilon_{LRd} = 0{,}1 + 3{,}05 = 3{,}15\,‰$$

Es wird davon ausgegangen, dass sich der Betonstahl im Fließen befindet, aber der Spannstahl noch nicht fließt. Damit können die weiteren Zugkräfte bestimmt werden:

$$F_{sd} = \frac{A_s \cdot f_{yk}}{\gamma_s} = \frac{5{,}65 \cdot 10^2 \cdot 500}{1{,}15} = 245652 \text{ N}$$

$$P_m = \sigma_{pm} \cdot A_p = 800 \cdot 8{,}4 \cdot 10^2 = 672000 \text{ N}$$

$$\Delta F_{pk} = \varepsilon_c \cdot \frac{d_p - x}{x} \cdot E_p \cdot A_p = \varepsilon_c \cdot \frac{200 - x}{x} \cdot 195 \cdot 8{,}4 \cdot 10^2$$

Unter Annahme einer Betonstauchung $\varepsilon_c > 2\,‰$ kann die Betondruckkraft wie folgt beschrieben werden:

$$F_{cd} = b \cdot x \cdot f_{cd} \cdot \alpha_R = b \cdot x \cdot f_{cd} \cdot \left(1 - \frac{2}{3 \cdot \varepsilon_c}\right) =$$

$$F_{cd} = 1000 \cdot x \cdot 19{,}83 \cdot \left(1 - \frac{2}{3 \cdot \varepsilon_c}\right)$$

Dabei wird die Druckzonenhohe wie folgt bestimmt und die Gleichung ist damit nur noch von der Betonstauchung abhängig.

$$x = \frac{\varepsilon_c}{\varepsilon_c + \varepsilon_{L,0} + \varepsilon_{LRd}} \cdot d_L = \frac{\varepsilon_c}{\varepsilon_c + 3{,}15} \cdot 300$$

Das Gleichgewicht am Querschnitt kann dann wie folgt beschrieben werden:

$$F_{cd} = F_{sd} + \Delta F_{pk} + P_m + F_{Ld}$$

Über eine Gleichungslöser kann nun die Betonstauchung zu $\varepsilon_c = 2{,}05\,‰$ ermittelt werden und es ergibt sich:

$$1580484 = 245652 + 232204 + 672000 + 430416$$

Mit der Dehnung von $\varepsilon_c = 0{,}289\,‰$ kann nun die Druckzonenhöhe bestimmt werden:

$$x = \frac{\varepsilon_c}{\varepsilon_c + \varepsilon_s} \cdot d = \frac{0{,}289}{0{,}289 + 0{,}2} \cdot 250 = 148 \text{ mm}$$

Damit können die Druckzonenhöhe und die anderen Dehnungen wie folgt bestimmt werden:

$$x = \xi \cdot d_L = \frac{\varepsilon_c}{\varepsilon_c + \varepsilon_{L,0} + \varepsilon_L} \cdot d_L = \frac{2{,}05}{2{,}05 + 0{,}1 + 3{,}05} \cdot 300 = 118 \text{ mm}$$

$$\Delta\varepsilon_p = \varepsilon_c \cdot \frac{d_p - x}{x} = 2{,}05 \cdot \frac{200 - 118}{118} = 1{,}42\,‰ < \varepsilon_{pd} - \varepsilon_{pmt} = 2{,}59\,‰$$

$$\varepsilon_s = \varepsilon_c \cdot \frac{d_s - x}{x} = 2{,}05 \cdot \frac{250 - 118}{118} = 2{,}28\,‰ > \varepsilon_{yd} = 2{,}175\,‰$$

Die Annahme, dass der Betonstahl fließt und dass der Spannstahl noch nicht, war somit korrekt. Über den Beiwert k_a (für $\varepsilon_c > 2\,‰$) können nun die inneren Hebelarme bestimmt werden:

$$k_a = \frac{3 \cdot {\varepsilon_c}^2 - 4 \cdot \varepsilon_c + 2}{6 \cdot {\varepsilon_c}^2 - 4 \cdot \varepsilon_c} = \frac{3 \cdot 2{,}05^2 - 4 \cdot 2{,}05 + 2}{6 \cdot 2{,}05^2 - 4 \cdot 2{,}05} = 0{,}376$$

$$a = k_a \cdot x = 0{,}376 \cdot 118 = 44{,}5 \text{ mm}$$

$$z_s = d_s - a = 250 - 44{,}5 = 205{,}5 \text{ mm}$$

$$z_p = d_p - a = 200 - 44{,}5 = 155{,}5 \text{ mm}$$

$$z_L = d_L - a = 300 - 44{,}5 = 255{,}5 \text{ mm}$$

Das innere Moment des verstärkten Spannbetonquerschnitts ergibt sich somit zu:

$$M_{Rd} = z_{s1} \cdot F_{sd} + z_L \cdot F_{Ld} + z_p \cdot (\Delta F_{pk} + P_m) =$$

$$M_{Rd} = 205{,}5 \cdot 245652 + 255{,}5 \cdot 430416 + 155{,}5 \cdot (232204 + 672000) =$$

$$M_{Rd} = 301 \cdot 10^6 \text{Nmm} = 301 \text{kNm}$$

Da nun somit das äußere Moment von $M_{Ed} = 300$ kNm circa dem inneren Moment von 301 kNm entspricht, herrschen bei dieser Einwirkung folgende Dehnung $\varepsilon_c = 2{,}05\,‰$ und $\varepsilon_L = 3{,}05\,‰$ am Querschnitt.

3.5 Eingeklebte Bewehrung

Bei einer Verstärkung von Spannbetonbauteilen mit eingeklebter Bewehrung sind neben den in den vorherigen Abschnitten beschriebenen Besonderheiten keine weiteren Einflüsse in den bauartspezifischen Nachweisen enthalten. Aufgrund des elastischen Verhaltens der Lamelle sollte jedoch, wie im vorherigen Abschnitt beschrieben, auf eine exakte Ermittlung der Kräfte unter Berücksichtigung der Vordehnungen und der Vorspannung sowie dem Zustand, während des Verstärkens (ungerissen oder gerissen) geachtet werden. Unter dieser Voraussetzung können die Nachweise nach der DAfStb-RiLi VBgB (03.2012) in derselben Weise wie die für Stahlbeton geführt werden. Die Nachweise sind umfangreich in (Finckh, 2024) mit Beispielen erläutert.

3.6 Aufgeklebte Bewehrung

3.6.1 Allgemeines

Zur Verstärkung von Spannbetonbauteilen gibt es nur wenige experimentelle Untersuchungen. Neben dem Versuch von (Rostásy & Neubauer, 1995) an einer mittels CFK-Lamellen verstärkten, vorgespannten Balkonplatte des Typs WBS 70 gibt es noch einen Versuch mit verbundloser Vorspannung in (Zilch et al., 2012). Gemäß (Finckh, 2012) können sich beim Verstärken von Spannbetonträgern theoretisch mehrere Effekte verändernd auf die Verbundkraftübertragung auswirken:

- Veränderte Spannungszustände in der oberflächennahen Betonschicht
- Verändertes Krümmungsverhalten
- Verändertes Rissverhalten der Spannbetonbauteile gegenüber nicht vorgespannten Betonbauteilen

Des Weiteren sind der Verstärkungszeitpunkt und die Belastung während des Verstärkens bei Spannbetonträgern von einer deutlich größeren Bedeutung als bei nicht vorgespannten Betonbauteilen. Auch eine Interaktion zwischen den drei verschiedenen Bewehrungssträngen gemäß (Zehetmaier, 2006) tritt auf. Eine genaue Lösung dieses Problems für drei Bewehrungsstränge führt jedoch zu sehr unübersichtlichen, teilweise analytisch nicht mehr lösbaren Gleichungen. Des Weiteren ist nicht geklärt, wie der experimentell ermittelte Korrekturbeiwert ξ für die verschiedenen Spannglieder gewählt werden soll. Näherungsweise könnte die Umlagerung gemäß (Schnellenbach-Held & Buschmeyer, 2006) getrennt, zunächst zwischen Betonstahl und geklebter Bewehrung und dann zwischen Betonstahl und Spannstahl betrachtet werden. Experimentell ist auch dieses Vorgehen nicht bestätigt.

3.6.2 Veränderte Spannungszustände in der oberflächennahen Betonschicht

Im Bereich der Lasteinleitung bzw. der Verankerung des Spanngliedes kann es aufgrund der Einleitung der konzentrierten Lasten aus dem Spannglied zu Querzugspannungen kommen. Die Verankerung von Spanngliedern kann im Wesentlichen in zwei Fälle unterschieden werden: in die Verankerung von Spanngliedern beim Vorspannen gegen den erhärtetenden Beton und in die Verankerung der Spannglieder bei der Vorspannung im sofortigen Verbund. Bei beiden Spanngliedverankerungsarten treten Querzugspannungen (vgl. (Finckh, 2023a)) auf.

Diese Querzugspannungen treten nur im Bereich der Verankerungslänge auf, welche sich im Regelfall im ungerissenen Bereich befindet, sodass der geklebten Bewehrung hier keine Kräfte zugewiesen werden. Somit tritt ein veränderter Spannungszustand in der oberflächennahen Betonschicht nur in Sonderfällen auf und hat somit nur im Einzelfall einen Einfluss auf die Verbundkraftübertragung.

3.6.3 Verändertes Krümmungsverhalten

Das veränderte Krümmungsverhalten des Spannbetonbauteils kann über die in Abschn. 3.3 und 3.4 beschrieben Einflüsse exakt über die Dehnungen bestimmt werden. Dies sollte dann auch in den Verbundnachweisen berücksichtigt werden. Hierbei sollte immer die Anwendung des genauen Nachweises am Zwischenrisselement erfolgen.

3.6.4 Rissverhalten der Spannbetonbauteile

Das geänderte Rissverhalten von Spannbetonbauteilen hat den größten Einfluss auf den Verbundnachweis von aufgeklebter Bewehrung. In der DAfStb-RiLi VBgB (03.2012) wird ein Ansatz zur Ermittlung des Rissmomentes vorgespannte Bauteile zur Verfügung gestellt, welcher in Gl. (3.2) wiedergegeben ist.

$$M_{cr} = \left(\kappa_{fl} \cdot f_{ctm,surf} - \sigma_p \cdot \frac{A_p}{A_c}\right) \cdot W_{c,0} - \sigma_p \cdot A_p \cdot z_p \tag{3.2}$$

Dabei ist:

κ_{fl}	$\kappa_{fl} = (1{,}6 - h/1000) \geq 1{,}0$
$W_{c,o}$	Widerstandsmoment
$f_{ctm,surf}$	Oberflächenzugfestigkeit
h	Gesamthöhe des Bauteils in [mm]
A_p	Spanngliedfläche
A_c	Querschnittsfläche
σ_p	Vorspannung zum Zeitpunkt der Verstärkung
z_p	Abstand des Spanngliedes zum Schwerpunkt

Aus Gl. (3.2) ist ersichtlich, dass bei Spannbetonbauteilen im nachträglichen Verbund, wie sie meist im Brückenbau verwendet werden, das Rissmoment an jeder Stelle anders ist, da sowohl die Vorspannung wie auch die Höhenlage der Spannglieder variieren.

Mit diesem veränderlichen Rissmoment kann über die Eintragungslänge der Rissabstand bestimmt werden. Der Rissabstand s_r kann im Mittel bei abgeschlossenem Rissbild vereinfacht aus der eineinhalbfachen Eintragungslänge des Betonstahls bestimmt werden.

$$s_r = 1{,}5 \cdot l_{e,0} \tag{3.3}$$

Die Eintragungslänge $l_{e,0}$ des Betonstahls wird über das Rissmoment M_{cr} aus Gl. (3.2) und die mittlere Verbundkraft F_{bsm} des Betonstahls bestimmt. Gemäß der DAfStb-RiLi VBgB (03.2012) darf jedoch auch die Verbundwirkung der Spannbewehrung berücksichtigt werden, wenn diese in der Zugzone liegt. Somit kann die Eintragungslänge wie folgt erweitert werden:

$$l_{e,0} = \frac{M_{cr}}{z_s \cdot F_{bsm} + z_p \cdot F_{psm}} \tag{3.4}$$

Dabei ist:

M_{cr} Rissmoment nach Gl. (3.2) in [Nmm]
F_{bsm} mittlere Verbundkraft Betonstahl nach Gl. (3.5) in [N/mm]
z_s Hebearm der Betonstahlbewehrung im Zustand II (darf vereinfacht zu 0,85h angenommen werden) in [mm]
F_{psm} mittlere Verbundkraft Spannstahl nach Gl. (3.7) in [N/mm]
z_p Hebearm der Spannstahlbewehrung im Zustand II in [mm]

Die mittlere Verbundkraft bestimmt sich hier über den Umfang des Betonstahls sowie über den mittleren Verbundbeiwert.

$$F_{bsm} = \sum\nolimits_{i=1}^{n} n_{s,i} \cdot \phi_i \cdot \pi \cdot f_{bSm} \tag{3.5}$$

Dabei ist:

$n_{\mathrm{s,i}}$ Stabanzahl
ϕ_i Stabdurchmesser in mm
f_{bSm} mittlere Verbundspannung nach Gl. (3.6) in [N/mm2]

Für die mittlere Verbundspannung f_{bSm} der Betonstähle sind die Werte aus Gl. (3.6) in Abhängigkeit vom verwendeten Betonstahl angegeben.

$$f_{bSm} = \begin{cases} \kappa_{vb1} \cdot 0{,}43 \cdot {f_{cm}}^{2/3} & \text{für gerippten Betonstahl} \\ \kappa_{vb2} \cdot 0{,}28 \cdot \sqrt{f_{cm}} & \text{für glatten Betonstahl} \end{cases} \tag{3.6}$$

Dabei ist:

κ_{vb1} 1,0 für gute und 0,7 für mäßige Verbundbedingungen
κ_{vb2} 1,0 für gute und 0,5 für mäßige Verbundbedingungen
f_{cm} Mittlere Betondruckfestigkeit in [N/mm2]

Die mittlere Verbundkraft der Spannbewehrung bestimmt sich ähnlich wie die von Betonstahl.

$$F_{psm} = \sum\nolimits_{i=1}^{n} n_{p,i} \cdot \phi_{p,i} \cdot \pi \cdot f_{psm} \tag{3.7}$$

Bei der Ermittlung des Durchmessers muss beachten werden, dass nach DIN EN 1992-1-1 (01.2011) in Verbindung mit der DIN EN 1992-1-1/NA (04.2013) hier Besonderheiten gelten. Der Durchmesser oder äquivalenteDurchmesser der Spannstahlbewehrung ergibt sich zu:

- $\phi_p = 1{,}6 \cdot \sqrt{A_p}$ für Bündelspannglieder
- $\phi_p = 1{,}75 \cdot \phi_{wire}$ für Einzellitzen mit 7 Drähten
- $\phi_p = 1{,}20 \cdot \phi_{wire}$ für Einzellitzen mit 3 Drähten

Dabei ist ϕ_{wire} der Durchmesser des Drahts. Für Einzeldrähte oder Stäbe ist der Durchmesser des Drahtes oder Stabs anzunehmen. Für Ovaldrähte muss in Gl. (3.7) statt $\phi_{p,i} \cdot \pi$ der Umfang des Ovaldrahts angesetzt werden.

Für die mittlere Verbundspannung f_{pSm} der Spannstähle sind die Werte aus Gl. (3.6) für gerippten Betonstahl über die Verhältniswerte der Verbundfestigkeit von Spannstahl zur Verbundfestigkeit von Betonstahl nach DIN EN 1992-1-1 (01.2011) in Verbindung mit der DIN EN 1992-1-1/NA (04.2013) zu modifizieren.

$$f_{bpm} = \xi \cdot f_{bsm} \tag{3.8}$$

Dabei ist:

f_{bsm} Verbundfestigkeit von gerippten Betonstahl mit gutem Verbund nach Gl. (3.6)
ξ Verhältniswerte der Verbundfestigkeit nach Tab. 3.1

Da auch in Gl. (3.4) sowohl das Rissmoment als auch die Höhenlage der Spannglieder eingeht, variieret auch der Rissabstand entlang des Trägers.

Eine weitere Besonderheit ist, dass nicht unbedingt die Stelle mit der höchsten Beanspruchung den Erstriss auslösen muss, sondern auch eine andere Stelle, wenn hier ein ungünstigeres Rissmoment im Vergleich zur Beanspruchung vorliegt. Diese sollte auf jeden Fall überprüft werden.

Der Ansatz des Rissabstandes nach der DAfStb-RiLi VBgB (03.2012) ist bekanntermaßen stark konservativ. In (Finckh, 2012) wurde ein weiterer Ansatz zur Ermittlung des Rissabstandes unter Berücksichtigung der Verbundwirkung der geklebten Bewehrung vorgestellt, welcher zu erheblich kleineren Rissabständen führt, jedoch deutlich komplexer zu berechnen ist. Bei einem Vergleich mit den

Tab. 3.1 Verhältniswerte der Verbundfestigkeit von Spannstahl zur Verbundfestigkeit von Betonstahl

	ξ			
Spannstahl	Sofortiger Verbund		Nachträglicher Verbund	
	≥C50/60	≥C70/85	≥C50/60	≥C70/85
Glatte Stäbe und Drähte	Nicht anwendbar	N. a.	0,30	0,15
Litzen	0,6	0,3	0,5	0,25
Profilierte Drähte	0,7	0,35	0,6	0,30
Gerippte Stäbe	0,8	0,4	0,7	0,35

wenigen Versuchen an verstärkten Spannbetonbauteilen wurde jedoch auch festgestellt, dass selbst dieser Ansatz immer noch recht konservativ ist.

3.6.5 Endverankerungsnachweis

Neben dem Nachweis am Zwischenrisselement ist bei Spannbetonbauteilen mit aufgeklebter Bewehrung auch stets der Endverankerungsnachweis zu führen. Diesem kommt insbesondere bei hoch vorgespannten Bauteilen aufgrund des hohen Rissmomentes und der dabei frei werdenden großen Lamellenkräften eine zentrale Bedeutung zu.

Nach der DAfStb-RiLi VBgB (03.2012) sind grundsätzlich der Endverankerungsnachweise für aufgeklebte Bewehrungen möglich, welche in Abhängigkeit der Wirtschaftlichkeit beziehungsweise der Gegebenheiten gewählt werden. Eine Erläuterung dieser Nachweise ist in (Finckh, 2024) enthalten.

Häufig wird bei der Verstärkung von Stahlbetonbauteilen der Endverankerungsnachweis am auflagernächsten Biegeriss unter Berücksichtigung der Zugkraftumlagerung nach (Zehetmaier, 2006) geführt. Dieser Nachweis kann jedoch nicht ohne weiteres in dieser Form bei Spannbetonbauteilen erfolgen, da die zusätzliche Interaktion zur Spannbewehrung nicht vollständig geklärt ist. Eine Erweiterung dieses Nachweises für Spannbetonbauteile wäre jedoch denkbar. Auf der sicheren Seite liegend kann der Nachweis am auflagernächsten Biegeriss unter Vernachlässigung der Interaktion zwischen den Bewehrungssträngen erfolgen.

Alternativ zu diesem Nachweis kann auch der Endverankerungsnachweis an einem beliebigen Zwischenrisselement erfolgen.

Da meist jedoch die Verankerungskräfte bei Spannbetonbauteilen relativ hoch sind, ist oft nur der Endverankerungsnachweis unter der Anrechnung einer zusätzlichen und Bügelumschließung bei Spannbetonbauteilen sinnvoll durchführbar, welcher ebenfalls in der DAfStb-RiLi VBgB (03.2012) enthalten ist und von (Husemann, 2009) entwickelt wurde. Somit ist häufig eine Bügelumschließung am Ende der Lamelle bei Spannbetonbauteilen notwendig.

Literatur

BASt-NaReLi. (05.2011). *Richtlinie zur Nachrechnung von Straßenbrücken im Bestand (Nachrechnungsrichtlinie)*. Bergisch-Gladbach.

Bieger, K.-W., Lierse, J., & Roth, J. (1995). *Stahlbeton- und Spannbetontragwerke; Berechnung, Bemessung und Konstruktion*. Springer.

DAfStb-RiLi VBgB. (03.2012). Richtlinie Verstärken von Betonbauteilen mit geklebter Bewehrung.

DIN 1045-1. (07.2001). Tragwerke aus Beton, Stahlbeton und Spannbeton – Teil 1: Bemessung und Konstruktion.

DIN 4227 (10.1953). Spannbeton – Richtlinie für Bemessung und Ausführung, Berlin.

DIN 4227-2. (07.1982). Spannbeton – Bauweise mit teilweiser Vorspannung, Berlin.

DIN EN 1992-1-1. (01.2011). Eurocode 2: Bemessung und Konstruktion von Stahlbeton- und Spannbetontragwerken – Teil 1-1: Allgemeine Bemessungsregeln und Regeln für den Hochbau; Deutsche Fassung EN 1992-1-1:2004 + AC:2010, Berlin.

DIN EN 1992-1-1/NA. (04.2013). Nationaler Anhang – National festgelegte Parameter – Eurocode 2: Bemessung und Konstruktion von Stahlbeton- und Spannbetontragwerken – Teil 1–1: Allgemeine Bemessungsregeln und Regeln für den Hochbau; Deutsche Fassung EN 1992–1–1:2004 + AC:2010, Berlin.

DIN EN 1992-2. (12.2010). Eurocode 2: Bemessung und Konstruktion von Stahlbeton- und Spannbetontragwerken – Teil 2: Betonbrücken – Bemessungs- und Konstruktionsregeln; Deutsche Fassung EN 1992-2:2005 + AC:2008, Berlin.

DIN EN 1992-2/NA. (04.2013). Nationaler Anhang – National festgelegte Parameter – Eurocode 2: Bemessung und Konstruktion von Stahlbeton- und Spannbetontragwerken – Teil 2: Betonbrücken – Bemessungs- und Konstruktionsregeln, Berlin

Finckh, W. (2012). Einfluss bauteilspezifischer Effekte auf die Bemessung von mit CFK-Lamellen verstärkten Stahlbetonbauteilen. Dissertation, München.

Finckh, W. (2023a). *Mit Stabwerkmodellen zur Bewehrungsführung; Detailnachweise im Stahlbetonbau*. Springer Vieweg.

Finckh, W. (2023b). *Stahlbetonkonstruktion; Von der Bewehrungskonstruktion zum Bewehrungsplan*. Springer Vieweg; Springer Fachmedien Wiesbaden.

Finckh, W. (2024). *Verstärken von Betonbauteilen; Tragwerksplanung im Bestand*. Springer Fachmedien Wiesbaden; Imprint Springer Vieweg.

Fingerloos, F., Hegger, J., & Zilch, K. (Hrsg.). (2016). *Eurocode 2 für Deutschland; DIN EN 1992-1-1 Bemessung und Konstruktion von Stahlbeton- und Spannbetontragwerken : Teil 1–1: Allgemeine Bemessungsregeln und Regeln für den Hochbau mit Nationalem : Anhang Kommentierte Fassung*. Beuth; Ernst & Sohn.

Fraunhofer IRB. (23.03.2024). BZP – Datenbank für bauaufsichtliche Zulassungen und Prüfzeugnisse. https://www.baufachinformation.de/produkte/zulassungen. Zugegriffen: 23. März 2024.

Grasser, E., Kupfer, H., Pratsch, G., & Feix, J. (1996). Bemessung von Stahlbeton- und Spannbetonbauteilen nach EC2 für Biegung, Längskraft, Querkraft und Torsion. In J. Eibl (Hrsg.), *Beton Kalender 1996* (S. 341–498). Ernst & Sohn.

HA-SPK. (06.2011). Handlungsanweisung zur Überprüfung und Beurteilung von älteren Brückenbauwerken, die mit vergütetem, spannungsrisskorrosionsgefährdetem Spannstahl erstellt wurden (Handlungsanweisung Spannungsrisskorrosion).

Husemann, U. (2009). Erhöhung der Verbundtragfähigkeit von nachträglich aufgeklebten Lamellen durch Bügelumschließungen. Dissertation, Braunschweig.

Leonhardt, F. (1973). *Spannbeton für die Praxis*. Ernst & Sohn.

Magnel, G. (1948). *Le beton précontraint*. Editions Fecheyr.

Rombach, G. A. (2010). *Spannbetonbau*. Ernst & Sohn.

Roßner, W., & Graubner, C.-A. (2012). *Spannbetonbauwerke; Bemessungsbeispiele nach Eurocode 2*. Ernst & Sohn.

Rostásy, R., & Neubauer, U. (1995). Bauteilversuche an vorgespannten Balkonplatten, Typ WBS 70 zur Beurteilung einer Verstärkung mit Laschen aus kohlefaserverstärktem Kunststoff.

Schnell, J., Zilch, K., Dunkelberg, D., & Weber, M. (2016). *Sachstandbericht Bauen im Bestand – Teil I: Mechanische Kennwerte historischer Betone, Betonstähle und Spannstähle für die Nachrechnung von bestehenden Bauwerken; DAfStb-Heft 616*. Beuth Verlag.

Schnellenbach-Held, M., & Buschmeyer, W. (2006). Verbundsicherung bei klebearmierten Spannbetonbauteilen.

Z-13.1-21. (03.1998). SUSPA-Litzenspannverfahren 140mm2.

Z-36.12-86. (01.2025). Bausatz zum Verstärken von Beton-, Stahl- und Spannbetonbauteilen durch schubfest aufgeklebte Sto S&P CFK Lamellen nach der DAfStb-Verstärkungs-Richtlinie.

Zehetmaier, G. (2006). Zusammenwirken einbetonierter Bewehrung mit Klebearmierung bei verstärkten Betonbauteilen. Dissertation, München.

Zilch, K., & Weiher, H. (2008). 120 Jahre Spannbetonbau – von Doehring und Jackson bis heute. *Beton- und Stahlbetonbau, 103,* 422–430.

Zilch, K., & Zehetmaier, G. (2010). *Bemessung im konstruktiven Betonbau; Nach DIN 1045–1 (Fassung 2008) und EN 1992-1-1 (Eurocode 2)*. Springer.

Zilch, K., Niedermeier, R., & Finckh, W. (2012). *Praxisgerechte Bemessungsansätze für das wirtschaftliche Verstärken von Betonbauteilen mit geklebter Bewehrung – Querkrafttragfähigkeit; DAfStb-Heft 594*. Beuth Verlag GmbH.

Beispiel: Verstärken einer Spannbetonbrücke

4

Zusammenfassung

In Kap. 4 wird anhand eines Beispiels die Verstärkung einer Spannbetonbrücke mit aufgeklebter Bewehrung erläutert. Bei der zu verstärkenden Brücke handelts es sich um eine zweifeldrige Fußgängerbrücke mit girlandenförmigen Spanngliedern aus den 1960er Jahren. Das Beispiel ist umfangreich und enthält alle erforderlichen Nachweise.

4.1 Aufgabenstellung

Eine Fußgängerbrücke aus dem Jahre 1968 soll im Jahr 2025 saniert werden. Im Rahmen der Sanierung sollen nicht vorhandene Brückenkappen und eine Abdichtung mit Asphaltbelag ergänzt werden. Die Veränderung des Brückenquerschnitts zeigt Abb. 4.1.

Die Brücke soll mit der veränderten Ausbaulasten nach den aktuellen Regelwerken nachgewiesen werden.

Ergänzende Information Die elektronische Version dieses Kapitels enthält Zusatzmaterial, auf das über folgenden Link zugegriffen werden kann https://doi.org/10.1007/978-3-658-49258-8_4.

W. Finckh et al., *Brückenverstärkung mit geklebter Bewehrung*,
https://doi.org/10.1007/978-3-658-49258-8_4

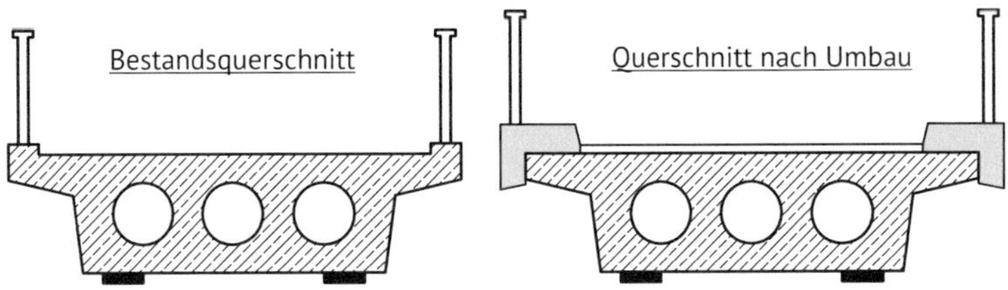

Abb. 4.1 Veränderung des Brückenquerschnitts der Fußgängerbrücke

4.2 Angaben zum Bestand

4.2.1 Allgemeines

Bei der Brücke handelt es sich um zweifeldige Brücke mit dem Querschnitt nach Abb. 4.2. Jedes Feld soll eine Spannweite von 22 m haben, wie dies im Längsschnitt in Abb. 4.3 dargestellt ist.

Beim Bau wurde ein Beton B600 und Rippentorstahl nach II B 2-2.420 Nr. 2444/62 (10.1962) verwendet. Der Überbau wurde mit Spanngliedern WA54 aus St 125/140 nach dem Spannverfahren Wayss & Freytag nach V A2-64b 08/27-9/67 (04.1967) vorgespannt. Aus den Bestandsunterlagen ist zu erkennen, dass ein Spannstahl St 125/140 von Felten & Guilleaume verwendet wurde. Gemäß der DIN 1072 (11.1967) wurde die Brücke auf eine Verkehrslast von 3,0 kN/m^2 ausgelegt.

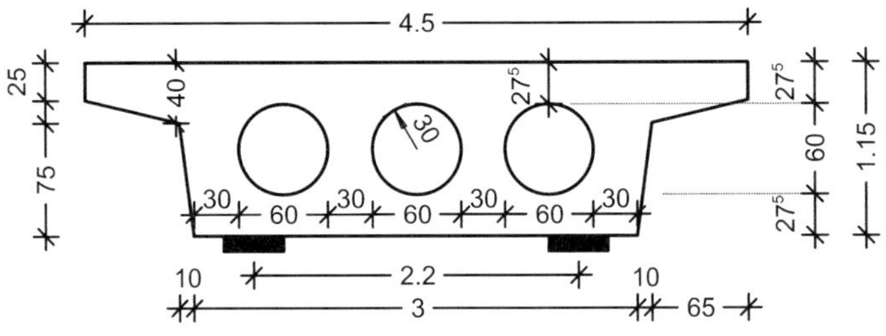

Abb. 4.2 Brückenquerschnitt der Fußgängerbrücke

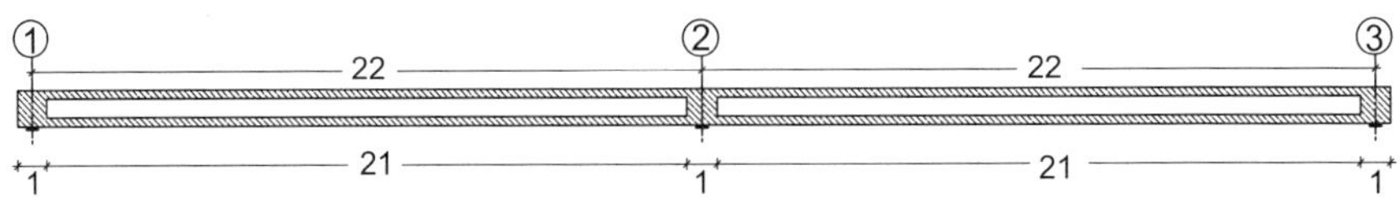

Abb. 4.3 Brückenlängsschnitt der Fußgängerbrücke

4.2.2 Spannglieder

Es wurden Spannlieder WA 54 nach V A2-64b 08/27-9/67 (04.1967) verwendet, welche aus 6 Drähten Ø12,2 mm bestehen und auf 54Mp (540kN) vorgespannt werden dürfen. Damit beträgt die Spanngliedfläche eines Spannglieds:

$$A_p = \frac{12{,}2^2}{4} \cdot \pi \cdot 6 = 701{,}4\,\text{mm} = 7{,}014 \cdot 10^{-4}\,\text{m}^2$$

Je Feld wurden 6 Spannglieder des Typs WA 54 mit einem Hüllrohr Ø50mm verbaut. Über der Stütze übergreifen sich diese Spannglieder, wie es in Abb. 4.4 dargestellt ist. Somit sind im Stützmomentenbereich 12 Spannglieder vorhanden. Die Spannglieder wurden somit von den Endauflagern her vorgespannt.

Die detaillierte Spanngliedlage ist als Mittelwert der Hüllrohrachse in Abb. 4.5 dargestellt.

Gemäß V A2-64b 08/27-9/67 (04.1967) haben die Spannglieder einen Reibbeiwert von 0,1 beim Anspannen und einen Keilschlupf von 3 mm. Die Anspannfaktoren wurden der Bestandsstatik entnommen. Damit ergibt sich analog der Bestandsstatik der Spannkraftverlauf in Abb. 4.6.

4.2.3 Bewehrung

Die Grundbewehrung des Querschnitts ist in Abb. 4.7 dargestellt. Über der Stütze wurde die obere Lage durch 23Ø18 zusammen mit 23Ø20 ausgetauscht.

Somit ergibt sich als Feldmomentenbewehrung ein Querschnitt von 11,7 cm^2 und im Stützmomentenbereich ein Bewehrungsquerschnitt von 130cm2. Die

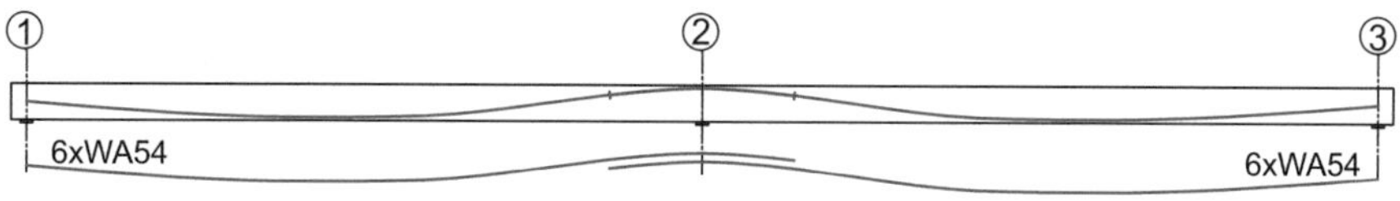

Abb. 4.4 Schema der Verlegung der Spannglieder

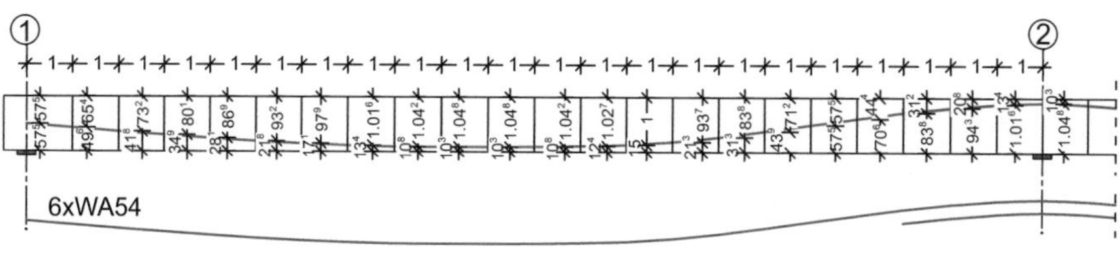

Abb. 4.5 Höhenlage der Spanngliedachse

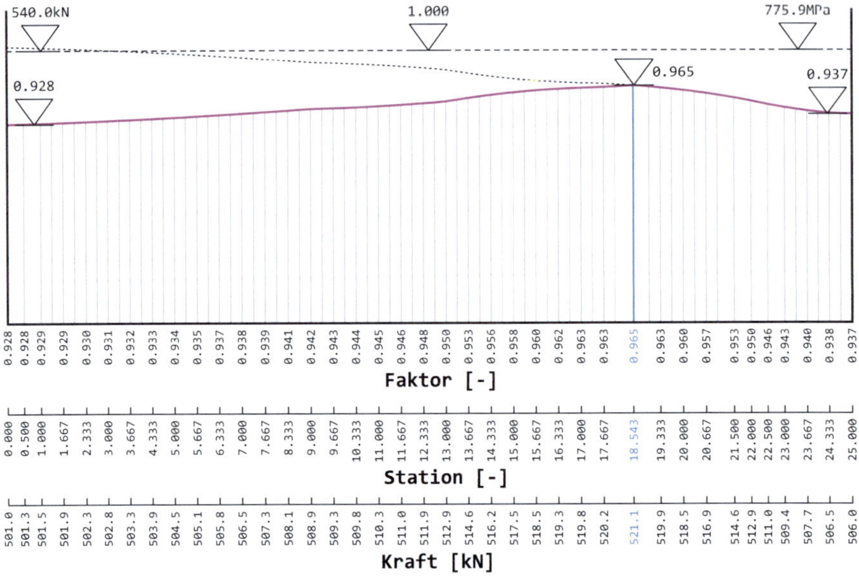

Abb. 4.6 Spannkraftverlauf im Spannglied

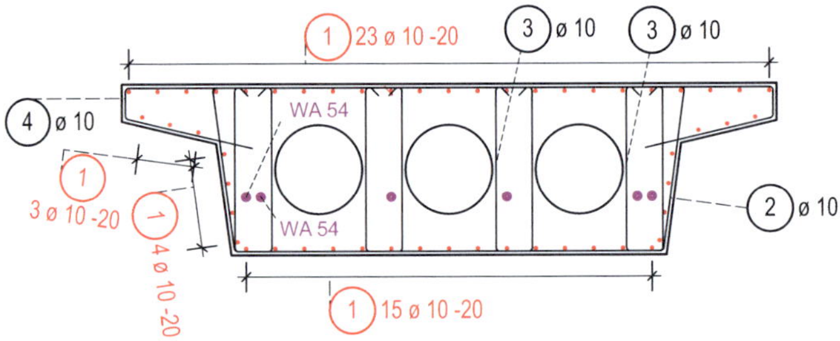

Abb. 4.7 Grundbewehrung des Querschnitts der Fußgängerbrücke

Betondeckung beträgt 3 cm. Als Querbewehrung sind ebenfalls Ø10 mm verbaut. Damit ergibt sich die statische Nutzhöhe von:

$d = h - c - \phi_q - \phi_l/2 = 1150 - 30 - 10 - 10/2 = 1105\,\text{mm}.$

Als Querkraftbewehrung sind im Regelquerschnitt 10 Bügelschenkel Ø10/20 vorhanden. Dies ergibt eine Querkraftbewehrung von $a_{sw} = 39{,}3\,\text{cm}^2/\text{m}$. Über der Stütze werden diese auf Ø10/10 erhöht und haben damit eine Bewehrungsmenge von $a_{sw} = 78{,}6\,\text{cm}^2/\text{m}$.

4.3 Nachrechnung

4.3.1 Modellbildung

Die Brücke wird im Programmpaket (SOFiSTiK AG, 2025) als Einstabsystem abgebildet. Die Eingabebefehle sind im Zusatzmaterial zum Buch wiedergeben und das Berechnungsmodell ist in Abb. 4.8 dargestellt.

4.3.2 Material

Der Beton B600 entspricht gemäß BASt-NaReLi (05.2011) einem C40/50. Der Bemessungswert der Betondruckfestigkeit ergibt sich zu:

$$f_{cd} = \alpha_{cc} \cdot \frac{f_{ck}}{\gamma_c} = 0{,}85 \cdot \frac{40}{1{,}5} = 22{,}7\,\text{N/mm}^2$$

Für den Rippentorstahl wird gemäß BASt-NaReLi (05.2011) eine Streckgrenze von $f_{yk} = 420\,\text{N/mm}^2$ angesetzt. Der Bemessungswert der Streckgrenze ergibt sich zu:

$$f_{yd} = \frac{f_{yk}}{\gamma_s} = \frac{420}{1{,}15} = 365{,}2\,\text{N/mm}^2$$

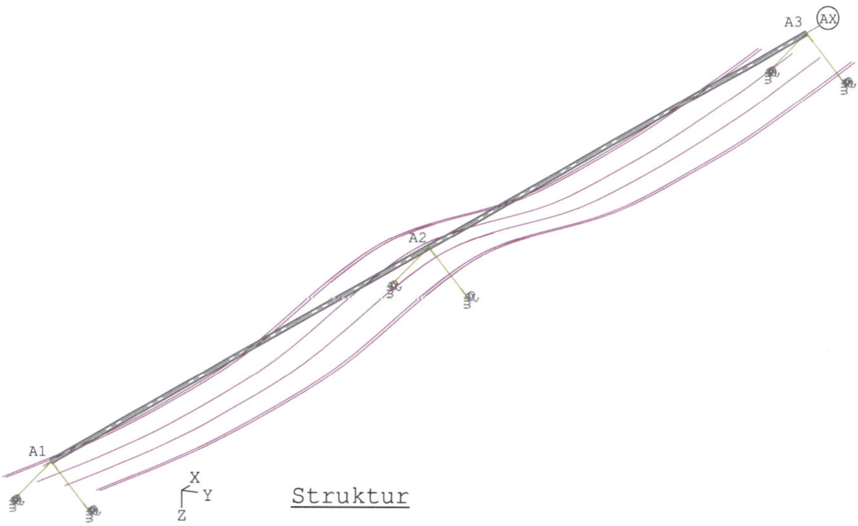

Abb. 4.8 Modellierung der Fußgängerbrücke als Einstabsystem

Der Spannstahl St 125/140 von Felten & Guillcaumc mit dem Durchmesser 12 mm hat nach (Schnell et al., 2016) die Streckgrenze $\beta_{0,2} = 1250\,\text{N/mm}^2$, die Bruchgrenze $\sigma_{Br} = 1400\,\text{N/mm}^2$, die Elastizitätsgrenze $\beta_{0,01} = 1200\,\text{N/mm}^2$ und die Bruchdehnung $\delta_{10} = 6\%$. Als Elastizitätsmodul wird $E_s = 200.000\,\text{N/mm}^2$ angesetzt.

4.3.3 Belastung

Neben dem Eigengewicht von 79,5 kN/m wird die Ausbaulast der neuen Kappen und des Belages, welche 23,9 kN/m betragen, als ständige äußere Lasten angesetzt. Die Verkehrslast wird gemäß DIN FB 101 (03.2009) auf 5 kN/m^2 erhöht, was 22,5 kN/m entspricht. Diese wird feldweise ungünstig angesetzt. Näherungsweise ergibt sich somit folgende maximale Bemessungsgleichlast:

$$p_{Ed} = 1{,}35 \cdot (79{,}5 + 23{,}9) + 1{,}5 \cdot 22{,}5 = 173{,}3\,\text{kN/m}$$

Des Weiteren wird ein Temperaturgradient einer oberseitigen Erwärmung von 12,3° und einer oberseitigen Abkühlung von 8° gemäß DIN FB 101 (03.2009) angesetzt.

Neben diesen Lasten werden auch die Vorspannung sowie das Kriechen und Schwinden über die Eingabe in der EDV berücksichtigt.

4.3.4 Schnittgrößen

Die Biegemomente sind lastfallweise für die äußeren Lasten in Abb. 4.9 dargestellt.

Die Schnittgrößen für die Vorspannung sowie für das Kriechen und Schwinden sind in Abb. 4.10 dargestellt.

Die maximale Querkraft ist unter Berücksichtigung der Vorspannung in Abb. 4.11 dargestellt.

4.3.5 Bemessung

Die Schnittgrößen werden noch entsprechend den Kombinationsvorschriften überlagert und es wird zunächst eine Biegebemessung mit dem SOFiSTiK Modul AQB durchgeführt. Hierfür wurde vorher die vorhandene Bewehrung definiert. Die Biegebemessung ergibt die erforderliche Biegebewehrung in Abb. 4.12.

Man erkennt, dass im Stützmomentenbereich die Bewehrung ausreicht, im Feldmomentenbereich jedoch mehr Bewehrung erforderlich ist, als vorhanden ist. Aus diesem Grund ist einen Feldmomentenverstärkung erforderlich. Auf weitere Nachweise wird hier verzichtet. Diese werden dann beim Nachweis des verstärkten Systems geführt.

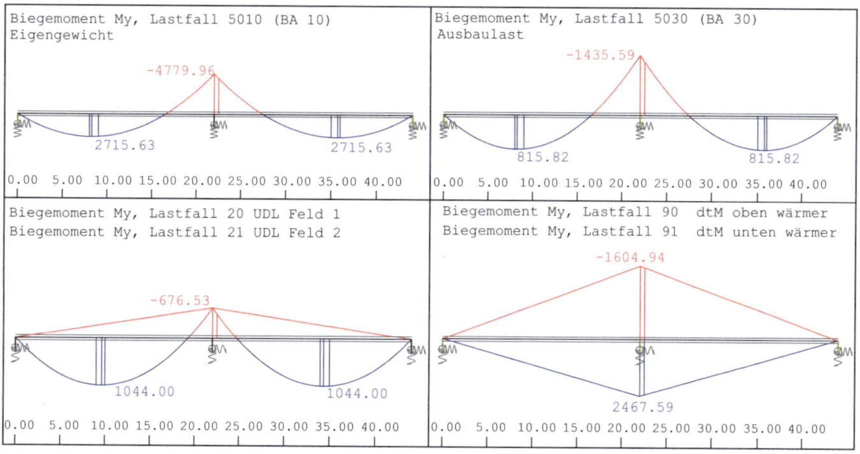

Abb. 4.9 Biegemomente in kNm der äußeren Lasten

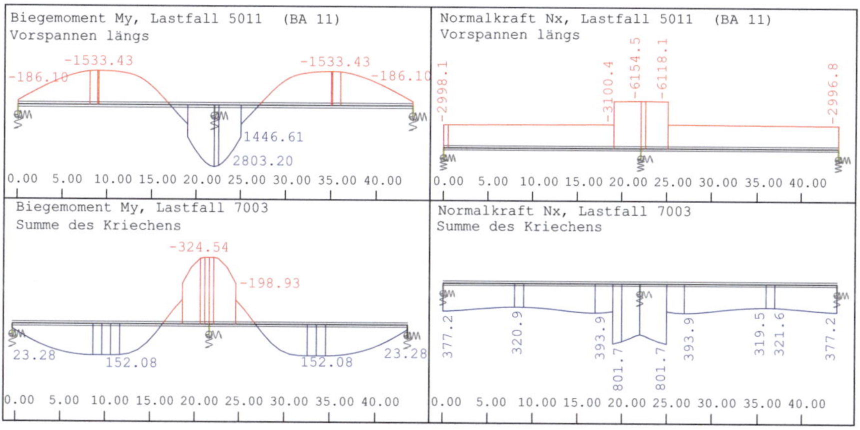

Abb. 4.10 Biegemomente in kNm und Normalkräfte in kN aus Vorspannung sowie aus Kriechen und Schwinden

4.4 Wahl des Verstärkungssystems

Die Nachrechnung im vorherigen Kapitel hat ergeben, dass eine Verstärkung notwendig ist. Als Verstärkung sollen aufgeklebte CFK-Lamellen Sto S&P 150/2000 nach Z-36.12-86 (01.2025) mit einer Dicke von $t_L = 1{,}4\,\text{mm}$ zum Einsatz kommen. Für die Lamelle ergibt sich die maximal ansetzbare Zugfestigkeit mit den Werten aus Z-36.12-86 (01.2025) zu:

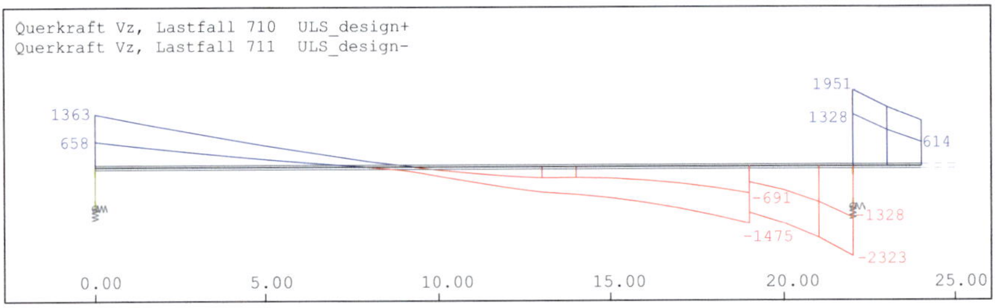

Abb. 4.11 Querkraft unter Berücksichtigung der Vorspannung in kN

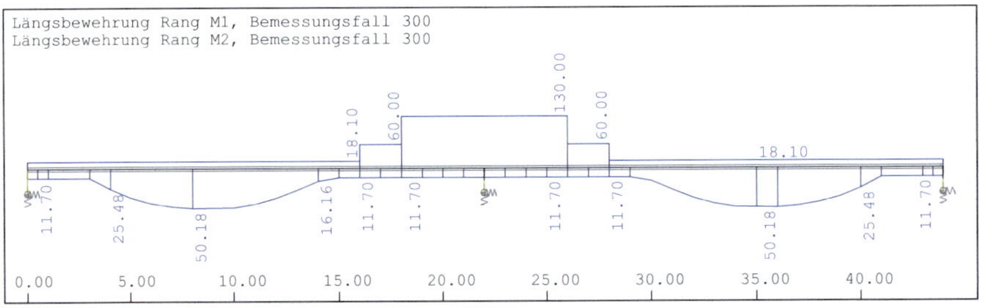

Abb. 4.12 Erforderliche Biegebewehrung in cm²

$$f_{LRud} = \alpha_{\text{zeit}} \cdot \frac{f_{Luk}}{\gamma_{LL}} = 0{,}9 \cdot \frac{2350}{1{,}2} = 1762{,}5\,\text{N/mm}^2$$

Ebenfalls kann aus Z-36.12-86 (01.2025) der E-Modul $E_L = 168.000\,\text{N/mm}^2$ und die Bruchdehnung $\varepsilon_{Luk} = 15‰$ abgelesen werden.

Im Rahmen der Bestandsanalyse wurden Haftzugprüfungen nach DIN EN 1542 (07.1999) an der zu verklebenden Bauteilunterseite durchgeführt. Diese ergaben die Werte nach Tab. 4.1.

Tab. 4.1 Ergebnisse der Haftzugprüfungen

Stichprobe	$f_{ctm.surf}$[N/mm²]	Stichprobe	$f_{ctm.surf}$[N/mm²]
1	3,5	6	3,4
2	3,6	7	3,1
3	3,2	8	2,9
4	3,3	9	3,4
5	3,5	10	3,5

Zur Bestimmung der Oberflächenzugfestigkeit müssen die Tests noch statistisch ausgewertet werden. Der Mittelwert ergibt sich zu:

$$f_{ct,m(n)} = \frac{\sum f_{ct,i}}{n}$$

$$f_{ct,m(n)} = \frac{3{,}5 + 3{,}6 + \ldots + 3{,}5}{10} = 3{,}34\,\text{N/mm}^2$$

Für die Ermittlung des Erwartungswertes des Mittelwertes wird die Standardabweichung benötigt.

$$s_x = \sqrt{\frac{1}{n-1} \cdot \sum_{i=1}^{n} \left(f_{ct,i} - f_{ct,m(n)}\right)^2}$$

$$s_x = \sqrt{\frac{1}{9} \cdot (0{,}16^2 + 0{,}26^2 + \ldots + 0{,}16^2)} = 0{,}22\,\text{N/mm}^2$$

Der Erwartungswert des Mittelwerts bei einem Vertrauensintervall von 95 % ergibt sich nach der DAfStb-RiLi VBgB (03.2012) Teil 4 mit der nachfolgenden Gleichung. Hierbei wurde $k = 0{,}580$ für 10 Versuche gewählt.

$$f_{ctm,surf} = \left(\frac{1}{n} \cdot \sum\nolimits_{i=1}^{n} f_{ct,surf,i}\right) - k \cdot s = 3{,}34 - 0{,}580 \cdot 0{,}22 = 3{,}2\,\text{N/mm}^2$$

4.5 Vorgehen zum Nachweis der Verstärkung

Für den Nachweis der aufgeklebten Bewehrung wird das genaue Verfahren für den Verbundnachweis vorgesehen. Hierfür wird zunächst in Abschn. 4.6 ein fiktives Rissbild ermittelt, an dem dann die Verbundnachweise durchgeführt werden. Für den Verbundnachweis werden die Lamellenkräfte bzw. Lamellenspannungen benötigt, welche an der Stelle der fiktiven Risse in Abschn. 4.7 ermittelt werden. Mit diesen Lamellenkräften wird dann in Abschn. 4.8 der Verbundnachweis am Zwischenrisselement durchgeführt. Neben diesem Verbundnachweis ist auch noch der Endverankerungsnachweis notwendig, welche in Abschn. 4.9 geführt wird. Abschließens sind noch Querkraftnachweise in Anschnitt 4.10 und die Gebrauchstauglichkeitsnachweis in Abschn. 4.11 erforderlich.

4.6 Ermittlung der Rissbildung

4.6.1 Ermittlung des Rissmomentes

Nachfolgend wird für den Feldbereich das Rissmoment bestimmt. Da nur eine Verstärkung im Feld erfolgt, wird das Rissmoment des Stützbereichs nicht benötigt. Für die Ermittlung des Rissmomentes wird DAfStb-RiLi VBgB (03.2012) verwendet. Hier ist bei Spannbeton gemäß Abschn. 3.5.2 die folgende Gleichung zu verwenden

$$M_{cr} = \left(\kappa_{fl} \cdot f_{ctm,surf} - \sigma_p \cdot \frac{A_p}{A_c} \right) \cdot W_{c,0} - \sigma_p \cdot A_p \cdot z_p$$

Aus der (SOFiSTiK AG, 2025)-Berechnung aus Abschn. 4.3 kann das Flächenträgheitsmoment von $I_y = 0{,}439\, m^4$ der Schwerpunktabstand von unten $z_u = 1150 - 512{,}9 = 637{,}1\,\mathrm{mm}$ und die Betonfläche $A_c = 3{,}189\,\mathrm{m}^2$ entnommen werden. Im Feld sind 6 Spannglieder vorhanden. Die Höhenlage des Spanngliedes, bezogen auf den Schwerpunkt und die Vorspannung im Spannglied sind an jeder Stelle unterschiedlich und wurden aus der (SOFiSTiK AG, 2025)-Berechnung entnommen und in Abb. 4.13 grafisch dargestellt. In Abb. 4.13 ist bei der Vorspannung im Spannglied das Kriechen, Schwinden und die Relaxation zum Zeitpunkt der Verstärkung über die (SOFiSTiK AG, 2025)-Berechnung ermittelt.

Damit kann nun das Rissmoment berechnet werden:

$$M_{cr} = \left(1 \cdot 3{,}2 - \sigma_p(x) \cdot \frac{6 \cdot 7{,}014 \cdot 10^{-4}}{3{,}189} \right) \cdot \frac{0{,}439}{0{,}6371} - \sigma_p(x) \cdot 6 \cdot 7{,}014 \cdot 10^{-4} \cdot z_p(x)$$

Mit den Werten aus Abb. 4.13 ergeben sich die Werte für das Rissmoment in Abb. 4.14.

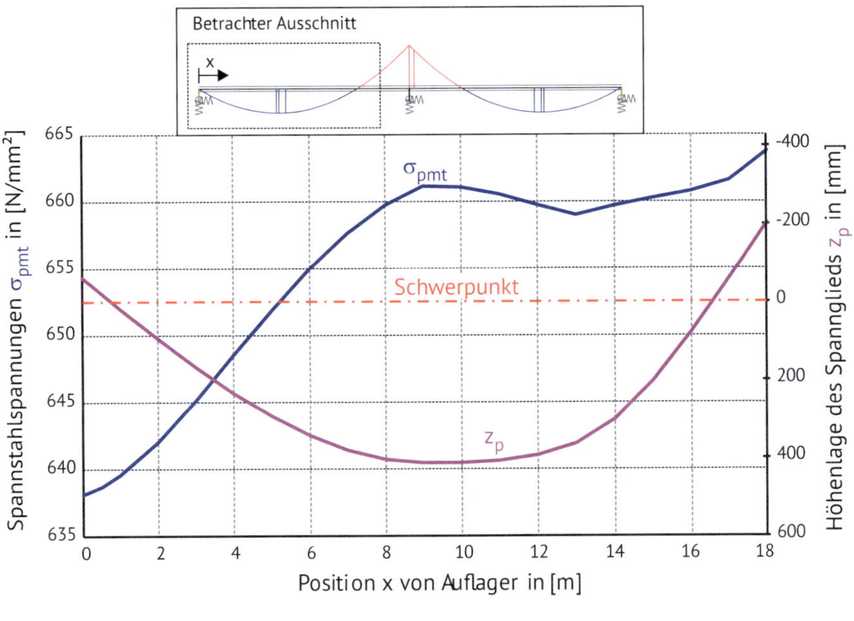

Abb. 4.13 Verlauf der Vorspannung zum Zeitpunkt der Verstärkung sowie Höhenlage der Spannglied vom Schwerpunkt im Feldmomentenbereich

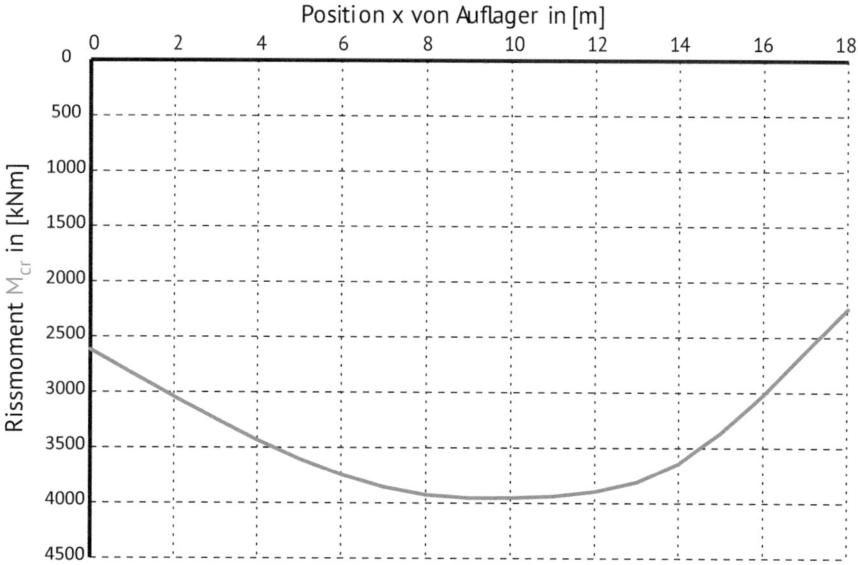

Abb. 4.14 Rissmoment – positive Momente über die Länge der Fußgängerbrücke im Feldmomentenbereich

Das Rissmoment hat überall einen anderen Betrag. Somit ist auch nicht klar, dass der erste Riss (Initialriss) an der Stelle des maximalen Momentes auftritt.

4.6.2 Ermittlung des Risszustandes

Da das Rissmoment eine Funktion über die Länge des Bauteils beschreibt und aufgrund der Vorspannung sehr hoch ist, wird grafisch überprüft, welche Bereiche des Trägers sich im gerissenen Zustand befinden. Dafür wird das Moment aus äußeren Lasten (ohne Vorspannung) mit dem Rissmoment verglichen. Dies ist für den Grenzzustand der Gebrauchstauglichkeit unter seltener Lastfallkombination sowie für den Grenzzustand der Tragfähigkeit in Abb. 4.15 dargestellt.

Aus Abb. 4.15 erkennt man, dass sich ich im Grenzzustand der Tragfähigkeit der jeweils erste bzw. letzte Riss bei circa 2,4 m bzw. 15,2 m einstellen. Im Grenzzustand der Gebrauchstauglichkeit stellt sich der erste Riss bei circa 3,8 m ein.

4.6.3 Ermittlung des Rissabstandes

Für den genauen Verbundnachweis wird der Rissabstand benötigt. Hierzu sind neben dem Rissmoment aus Abschn. 4.6.1 auch die mittlere Verbundspannungen

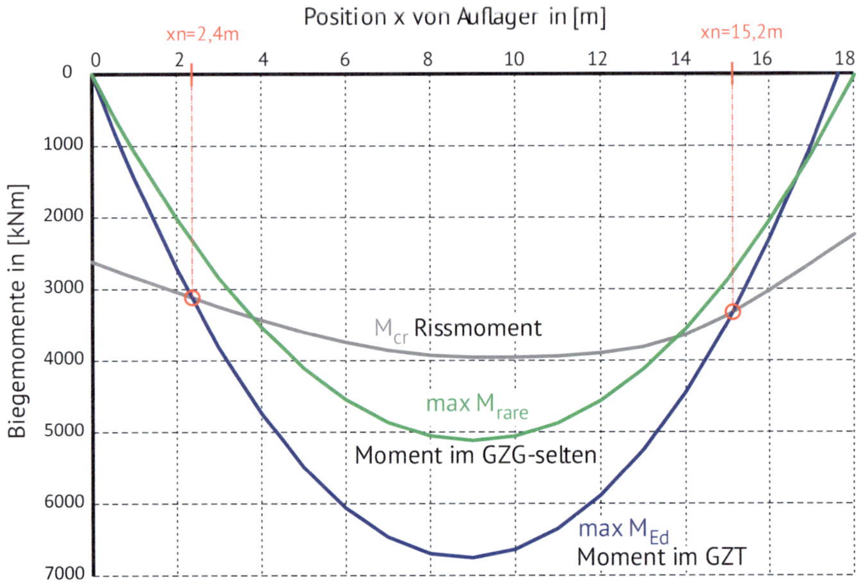

Abb. 4.15 Vergleich der Einwirkung mit dem Rissmoment

der Bewehrung und des Spannstahls erforderlich. Für gerippte Betonstähle unter guten Verbundbedingungen ergibt sich nach DAfStb-RiLi VBgB (03.2012):

$$f_{bsm} = \kappa_{vb1} \cdot 0{,}43 \cdot f_{cm}^{2/3} \ = 1{,}0 \cdot 0{,}43 \cdot 48^{2/3} \ = 5{,}7\,\text{N/mm}^2$$

Die Verbundspannung des Spanngliedes wird nach DIN EN 1992-1-1 (01.2011) aus dem Verhältnis der Verbundfestigkeit zu Betonstahl abgeschätzt. Für glatte Drähte im nachträglichen Verbund ergibt sich dieses zu $\xi = 0{,}3$ und es kann die Verbundspannung berechnet werden zu:

$$f_{bpm} = \xi \cdot f_{bsm} \ = 0{,}3 \cdot 5{,}7 = 1{,}7\,\text{N/mm}^2.$$

Damit kann die Verbundkraft je Länge getrennt für den Betonstahl und den Spannstahl berechnet werden. Beim Spannstahl wurde für den Durchmesser des Bündelspannglieds nach DIN EN 1992-1-1 (01.2011) $\phi_p = 1{,}6 \cdot \sqrt{A_p}$ verwendet.

$$F_{bsm} \ = \ \sum_{i=1}^{n} n_{s,i} \cdot \phi_{s,i} \cdot \pi \cdot f_{bsm} \ = \ 15 \cdot 10 \cdot \pi \cdot 5{,}7 \ = \ 2676\,\text{N/mm}$$

$$F_{psm} \ = \ \sum_{i=1}^{n} n_{p,i} \cdot \phi_{p,i} \cdot \pi \cdot f_{psm} \ = \ 6 \cdot 1{,}6 \cdot \sqrt{701} \cdot \pi \cdot 1{,}7 \ = \ 1361\,\text{N/mm}$$

Somit kann über das Rissmoment und den inneren Hebelarm, welcher nach DAfStb-RiLi VBgB (03.2012) zu 0,85-mal Bauteilhöhe angenommen werden

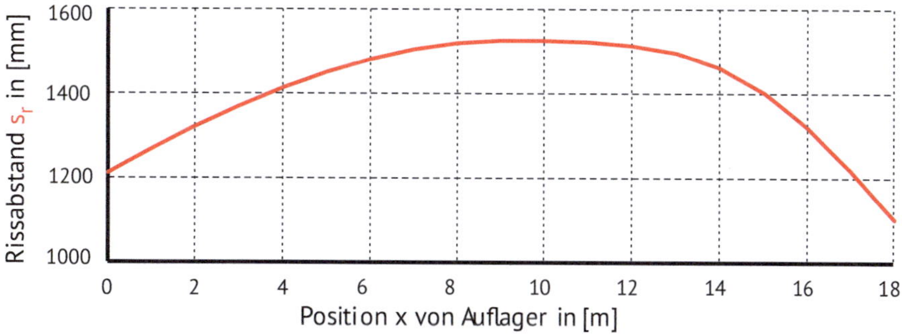

Abb. 4.16 Rechnerischer Rissabstand über die Länge der Fußgängerbrücke

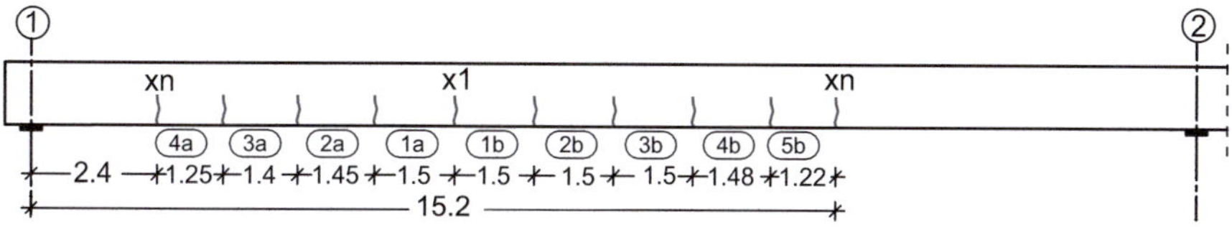

Abb. 4.17 Abstrahiertes Rissbild für die Fußgängerbrücke

darf, die Eintragungslänge berechnet werden. Hierbei ist jedoch zu beachten, dass der Hebelarm der Spannstahlbewehrung überall anders ist.

$$l_{e,0} = \frac{M_{cr}}{z_s \cdot F_{bsm} + z_p \cdot F_{psm}} = \frac{M_{cr}(x)}{0{,}85 \cdot h \cdot F_{bsm} + (z_{p,ob}(x) - 0{,}1 \cdot h) \cdot F_{psm}}$$

$$l_{e,0}(x) = \frac{M_{cr}(x)}{0{,}85 \cdot 1{,}15 \cdot 2{,}68 + (z_{p,ob}(x) - 0{,}1 \cdot 1{,}15) \cdot 1{,}36}$$

Der Rissabstand ergibt sich dann aus der 1,5-fachen Eintragungslänge:

$$s_r(x) = 1{,}5 \cdot l_{e,0}(x)$$

Der Rissabstand ist über die Bauteillänge in Abb. 4.16 dargestellt.

4.6.4 Festlegung des Rissbildes

Basierend auf den Ergebnissen aus den vorherigen Abschnitten wird beginnend von den Erstrissen das Rissbild angeordnet und es wird daraus das Rissbild in Abb. 4.17 abstrahiert.

4.7 Spannungsermittlung in der CFK-Lamelle

Das Berechnungsmodell aus der Nachrechnung in Abschn. 4.3 wird um die CFK-Lamellen erweitert. Dazu wird im Programm (SOFiSTiK AG, 2025) der Querschnitt um einen weiteren Bauabschnitt ergänzt, in welchen Bewehrungsstränge mit den Materialeigenschaften der CFK-Lamellen eingelegt werden. Dieser Bauabschnitt wird erst bei der Verstärkung nach 57 Jahren aktiviert, sodass Kriechen und Schwinden berücksichtigt werden. Damit die Vordehnungen entsprechend berücksichtigt werden, wird ein nicht-linearer Primärlastfall berechnet und in der Spannungsermittlung am gerissenen Querschnitt berücksichtigt. Der SOFiSTiK Quellcode ist in der Anlage zum Buch enthalten.

Für die Spannungsermittlung muss ein Lamellenquerschnitt vorgeben werden. Dieser muss so gewählt werden, dass alle Nachweise eingehalten sind. Im Regelfall sind dies die Verbundnachweise und die Festlegung des Lamellenquerschnitts. Die Bemessung ist somit ein iteratives Vorgehen. In diesem Beispiel werden 13 Lamellen mit einem Querschnitt von 100 mm × 1,4 mm gewählt, welche alle nebeneinander verklebt werden.

$$A_L = n_L \cdot b_L \cdot t_L = 13 \cdot 100 \cdot 1{,}4 = 1820\,\text{mm}^2$$

Mit diesem Lamellenquerschnitt ergibt sich für den Grenzzustand der Tragfähigkeit die Lamellenspannung aus Abb. 4.18. Bei der Berechnung der Lamellenspannungen wurde das Versatzmaß mit dem $\cot\theta = 1{,}0$ über das Programm AQB als zusätzliche Gurtkraft automatisch berücksichtigt.

Man erkennt, dass die Lamellenspannung mit $\sigma_{LEd} = 691\,\text{N/mm}^2$ deutlich kleiner ist als der Bemessungswert der Festigkeit von $f_{LRud} = 1762{,}5\,\text{N/mm}$ und der Biegenachweis somit erbracht ist.

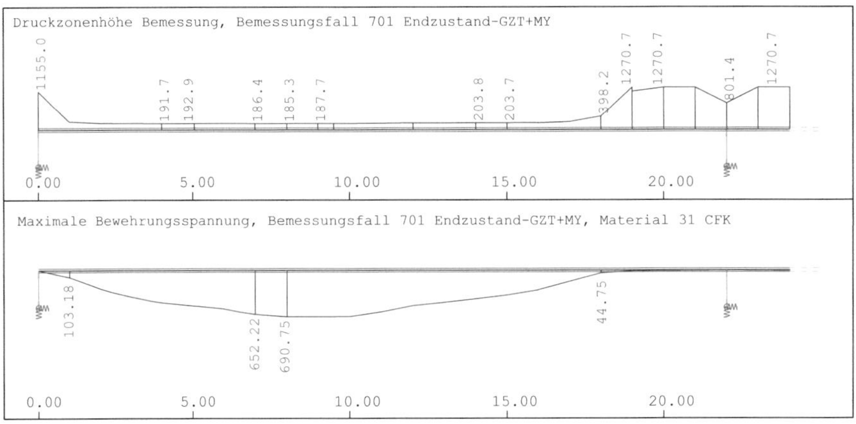

Abb. 4.18 Druckzonenhöhe und Lamellenspannung im GZT unter Berücksichtigung des Zugkrafterhöhung mit $cot\theta = 1{,}0$

4.8 Verbundnachweis am Zwischenrisselement

4.8.1 Vorgehen

Bei diesem Nachweis, wie er umfangreich in (Finckh, 2024) beschrieben ist, ist an jedem Zwischenrisselement ein Nachweis zu führen. Es ist nachzuweisen, dass die einwirkende Lamellenkraftänderung kleiner ist als die aufnehmbare Lamellenkraftänderung am Zwischenrisselement.

$$\Delta F_{\mathrm{LEd}} \leq \Delta F_{\mathrm{LRd}}$$

Für den Nachweis werden diskrete Zwischenrisselemente, gemäß der schematischen Darstellung in Abb. 4.17 angeordnet. Zunächst werden die Lamellenkräfte an jedem Riss ermittelt und dann nach der Berechnung des Verbundkraftwiderstandes der Nachweis an jedem Zwischenrisselement geführt.

4.8.2 Nachweis

Über die Differenz der Normalkräfte in der Lamelle zwischen zwei Rissen ergibt sich die Beanspruchung der Zwischenrisselemente, welche in Tab. 4.2 aufgelistet sind. In Tab. 4.2 ist $F_{LEd,1}$ die Lamellenkraft am ersten Riss x_1 und $F_{LEd,2}$ die Lamellenkraft am zweiten Riss x_2. Die Lamellenkräfte ergeben sich aus den Spannungen in Abb. 4.18 zu:

$$F_{LEd}(x) = A_L \cdot \sigma_{LEd}(x)$$

$$\Delta F_{LEd} = F_{LEd}(x + s_r) - F_{LEd}(x)$$

Im Folgenden wird exemplarisch nur der Widerstand am höchstbeanspruchten Zwischenrisselement 4a ermittelt. Da der Widerstand am Zwischenrisselement von

Tab. 4.2 Beanspruchungen der Zwischenrisselemente

ZRE	x_1	x_2	$\sigma_{LEd,1}$	$\sigma_{LEd,2}$	$F_{LEd,1}$	$F_{LEd,2}$	$\lvert\Delta F_{LEd}\rvert$
–	[m]	[m]	[N/mm²]	[N/mm²]	[N]	[N]	[N]
4a	2,4	3,65	324,79	454,49	591.118	827.172	236.054
3a	3,65	5,05	454,49	527,58	827.172	960.196	133.024
2a	5,05	6,5	527,58	617,13	960.196	1.123.177	162.981
1a	6,5	8	617,13	690,71	1.123.177	1.257.092	133.916
1b	8	9,5	690,71	696,29	1.257.092	1.267.248	10.156
2b	9,5	11	696,29	618,99	1.267.248	1.126.562	140.686
3b	11	12,5	618,99	504,11	1.126.562	917.480	209.082
4b	12,5	13,98	504,11	425,14	917.480	773.755	143.725
5b	13,98	15,2	425,14	354,524	773.755	645.234	128.521

der Einwirkung abhängt, muss er für jedes Zwischenrisselement ermittelt werden. Das Element mit der höchsten Kraftänderung muss nicht zwangsläufig das maßgebende Element sein. Die aufnehmbare Lamellenkraftänderung besteht gemäß DAfStb-RiLi VBgB (03.2012) aus drei Anteilen:

$$\Delta F_{LRd} = \frac{\Delta F_{Lk,BL} + \Delta F_{Lk,BF} + \Delta F_{Lk,KF}}{\gamma_{BA}}$$

Der erste Anteil aus dem Grundmaß des Verbundes aufgeklebter Bewehrung ergibt sich mit der Lamellenkraft $F_{LEd,1}$ am niedriger beanspruchten Riss zu:

$$\Delta F_{Lk,BL} = \begin{cases} \Delta F^G_{Lk,BL} - \frac{\Delta F^G_{Lk,BL} - \Delta F^D_{Lk,BL}}{F^D_{Lk,BL}} F_{LEd,1} & \text{für } F_{LEd,1} \leq F^D_{Lk,BL} \\ \sqrt{{b_L}^2 \tau_{L1k} s_{L0k} E_L t_L + {F_{LEd,1}}^2} - F_{LEd,1} & \text{für } F^D_{Lk,BL} < F_{LEd,1} \end{cases}$$

Hierfür werden die Randwerte des bilinearen Verbundansatzes $s_{\mathrm{L0k}}, \tau_{\mathrm{L1k}}$ gemäß DAfStb-RiLi VBgB (03.2012) und den zugehörigen Dauerstandsbeiwerten α_{cc} und α_{ct} nach DIN EN 1992-1-1/NA (04.2013) benötigt:

$$\begin{aligned} \tau_{L1k} &= 0{,}366 \cdot \sqrt{\alpha_{cc} \cdot f_{cm} \cdot \alpha_{ct} \cdot f_{ctm,surf}} = 0{,}366 \cdot \sqrt{0{,}85 \cdot 48 \cdot 0{,}85 \cdot 3{,}2} = 3{,}86\,\mathrm{N/mm^2} \\ s_{L0k} &= 0{,}201\,\mathrm{mm} \\ \tau_{LFk} &= 10{,}8 \cdot \alpha_{cc} \cdot f_{cm}^{-0{,}89} = 10{,}8 \cdot 0{,}85 \cdot 48^{-0{,}89} = 0{,}29\,\mathrm{N/mm^2} \end{aligned}$$

Zunächst wird Lamellenbasiskraft am Punkt D berechnet:

$$\begin{aligned} F^D_{Lk,BL} &= \frac{s_{L0k} \cdot E_L \cdot b_L \cdot t_L}{s_r} - \tau_{L1k} \cdot \frac{s_r \cdot b_L}{4} \\ F^D_{\mathrm{Lk,BL}} &= \frac{0{,}20 \cdot 168000 \cdot 13 \cdot 100 \cdot 1{,}4}{1250} - 3{,}86 \cdot \frac{1250 \cdot 104{,}3}{4} = -1{,}51 \cdot 10^6\,N \end{aligned}$$

Da die Kraft $F^D_{Lk,BL}$ aufgrund des langen Rissabstandes negativ ist, wird immer der untere Teil der Gleichung maßgebend:

$$\begin{aligned} \Delta F_{Lk,BL} &= \sqrt{b_L^2 \cdot \tau_{L1k} \cdot s_{L0k} \cdot E_L \cdot t_L + F^2_{LEd,1}} - F_{LEd,1} \\ \Delta F_{\mathrm{Lk,BL}} &= \sqrt{1300^2 \cdot 3{,}86 \cdot 0{,}20 \cdot 168000 \cdot 1{,}4 + 591118^2} - 591118 = 219725\,\mathrm{N} \end{aligned}$$

Der zweite Anteil aus Reibverbund ergibt sich mit der Reibverbundspannung τ_{LFk} gemäß nachfolgender Gleichung zu:

$$\Delta F_{\mathrm{Lk,BF}} = \begin{cases} 0 & \text{für} F_{\mathrm{LEd}} \leq F^D_{\mathrm{Lk,BL}} \\ \tau_{\mathrm{LFk}} \cdot b_L \cdot (s_r - l_{wi}) & \end{cases} \text{für} F^D_{\mathrm{Lk,BL}} < F_{\mathrm{LEd}} \leq F_{\mathrm{Lud}}$$

Hierfür wird die wirksame Länge des bilinearen Verbundansatzes benötigt:

$$l_{wi} = \frac{2 \cdot t_L \cdot E_{Lm}}{\tau_{L1k}} \cdot \left(\sqrt{\frac{\tau_{L1k} \cdot s_{L0k}}{t_L \cdot E_L} + \frac{{F_{LEd}}^2}{{b_L}^2 \cdot {t_L}^2 \cdot {E_L}^2}} - \frac{F_{LEd}}{b_L \cdot t_L \cdot E_L} \right)$$

$$l_{wi} = \frac{2 \cdot t_L \cdot E_{Lm}}{\tau_{L1k}} \cdot \left(\sqrt{\frac{\tau_{L1k} \cdot s_{L0k}}{t_L \cdot E_L} + \frac{F_{LEd}^2}{b_L^2 \cdot t_L^2 \cdot E_L^2}} - \frac{F_{LEd}}{b_L \cdot t_L \cdot E_L} \right)$$

$$l_{wi} = \frac{2 \cdot 1{,}4 \cdot 168000}{3{,}86} \cdot \left(\sqrt{\frac{3{,}86 \cdot 0{,}20}{1{,}4 \cdot 168000} + \frac{219725^2}{1300^2 \cdot 1{,}4^2 \cdot 168000^2}} - \frac{219725}{1300 \cdot 1{,}4 \cdot 168000} \right)$$

$$l_{wi} = 87{,}7\,\text{mm}$$

Damit ergibt sich der Anteil des Reibverbunds zu:

$$\Delta F_{Lk,BF} = \tau_{LFk} \cdot b_L \cdot (s_r - l_{wi}) = 0{,}29 \cdot 1300 \cdot (1250 - 87{,}7) = 438187\,N$$

Der dritte und letzte Anteil, welcher durch die Bauteilkrümmung verursacht wird, ergibt sich mit $\kappa_k = 24{,}3 \cdot 10^3$ und den Rissdehnungen ε_{Lr1} und ε_{cr1} am niedriger beanspruchten Rissufer zu:

$$\Delta F_{Lk,KF} = s_r \cdot \kappa_k \cdot \frac{\varepsilon_{Lr1} + \varepsilon_{cr1}}{h} \cdot b_L$$

Die Werte für die Dehnung der Lamelle können aus der Spannung zurückgerechnet werden. Die Dehnung des Betons kann dann über die Druckzonenhöhe aus Abb. 4.18 zurückgerechnet werden:

$$\varepsilon_{Lr1} = \sigma_{LEd}/E_L = 324/16800 = 1{,}93\,‰$$

$$\varepsilon_{cr1} = \frac{x}{h-x} \cdot \varepsilon_{Lr1} = \frac{190}{1150 - 190} \cdot 1{,}93 = 0{,}38\,‰$$

Damit kann der Krümmungsanteil berechnet werden:

$$\Delta F_{\text{Lk,KF}} = 1250 \cdot 24{,}3 \cdot 10^3 \cdot \frac{(1{,}93 + 0{,}38) \cdot 10^{-3}}{1150} \cdot 1300 = 79521\,\text{N}$$

Die aufnehmbare Lamellenkraftänderung für das Zwischenrisselement 4a beträgt somit:

$$\Delta F_{LRd} = \frac{\Delta F_{Lk,BL} + \Delta F_{Lk,BF} + \Delta F_{Lk,KF}}{\gamma_{BA}} = \frac{219725 + 438187 + 79521}{1{,}5} = 494427\,\text{N}$$

Der Nachweis für das Zwischenrisselement 4a lautet:

$$\Delta F_{\text{LEd}} = 236054\,\text{N} \leq \Delta F_{\text{LRd}} = 494427\,\text{N}$$

Der Nachweis wird an jedem Zwischenrisselement geführt, wobei die drei Anteile der aufnehmbaren Lamellenkraftänderung von der einwirkenden Lamellenkraft am niedriger beanspruchten Rissufer des Zwischenrisselementes abhängen und somit für jedes Zwischenrisselement neu berechnet werden müssen. Die aufnehmbare Lamellenkraftänderung ist in Tab. 4.3 der Lamellenkraftänderung aus der Einwirkung an jedem Zwischenrisselement gegenübergestellt. Das Zwischenrisselement 4a ist maßgebend. Der Verbundnachweis ist hier zu 48 % ausgenutzt.

Tab. 4.3 Gegenüberstellung der aufnehmbaren Lamellenkraftänderung und der Lamellenkraftänderung aus der Einwirkung

ZRE –	ΔF_{LEd} [N/m]	$\Delta F_{\mathrm{Lk,BL}}$ [N/m]	$\Delta F_{\mathrm{Lk,BF}}$ [N/m]	$\Delta F_{\mathrm{Lk,KF}}$ [N/m]	ΔF_{LRd} [N/m]	$\Delta F_{LEd}/\Delta F_{LRd}$ –
4a	236.054	219.725	442.394	79.521	494.427	0,48
3a	133.024	168.950	507.197	124.630	533.851	0,25
2a	162.981	148.868	529.277	149.839	551.990	0,30
1a	133.916	129.649	551.227	181.316	574.795	0,23
1b	1015.6	117.072	553.137	202.935	582.096	0,02
2b	140.686	129.299	553.267	181.863	576.286	0,24
3b	209.082	154.815	551.280	148.110	569.470	0,37
4b	143.725	178.476	539.793	123.243	561.007	0,26
5b	128.521	205.867	437.240	84.718	485.217	0,26

4.9 Endverankerungsnachweis

4.9.1 Nachweis am letzten Biegeriss

Ein Nachweis mit einer Umlagerung zwischen innerer und aufgelebter Bewehrung nach DAfStb-RiLi VBgB (03.2012) RV 6.1.1.4.2 ist bei Spannbeton nicht sinnvoll lösbar, da neben der Umlagerung auf die innere Bewehrung auch ein Umlagerung auf die Spannbewehrung erfolgt. Aus diesem Grund erfolgt am letzten Biegeriss auf der sicheren Seite ein Endverankerungsnachweis nach DAfStb-RiLi VBgB (03.2012) RV 6.1.1.4.3, wobei hier statt der Rissabstand der Abstand vom letzten Biegeriss zum Lamellenende eingesetzt wird. Es wird davon ausgegangen, dass die Lamelle bis 30 cm vor der Lagerachse endet. Somit ergibt sich die vorhandene Verbundlänge an Achse 10 und an Achse 20 zu:

$$l_{bL,A10} = 2{,}4 - 0{,}3 = 2{,}1m$$
$$l_{bL,A20} = 22 - 15{,}2 - 0{,}3 = 6{,}5m$$

Als Eingangswerte für den Verbundnachweis wird die maximal anrechenbare Verbundlänge sowie die maximale Verbundfestigkeit am Endverankerungsnachweis benötigt:

$$l_{bL,max} = \frac{2}{\kappa_{Lb}} \cdot \sqrt{\frac{E_L \cdot t_L \cdot s_{L0k}}{\tau_{L1k}}} = \frac{2}{1{,}128} \cdot \sqrt{\frac{168.000 \cdot 1{,}4 \cdot 0{,}201}{3{,}86}} = 196{,}3\,mm$$

$$f_{bLk,max} = \sqrt{\frac{E_L \cdot s_{L0k} \cdot \tau_{L1k}}{t_L}} = \sqrt{\frac{168.000 \cdot 0{,}201 \cdot 3{,}86}{1{,}4}} = 305{,}0\,N/mm^2$$

Der Bemessungswert der Verbundfestigkeit am Endverankerungspunkt ergibt sich damit zu:

$$f_{bLk}(l_{bL}) = \begin{cases} f_{bLk,max} \cdot \frac{l_{bL}}{l_{bL,max}}\left(2 - \frac{l_{bL}}{l_{bL,max}}\right) & l_{bL} < l_{bL,max} \\ f_{bLk,max} & l_{bL} \geq l_{bL,max} \end{cases}$$

$$f_{bLk}(l_{bL} = 2100) = 305{,}0\,N/mm^2$$

$$f_{bLd}(l_{bL} = 2100) = \frac{f_{bLk}(l_{bL})}{\gamma_{BA}} = \frac{305{,}0}{1{,}5} = 203{,}3\,\text{N/mm}^2$$

Der Endverankerungsnachweis an der Achse 10 lautet somit:

$$F_{LEd} = 591118N \nleq f_{bLd} \cdot b_L \cdot t_L = 203{,}3 \cdot 1300 \cdot 1{,}4 = 370006\,\text{N}$$

Der Nachweis ist somit nicht erfüllt. Da die Beanspruchung an der Achse 20 mit $F_{LEd} = 645234\,\text{N}$ höher ist als an der Achse 10 ist auch hier der Nachweis nicht erfüllt. Da der Nachweis nicht erfüllt ist, werden Bügel am Ende der Lamelle angeordnet und der Nachweis unter Anrechnung der Bügelumschließung nachfolgend geführt.

Alternativ könnte auch die Lamellenfläche erhöht werden, allerdings würden sich dann auch wieder größere Lamellenkräfte ergeben.

4.9.2 Nachweis mit Bügelumschließung

Da im vorherigen Abschnitt der Endverankerungsnachweis nicht erfüllt ist, werden Bügel am Ende der Lamelle 20 cm vor dem Lamellenende angeordnet. Aufgrund der Breiten Brücke wird bei der nur ein einlagig Stahllaschenbügel mit $b_{Lw} = 120\,\text{mm}$ und $t_{Lw} = 12\,\text{mm}$ verwendet. Die Biegesteifigkeit des Bügels ergibt sich somit zu:

$$EI_{S,A} = E_S \cdot I_S = 200000 \cdot \frac{12^3 \cdot 120}{12} = 3{,}456 \cdot 10^9\,\text{Nmm}^2$$

Aufgrund der Breite der Brücke werden zur Effizienzsteigerung zwei Schwerlastanker in der Brückenmitte angeordnet. Das Layout der Bügel und Lamellen ist in Abschn. 4.12 dargestellt. Nach DAfStb-RiLi VBgB (03.2012) ist die selbstinduziertet Anpresskraft vom Verhältnis $\alpha_b = b_L/b_w$ abhängig. Hierbei darf bei mehreren Lamellen für $b_L = b_{L,eff}$ verwendet werden. Dieses Breite $b_{L,eff}$ entspricht dem Abstand der Außenkanten der Lamellen. Für b_w ist der Abstand der Bügelschenkel der aufgeklebten Bügel. Hier wird für $b_w = 1{,}05\,\text{m}$ gewählt, was dem Abstand zwischen Bügelschenkel und Schwerlast entspricht. Die Lamellen werden innerhalb dieses Abschnittes so angeordnet, dass $b_{Leff} = 0{,}84\,\text{m}$ entspricht. Somit entspricht $\alpha_b = b_{L,eff}/b_w = 0{,}84/1{,}05 = 0{,}8$.

Die Anpresskraft ergibt sich zu:

$$F_u(\alpha_b) = F_{u,2} \cdot \left(\frac{0{,}8 - \alpha_b}{0{,}4}\right) + F_{u,4} \cdot \left(\frac{\alpha_b - 0{,}4}{0{,}4}\right) = F_{u,2} \cdot \left(\frac{0{,}8 - 0{,}8}{0{,}4}\right) + F_{u,4} \cdot \left(\frac{0{,}8 - 0{,}4}{0{,}4}\right) = F_{u,4}$$

Somit muss nur der Wert $F_{u,4}$ berechnet werden:

$$F_{u,4} = \frac{48 \cdot EI_{s,g,\alpha_b=0,8}}{l_4{}^3} \cdot w_2 + \frac{26400 \cdot EI_{s,g,\alpha_b=0,8}}{11000 \cdot l_3{}^3 + 2{,}4 \cdot EI_{s,g,\alpha_b=0,8}}$$

Da nur ein Bügelschenkel verwendet wird, entspricht $EI_{s,g,\alpha_b=0,8} = EI_{S,A}$. Die Längen in den Formel ergeben sich nach DAfStb-RiLi VBgB (03.2012) zu:

$$l_3 = 20 + t_{Lw} = 32\,\text{mm}$$
$$l_4 = 2 \cdot l_3 = 64\,\text{mm}$$

Der Wert w_2 ergibt sich mit $w = 0{,}35$ für CFK-Lamellen zu:

$$w_2 = w - \left(1 - \frac{EI_{s,g,\alpha_b=0,8}}{4583 \cdot l_3^3 + EI_{s,g,\alpha_b=0,8}}\right) \cdot 0{,}1 =$$
$$w_2 = 0{,}35 - \left(1 - \frac{3{,}456 \cdot 10^9}{4583 \cdot 32^3 + 3{,}456 \cdot 10^9}\right) \cdot 0{,}1 = 0{,}346$$

Damit kann die Anpresskraft berechnet werden:

$$F_{u,4} = \frac{48 \cdot 3{,}456 \cdot 10^9}{64^3} \cdot 0{,}346 + \frac{26400 \cdot 3{,}456 \cdot 10^9}{11000 \cdot 32^3 + 2{,}4 \cdot 3{,}456 \cdot 10^9} = 0{,}230 \cdot 10^6\,\text{N}$$

Die Verbundkrafterhöhung aufgrund des gerade betrachteten Teilbügel ergibt nach DAfStb-RiLi VBgB (03.2012) mit $\kappa_l = 0{,}48$ für mehrere nebeneinander verklebte CFK-Lamellen zu:

$$\Delta F_{L,1,\text{eff}} = \frac{t_L \cdot b_L \cdot b_{\text{Lw}}}{120} \cdot \frac{\sqrt{f_{\text{ctm,surf}}}}{1{,}33} \cdot \left[230 \cdot \kappa_l \cdot \frac{F_u(\alpha_b)}{b_L \cdot b_{\text{Lw}}} - 23 \cdot \left(\kappa_l \cdot \frac{F_u(\alpha_b)}{b_L \cdot b_{\text{Lw}}}\right)^2\right]$$

$$\Delta F_{L,1,\text{eff}} = \frac{1{,}4 \cdot 400 \cdot 120}{120} \cdot \frac{\sqrt{3{,}2}}{1{,}33} \cdot \left[230 \cdot 0{,}48 \cdot \frac{0{,}230 \cdot 10^6}{400 \cdot 120} - 23 \cdot \left(0{,}48 \cdot \frac{0{,}230 \cdot 10^6}{400 \cdot 120}\right)^2\right]$$

$$\Delta F_{L,1,\text{eff}} = \frac{1{,}4 \cdot 400 \cdot 120}{120} \cdot \frac{\sqrt{3{,}2}}{1{,}33} \cdot \left[230 \cdot 2{,}3 - 23 \cdot 2{,}3^2\right] = 306{,}8 \cdot 10^3\,\text{N}$$

Dieser Wert muss nun auf die eigentliche Lamellenbreite zurückgerechnet werden:

$$\Delta F_{L,1} = \Delta F_{L,1,eff} \cdot \frac{\Sigma b_L}{b_{L,eff}} = 306{,}8 \cdot 10^3 \cdot \frac{400}{840} = 146{,}1 \cdot 10^3$$

Da der Bügel näherungsweise dreimal vorhanden ist, kann die Endverankerungskraft mit der Kraft aus Abschn. 4.9.1 ermittelt werden

$$F_{bLRd} = b_L \cdot t_L \cdot f_{bLd}(l_{bL}) + \frac{\Delta F_{L,1}}{\gamma_{BA}} = 370006 + 3 \cdot \frac{146100}{1{,}5} = 662206\,\text{N}$$

Der Endverankerungsnachweis an der Achse 10 und 20 kann somit geführt werden:

$$F_{LEd} = 591118N \leq F_{bLRd} = 662206\,\text{N}$$

$$F_{LEd} = 645234N \leq F_{bLRd} = 662206\,\text{N}$$

4.10 Querkraftnachweis

4.10.1 Querkraftnachweis Achse 10

4.10.1.1 Querkraftnachweis ohne Querkraftbewehrung

Zunächst wird die Querkrafttragfähigkeit gemäß DIN EN 1992-2 (12.2010) in Verbindung mit der DIN EN 1992-2/NA (04.2013) nachgewiesen. Hierzu wird zunächst die Querkrafttragfähigkeit ohne Querkraftbewehrung ermittelt. Dafür wird als Stegbreite die Breite zwischen Hohlkörpern eingesetzt, welche sich zu $b_w = 4 \cdot 0{,}3 = 1{,}2\,\text{m}$ ergibt. Da der Durchmesser des verpressten Metallhüllrohrs mit 50 mm kleiner ist als $b_w/8 = 1200/8 = 150\,\text{mm}$, muss es nach DIN EN 1992-2 (12.2010) nicht in Abzug gebracht werden.

$$V_{Rd,c} = [C_{Rdc} \cdot k \cdot (100 \cdot \rho_l \cdot f_{ck})^{\frac{1}{3}} + 0{,}12 \cdot \sigma_{cp}] \cdot b_w \cdot d \geq (v_{min} + 0{,}12 \cdot \sigma_{cp}) \cdot b_w \cdot d$$

Der Maßstabsfaktor und der geometrische Bewehrungsgrad ergeben sich wie nachfolgend, wobei beim geometrischen Bewehrungsgrad gemäß (DAfStb 2020) die Spannbewehrung mit nachträglichem Verbund und ohne Verbund nicht angesetzt werden darf.

$$k = 1 + \sqrt{\frac{200}{d}} = 1 + \sqrt{\frac{200}{1105}} = 1{,}43 < 2 \rightarrow k = 1{,}43$$

$$\rho_{l,B} = \frac{11{,}8\,cm^2}{120\,cm \cdot 110{,}5\,cm} = 0{,}089\,\%$$

Die Normalspannung ergibt sich aus der Vorspannung abzüglich des Kriechens und Schwindens. Die Normalkräfte sind aus Abb. 4.10 entnommen:

$$\sigma_{cp,Feld} = \frac{N_p - N_c}{A_c} = \frac{2{,}998 - 0{,}377}{3{,}189} = 0{,}82\,\text{MN/m}^2$$

Der minimale Schubwiderstand kann wie folgt bestimmt werden:

$$v_{min} = \left(\frac{0{,}0375}{\gamma_C}\right) \cdot k^{\frac{3}{2}} \cdot f_{ck}^{\frac{1}{2}} = \left(\frac{0{,}0375}{1{,}5}\right) \cdot 1{,}43^{\frac{3}{2}} \cdot 40^{\frac{1}{2}} = 0{,}27\ \text{MN/m}^2$$

$$V_{Rd,c,min} = (v_{min} + 0{,}12 \cdot \sigma_{cp}) \cdot b_w \cdot d = (0{,}27 + 0{,}12 \cdot 0{,}82) \cdot 1{,}2 \cdot 1{,}105 = 0{,}488\ \text{MN} = 488\,\text{kN}$$

Damit kann nun die Querkrafttragfähigkeit ohne Querkraftbewehrung berechnet werden:

$$
\begin{aligned}
V_{Rd,c} &= \left(\frac{0{,}15}{\gamma_c} \cdot k \cdot (100 \cdot \rho_l \cdot f_{ck})^{\frac{1}{3}} + 0{,}12 \cdot \sigma_{cp}\right) \cdot b_w \cdot d \geq V_{Rd,c,min} \\
V_{Rd,c} &= \left(\frac{0{,}15}{1{,}5} \cdot 1{,}43 \cdot (0{,}089 \cdot 40)^{\frac{1}{3}} + 0{,}12 \cdot 0{,}82\right) \cdot 1{,}2 \cdot 1{,}105 \geq 0{,}488\,\text{MN} \\
V_{Rd,c} &= 0{,}420\,\text{MN} \geq 0{,}488\,\text{MN} \Rightarrow V_{Rd,c} = 488\,\text{kN}
\end{aligned}
$$

Da die Einwirkung ergibt sich nach Abschn. 4.3.4 im Abstand d zu:

$$
V_{Ed,red} = A_{Ed} - p_{Ed} \cdot \left(\frac{t}{2} + d\right) = 1363 - 173{,}3 \cdot \left(\frac{1{,}0}{2} + 1{,}105\right) = 1085\,\text{kN}
$$

Da die Einwirkung größer ist als der Widerstand muss der Nachweis mit Querkraftbewehrung geführt werden.

4.10.1.2 Querkraftnachweis mit Querkraftbewehrung

Vereinfacht wird die nachfolgende Bemessung mit dem inneren Hebealarm von $z = 0{,}9 \cdot d_s = 0{,}9 \cdot 110{,}5\,\text{cm} = 99{,}45\,\text{cm}$ geführt. Es wurden lotrechte Bügel verwendet ($\alpha = 90°$). Für den Nachweis der Druckstrebe darf bei direkter Lagerung die Querkraft am Auflagerrand bestimmt werden:

$$
V_{Ed,red1} = A_{Ed} - p_{Ed} \cdot \frac{t}{2} = 1363 - 173{,}3 \cdot \frac{1{,}0}{2} = 1276\,\text{kN}
$$

Der flachste Druckstrebenwinkel ergibt sich gemäß DIN EN 1992-2 (12.2010) in Verbindung mit der DIN EN 1992-2/NA (04.2013) zu:

$$
1{,}0 \leq \cot\theta \leq \frac{1{,}2 + 1{,}4 \cdot \frac{\sigma_{cd}}{f_{cd}}}{1 - \frac{V_{Rd,cc}}{V_{Ed}}} \leq 1{,}75
$$

Da bei der Zugkraftermittlung (Abb. 4.18) der Winkel $\cot\theta = 1{,}0$ angenommen wurde, muss hiermit auch der Nachweis geführt. Der Nachweis der Druckstrebe kann damit wie folgt geführt werden.

$$
V_{Rd,max} = \frac{v_1 \cdot f_{cd} \cdot b_w \cdot z}{\tan\theta + \cot\theta} = \frac{0{,}75 \cdot 22{,}7 \cdot 1{,}2 \cdot 0{,}99}{1/1{,}0 + 1{,}0} = 10{,}11\,\text{MN}
$$

$$
V_{Ed} = 1276\,\text{kN} \leq V_{Rd,max} = 10.110\,\text{kN}
$$

Für die Berechnung der Querkraftbewehrung darf bei direkter Lagerung die Beanspruchung im Abstand d vom Auflagerrand bestimmt werden. Der durch die Fließgrenze der Querkraftbewehrung begrenzte Querkraftwiderstand berechnet sich gemäß DIN EN 1992-1-1 (01.2011):

$$
V_{Rd,s} = \left(\frac{A_{sw}}{s_w}\right) \cdot z \cdot f_{ywd} \cdot \cot\theta = 39{,}3 \cdot 10^{-4} \cdot 0{,}99 \cdot 365 \cdot 1{,}0 = 1{,}420\,\text{MN}
$$

Da der Bemessungswert der Querkraft kleiner als der Widerstand der Bügelbewehrung ist, ist der **Nachweis** der Zugstrebe mit einem Ausnutzungsgrad von 76 % **erfüllt:**

$$V_{Rd,s} = 1420\ kN \geq V_{Ed,red} = 1085\,\text{kN}$$

4.10.1.3 Verbügelung

Es muss noch untersucht werden, ob eine allgemeine Verbügelung notwendig ist. Diese ist nötig, wenn die Grenzwerte nach DAfStb-RiLi VBgB (03.2012) überschritten werden. Hierfür wird die Bügelspannung σ_{sw} benötigt. Diese wird über den Ausnutzungsgrad zurückgerechnet $\sigma_{sw} = f_{ywd} \cdot 0{,}76 = 277\,\text{N/mm}^2$ verwendet. Im Abstand d vom Auflagerrand ergibt sich:

$$\frac{V_{Ed} \cdot \sigma_{sw}}{V_{Rd,max}} = \frac{1085 \cdot 277}{10110} = 30\,\text{N/mm}^2 \leq 75\ \ \text{N/mm}^2$$

Somit ist aus diesem Grenzwert keine allgemeine Verbügelung erforderlich. Nun muss noch der zweite Grenzwert untersucht werden.

$$V_{Rd,grenz} = 0{,}33 \cdot f_{ck}{}^{2/3} \cdot b_w \cdot d = 0{,}33 \cdot 40^{2/3} \cdot 1{,}2 \cdot 1{,}105 = 5{,}12\,\text{MN}$$

Da dieser Grenzwert auch deutlich größer als V_{Ed} ist, ist keine Verbügelung erforderlich.

4.10.1.4 Nachweis gegen Versatzbruch

Abschließend muss noch der Nachweis gegen Versatzbruchbildung nach DAfStb-RiLi VBgB (03.2012) geführt werden um zu überprüfen, ob ein Endbügel zur Verhinderungen einer Ablösen der Betondeckung im Auflagerbereich nötig ist. Dabei ergeben sich die Kenngrößen nach Abb. 4.19.

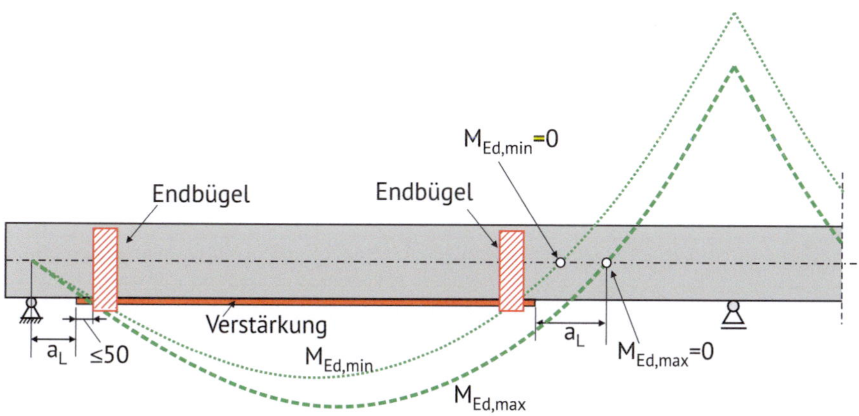

Abb. 4.19 Geometrische Kenngrößen für den Nachweis gegen Versatzbruchbildung nach (Finckh, 2024)

Für den Nachweis gegen Versatzbruchbildung ist der Querkraftwiderstand eines Bauteils ohne Querkraftbewehrung notwendig, dieser wurde zwar bereits in Abschn. 4.10.1.1 ermittelt, allerdings geht man beim Versatzbruch von einem Ablösen der Betondeckung aus und will die letzte Zugstrebe von der Lamelle zur einbetonierten Bewehrung nachweisen. Aus diesem Grund darf bei dem Hohlkörper die volle Stegbreite angesetzt werden und es ergibt sich ein größerer Widerstand:

$$V_{Rd,c} = (0{,}27 + 0{,}12 \cdot 0{,}82) \cdot 3{,}0 \cdot 1{,}105 = 1{,}22\ \text{MN} = 1220\,\text{kN}$$

Die Grenze, ab welcher keine Verbügelung am Lamellenende notwendig ist, ergibt sich Abhängigkeit des Lamellenabstandes vom Momentenullpunkt $a_L = 300\,\text{mm}$:

$$V_{Rd,c,LE} = 0{,}75 \cdot \left(1 + 19{,}6 \cdot \frac{(100 \cdot \rho_{sl})^{0,15}}{a_L^{0,36}}\right) \cdot V_{Rd,c}$$

$$V_{Rd,c,LE} = 0{,}75 \cdot \left(1 + 19{,}6 \cdot \frac{(0{,}036)^{0,15}}{300^{0,36}}\right) \cdot 1220\,kN = 4625\,kN$$

Da die einwirkende Querkraft $V_{Ed} = 1363\,\text{kN}$ kleiner als die Grenze $V_{Rd,c,LE} = 4625\,\text{kN}$ ist keine zusätzliche Verbügelung am Lamellenende notwendig.

4.10.2 Querkraftnachweis Achse 20

In der Achse 20 ist der geometrischen Bewehrungsgrad größer:

$$\rho_{l,B} = \frac{130\,cm^2}{300\,cm \cdot 110{,}5\,cm} = 0{,}39\,\%$$

Die Normalspannung ergibt sich aus der Vorspannung abzüglich des Kriechens und Schwindens. Die Normalkräfte sind aus Abb. 4.10 entnommen:

$$\sigma_{cp,Stütze} = \frac{N_p - N_c}{A_c} = \frac{6{,}154 - 0{,}801}{3{,}189} = 1{,}67\,\text{MN/m}^2$$

Der minimale Schubwiderstand kann wie folgt bestimmt werden:

$$V_{Rd,c,min} = (v_{min} + 0{,}12 \cdot \sigma_{cp}) \cdot b_w \cdot d = (0{,}27 + 0{,}12 \cdot 1{,}67) \cdot 1{,}2 \cdot 1{,}105 = 0{,}624\,\text{MN} = 624\,\text{kN}$$

Damit kann nun die Querkrafttragfähigkeit ohne Querkraftbewehrung berechnet werden:

$$V_{Rd,c} = \left(\frac{0{,}15}{\gamma_c} \cdot k \cdot (100 \cdot \rho_l \cdot f_{ck})^{\frac{1}{3}} + 0{,}12 \cdot \sigma_{cp}\right) \cdot b_w \cdot d \geq V_{Rd,c,min}$$

$$V_{Rd,c} = \left(\frac{0{,}15}{1{,}5} \cdot 1{,}43 \cdot (0{,}39 \cdot 40)^{\frac{1}{3}} + 0{,}12 \cdot 1{,}67\right) \cdot 1{,}2 \cdot 1{,}105 \geq 0{,}624\ \text{MN}$$

$$V_{Rd,c} = 0{,}740\,\text{MN} \geq 0{,}624\ \text{MN} \Rightarrow V_{Rd,c} = 740\,\text{kN}$$

Da die Einwirkung ergibt sich nach Abschn. 4.3.4 im Abstand d zu:

$$V_{Ed,red} = V_{Ed,l} - p_{Ed} \cdot \left(\frac{t}{2} + d\right) = 2322 - 173{,}3 \cdot \left(\frac{1{,}0}{2} + 1{,}105\right) = 2044\,\text{kN}$$

Da die Einwirkung größer ist als der Widerstand muss der Nachweis mit Querkraftbewehrung geführt werden.

4.10.2.1 Querkraftnachweis mit Querkraftbewehrung

Vereinfacht wird die nachfolgende Bemessung mit dem inneren Hebealarm von $z = 0{,}9 \cdot d_s = 0{,}9 \cdot 110{,}5\,\text{cm} = 99{,}45\,\text{cm}$ geführt. Es wurden lotrechte Bügel verwendet ($\alpha = 90°$). Für den Nachweis der Druckstrebe darf bei direkter Lagerung die Querkraft am Auflagerrand bestimmt werden:

$$V_{Ed,red1} = A_{Ed} - p_{Ed} \cdot \frac{t}{2} = 2044 - 173{,}3 \cdot \frac{1{,}0}{2} = 2235\,\text{kN}$$

Da bei der Zugkraftermittlung (Abb. 4.18) der Winkel $\cot\theta = 1{,}0$ angenommen wurde, muss hiermit auch der Nachweis geführt. Der Nachweis der Druckstrebe kann damit wie folgt geführt werden.

$$V_{Ed} = 2235\,\text{kN} \leq V_{Rd,max} = 10110\,\text{kN}$$

Für die Berechnung der Querkraftbewehrung darf bei direkter Lagerung die Beanspruchung im Abstand d vom Auflagerrand bestimmt werden. Der durch die Fließgrenze der Querkraftbewehrung begrenzte Querkraftwiderstand berechnet sich gemäß DIN EN 1992-1-1 (01.2011):

$$V_{Rd,s} = \left(\frac{A_{sw}}{s_w}\right) \cdot z \cdot f_{ywd} \cdot \cot\theta = 78{,}6 \cdot 10^{-4} \cdot 0{,}99 \cdot 365 \cdot 1{,}0 = 2{,}84\,\text{MN}$$

Da der Bemessungswert der Querkraft kleiner als der Widerstand der Bügelbewehrung ist, ist der **Nachweis** der Zugstrebe **erfüllt**:

$$V_{Rd,s} = 2840\ kN > V_{Ed,red} = 2044\,\text{kN}$$

4.10.2.2 Verbügelung

Es muss noch untersucht werden, ob eine allgemeine Verbügelung notwendig ist. Dies ist jedoch nur relevant an der Stelle, wo die Lamelle eine Zugkraft bekommen könnte. Ab dem Momentennulldurchgang, welche circa bei x = 18,7 m ist, könnte dies der Fall sein. An dieser Stelle herrschet eine Querkraft von 1410kN. Auf der sicheren Seite wird $\sigma_{sw} = f_{ywd}$ angenommen. Damit ergibt sich der Grenzwert zu:

$$\frac{V_{Ed} \cdot \sigma_{sw}}{V_{Rd,max}} = \frac{1410 \cdot 365}{10110} = 51N/mm^2 \nleq 75\ \text{N/mm}^2$$

Somit ist aus diesem Grenzwert keine allgemeine Verbügelung erforderlich. Da auch der zweite Grenzwert deutlich größer als die Einwirkung ist, ist keine Verbügelung erforderlich.

4.10.2.3 Nachweis gegen Versatzbruch

Da die Lamelle über den Momentennullpunkt gezogen wird, ist wie Abb. 4.19 zeigt, der Nachweis gegen Versatzbruch nicht erforderlich.

4.11 Gebrauchstauglichkeit

Gemäß DAfStb-RiLi VBgB (03.2012), muss im Gebrauchszustand die Betonstahldehnung $\varepsilon_s \leq f_{yk}/E_s = 420/200 = 2{,}1‰$ eingehalten werden. Falls zusätzlich unter seltener Einwirkungskombination die Dehnungen der CFK-Lamelle auf $\varepsilon_L \leq 2‰$ beschränkt sind, darf auf den Nachweis der Beschränkung der Rissbreite und der Bauteilverformung verzichtet werden.

Für den Spannstahl muss gemäß DIN EN 1992-1-1/NA (04.2013) unter seltener Einwirkungskombination nachgewiesen werden, dass zu keinem Zeitpunkt die Spannstahlspannungen der kleinere Wert von $0{,}9 \cdot f_{p01k}$ und $0{,}8 \cdot f_{pk}$ überschritten wird. Unter seltener Einwirkung ergeben sich die Bewehrungsspannungen in Abb. 4.20.

Damit ist der Gebrauchstauglichkeitsnachweis der Betonstahlbewehrung erfüllt:

$$\varepsilon_s = \frac{403}{200} = 2{,}0\,‰ \leq 2{,}1\,‰$$

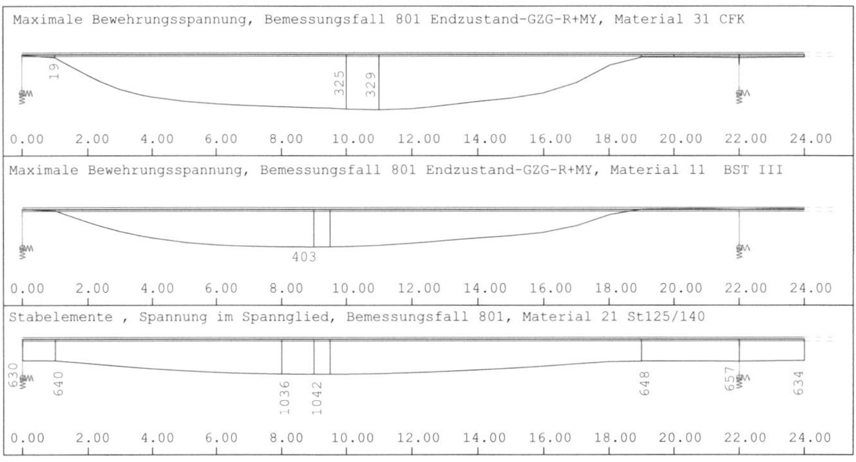

Abb. 4.20 GZG Lamellen- und Bewehrungsspannungen unter seltener Einwirkungskombination

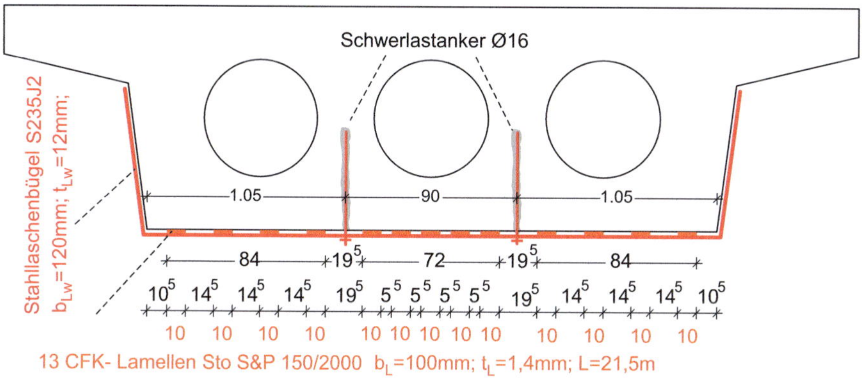

Abb. 4.21 Konstruktive Durchbildung der Verstärkung der Fußgängerbrücke im Querschnitt

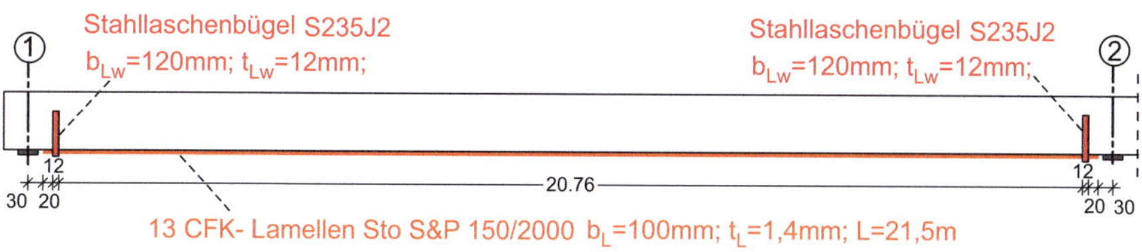

Abb. 4.22 Konstruktive Durchbildung der Verstärkung der Fußgängerbrücke im Längsschnitt

Die Dehnung der CFK-Lamelle von $\varepsilon_L \leq 2\,‰$ kann ebenfalls eingehalten werden.

$$\varepsilon_L = \frac{329}{168} = 1{,}96\,‰ \leq 2{,}0\,‰$$

Der Spannstahl St 125/140 hat nach (Schnell et al., 2016) die Elastizitätsgrenze $\beta_{0,01} = 1200\,\text{N/mm}^2$ und eine Bruchgrenze von $\sigma_{Br} = 1400\,\text{N/mm}^2$. Damit kann der Nachweis wie folgt geführt werden.

$$\sigma_{p,rare} = 1042\frac{N}{mm^2} \leq \min\begin{cases} 0{,}9 \cdot 1200 = 1080 \\ 0{,}8 \cdot 1400 = 1120 \end{cases}$$

4.12 Konstruktive Durchbildung

Die konstruktive Durchbildung ist im Querschnitt in Abb. 4.21 und im Längsschnitt in Abb. 4.22 dargestellt.

Literatur

BASt-NaReLi (05.2011) Richtlinie zur Nachrechnung von Straßenbrücken im Bestand (Nachrechnungsrichtlinie), Bergisch-Gladbach.

DafStb. (Hrsg.). (2020). Erläuterungen zu DIN EN 1992-1-1 und DIN EN 1992-1-1/NA; DAfStb Heft 600. Beuth Verlag.

DAfStb-RiLi VBgB. (03.2012). Richtlinie Verstärken von Betonbauteilen mit geklebter Bewehrung.

DIN 1072. (11.1967). Straßen- und Wegbrücken; Lastannahmen, Berlin.

DIN EN 1542. (07.1999). Produkte und Systeme für den Schutz und die Instandsetzung von Betontragwerken – Prüfverfahren – Messung der Haftfestigkeit im Abreißversuch; Deutsche Fassung EN 1542:1999, Berlin.

DIN EN 1992-1-1 (01.2011) Eurocode 2: Bemessung und Konstruktion von Stahlbeton- und Spannbetontragwerken – Teil 1-1: Allgemeine Bemessungsregeln und Regeln für den Hochbau; Deutsche Fassung EN 1992-1-1:2004 + AC:2010, Berlin.

DIN EN 1992-1-1/NA (04.2013) Nationaler Anhang – National festgelegte Parameter – Eurocode 2: Bemessung und Konstruktion von Stahlbeton- und Spannbetontragwerken – Teil 1-1: Allgemeine Bemessungsregeln und Regeln für den Hochbau; Deutsche Fassung EN 1992-1-1:2004 + AC:2010, Berlin.

DIN EN 1992-2 (12.2010) Eurocode 2: Bemessung und Konstruktion von Stahlbeton- und Spannbetontragwerken – Teil 2: Betonbrücken – Bemessungs- und Konstruktionsregeln; Deutsche Fassung EN 1992-2:2005 + AC:2008, Berlin.

DIN EN 1992-2/NA (04.2013) Nationaler Anhang – National festgelegte Parameter – Eurocode 2: Bemessung und Konstruktion von Stahlbeton- und Spannbetontragwerken – Teil 2: Betonbrücken – Bemessungs- und Konstruktionsregeln, Berlin.

DIN FB 101 (03.2009) DIN-Fachbericht 101: Einwirkungen auf Brücken, Berlin.

Finckh, W. (2024). *Verstärken von Betonbauteilen; Tragwerksplanung im Bestand.* Springer Fachmedien Wiesbaden; Imprint Springer Vieweg.

II B 2 - 2.420 Nr. 2444/62 (10.1962) Rippen-TORSTAHL als Sonderbetonstahl III.

Schnell, J., Zilch, K., Dunkelberg, D., & Weber, M. (2016). *Sachstandbericht Bauen im Bestand – Teil I: Mechanische Kennwerte historischer Betone, Betonstähle und Spannstähle für die Nachrechnung von bestehenden Bauwerken; DAfStb-Heft 616.* Beuth.

SOFiSTiK AG. (2025). *Finite Elemente Methode Software für Bauingenieure.* https://www.sofistik.de/produkte/statik-fem/sofistik-fem-pakete. Zugegriffen: 2025

V A2-64b 08/27-9/67. (04.1967). Spannverfahren Wayss & Freytag.

Z-36.12-86. (01.2025). Bausatz zum Verstärken von Beton-, Stahl- und Spannbetonbauteilen durch schubfest aufgeklebte Sto S&P CFK Lamellen nach der DAfStb-Verstärkungs-Richtlinie.

5 Ermüdung von Stahl- und Spannbeton

Zusammenfassung

Das Kap. 5 stellt die Grundlagen der Ermüdungsnachweise im Stahl- und Spannbetonbau dar. Hierbei wird auch das mehrstufige Nachweiskonzept im Brückenbau und die Besonderheiten bei Bestandsbrücken erläutert. Das Kapitel schließt mit einem umfangreichen Rechenbeispiel an einer Stahlbetonbrücke ab.

5.1 Grundlagen Ermüdung

Die veränderlichen Beanspruchungen, die während der Nutzungsdauer auftreten, lassen sich in wechselnde und in statisch ruhende Beanspruchungen unterteilen. Unter wiederholter Wechselbeanspruchung kann eine Ermüdung von Werkstoffen auftreten. Hierbei verursachen die wiederholten Wechselbeanspruchungen eine fortlaufende Schädigung im Material. Im Allgemeinen werden zwei Belastungs- und Versagensszenarien unterschieden:

1. Ermüdung durch kurzzeitige bzw. niederzyklische Wechselbeanspruchung, welche auch als „low cycle fatigue" bezeichnet wird. Diese ist charakterisiert durch eine geringe Anzahl von Lastwechseln, welche jedoch zusammen mit extrem hohen Amplituden auftreten, die häufig den elastischen Bereich der Werkstoffe überschreiten. Ein Beispiel für „low cycle fatigue" ist zum Beispiel eine Erdbebenbeanspruchung. Dieser Fall der Ermüdungsbeanspruchung wird in diesem Buch nicht behandelt. Hinweise zum „low cycle fatigue" von Bauteilen mit aufgeklebter Bewehrung sind zum Beispiel in (Niciz, 2011) enthalten.
2. Ermüdung durch dauerhafte bzw. hochzyklische Wechselbeanspruchung, welche auch als „high cycle fatigue" bezeichnet wird. Diese ist charakterisiert durch eine sehr hohe Anzahl von Lastwechseln, welche jedoch nur eine geringe

W. Finckh et al., *Brückenverstärkung mit geklebter Bewehrung*,
https://doi.org/10.1007/978-3-658-49258-8_5

Amplitude haben, die üblicherweise im elastischen Bereich bleibt. Diese Ermüdungsbeanspruchung tritt im Regelfall im Brückenbau, bei Maschinenfundamenten, Kranbahnen und Windkraftanlagen auf. Im Weiteren wird diese Ermüdungsbeanspruchung weiter thematisiert.

Der Unterschied einer Ermüdungsbeanspruchung gegenüber einer ruhenden Belastung ist, dass das Versagen von Bauteilen mit hohen Lastwechselzahlen bereits bei Beanspruchungen erfolgen kann, die teilweise deutlich unterhalb der einmalig aufnehmbaren statischen Beanspruchung liegen. Aus diesem Grund ist der Nachweis Tragfähigkeit für nicht ruhende Belastung, wie z. B. Verkehr erforderlich.

Eine Ermüdungsbeanspruchung kann zum Versagen führen, wenn entweder hohe Beanspruchungen infolge von Wechsellasten auftreten, das heißt ein großer Anteil von Wechsellast an der Gesamtlast vorhanden sind, oder wenn sehr große Lastwechselzahlen vorhanden sind, wie dies z. B. bei Brücken der Fall ist.

Der Nachweis gegen Ermüdung wird im Regelfall über den sogenannten „Betriebsfestigkeitsnachweis" geführt. Um diesen führen zu können, sind drei grundlegende Bausteine erforderlich:

- Beschreibung des Ermüdungsverhaltens der Werkstoffe. Dies erfolgt meist durch die im nachfolgenden beschriebenen Wöhlerlinien.
- Beschreibung der tatsächlichen „Betriebsbelastung", welche z. B. durch den Straßenverkehr verursacht wird.
- Nachweiskonzept, mit dessen Hilfe die fortschreitenden Schädigungen infolge der meist unregelmäßigen Betriebslasten mit den im Versuch in der Regel für regelmäßige Spannungsverläufe (z. B. konstante Spannungsschwingbreiten der Wöhlerlinie) ermittelten Ermüdungsfestigkeiten verknüpft werden können.

Nachfolgend werden diese drei Grundbausteine erläutert.

5.2 Wöhlerlinien

5.2.1 Grundlagen

Zur Beschreibung des Ermüdungsverhaltens muss ein Zusammenhang zwischen der bis zum Bruch erbrachten Anzahl von Lastwechseln und der aufgebrachten Schwingbreite ermittelt werden. Dieser Zusammenhang kann im Regelfall nur experimentell bestimmt werden und es werden sogenannte Einstufenversuche durchgeführt, welche auch als Dauerschwingversuche bezeichnet werden. Hierbei werden wie in Abb. 5.1 dargestellt sinusförmige Belastungen mit konstanter Amplitude so lange aufgebracht, bis es zu einem Versagen der Probe kommt. Meist werden diese Einstufenversuche in die Art der Beanspruchung unterteilt. So werden Druckschwellversuche, Zugschwellversuche und Versuche im Wechselbereich (Zug und Druck) unterschieden.

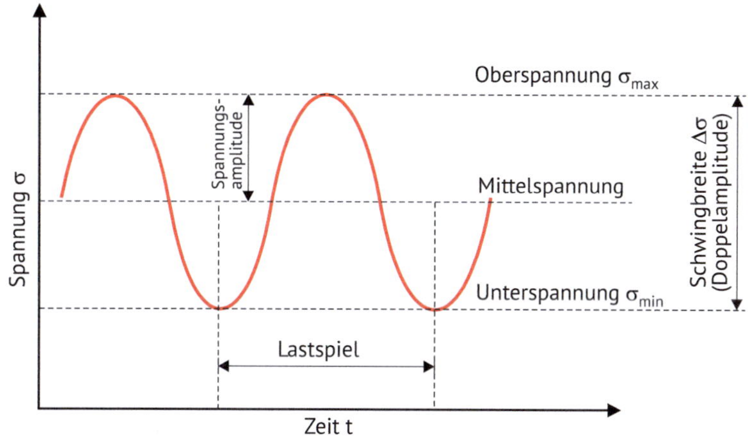

Abb. 5.1 Schematisch Darstellung des Einstufenversuchs („Dauerschwingversuch")

Als Ergebnis aus diesem Versuch erhält man für jede Schwingbreite, welche die Differenz zwischen Ober- und Unterspannung darstellt, eine zugehörige Lastwechselzahl, welche zum Versagen führen würde. Bei einigen Materialien wie Stahl hat sich gezeigt, dass bei gleicher Schwingbreite die aufnehmbare Lastwechselzahl immer identisch ist, unabhängig davon, welche Mittelspannung im Versuch herrscht, solange die Oberspannung unterhalb der Fließgrenze ist. Somit ist das Ermüdungsverhalten mittelspannungsunabhängig. Bei anderen Werkstoffen wie zum Beispiel Beton ist dies jedoch nicht der Fall.

Die Ermüdungsfestigkeit eines Prüfstücks, welche durch den Einstufenversuch ermittelt wurde, beschreibt das Wertepaar aus aufgebrachter Schwingbreite und zugehöriger Bruchlastspielzahl. Wertet man nun sehr viele Einstufenversuche mit unterschiedlichen Schwingbreiten aus, so kann man mit einer entsprechenden statistischen Glättung die erbrachten Lastwechselzahlen mit der aufgebrachten Schwingbreite in Zusammenhang bringen. Dies erfolgt meist über die sogenannten Wöhlerlinien, welche beispielhaft in Abb. 5.2 dargestellt sind. Durch eine doppellogarithmische Achseneinteilung verläuft die Kurve näherungsweise linear. Bei der Durchführung mehrerer Versuche kommt es durch die Streuung der Ergebnisse zu einer Punktwolke. Meist entsprechen die gewählten Werte der Wöhlerlinien den Quantilwerten mit 95 % Überlebenswahrscheinlichkeit mit einer Vertrauenswahrscheinlichkeit von 75 % nach DIN EN 1990 (10.2021).

Die Wöhlerlinie lässt sich anhand der Lastwechselzahl in drei Bereiche untergliedern:

1. Kurzzeitfestigkeitsbereich
2. Zeitfestigkeitsbereich
3. Dauerfestigkeitsbereich

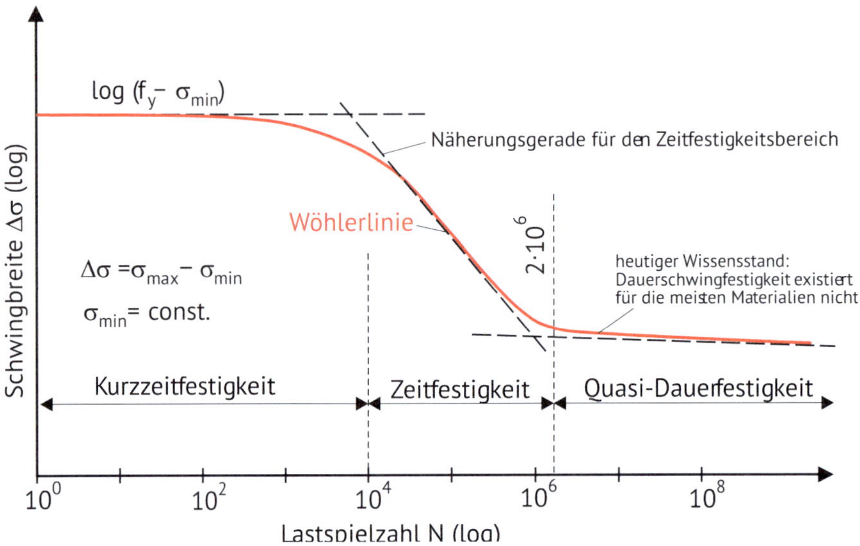

Abb. 5.2 Beispielhafte Wöhlerlinie als doppelt logarithmische Darstellung des Zusammenhangs zwischen Schwingbreite und Lastwechselzahl

Die Kurzzeitfestigkeit bei N bis circa 10^4 entspricht in etwa dem statischen Widerstand und hat bei Ermüdungsnachweisen keine Bedeutung. Die Nachweise im Grenzzustand der Gebrauchstauglichkeit begrenzen im Regelfall die Spannungen in der Art, dass solche Spannungen nicht auftreten. Danach folgt bis zum Knick der Wöhlerlinie der Zeitfestigkeitsbereich. Dort verläuft die Wöhlerlinie näherungsweise linear. Als Dauerfestigkeit wird die Schwingbreite bezeichnet, die ein Werkstoff theoretisch unendlich oft ertragen kann, ohne zu versagen. Aufgrund von Vorschädigungen im Gefüge und wegen des großen Aufwandes von Versuchen bei diesen hohen Lastwechselzahlen ist die Dauerfestigkeit als Parallele zur Abszisse jedoch umstritten (vergleiche z. B. Zilch et al., 2004).

5.2.2 Betonstahl

5.2.2.1 Verhalten im Versuch

Beim Dauerschwingversuch von Betonstahl lässt sich die Bruchentstehung in drei Phasen unterteilen, welche in Abb. 5.3 dargestellt sind. Schon bei ersten Belastungen entstehen submikroskopische Veränderungen im Metallgefüge. Ursprung dieser Veränderungen sind Schwachstellen im Material, wie Korrosionsnarben, Kerben, Inhomogenitäten, Übergänge der Rippen zum Stab oder auch Risse im Beton.

Bei weiterer Beanspruchung entstehen Mikrorisse (Phase der Rissentstehung), welche sich nach und nach zu Anrissen verbinden. Durch Ansteigen der

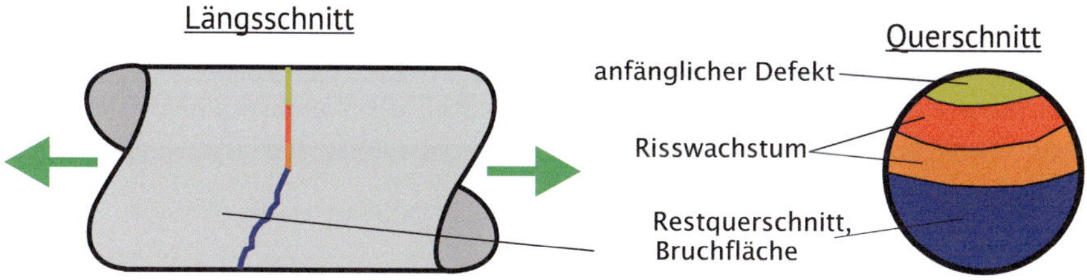

Abb. 5.3 Schadensablauf eines Betonstahls im Dauerschwingversuch

Kerbspannungen weiten sich die Anrisse aus und dringen kontinuierlich in den Stabkern vor (Phase des stabilen Risswachstums). Im letzten Stadium (Phase des instabilen Risswachstums) weiten sich die Risse rasant und es kommt durch Querschnittsschwächung ohne Vorankündigung zum Bruch.

Das Ermüdungsverhalten von Betonstählen wird experimentell entweder an freien Proben oder an einbetonierten Betonstählen geprüft. Bestimmte Effekte wie die Reibermüdung oder der Einfluss von Stabkrümmungen können nur im einbetonierten Zustand geprüft werden.

Ein weiterer Unterschied ist, dass bei Versuchen an freien Betonstahlproben das Versagen immer an der schwächsten Stelle eintritt. Diese schwächsten Stellen können Materialinhomogenitäten, Kerben, Korrosion oder andere mechanische Defekte sein. Bei einer einbetonierten Probe tritt die Ermüdung immer an der Rissstelle des Betons auf. Da diese nicht zwangsläufig mit der schwächsten Stelle des Betonstahls übereinstimmen muss, liefern im Regelfall Versuche an einbetonierten Betonstählen höhere Spannungsschwingspiele als freie Betonstähle. (Maurer et al., 2010) führen dies zusätzlich auf die dämpfende Fähigkeit und das zyklische Kriechen des Betons zurück.

5.2.2.2 Einflussfaktoren auf die Betonstahlermüdung

Aus diversen Versuchen zur Betonstahlermüdung können zahlreiche Einflussfaktoren identifiziert werden, welche in Tab. 5.1 aufgelistet sind.

Neben diesen Faktoren hat theoretisch auch der Herstellungsprozess einen Einfluss. Gemäß (Maurer et al., 2012) können auch für älterer Stabstähle die heutigen Bemessungswöhlerlinien gegen Ermüdung herangezogen werden. Allerdings wurden in diesen Untersuchungen nur Betonstähle ab dem Jahr 1955 untersucht. Für ältere Stähle sollten besondere Betrachtungen erfolgen. Hinweise zum Ermüdungsverhalten von älteren Baustählen sind in RiL 805 (03.2022) enthalten.

5.2.2.3 Normative Beschreibung

Die Wöhlerlinie der DIN EN 1992-1-1 (01.2011) in Verbindung mit der DIN EN 1992-1-1/NA (04.2013) ist in Abb. 5.4 dargestellt.

Für Stäbe in korrosiven Umgebungsbedingungen (XC2, XC3, XC4, XS, XD) sind weitere Überlegungen zur Wöhlerlinie anzustellen. Wenn keine genaueren Erkenntnisse vorliegen, ist für k_2 ein reduzierter Wert $5 \leq k_2 < 9$ anzusetzen.

Tab. 5.1 Einflussfaktoren auf die Betonstahlermüdung

Einflussfaktor	Auswirkung
Oberflächenbeschaffenheit	• Spannungsspitzen an Übergängen der Rippen zum Stahlkern. (Marx et al., 2017) • Kleine Wurzelradien, Rippenkreuzungen oder bereits abgeplatzte Rippen sind besonders ungünstig. (König & Danielewicz, 1994) • Schräg- oder Querrippen ungünstiger als z. B. sichelförmige Rippen. (Marx et al., 2017) • Glatte Stähle sind meist deutlich günstiger als gerippte. (Marx et al., 2017)
Korrosion	• Kaum Einfluss aus flächiger Korrosion infolge Karbonatisierung. (Marx et al., 2017) • Starke Minderung der Ermüdungsfestigkeit durch chloridinduzierte Lochfraßkorrosion durch Verlust von Querschnittsfläche. (König & Danielewicz, 1994) • Spannungsspitzen an Korrosionsnarben. (König & Danielewicz, 1994) • Verkürzte Rissentstehungsphase. (Nürnberger & Beul, 2000)
Stabdurchmesser	• Geringere Ermüdungsfestigkeiten bei größeren Durchmessern, wegen größerer Oberfläche und damit erhöhter Wahrscheinlichkeit für Auftreten von Fehlstellen. (Marx et al., 2017) • Einfluss bei einbetonierten Stäben geringer als bei freiliegenden Proben. (Marx et al., 2017)
Stabkrümmung	• Bei Aufbiegungen werden plastische Verformungen in den Stahl eingebracht, wodurch sich die Kerbwirkung erhöht und das Risswachstum beschleunigt wird. (König & Danielewicz, 1994)
Mittelspannung	• Abnahme der Ermüdungsfestigkeit mit ansteigender Mittelspannung bei freien Prüfkörpern. (König & Danielewicz, 1994) • Umgebender Beton und Stabkrümmung überdecken diesen Einfluss jedoch. (König & Danielewicz, 1994) • Mittelspannungseinfluss wird deshalb vereinfacht bei der Bemessung vernachlässigt.
Geschweißte Stäbe	• Starke Abminderung der Ermüdungsfestigkeit bei geschweißten Stäben (als erster Anhaltswert kann von 50 % ausgegangen werden). (Rehm et al., 1981) • Maßgeblicher Einfluss durch die Art der Verbindung und damit der Kerbwirkung (z. B. Stumpfstöße günstiger als Laschen- oder Übergreifungsstöße). (Rehm et al., 1981)

Für gebogene Stäbe mit einem Biegerollendurchmesser $D < 25\phi$, ist $\Delta\sigma_{Rsk}$ mit dem Reduktionsfaktor $\zeta_1 = 0{,}35 + 0{,}026 \cdot D/\phi$ zu multiplizieren. Auf diesen Reduktionsfaktor ζ_1 darf bei Querkraftbewehrung mit 90°-Bügeln für $\phi \leq 16\,\text{mm}$ mit Bügelhöhen ≥ 600 mm verzichtet werden.

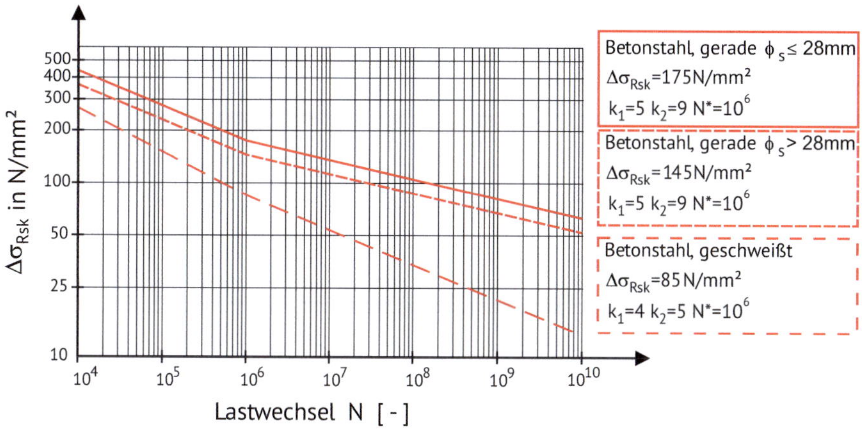

Abb. 5.4 Wöhlerlinie der DIN EN 1992-1-1 (01.2011) in Verbindung mit der DIN EN 1992-1-1/NA (04.2013) für Betonstahl

5.2.3 Spannstahl

5.2.3.1 Grundlagen

Das Ermüdungsverhalten von Spannstahl ist sehr ähnlich zu dem des Betonstahls. Man muss jedoch zwei Bereiche unterscheiden, den Bereich der Verankerungen beziehungsweise der Spanngliedkopplungen und den Bereich außerhalb der Verankerungen. Für den Bereich außerhalb der Verankerungen muss noch unterschieden werden, ob das Spannglied im nachträglichen Verbund, ohne Verbund oder im sofortigen Verbund verbaut worden ist. Beim Einbau der Spannglieder im Hüllrohr, wie es bei Spanngliedern im nachträglichen Verbund oder ohne Verbund der Fall sein kann, hat auch das Hüllrohr einen Einfluss auf das Ermüdungsverhalten.

5.2.3.2 Einflussfaktoren auf die Spannstahlermüdung

Die Einflussfaktoren für die Spannstahlermüdung sind grundsätzlich ähnlich wie die Einflussfaktoren für die Betonstahlermüdung. Neben der Herstellungsart und der Stahlgüte haben vor allem die Oberflächenbeschaffenheiten der Spannstähle eine große Bedeutung. So haben glatte Spannstähle grundsätzlich einen höheren Ermüdungswiderstand als gerippte oder profilierte Spannstähle. Wie groß der Einfluss der Oberflächenbeschaffenheit auf den Ermüdungswiderstand ist, hängt jedoch auch maßgeblich vom Fertigungsverfahren der Spannstähle ab. Umfangreiche Untersuchungen hierzu sind in (Nürnberger, 1981) enthalten.

Bei Spanngliedern im Hüllrohr hat die Reibkorrosion einen erheblichen Einfluss auf das Ermüdungsverhalten. Als Reibkorrosion wird eine Schädigung des Werkstoffes verstanden, welcher unter Querpressung kleinste Scheuerbewegungen gegen einen anderen Körper ausführt. Diese Reibkorrosion ist bei gekrümmten Spanngliedern aufgrund der höheren Querpressung deutlicher ausgeprägt als bei geraden Spanngliedern. Aber auch das Material der Hüllrohre hat einen Einfluss. So stellen (Hegger & Neuser, 1998) fest, dass die Ermüdungsfestigkeit von Spannstählen in Kunststoffhüllrohren besser ist als in Stahlhüllrohren. Ein umfangreicher Überblick zu den Untersuchungen zum Einfluss der Reibkorrosion auf die Ermüdung sind in (Marx et al., 2017) enthalten.

5.2.3.3 Spanngliedverankerungen und Kopplungen

Bei Spanngliedern, welche nicht im sofortigen Verbund liegen, haben sich Spanngliedverankerungen und Kopplungen als kritische Bauteile herausgestellt. In diesen Bauteilen entstehen unabhängig vom Verankerungssystem Reibkorrosionseffekte zwischen dem Spannstahl und der Verankerung, welche zu einer Abnahme der Ermüdungsfestigkeit führen. Im Allgemeinen liegen nur wenige Untersuchungen zur Spanngliedkopplungen vor. Allerdings müssen die Zulassungsinhaber Ermüdungsversuche an diesen Spanngliedkopplungen für das Erlangen einer Zulassung durchführen.

5.2.3.4 Normative Beschreibung

Die Parameter der Wöhlerlinie der DIN EN 1992-1-1 (01.2011) in Verbindung mit der DIN EN 1992-1-1/NA (04.2013) sind in Tab. 5.2 aufgelistet. Diese dürfen angewendet werden, sofern eine Zulassung nicht abweichende Werte festlegt.

Es wird zwischen Spannstahl der Klasse 1 und der Klasse 2 unterschieden. Die Werte für die Klasse 1 sind immer durch Zulassungen für den Spannstahl nachzuweisen. Falls diese nicht vorliegen, ist der Spannstahl der Klasse 2 zuzuordnen.

Die Werte für den Nachweis der Verankerungs- beziehungsweise Kopplungsbereiche sind immer durch Zulassungen geregelt.

Tab. 5.2 Parameter der Ermüdungsfestigkeit

Spannstahl	N^*	Spannungsexponent		$\Delta\sigma_{Rsk}$ bei N^* Zyklen	
		k_1	k_2	Klasse 1	Klasse 2
Im sofortigen Verbund	10^6	5	9	185	120
Im nachträglichen Verbund					
Einzellitzen in Kunststoffhüllenrohren	10^6	5	9	185	120
Gerade Spannglieder	10^6	5	9	150	95
Gekrümmte Spannglieder in Kunststoffhüllenrohren	10^6	5	9	150	95
Gekrümmte Spannglieder in Stahlhüllenrohren	10^6	3	7	120	75

5.2.4 Beton

5.2.4.1 Grundlagen

Zur Bestimmung der Ermüdungsfestigkeit von Beton unter einaxialer Druckschwellbelastung werden meist zylindrische oder prismatische Probekörper verwendet. Es gibt zahlreiche Versuche aus der Literatur, welche sich jedoch in Abmessungen, Lagerungsbedingungen, Prüffrequenzen und Belastungsarrangements unterscheiden, was die Vergleichbarkeit erschwert. Jedoch lassen sich grundsätzlich gemäß (König & Danielewicz, 1994) folgende ausschlaggebende Faktoren identifizieren:

- Beanspruchungsniveau (Unter- und Oberspannung)
- Beanspruchungsart (Druck, Zug, einaxial, mehraxial, zentrisch, exzentrisch)
- Umweltbedingungen (feucht, trocken)
- Beanspruchungsfrequenz

Neben diesen Faktoren werden als wenig ausschlaggebende Faktoren die Folgenden genannt:

- Betongüte
- Betonzusammensetzung
- Belastungsgeschichte.

Das Verhalten von Beton unter wiederholter Beanspruchung kann mechanisch erklärt werden: Schon im unbelasteten Zustand entstehen infolge des Schwindens der Zementsteinmatrix Mikrorisse an den Grenzflächen zu den Gesteinskörnern. Zyklische Belastungen lassen Mikrorisse zu größeren Rissen werden, was schließlich zum Betonversagen führt. Dieser Effekt wird bei Proben, welche im Zug-Druck-Wechselbereich belastet sind, durch die Zugspannungen deutlich vergrößert.

Neben diesem Effekt kommt es jedoch auch zu einer Zunahme der Festigkeit durch fortschreitende Hydratation, was somit einen gegenläufigen Effekt darstellt. Somit hat das Betonalter bei Belastungsbeginn auch einen erheblichen Einfluss auf die Ermüdungsfestigkeit.

Bei Beton stellt sich somit ein grundsätzlich anderes Verhalten als beim Stahl ein. Der wesentliche Unterschied ist, dass die ertragbare Lastwechselzahl N hier neben der Schwingbreite $\Delta\sigma$ auch von der Mittelspannung σ_m bzw. der Ober-$\sigma_{\max}$ und Unterspannung $\sigma_{\min}$ abhängig ist.

5.2.4.2 Smith und Goodman-Diagramme

Aufgrund der Mittelspannungsabhängigkeit kann die Ermüdungsfestigkeit nicht mehr durch eine einzige Wöhlerlinie dargestellt werden. Deshalb werden Festigkeitsschaubilder als Darstellungsformen gewählt. Hier kann z. B. die Darstellung über das Smith-Diagramm erfolgen, wie es in Abb. 5.5 dargestellt ist. Im Smith-

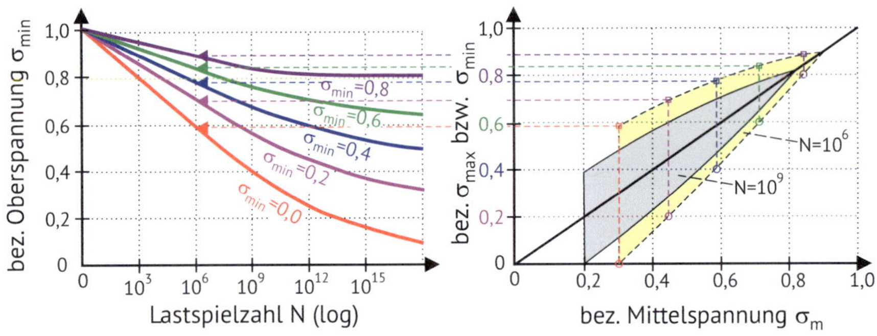

Abb. 5.5 Beispiel für die Konstruktion eines Smith-Diagramms

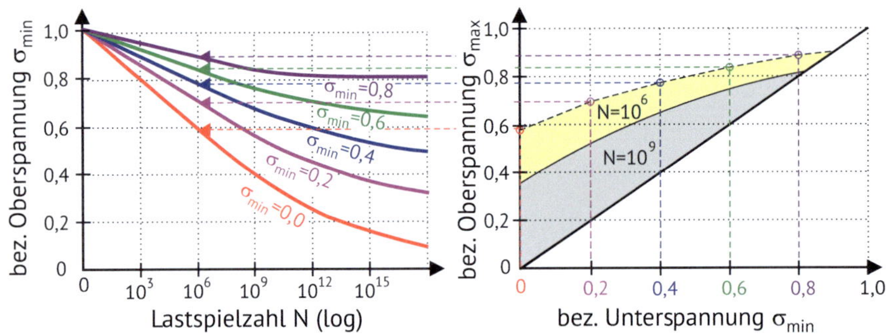

Abb. 5.6 Beispiel für die Konstruktion eines Godman-Diagramms

Diagramm wird auf der Abszisse die Mittelspannung dargestellt und auf der Ordinate, für eine zuvor festgelegte Lastwechselzahl, sowohl die ertragbaren Unterspannungen als auch die Oberspannungen aufgezeichnet.

Häufiger erfolgt jedoch die Darstellung über das Godman-Diagramm, wie es in Abb. 5.6 abgebildet ist. Im Goodman-Diagramm zeigt die Abszisse die Unterspannung und die Ordinate die Oberspannung. Das Goodman-Diagramm wirkt übersichtlicher als das Smith-Diagramm, da es nur eine Grenzlinie enthält.

5.2.4.3 Normative Beschreibung

In der DIN EN 1992-1-1 (01.2011) in Verbindung mit der DIN EN 1992-1-1/NA (04.2013) sind keine Wöhlerlinien für den Beton angegeben sondern lediglich Quasi-Dauerfestigkeiten. In der DIN EN 1992-2 (12.2010) in Verbindung mit der DIN EN 1992-2/NA (04.2013) wird jedoch die maximale Zahl von Lastzyklen derselben konstanten Amplitude, die vor einem Versagen aufgenommen werden kann, mit Gl. (5.1) beschrieben und bietet somit eine vollständige Nachweismöglichkeit.

$$N_i = 10^{14 \cdot \frac{1-E_{cd,\max,i}}{\sqrt{1-R_i}}} \tag{5.1}$$

Dabei ist:

R_i	Das Spannungsverhältnis ($R_i = E_{cd,\min,i}/E_{cd,\max,i}$)
$E_{cd,\min,i}$	Das minimale Niveau der Druckspannung ($E_{cd,\min,i} = \sigma_{cd,\min,i}/f_{cd,fat}$)
$E_{cd,\max,i}$	Das maximale Niveau der Druckspannung ($E_{cd,\max,i} = \sigma_{cd,\max,i}/f_{cd,fat}$)
$\sigma_{cd,\min,i}$	Die Unterspannung in einem Lastzyklus
$\sigma_{cd,\max,i}$	Die Oberspannung in einem Lastzyklus

Der Bemessungswert $f_{cd,\mathrm{fat}}$ der einaxialen Festigkeit des Betons unter Ermüdung ergibt sich über den Zeitpunkt der ersten zyklischen Belastung des Betons (in Tagen) wie folgt:

$$f_{cd,\mathrm{fat}} = \beta_{cc}(t_0) \cdot f_{cd} \cdot \left(1 - \frac{f_{ck}}{250}\right) \tag{5.2}$$

$$\beta_{cc}(t_0) = e^{s \cdot \left(1 - \sqrt{\frac{28}{t_0}}\right)} \tag{5.3}$$

5.3 Grundlagen Betriebsfestigkeit

Die im Vorherigen beschriebene Ermüdungsfestigkeit beschreibt das Verhalten im Einstufenversuch, was bedeutet, dass alle Lastwechsel bei einer konstanten Spannungsamplitude durchgeführt wurden. In der Praxis sind die Spannungsamplituden jedoch fast immer veränderlich. Dies zeigt auch Abb. 5.7, wo der Einstufenversuch mit einem wirklichkeitsnahen Spannungskollektiv verglichen wird.

In der Praxis muss somit nachgewiesen werden, dass die tatsächliche Betriebsfestigkeit und damit die Sicherheit gegen Ermüdung unter den wirklich auftretenden Lasten bzw. Einwirkungen (Schwingbreiten) über die vorgesehene Lebensdauer des Bauwerkes gegeben ist. Es ist somit erforderlich, die tatsächliche Beanspruchung mit den standardisierten Ergebnissen aus dem Einstufenversuch zu vergleichen.

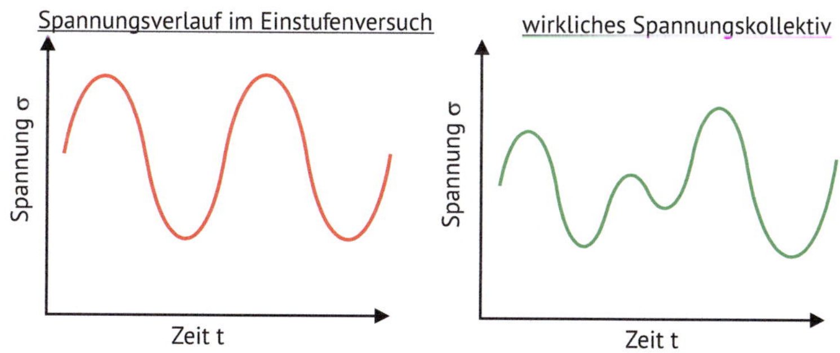

Abb. 5.7 Vergleich des Einstufenversuch mit einem wirklichkeitsnahen Spannungskollektiv

Um dies zu lösen, muss zunächst die wirklich auftretende Beanspruchung beschrieben werden und die Schädigungswirkung dieser beliebigen Beanspruchung quantifiziert werden. Dies erfolgt über die Einführung des Schadensindikators D (= Schadenssumme). Dieses Vorgehen kann in folgende Stufen unterteilt werden:

1. Definition einer Lastgeschichte bzw. eines Lastkollektivs, welches sich z. B. aus Bemessungsnormen oder auch an Messungen am Bestand oder aus Aufzeichnungen ergibt.
2. Zerlegung des Spannungskollektivs in einzelne Hystereseschleifen, was z. B. über die Rain Flow-Methode erfolgen kann.
3. Zählung der Schleifen. Dabei werden die Schleifen mit gleichen Schwingbreiten zusammengefasst und danach nach Schwingbreite geordnet und gezählt. Damit erhält man zu jeder Schwingbreite $\Delta\sigma_i$ eine zugehörige auftretende Anzahl n_i.
4. Vergleich vorhandener Anzahl n_i mit der nach der Wöhlerlinie maximal aufnehmbarer Lastwechsel N_i bei dieser einzelnen Schwingbreiten $\Delta\sigma_i$.
5. Damit kann je Schwingbreite die Schädigungswirkung $D(\Delta\sigma_i)$ über das folgende Verhältnis bestimmt werden: $D(\Delta\sigma_i) = n_i/N_i$
6. Die Summierung der Schadensanteile $D(\Delta\sigma_i)$ der einzelnen Schwingbreiten liefert Gesamtschädigung D_{Ed}

Somit kann der Nachweis mit Gl. (5.4) beschrieben werden.

$$D_{Ed} = \sum_i D(\Delta\sigma_i) = \sum_i \frac{n_i}{N_i} \tag{5.4}$$

Für D < 1 tritt kein Ermüdungsversagen ein und der Nachweis ist erbracht. Für D > 1 kann es zum Versagen kommen. Die detaillierte Anwendung des Betriebsfestigkeitsnachweis nach der Bemessungsnorm wird in Abschn. 5.5.5 behandelt.

5.4 Besonderheiten beim Spannbeton

5.4.1 Ausgangsbasis

Bei Spannbetonbauteilen gibt es aufgrund der Vorspannung einige Besonderheiten. Zum einen weisen Spannbetonbauteile einen ausgeprägt nichtlinearen Zusammenhang zwischen dem einwirkenden Moment und der Stahlspannung auf, da die Stahlspannungen erheblich davon abhängen, ob der Querschnitt gerissen ist oder nicht. Hierbei ist die Größe des Grundmoments M_0 (ständige Lasten, Temperatur) im Vergleich zum Dekompressionsmoment von entscheidender Bedeutung.

Zum anderen führt das unterschiedliche Verbundverhalten von Spanngliedern und Betonstahlbewehrung zu Spannungsumlagerungen auf Querschnittsebene, die bei der Berechnung der ermüdungswirksamen Spannungen zu beachten sind. Des Weiteren sind die Spannglieder und insbesondere Kopplungen oder Verankerungen deutlich ermüdungsempfindlicher.

Den Einfluss der Grundmoments und des Dekompressionsmoment ist in Abb. 5.8 nochmals verdeutlicht.

Aus Abb. 5.8 erkennt man, dass die Spannungsschwingbreite $\Delta\sigma$ wesentlich davon abhängt, ob sich der Querschnitt elastisch verhält oder ob sich Risse im Querschnitt ausbilden. Sobald der Querschnitt reißt und somit vom Zustand I in den Zustand II übergeht, steigt die Spannungsschwingbreite deutlich an. Bei einem vorgespannten Querschnitt hängt der Übergang vom Zustand I in den Zustand II wesentlich von der Vorspannung ab, welche über das Dekompressionsmoment beschrieben werden kann. Weiterhin ist wichtig, wieviel von dem Dekompressionsmoment bereits durch nicht-zyklischen Lasten aufgebraucht wurde. Die Belastung aus den nicht-zyklische Lasten kann über das Grundmoment M_0 beschrieben werden.

Aus den im Vorherigen dargestellten Zusammenhängen kann abgeleitet werden, dass Bauteile mit hoher Vorspannung im Allgemeinen nicht ermüdungsgefährdet sind. Bauteile mit geringer Vorspannung (teilweise Vorspannung) weisen gegenüber Ermüdung grundsätzlich eine höhere Gefährdung auf. Insbesondere die Bereiche mit eingeschränkter Wirkung der Vorspannung und besonderer Tragwirkung (z. B. Koppelfugen) müssen genauer untersucht werden.

Des Weiteren ist ersichtlich, dass das Grundmoment M_0 und die Vorspannung für die Nachweissituation genau definiert werden müssen. So kann eine Erhöhung des Grundmoments M_0 die Schadenswirkung der veränderlichen Einwirkungen (z. B. Verkehr) vervielfachen. Zwangseinwirkungen (u. a. Setzungen, Temperatur) müssen berücksichtigt werden, auch wenn sie nur wenige Lastwechsel verursachen und damit an sich nicht ermüdungsrelevant sind.

5.4.2 Normative Beschreibung

In der DIN EN 1992-2 (12.2010) in Verbindungen mit der DIN EN 1992-2/NA (04.2013) wird die Auswirkung der Vorspannung über die maßgebliche

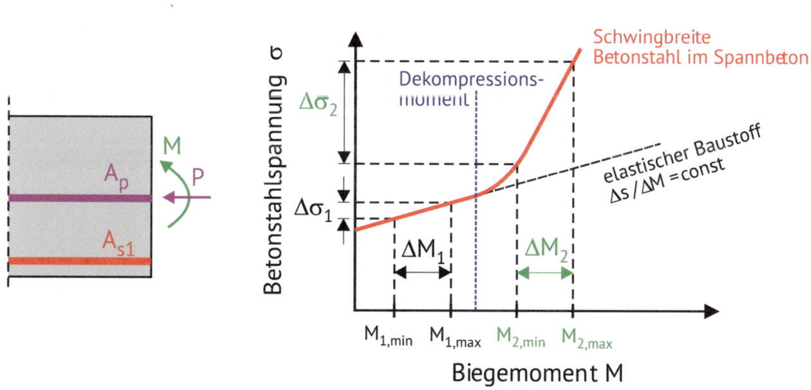

Abb. 5.8 Auswirkungen des Grundmoments und des Dekompressionsmoment auf die Schwingbreite

Einwirkungskombination berücksichtigt. So ist der Nachweis gegen Ermüdung für Stahl und Beton im Allgemeinen unter Berücksichtigung der folgenden Einwirkungskombinationen zu führen:

- charakteristischer Wert der ständigen Einwirkungen
- Wert der wahrscheinlichen Setzungen (sofern ungünstig wirkend)
- 0,9-facher Mittelwert der Vorspannkraft für den statisch bestimmten und maßgebender charakteristischer Wert für den statisch unbestimmten Anteil der Vorspannwirkung. Beim statisch unbestimmten Anteil muss somit auch die Streuung über die r_{inf} und r_{sub} berücksichtigt werden.
- häufiger Wert der Temperatureinwirkungen (sofern ungünstig wirkend),
- maßgebendes Verkehrslastmodell für Ermüdung

Bei Spanngliedkopplungen ist der Mittelwert des statisch bestimmten Anteils der Vorspannwirkung mit dem Faktor 0,75 abzumindern. Diese pauschale Abminderung ersetzt auch die erhöhten Spannkraftverluste an Spanngliedkopplungen, die in den allgemeinen bauaufsichtlichen Zulassungen der Spannverfahren festgelegt sind.

Das unterschiedliche Verbundverhalten von Betonstahl und Spannstahl ist durch Erhöhung der unter Annahme starren Verbunds berechneten Betonstahlspannungen mit dem Faktor η nach Gl. (5.5) zu berücksichtigen. Eine Abminderung der Spannstahlspannungen ist nicht zulässig.

$$\eta = \frac{A_s + A_P}{A_s + A_P \cdot \sqrt{\xi \cdot \left(\frac{\phi_s}{\phi_p}\right)}} \tag{5.5}$$

Dabei ist:

A_s die Querschnittsfläche der Betonstahlbewehrung
A_P die Querschnittsfläche der Spannstahlbewehrung
ϕ_s der größte Durchmesser der Betonstahlbewehrung
ϕ_p der Durchmesser oder äquivalente Durchmesser der Spannstahlbewehrung
ξ Verhältniswerte der Verbundfestigkeit nach Tab. 5.3

Tab. 5.3 Verhältniswerte der Verbundfestigkeit von Spannstahl zur Verbundfestigkeit von Betonstahl

Spannstahl	ξ			
	Sofortiger Verbund		Nachträglicher Verbund	
	$\leq$C50/60	$\geq$C70/85	$\leq$C50/60	$\geq$C70/85
Glatte Stäbe und Drähte	Nicht anwendbar		0,3	0,15
Litzen	0,6	0,3	0,5	0,25
Profilierte Drähte	0,7	0,35	0,6	0,30
Gerippte Stäbe	0,8	0,4	0,7	0,35

Der Durchmesser oder äquivalente Durchmesser der Spannstahlbewehrung ergibt sich zu:

- $\phi_p = 1{,}6 \cdot \sqrt{A_p}$ für Bündelspannglieder
- $\phi_p = 1{,}75 \cdot \phi_{wire}$ für Einzellitzen mit 7 Drähten
- $\phi_p = 1{,}20 \cdot \phi_{wire}$ für Einzellitzen mit 3 Drähten

Dabei ist ϕ_{wire} der Durchmesser des Drahts. Für Einzeldrähte oder Stäbe ist der Durchmesser des Drahtes oder Stabs anzunehmen.

Eine unterschiedliche Höhenlage von Betonstahl und Spannstahl ist zu beachten und darf vereinfacht durch die Wichtung der Spannstahlfläche über den Abstand zur Dehnungsnulllinie berücksichtigt werden.

5.5 Nachweisverfahren

5.5.1 Konzept

In der DIN EN 1992-1-1 (01.2011) in Verbindung mit der DIN EN 1992-1-1/NA (04.2013) ist ein stufenweises Nachweiskonzept enthalten. Dieses wird in der DIN EN 1992-2 (12.2010) in Verbindungen mit der DIN EN 1992-2/NA (04.2013) um konkrete Werte für die spannungsäquivalenten Schwingbreiten ergänzt. Dieses stufenweise Nachweiskonzept kann wie folgt untergliedert werden:

- Stufe 1: Vereinfachter Nachweis von Spannungsbegrenzungen ohne Berücksichtigung der Lastwechselzahlen (Quasi-Dauerfestigkeit)
- Stufe 2: Ermüdungsnachweis mit Berücksichtigung der Spannungsamplituden (Stahl) bzw. maximalen und minimalen Spannungen (Beton) und Lastwechselzahlen durch Betriebslastfaktoren („vereinfachter" Nachweis der Betriebsfestigkeit)
- Stufe 3: Allgemeiner Nachweis der Betriebsfestigkeit durch Berechnung der Schadenssumme für das jeweilige Lastkollektiv („expliziter" Betriebsfestigkeitsnachweis)

Die einzelnen Stufen werden nachfolgend erläutert. Leider ist nicht für jeden Werkstoff jede Stufe verfügbar, sodass in der Praxis auch häufig mehre Stufen betrachtet werden müssen.

5.5.2 Spannungsermittlung bei Bauteilen mit Querkraftbewehrung

Für den Ermüdungsnachweis unter Querkraftbeanspruchung von Bauteilen mit Querkraftbewehrung muss sowohl die Bügelspannung wie auch die Druckstrebenspannung ermittelt werden. Hierfür kann grundsätzlich das gleiche

Fachwerkmodell wie im Grenzzustand der Tragfähigkeit verwendet werden. Allerdings tritt durch die wiederholte Belastung eine lokale Zerstörung des Betons an den Rissufern auf was zu einer Verminderung der Rissverzahnungswirkung führen kann. Somit kommt es zu einem reduzierten Traganteil des Betons im Fachwerkmodell. Dieser Effekt wird in der DIN EN 1992-1-1 (01.2011) mit einem reduzierten Druckstrebenwinkel nach (Grob, 1977) entsprechend Gl. (5.6) berücksichtigt.

$$\tan\theta_{\text{fat}} = \sqrt{\tan\theta} \leq 1{,}0 \tag{5.6}$$

Der modifizierte Druckstrebenwinkel θ_{fat} ist nur für die Ermittlung der Bügelspannungen anzuwenden. Für die Ermittlung der Spannungen in der Druckstrebe ist weiterhin der Druckstrebenwinkel θ zu verwenden. Durch eine Umformung der Querkraftgleichung können die Spannungen nach Gl. (5.7) und für Bauteile mit lotrechten Bügeln ($\alpha = 90°$) nach Gl. (5.8) berechnet werden.

$$\sigma_{\text{swd}} = \frac{V_{Ed}}{a_{sw} \cdot z \cdot \sin\alpha \cdot (\cot\theta_{\text{fat}} + \cot\alpha)} \tag{5.7}$$

$$\sigma_{\text{swd}} = \frac{V_{Ed} \cdot \tan\theta_{\text{fat}}}{a_{sw} \cdot z} \tag{5.8}$$

Auf die gleiche Weise können auch die Betondruckspannungen in der der Druckstrebe mit Gl. (5.9) und für Bauteile mit lotrechten Bügeln ($\alpha = 90°$) nach Gl. (5.10) berechnet werden.

$$|\sigma_{cwd}| = \frac{V_{Ed}}{b_w \cdot z \cdot \sin^2\theta \cdot (\cot\theta + \cot\alpha)} \tag{5.9}$$

$$|\sigma_{cwd}| = \frac{V_{Ed} \cdot (\cot\theta + \cot\alpha)}{b_w \cdot z} \tag{5.10}$$

5.5.3 Vereinfachter Nachweis

5.5.3.1 Grundlage

Beim vereinfachten Nachweis wird ein Quasi-Dauerfestigkeitsnachweis geführt. Ein echter Dauerfestigkeitsnachweis setzt eine unendlich hohe Anzahl von Belastungen ohne ein Versagen voraus. Da diese Dauerfestigkeit jedoch nicht angesetzt wird, muss die Zahl der während der Nutzungsdauer auftretenden Lastwechsel abgeschätzt werden (Vgl. u. a. Bagayoko, 1999).

5.5.3.2 Einwirkung

Als Vereinfachung darf der Nachweis auch unter Verwendung der häufigen Einwirkungskombination geführt werden. Somit kann wie in Abb. 5.9 angedeutet, die Ermittlung der auftretenden Maximal- und Minimalspannungen unter der häufigen Einwirkungskombination ohne Ermittlung der Lastwechselzahlen erfolgen.

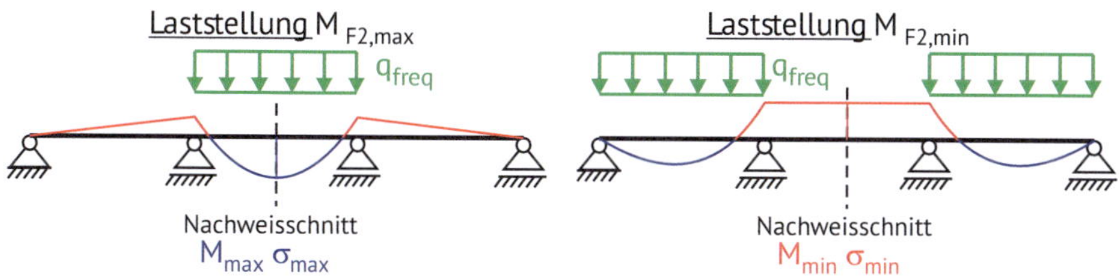

Abb. 5.9 Nachweis unter häufigen Einwirkungskombination

5.5.3.3 Betonstahl

Für den Betonstahl wurde der Bemessungswert der zulässigen Schwingbreite (Quasi-Dauerfestigkeit) gemäß (Zilch & Zehetmaier, 2010) auf 70 MPa bei $N = 10^8$ Lastwechseln auf der sicheren Seite liegend abgeschätzt.

Der Nachweis ungeschweißter, zugbeanspruchter Bewehrungsstäbe kann als Quasi-Dauerfestigkeitsnachweis ohne Betrachtung der tatsächlich auftretenden Lastwechsel nach Gl. (5.11) geführt werden. Dabei muss sichergestellt werden, dass die Stahlspannungen unter der häufigen Einwirkungskombination eine Schwingbreite von 70 MPa nicht überschreiten.

$$\gamma_{F,\text{fat}} \cdot \Delta\sigma_{S,\text{freq}} \leq \frac{\Delta\sigma_{S,lim}}{\gamma_{S,\text{fat}}} = 70\,\text{N/mm}^2 \tag{5.11}$$

5.5.3.4 Spannstahl

Für Spannstahl sind in der DIN EN 1992-1-1 (01.2011) in Verbindung mit der DIN EN 1992-1-1/NA (04.2013) keine zulässigen Schwingbreiten für den vereinfachten Nachweis enthalten. Formal muss somit hier immer ein genauerer Nachweis erfolgen.

5.5.3.5 Beton

Der Ermüdungsnachweis für Beton darf bei Straßenbrücken entfallen, falls die Betondruckspannung unter seltene Einwirkungskombination kleiner ist als 60 % der charakteristischen Betondruckfestigkeit ist ($\sigma_{c,\text{rare}} \leq 0{,}6 f_{ck}$). Falls dies nicht der Fall ist oder bei anderen Bauwerken wie zum Beispiel Eisenbahnbrücken muss der Nachweis geführt werden. Vereinfacht kann dieser über die Gl. (5.12) geführt werden.

$$\frac{\sigma_{c,\max}}{f_{cd,\text{fat}}} \leq 0{,}5 + 0{,}45 \cdot \frac{\sigma_{c,\min}}{f_{cd,\text{fat}}} \leq \begin{matrix} 0{,}9 & \text{für } f_{ck} \leq 50\,\text{N/mm}^2 \\ 0{,}8 & \text{für } f_{ck} > 50\,\text{N/mm}^2 \end{matrix} \tag{5.12}$$

Dabei ist:

- $\sigma_{c,\max}$ Die maximale Druckspannung unter der häufigen Einwirkungskombination (Druckspannungen positiv bezeichnet)
- $\sigma_{c,\min}$ die minimale Druckspannung an der gleichen Stelle, wo $\sigma_{c,\max}$ auftritt. Ist $\sigma_{c,\min}$ eine Zugspannung, dann gilt $\sigma_{c,\min} = 0$
- $f_{cd,\text{fat}}$ Der Bemessungswert der einaxialen Festigkeit des Betons beim Nachweis gegen Ermüdung nach Gl. (5.2)

5.5.3.6 Querkraft

Bei Bauteilen ohne rechnerisch erforderliche Querkraftbewehrung darf ein ausreichender Widerstand gegen Ermüdung des Betons bei Querkraftbeanspruchung als gegeben angesehen werden, wenn die Gl. (5.13) bzw. (5.14) eingehalten ist.

$$\frac{|V_{Ed,\max}|}{|V_{Rd,c}|} \leq 0{,}5 + 0{,}45 \cdot \frac{|V_{Ed,\min}|}{|V_{Rd,c}|} \leq 0{,}9 \text{ falls } \frac{V_{Ed,\min}}{V_{Ed,\max}} \geq 0 \tag{5.13}$$

$$\frac{|V_{Ed,\max}|}{|V_{Rd,c}|} \leq -\frac{|V_{Ed,\min}|}{|V_{Rd,c}|} \text{falls } \frac{V_{Ed,\min}}{V_{Ed,\max}} < 0 \tag{5.14}$$

Dabei ist:

$V_{Ed,\max}$ Der Bemessungswert der maximalen Querkraft unter häufiger Einwirkungskombination

$V_{Ed,\min}$ der Bemessungswert der minimalen Querkraft unter häufiger Einwirkungskombination in dem Querschnitt, in dem $V_{Ed,\max}$ auftritt.

$V_{Rd,c}$ der Bemessungswert des Querkraftwiderstands oder Querkraftbewehrung nach DIN EN 1992-1-1 (01.2011) Gl. (6.2a). (Der Mindestwert aus $v_{\min}$ darf hier somit nicht verwendet werden.

Bei Bauteilen mit Querkraftbewehrung ist der Nachweis der Bügelspannungen unter Berücksichtigung der Spannungsermittlung nach Abschn. 5.5.2 wie für Betonstahl nach Abschn. 5.5.3.3 zu führen. Der Nachweis der Druckstrebenspannungen erfolgt wie für Beton nach Abschn. 5.5.3.5, wobei die Betondruckfestigkeit $f_{cd,\text{fat}}$ mit dem Festigkeitsabminderungsbeiwert ν_1 (meist 0,75) zu reduzieren ist.

5.5.4 Spannungsäquivalente Schwingbreiten

5.5.4.1 Grundlagen

Als vereinfachte Nachweisalternative kann der Ermüdungsnachweis über schädigungsäquivalente Spannungsschwingbreiten geführt werden. Dabei wird das in der Realität auftretende Spannungskollektiv durch ein einstufiges Spannungskollektiv mit vorgegebener Lastspielzahl ersetzt. Der Betriebsfestigkeitsnachweis wird damit zu einen Spannungsnachweis umgeformt. Dabei soll die schädigungsäquivalente Spannungsschwingbreite $\Delta\sigma_{S,\text{equ}}$ die gleiche Schädigung hervorrufen wie das tatsächlich auftretende Lastkollektiv. Der Nachweis erfolgt dann am Knick der Wöhlerlinie mit N^* Lastwechseln. Aufbauend auf Gl. (5.4) lässt sich per Definition folgende Bedingung ableiten:

$$\frac{n(\Delta\sigma_{S,\text{equ}})}{N(\Delta\sigma_{S,\text{equ}})} \stackrel{\text{def}}{=} D = \sum_i \frac{n(\Delta\sigma_i)}{N(\Delta\sigma_i)} \tag{5.15}$$

Das Schema des Nachweises ist in Abb. 5.10 dargestellt.

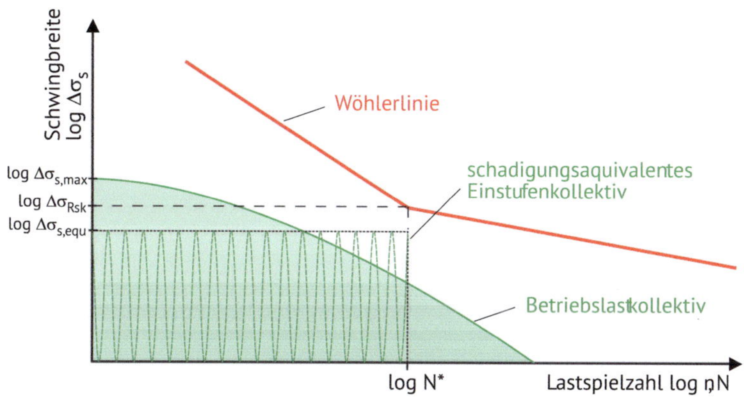

Abb. 5.10 Ersatz des wirklichkeitsnahen Spannungskollektivs durch ein schädigungsäquivalentes Rechteckkollektiv, in Anlehnung an (Zilch & Zehetmaier, 2010)

5.5.4.2 Nachweis Betonstahl und Spannstahl

Unter Berücksichtigung der Teilsicherheitsbeiwerte kann gemäß DIN EN 1992-2 (12.2010) in Verbindung mit der DIN EN 1992-2/NA (04.2013) der Nachweis für Betonstahl und Spannstahl wie folgt geführt werden:

$$\gamma_{F,\mathrm{fat}} \cdot \Delta\sigma_{S,\mathrm{equ}}\left(N^*\right) \leq \frac{\Delta\sigma_{\mathrm{Rsk}}(N^*)}{\gamma_{S,\mathrm{fat}}} \tag{5.16}$$

Die Bestimmung der Ersatzschwingbreite $\Delta\sigma_{S,\mathrm{equ}}$ nach Gl. (5.17) erfolgt bei Straßenbrücken durch das (gewichtete) Ermüdungslastmodell 3 (siehe Abschn. 5.5.4.4) und den Betriebslastfaktor λ_S. Dieser Anpassungsfaktor nach Gl. (5.18) berücksichtigt dabei Einflüsse des Systems und der Stützweite ($\lambda_{S,1}$), des jährlichen Verkehrsaufkommens und der Verkehrsart ($\lambda_{S,2}$), der Nutzungsdauer ($\lambda_{S,3}$), weiterer Fahrstreifen ($\lambda_{S,4}$) und der Oberflächenrauigkeit (φ_{fat}, siehe Abschn. 5.5.4.5). Mit diesen Faktoren soll die Komplexität des Betriebsfestigkeitsnachweises abgedeckt werden:

$$\Delta\sigma_{S,\mathrm{equ}} = \lambda_S \cdot \Delta\sigma_{S,ELM3} \tag{5.17}$$

$$\lambda_S = \lambda_{S,1} \cdot \lambda_{S,2} \cdot \lambda_{S,3} \cdot \lambda_{S,4} \cdot \varphi_{\mathrm{fat}} \tag{5.18}$$

Die Zahlenwert für den Betriebslastfaktor $\lambda_{s,1}$ werden in Form von Form von Diagrammen im Anhang NA.NN der DIN EN 1992-2/NA (04.2013) angegeben. Der Faktor $\lambda_{S,2}$, welcher den Einfluss des jährlichen Verkehrsaufkommens und der Verkehrsart beschreibt, kann mit Gl. (5.19) berechnet werden. Der Nutzungsdauerfaktor $\lambda_{S,3}$ und der Einflussfaktor mehrerer Fahrstreifen $\lambda_{S,4}$ können nach Gl. (5.20) und (5.21) bestimmt werden.

$$\lambda_{S,2} = \overline{Q} \cdot \sqrt[k_2]{\frac{N_{\mathrm{obs}}}{2{,}0}} \tag{5.19}$$

$$\lambda_{S,3} = \sqrt[k_2]{\frac{N_{\text{years}}}{100}} \tag{5.20}$$

$$\lambda_{S,4} = \sqrt[k_2]{\frac{\Sigma N_{\text{obs},i}}{N_{\text{obs},1}}} \tag{5.21}$$

Dabei ist:

N_{obs} die Anzahl der LKW je Jahr nach DIN EN 1991-2 (12.2010) in Mio.
k_2 die Neigung der zutreffenden Wöhlerlinie (siehe Abb. 5.4 bzw. Tab. 5.2)
$\overline{Q}$ der Beiwert nach Tab. 5.4 für die Verkehrsart
N_{years} die Nutzungsdauer der Brücke
$N_{\text{obs},i}$ die Anzahl der Lastwagen je Jahr auf der Spur i
$N_{\text{obs},1}$ die Anzahl der Lastwagen je Jahr auf dem ersten Fahrstreifen

Bei Eisenbahnbrücken erfolgt die Ermittlung der Ersatzschwingbreite $\Delta\sigma_{S,\text{equ}}$ nach Gl. (5.22) durch das Lastmodell 71.

$$\Delta\sigma_{s,\text{equ}} = \Delta\sigma_{s,71} \cdot \lambda_S \tag{5.22}$$

$$\lambda_S = \lambda_{S,1} \cdot \lambda_{S,2} \cdot \lambda_{S,3} \cdot \lambda_{S,4} \tag{5.23}$$

Dabei ist:

$\lambda_{s,1}$ Beiwert zur Berücksichtigung des Bauteiltyps
$\lambda_{s,2}$ Beiwert zur Berücksichtigung des Verkehrsvolumens
$\lambda_{s,3}$ Beiwert zur Berücksichtigung der vorgesehenen Nutzungsdauer der Brücke
$\lambda_{s,4}$ Beiwert, der anzusetzen ist, wenn das Tragwerkselement durch mehr als ein Gleis belastet wird

Die Zahlenwert für die Betriebslastfaktor $\lambda_{s,1}$ bis $\lambda_{s,4}$ sind im Anhang NA.NN der DIN EN 1992-2/NA (04.2013) in Form von Tabellen und Gleichungen angegeben.

5.5.4.3 Nachweis Beton

Da bei Straßenbrücken der Nachweis der Betonermüdung meist entfallen kann, steht hier in der DIN EN 1992-2/NA (04.2013) kein Nachweis mit spannungsäquivalenten Schwingbreiten zur Verfügung. Bei Eisenbahnbrücken wird in der DIN EN 1992-2/NA (04.2013) jedoch ein Nachweis mit spannungsäquivalenten Schwingbreiten für den Beton vorgeschlagen.

Tab. 5.4 Beiwerte für Verkehrsart

Beiwert $\overline{Q}$ für	Große Entfernung	Mittlere Entfernung	Lokalverkehr
$k_2 = 5$	1,0	0,90	0,73
$k_2 = 7$	1,0	0,92	0,78
$k_2 = 9$	1,0	0,94	0,82

Bei Eisenbahnbrücken darf für Beton unter Druckbeanspruchung ein ausreichender Ermüdungswiderstand angenommen werden, wenn die Gl. (5.24) erfüllt ist.

$$E_{cd,\max,\mathrm{equ}} + 0{,}43 \cdot \sqrt{1 - R_{\mathrm{equ}}} \leq 1{,}0 \tag{5.24}$$

$$R_{\mathrm{equ}} = \frac{\min\left|\sigma_{cd,\mathrm{equ}}\right|}{\max\left|\sigma_{cd,\mathrm{equ}}\right|} \tag{5.25}$$

$$E_{cd,\max,\mathrm{equ}} = \gamma_{F,\mathrm{fat}} \cdot \frac{\max\left|\sigma_{cd,\mathrm{equ}}\right|}{f_{cd,\mathrm{fat}}} \tag{5.26}$$

Dabei ist:

- $\min\left|\sigma_{cd,\mathrm{equ}}\right|$ die untere Druckspannung der schädigungsäquivalenten Spannungsschwingbreite mit einer Anzahl von $N = 10^6$ Zyklen
- $\max\left|\sigma_{cd,\mathrm{equ}}\right|$ die obere Druckspannung der schädigungsäquivalenten Spannungsschwingbreite mit einer Anzahl von $N = 10^6$ Zyklen
- $f_{cd,\mathrm{fat}}$ Der Bemessungswert der einaxialen Festigkeit des Betons beim Nachweis gegen Ermüdung nach Gl. (5.2)
- $\gamma_{F,\mathrm{fat}}$ Teilsicherheitsbeiwert für Einwirkungen beim Nachweis gegen Ermüdung (Meist 1,0)

Die obere und untere Spannung der schädigungsäquivalenten Schwingbreite sollten nach den Gl. (5.27) und (5.28) ermittelt werden.

$$\max\left|\sigma_{cd,\mathrm{equ}}\right| = \left|\sigma_{c,\mathrm{perm}}\right| + \lambda_c\left(\max\left|\sigma_{c,71}\right| - \left|\sigma_{c,\mathrm{perm}}\right|\right) \tag{5.27}$$

$$\min\left|\sigma_{cd,\mathrm{equ}}\right| = \left|\sigma_{c,\mathrm{perm}}\right| - \lambda_c\left(\left|\sigma_{c,\mathrm{perm}}\right| - \min\left|\sigma_{c,71}\right|\right) \tag{5.28}$$

Dabei ist:

- $\left|\sigma_{c,\mathrm{perm}}\right|$ die betragsmäßige Betondruckspannung infolge der ständigen Einwirkungen
- $\min\left|\sigma_{c,71}\right|$ die betragsmäßig kleinste Druckspannung infolge der ständigen Einwirkungen und dem 1,0-fachen Lastmodell 71 (einschließlich des dynamischen Faktors)
- $\max\left|\sigma_{c,71}\right|$ die betragsmäßig größte Druckspannung infolge der ständigen Einwirkungen und dem 1,0-fachen Lastmodell 71 (einschließlich des dynamischen Faktors)

Der Korrekturfaktor λ_c zur Berechnung der oberen und unteren Spannung der schädigungs-äquivalenten Schwingbreite aus den durch Lastmodell 71 hervorgerufenen Spannungen berücksichtigt die Dauerspannung, die Stützweite, das jährliche Verkehrsaufkommen, die Nutzungsdauer und mehrere Gleise und darf nach Gl. (5.29) berechnet werden.

$$\lambda_c = \lambda_{c,0} \cdot \lambda_{c,1} \cdot \lambda_{c,2} \cdot \lambda_{c,3} \cdot \lambda_{c,4} \tag{5.29}$$

Dabei ist:

$\lambda_{c,0}$ Beiwert, der die Dauerspannung berücksichtigt
$\lambda_{c,1}$ Beiwert zur Berücksichtigung des Bauteiltyps
$\lambda_{c,2}$ Beiwert zur Berücksichtigung des Verkehrsvolumens
$\lambda_{c,3}$ Beiwert zur Berücksichtigung der vorgesehenen Nutzungsdauer der Brücke
$\lambda_{c,4}$ Beiwert, der anzusetzen ist, wenn das Tragwerkselement durch mehr als ein Gleis belastet wird

Die Zahlenwert für die Betriebslastfaktor $\lambda_{c,0}$ bis $\lambda_{c,4}$ sind im Anhang NA.NN der DIN EN 1992-2/NA (04.2013) in Form von Tabellen und Gleichungen angegeben.

5.5.4.4 Ermüdungslastmodell 3

Als Belastung wird beim Nachweis über schädigungsäquivalente Schwingbreiten ein fiktives vierachsiges Einzelfahrzeug, das Ermüdungslastmodell 3 (ELM 3) mit Achslasten von je 120 kN und einer Gesamtlast von 480 kN gemäß DIN EN 1991-2 (12.2010) angesetzt, wie es in Abb. 5.11 dargestellt ist.

Beim Nachweis über schädigungsäquivalente Schwingbreiten genügt in Deutschland nach der DIN EN 1991-2/NA (08.2012) das Ansetzen eines einzelnen Fahrzeuges. Anders als beim Betriebsfestigkeitsnachweis wird hier nicht der gesamte Beanspruchungs-Zeit-Verlauf betrachtet. Die Spannungsschwingbreite $\Delta\sigma_{S,ELM3}$ errechnet sich aus der ungünstigsten Stellung des Lastmodells auf der Einflusslinie des Systems, wie es in Abb. 5.12 dargestellt ist. Die Momentenschwingbreite beträgt gemäß (Danielewicz, 1994) $\Delta M_{ELM3} = M_{ELM3,\max} - M_{ELM3,\min}$

Die Achslasten des Modelles sind gemäß DIN EN 1992-2/NA (04.2013) beim Nachweis an Zwischenstützen um den Faktor 1,75 und in allen übrigen Bereichen um den Faktor 1,4 zu erhöhen. Der Grund dafür sind die von (Danielewicz, 1994) berechneten Verhältnisse der maximalen Momentenschwingbreite aus dem Auxerre-Verkehr ($\Delta M_{\max}$) und dem ELM 3 (ΔM_{EC}) nach Abb. 5.13.

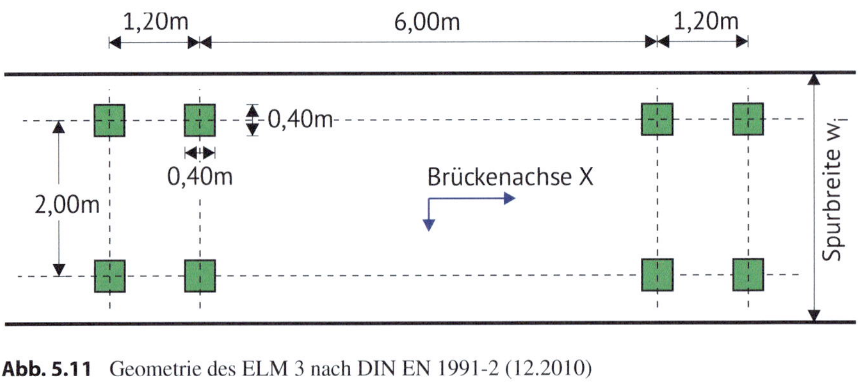

Abb. 5.11 Geometrie des ELM 3 nach DIN EN 1991-2 (12.2010)

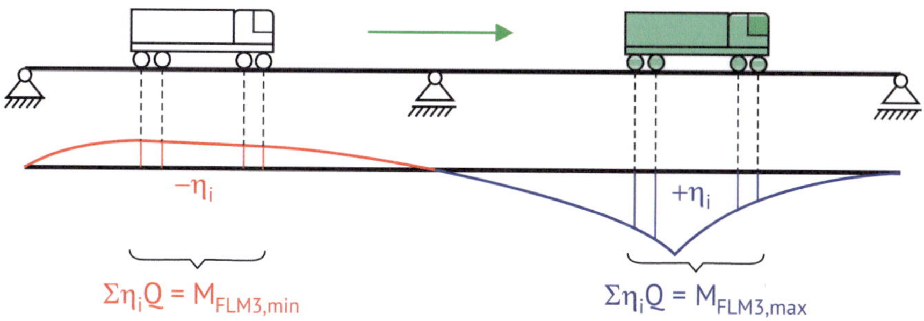

Abb. 5.12 Anwendung des ELM 3 zur Bestimmung der Schwingbreite ΔM_{ELM3} im rechten Feld, in Anlehnung an (Danielewicz, 1994)

Die in dieser Arbeit aufgestellten Untersuchungen stellen die Grundlage des Nachweisverfahrens nach DIN EN 1992-2 (12.2010) in Verbindung mit der DIN EN 1992-2/NA (04.2013) für Straßenbrücken dar und wurden größtenteils unverändert übernommen. Die in (Danielewicz, 1994) untersuchten Systeme und Querschnitte sind in Abb. 5.13 dargestellt.

Im Spannbetonbau ist die Berechnung der Spannungsschwingbreiten vom Vorspanngrad abhängig, bzw. ob sich der Querschnitt im Zustand I oder Zustand II befindet. Der Verlauf von Moment und Spannung kann näherungsweise durch eine bilineare Funktion mit Knick am Dekompressionspunkt beschrieben werden. Um die λ-Werte stattdessen unabhängig vom Querschnitt und auf Grundlage von Schnittgrößen zu ermitteln, wird in (Danielewicz, 1994) von einer linearen Kopplung der Spannungs- und Schnittgrößenschwingbreiten ausgegangen:

$$\Delta\sigma_i = \Delta M_i \cdot u \tag{5.30}$$

$$u = \Delta\sigma_{\max}/\Delta M_{\max} < \Delta\sigma_{ELM3}/\Delta M_{ELM3} \tag{5.31}$$

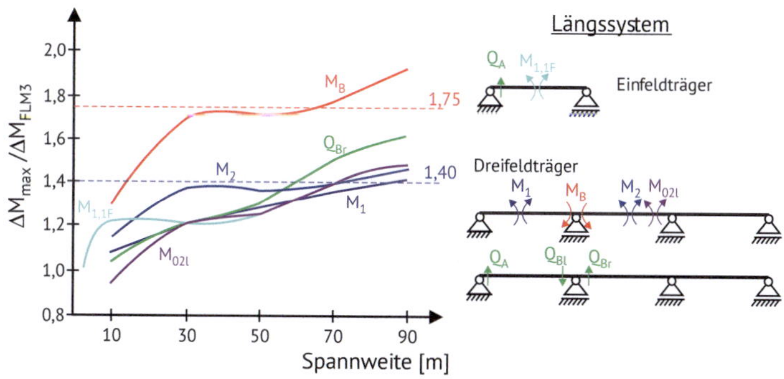

Abb. 5.13 Verhältnis der maximalen Momentenschwingbreite aus dem Auxerre-Verkehr und dem (ungewichteten) ELM 3, in Anlehnung an (Danielewicz, 1994)

Die Abb. 5.14 zeigt dieses Prinzip. Diese Näherung liegt in den für die Praxis relevanten Fällen allerdings nur dann auf der sicheren Seite, wenn die unter dem ELM 3 hervorgerufenen Schwingbreiten größer oder gleich den Schwingbreiten sind, die der Auxerre-Verkehr hervorrufen würde. Dies soll gemäß (Danielewicz, 1994) durch die Erhöhung der Achslasten des ELM 3 sichergestellt werden.

Eine ähnliche Vereinfachung wurde auch in (Bagayoko, 1999) bei der Bestimmung der Betriebslastfaktoren von Eisenbahnbrücken vorgenommen und ist gegenüber anderen Unsicherheiten, wie der Miner-Hypothese oder Lastannahmen, hinnehmbar.

Im Stahlbau (aber auch theoretisch bei schlaff bewehrten oder voll vorgespannten Querschnitten) hingegen muss die maximale Beanspruchung wegen der linearen Spannungs-Dehnungs-Beziehung durch das Lastmodell nicht zwingend erfasst werden. Bei Stahlbrücken wird das ELM 3 folglich ohne erhöhte Achslasten verwendet, wodurch es auf den ersten Blick bei Massivbrücken zu höheren Ermüdungslasten kommt. Die höheren Achslasten werden aber durch einen kleineren Spannweitenbeiwert $\lambda_{S,1}$ aufgehoben, wodurch sich die Betriebslastfaktoren λ von Stahlbrücken und Massivbrücken nicht direkt miteinander vergleichen lassen (Vgl. Danielewicz, 1994; Krohn, 2013).

5.5.4.5 Schwingbeiwert bei Straßenbrücken

Bei Untersuchungen zur Betriebsfestigkeit wird allein der fließende Verkehr betrachtet. Dadurch werden wegen der hohen Geschwindigkeiten der Fahrzeuge

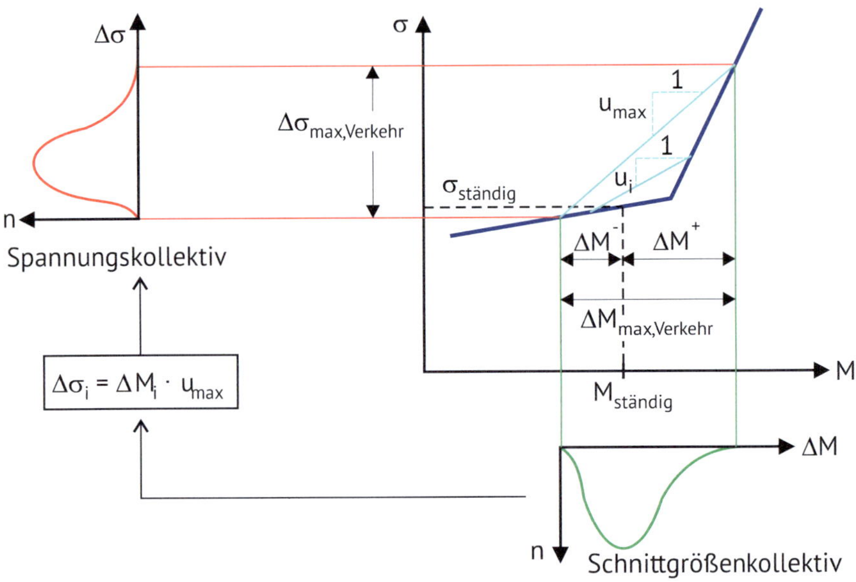

Abb. 5.14 Linearisierung der Schnittgrößen-Spannungs-Beziehung für Spannbetonquerschnitte, in Anlehnung an (Danielewicz, 1994)

die Fahrzeugabstände so groß, dass der Großteil der Fahrzeuge die Brücke einzeln überquert. Fährt nun ein Fahrzeug über die Brücke, entstehen dynamische Beanspruchungen im Bauteil, welche gemäß (Danielewicz, 1994) zu dessen Schädigungssumme beitragen.

Damit die Auswirkungen dynamischer Effekte bei den Ermüdungsnachweisen berücksichtigt werden, wurde ein schädigungsäquivalenter Schwingbeiwert φ_{fat} eingeführt. Dieser stellt die dynamisch berechneten Schadenssummen den statisch berechneten Schadenssummen gegenüber und ist nach Gl. (5.32) definiert. Durch Multiplikation des Schwingbeiwertes mit einer Schwingbreite aus einem statischen Kollektiv erhält man mit Gl. (5.33) die Schädigung, die sich aus der Schwingbreite des dynamischen Kollektives ergeben würde.

$$\varphi_{\text{fat}} = \sqrt[k_2]{\frac{D_{\text{Koll,dyn}}}{D_{\text{Koll,stat}}}} \tag{5.32}$$

$$\Delta\sigma_{\text{equ,dyn}} = \varphi_{\text{fat}} \cdot \Delta\sigma_{\text{equ,stat}} \tag{5.33}$$

Nach DIN EN 1992-1-1/NA (04.2013) ergibt sich der Schwingbeiwert in Abhängigkeit der Oberflächenrauigkeit. Für Beläge mit geringer Rauigkeit ergibt sich $\varphi_{\text{fat}} = 1{,}2$ und bei Oberflächen mit großer Rauigkeit $\varphi_{\text{fat}} = 1{,}4$. Im Neubau ist hier gemäß ARS 22/2012 (11.2012) immer 1,2 anzusetzen.

Im Bereich von Fahrbahnübergängen im Abstand D von 0 bis 6 m ist außerdem gemäß DIN EN 1991-2 (12.2010) ein zusätzlicher Vergrößerungsfaktor $\Delta\varphi_{\text{fat}}$ nach Gl. (5.34) anzusetzen. Dieser ist auch beim Ermüdungslastmodell 4, welches beim Betriebsfestigkeitsnachweis verwendet wird, anzusetzen.

$$\Delta\varphi_{\text{fat}} = 1{,}3 - \frac{D}{20} \geq 1{,}0 \tag{5.34}$$

5.5.5 Betriebsfestigkeit

5.5.5.1 Lineare Schadensakkumulation

Die genaueste Variante des Nachweises gegen Ermüdung erfolgt über eine direkte Berechnung der Schadenssumme nach der linearen Palmgren-Miner-Schadensakkumulationshypothese. Dabei wird jedem Schwingspiel ein Schädigungswert D_i zugeordnet, der sich aus dem Quotienten einer vorhandenen Lastspielzahl $n(\Delta\sigma_i)$ und der zugehörigen ertragbaren Lastspielzahl einer Spannungsschwingbreite $N(\Delta\sigma_i)$ nach Abb. 5.15 ergibt.

Anschließend kann gemäß DIN EN 1992-1-1 (01.2011) ein Gesamtschädigungswert D aus der Summe aller Teilschädigungen D_i berechnet werden und der Nachweis nach Gl. (5.35) erbracht werden.

$$D = \sum_i \frac{n(\Delta\sigma_i)}{N(\Delta\sigma_i)} < 1{,}0 \tag{5.35}$$

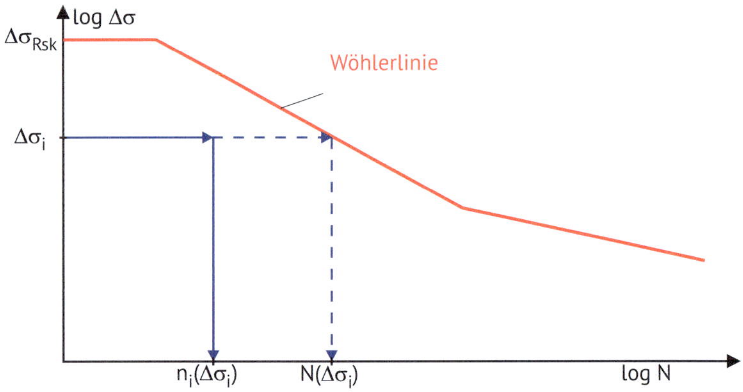

Abb. 5.15 Anwendung der linearen Schadensakkumulation, nach (Grünberg et al., 2007)

Mit diesem Prinzip der linearen Schadensakkumulation lässt sich eine Schädigung zwar verhältnismäßig einfach berechnen, doch es sind einige Mängel in der Hypothese vorhanden. Die Kenngrößen aus den Wöhlerversuchen wurden aus einstufigen Belastungsmodellen gewonnen, wodurch sich diese Kenngrößen nicht direkt auf die realen Betriebslastverläufe übertragen lassen. Weiterhin bleibt die Reihenfolge der auftretenden Beanspruchungen unberücksichtigt. Gemäß (Zilch & Zehetmaier, 2010) bewirken beispielsweise Spannungen, die während der (früheren) Rissentstehungsphase auftreten geringere Schädigungsbeiträge als solche innerhalb des (späteren) instabilen Risswachstums.

In Abb. 5.16 ist dieser nichtlineare Zusammenhang dargestellt. Die Kürzel A bis D bezeichnen darin verschiedene Spannungsschwingbreiten, bei der A die größte und D die kleinste Schwingbreite darstellen. Bei der Kurve „AD“

Abb. 5.16 Nichtlineare Schadensakkumulation bei zweistufiger Beanspruchung, nach (Bathias & Pineau, 2010)

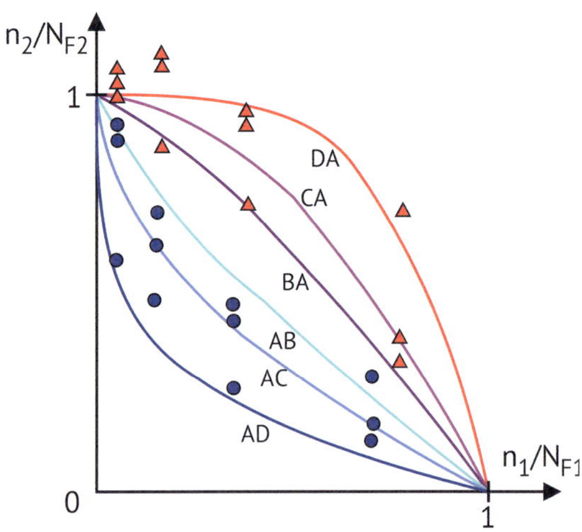

wurden zunächst N_1 Lastspiele der größeren Schwingbreite A aufgebracht und anschließend N_2 Lastspiele der Schwingbreite D. Der Verlauf der Miner-Hypothese würde im 45°-Winkel von $N_1/N_{F1} = 1$ zu $N_2/N_{F2} = 1$ verlaufen. Aus Abb. 5.16 lässt sich erkennen, dass die ertragbaren Lastspiele bei zunächst großen und anschließend kleineren Spannungsschwingbreiten (AD, AC, AB) nach linearer Schadensakkumulation überschätzt und bei sich steigernden Schwingbreiten (BA, CA, DA) unterschätzt werden.

Solche Betrachtungen sind wegen der unbekannten Abfolge der Beanspruchungen bei Straßenbrücken jedoch kaum möglich. Generell können mit der Miner-Hypothese zutreffende Lebensdauervorhersagen getroffen werden, wenn sich die günstig und ungünstig wirkenden Reihenfolgeeffekte ausgleichen. Bei ausgeprägten Asymmetrien in der Beanspruchungs-Zeit-Funktion können die Ergebnisse nach linearer Akkumulation gemäß (Haibach, 2006) jedoch sowohl auf der sicheren als auch auf der unsicheren Seite liegen. In (Bagayoko, 1999) wird gezeigt, dass auch komplexere Hypothesen mit nichtlinearen Ansätzen nicht zwingend zu besseren Ergebnissen führen. Grundsätzlich geben die Ergebnisse eine Genauigkeit vor, die gar nicht vorhanden ist. Eine kritische Beurteilung der Ergebnisse ist hier deshalb besonders wichtig. Ferner kann es durch Betrachtung des Schädigungswertes wegen der für den anwendenden Ingenieur ungewohnten Größenordnungen zu Fehlinterpretationen der Ermüdungsgefahr kommen. Deshalb besteht die Möglichkeit, eine auf N^* bezogene Vergleichsspannungsamplitude $\Delta\sigma_V$ zu berechnen (Vgl. Bagayoko, 1999).

$$\sum_i \frac{n_i}{N_i} = D \stackrel{!}{=} \frac{N^*}{N(\Delta\sigma_V)} = \left(\frac{\Delta\sigma_V}{\Delta\sigma(N^*)}\right)^{k_2} \tag{5.36}$$

$$\Delta\sigma_V = \Delta\sigma\left(N^*\right) \cdot \sqrt[k_2]{D} \tag{5.37}$$

Die großen Exponenten in den Formeln führen zu einer sehr starken Varianz der Ergebnisse für die Schädigung D in Abhängigkeit der Schwingbreiten $\Delta\sigma$. Zur Verdeutlichung: Bei einer Schädigung von $D = 2{,}0$ und $k_2 = 9$ wird die zulässige Spannungsamplitude also um $1 - \sqrt[9]{2} = 8\%$ überschritten. Umgekehrt bedeutet ein Ausnutzungsgrad der schädigungsäquivalenten Schwingbreite (siehe Abschn. 5.5.4) $\Delta\sigma_{S,ELM3}/\Delta\sigma_S(N^*) = 0{,}95$ eine Schädigung von $D = 0{,}95^9 = 0{,}77$.

Meist findet der Nachweis über eine lineare Akkumulation der Schädigungen wegen seines hohen Aufwandes und der Tatsache, dass für diesen Nachweis die während der Nutzungsdauer auftretenden Beanspruchungen genau bekannt sein müssen, weniger bei der Bemessung von Brückenneubauten Anwendung, als vielmehr bei der Nachrechnung bestehender Brücken.

5.5.5.2 Ermüdungslastmodell 4

Um den Nachweis nach der Palmgren-Miner-Hypothese erbringen zu können, werden genaue Kenntnisse über den tatsächlich vorkommenden Verkehr benötigt. Dazu kann nach DIN EN 1991-2/NA (08.2012) für Straßenbrücken das Ermüdungslastmodell 4 (ELM 4) in besonderen Fällen nach Abstimmung und

Zustimmung durch die zuständige Behörde angewandt werden. Dieses soll für die Verkehrsart „Fernverkehr“ in etwa dem 1986 in Auxerre, Frankreich, gemessenen Verkehr entsprechen. Dieser Verkehr wurde als Grundlage für die Untersuchungen der Betriebsfestigkeit herangezogen, da er dem zukünftigen europäischen Verkehr am ehesten entsprechen sollte. (Vgl. z. B. Merzenich & Sedlacek, 1995). Beim ELM 4 ist immer nur ein Fahrzeug auf der Brücke anzusetzen und es gilt gemäß DIN EN 1991-2 (12.2010) als genauer als das ELM 3, wenn das gleichzeitige Auftreten mehrerer Schwerfahrzeuge auf der Brücke unberücksichtigt bleiben kann.

Das ELM 4 *(„set of lorries“)* besteht aus fünf Standardlastkraftwagen. Die Achslasten, Achsabstände und Fahrzeuganteile nach Verkehrsart sind in Abb. 5.17 für das heute gültige Lastmodell dargestellt. Wegen steigender Verkehrslasten wurden zwischenzeitlich geringfügige Anpassungen vorgenommen. Ein Schwingbeiwert von $\varphi_{\text{fat}} = 1{,}2$ nach Abschn. 5.5.4.5 ist in den Achslasten gemäß (Merzenich & Sedlacek, 1995) bereits enthalten.

Nach der BASt-NaReLi (05.2011) darf der Nachweis außerdem durch Berücksichtigung objektspezifischer Untersuchungen, ggf. komplettiert durch Verkehrsmessungen, erfolgen.

5.5.5.3 Rainflow-Verfahren

Wie bereits in Abschn. 5.3 erwähnt, tritt in der Realität ein regelloses Beanspruchungs-Zeit-Kollektiv auf, weshalb die anzusetzenden Spannungsschwingbreiten nicht direkt quantifizierbar sind. Beim Ansetzen des ELM 4 kommt es

FAHRZEUGTYP				VERKEHRSART		
SCHWERFAHRZEUG	Achsabstand (m)	Ersatzachslast (kN)	Reifenart	Große Entfernung	Mittlere Entfernung	Ortsverkehr
				Schwerverkehrsanteil		
FLM4-1 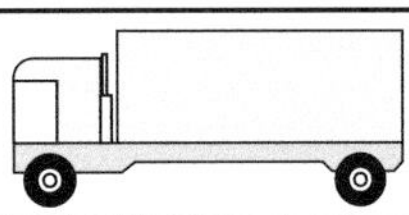	4,5	70 130	A B	20,0	40,0	80,0
FLM4-2 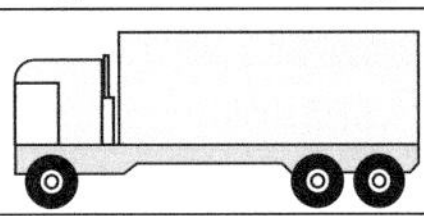	4,20 1,30	70 120 120	A B B	5,0	10,0	5,0
FLM4-3 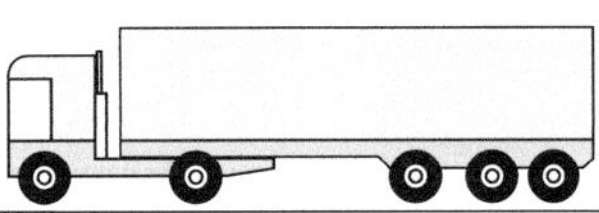	3,20 5,20 1,30 1,30	70 150 90 90 90	A B C C C	50,0	30,0	5,0
FLM4-4 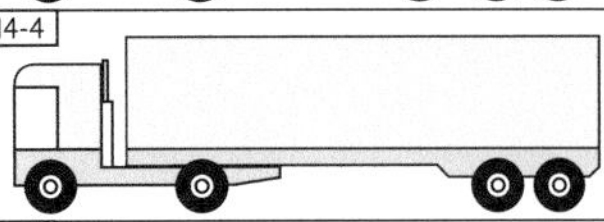	3,40 6,00 1,80	70 140 90 90	A B B B	15,0	15,0	5,0
FLM4-5 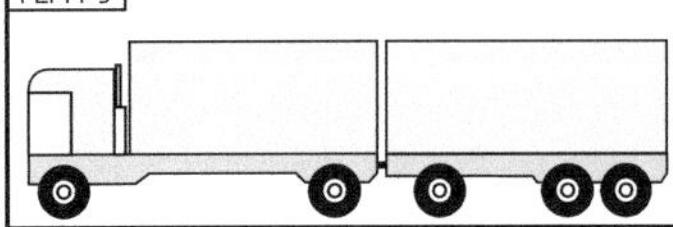	4,80 3,60 4,40 1,30	70 130 90 80 80	A B C C C	10,0	5,0	5,0

Abb. 5.17 Kennwerte des Ermüdungslastmodell 4 gemäß DIN EN 1991-2 (12.2010)

für jeden LKW zu einem eigenen Spannungs-Zeit-Verlauf für einen betrachteten Schnitt.

Um den Nachweis mittels linearer Schadensakkumulation führen zu können, werden bestimmte Zählverfahren benötigt, um aus dem Spannungsverlauf über die Zeit die Anzahl der Spannungsspiele je Klasse zu erhalten. Als solches Zählverfahren kann gemäß DIN EN 1991-2 (12.2010) das Rainflow-Verfahren oder die Reservoir-Zählmethode angewandt werden. In Abb. 5.18 werden mit dem Rainflow-Verfahren die Spannungsamplituden extrahiert, die zu geschlossenen Spannungszyklen bzw. Hystereseschleifen gehören.

Um sehr kleine Schwingbreiten, welche einen vernachlässigbar kleinen Schädigungsbeitrag liefern, zu eliminieren, werden die Spannungsschwingbreiten in Klassen eingeteilt. Je höher die Anzahl an Klassen bzw. je kleiner die Klassenbreite ist, desto genauer ist die Zählung. Dadurch erfolgt eine Zählung erst dann, wenn eine Schwingbreite einen festgelegten Grenzwert überschreitet. Sind alle Beanspruchungen in Klassen unterteilt, werden alle Werte zwischen den relativen Maxima und Minima aussortiert. (Vgl. z. B. Köhler et al., 2012).

Sind alle Schwingungen in Klassen unterteilt, kann die eigentliche Zählung beginnen. Im Rainflow-Verfahren werden aus dem Spannungs-Dehnungs-Diagramm geschlossene Hystereseschleifen identifiziert und anschließend in der Rainflow-Matrix notiert. Aus dieser können die eingetragenen Spannungsschwingbreiten mit den zugehörigen Häufigkeiten ausgelesen werden und die Schädigungen nach der Miner-Hypothese nachgewiesen werden. Alle nicht geschlossenen Schleifen bilden gemäß (Radaj & Vormwald, 2007) das Residuum.

Der Name des Rainflow-Verfahrens kommt aus einer grafischen Analogie zum Regenwasserfluss über Dachschrägen und wird häufig nach diesem Prinzip erklärt. Hier soll das Verfahren anhand der „Vier-Punkte-Methode“ gemäß (Dressler et al., 1997) erklärt werden, mit der sich das Verfahren leicht nachvollziehen lässt.

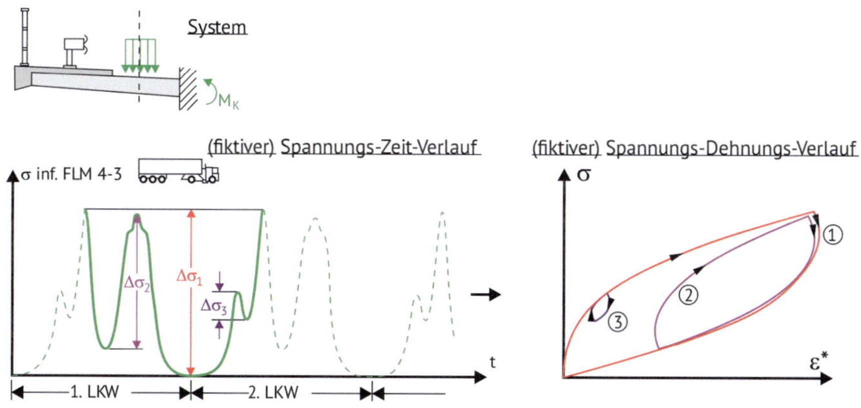

Abb. 5.18 Auswertung der Hystereseschleifen eines Spannungs-Zeit-Verlaufs mit der Rainflow-Zählung, in Anlehnung an (Zilch et al., 2004)

Wie der Name impliziert, werden bei jedem Schritt vier Punkte A, B, C, D des Verlaufs betrachtet. Liegt die innere Schwingung B-C innerhalb der äußeren Schwingung A-D, wird das Schwingspiel in der Matrix mit Startklasse B und Zielklasse C notiert und aus dem Verlauf gelöscht. Die Zählung wird dann mit A-D-E-F fortgeführt. Liegt B-C jedoch nicht innerhalb der äußeren Spanne A-D, kann keine Schleife notiert werden und es wird die Spanne B-C-D-E betrachtet.

Als Beispiel wird die Abb. 5.19 betrachtet:

- Betrachtete Spanne 2-5-3-6: 5-3 liegt innerhalb 2-6 und wird in (5/3) in der Matrix eingetragen und aus dem Verlauf entfernt (siehe nachfolgende Spanne).
- Betrachtete Spanne 2-6-2-3: 6-2 wird nicht von 2-3 umschlossen. Es wird mit 6-2-3-1 fortgefahren.

Zusätzlich kann noch unterschieden werden, ob es sich um eine hängende (Abb. 5.18: z. B. Hysterese 1) oder stehende (Abb. 5.18: z. B. Hysterese 2) Hystereseschleife handelt, wodurch sich der Beanspruchungsverlauf rekonstruieren lässt. Diese Unterscheidung wird gemäß (Bagayoko, 1999) für die Schädigungsberechnung jedoch nicht benötigt.

Führt man diese Schritte für die Beanspruchungs-Zeit-Funktion weiter aus, erhält man die ausgefüllte Rainflow-Matrix und das Residuum, welches sich zunächst nicht in der Matrix eintragen lässt. Als besonders schädigende Schwingungen zählen die in der Matrix unten links oder oben rechts eingetragenen Zyklen, welche große Spannungsschwingbreiten darstellen. Hysteresen, bei denen Start- und Zielklasse nur geringfügig auseinanderliegen, sind gemäß (Haibach, 2006) weniger kritisch.

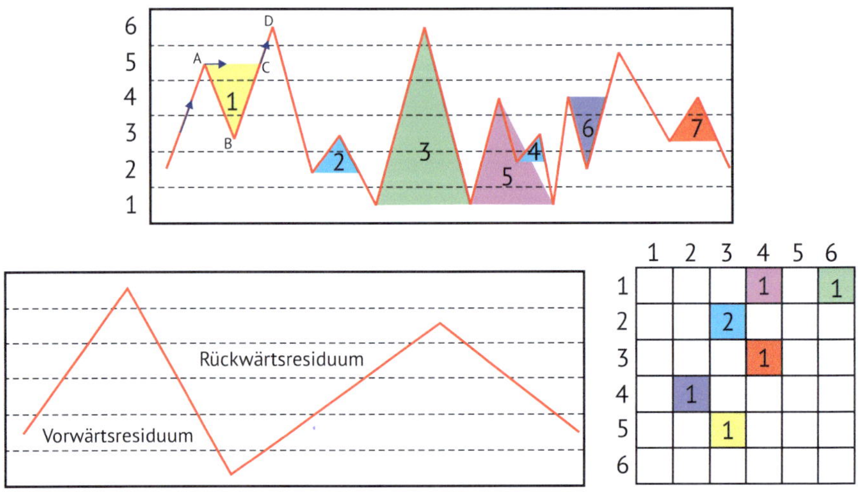

Abb. 5.19 Rainflow-Zählverfahren, in Anlehnung an (Haibach, 2006)

Das Residuum kann auf verschiedene Weisen behandelt werden. Hier wird davon ausgegangen, dass sich der Beanspruchungs-Zeit-Verlauf mehrfach wiederholt. Dadurch kann die Zählung beim betragsmäßig größten Wert sowohl starten als auch enden, wie dies Abb. 5.20 zeigt, wodurch sich alle weiteren Beanspruchungen innerhalb einer Hüll-Hysterese befinden, welche der stabilisierten Hystereseschleife des Schwingspieles aus oberem und unterem Extremwert entspricht. Dadurch verbleibt als Residuum nur noch die Erstbelastungskurve.

Als Ergebnis liegen dann die Spannungsschwingbreiten mit den dazugehörigen Häufigkeiten vor und können beispielsweise wie in Abb. 5.21 als Histogramm dargestellt werden und die Schädigung mit Gl. (5.35) berechnet werden.

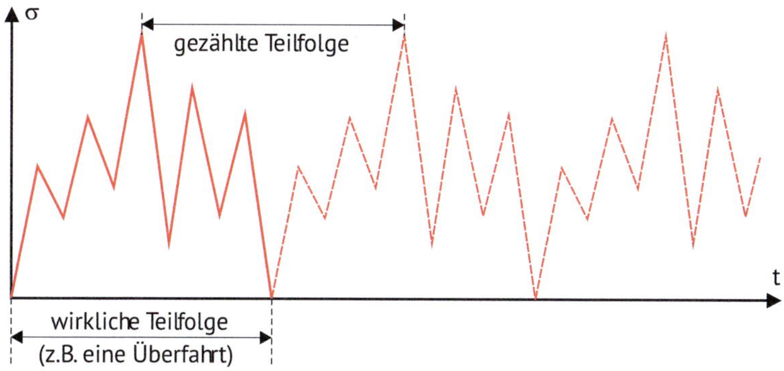

Abb. 5.20 Zählung von Teilfolgen, in Anlehnung an (Bagayoko, 1999)

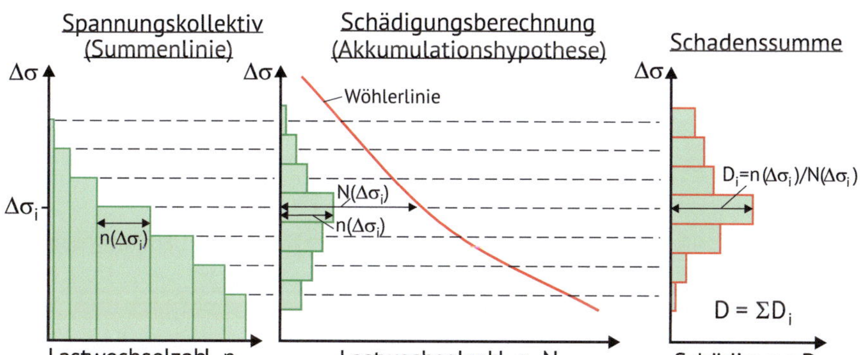

Abb. 5.21 Betriebsfestigkeitsnachweis auf Basis der linearen Schadensakkumulationshypothese nach Palmgren und Miner, in Anlehnung an (Zilch & Zehetmaier, 2010)

5.6 Besonderheiten bei der Nachrechnung und Verstärkung

Bei der Nachrechnung von Brücken bzw. der Verstärkung von Brücken hat das Material zum betrachteten Zeitpunkt bereits eine Schädigung erhalten. Diese Schädigung ist im Regelfall jedoch kleiner als dies mit einer Annahme des für den Neubau prognostizierten Wertes für den Verkehr der Fall wäre.

Aus diesem Grund wird in der BASt-NaReLi (05.2011) eine andere Größe für das Ermüdungslastmodell 4 (ELM 4) für die Vergangenheit festgelegt, wie dies in Abb. 5.22 dargestellt ist.

Somit ist auch ersichtlich, dass bei einer Nachrechnung und einer Verstärkung nur der Betriebsfestigkeitsnachweis sinnvoll geführt werden kann, da alle anderen Methoden von der Ermüdungslast wie im Neubau ausgehen.

Zeitraum	bis 1950	1950–1970	1970–1990	1990–2010	ab 2010
N_{obs} je Jahr für Fahrstrefen 1	$0{,}25 \cdot 10^6$	$0{,}50 \cdot 10^6$	$1{,}00 \cdot 10^6$	$2{,}00 \cdot 10^6$	$2{,}50 \cdot 10^6$
Fahrzeugtyp	Verkehrszusammensetzung in %				
FLM4-1 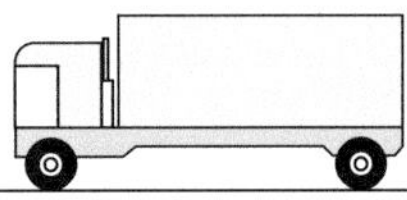	45	30	20	20	10
FLM4-2 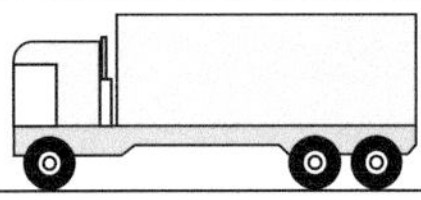	45	20	10	5	5
FLM4-3 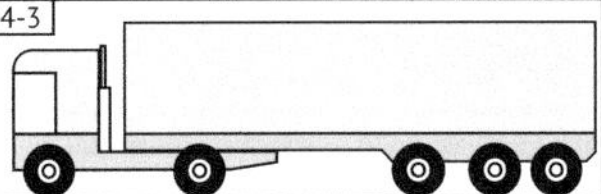	-	-	20	50	60
FLM4-4 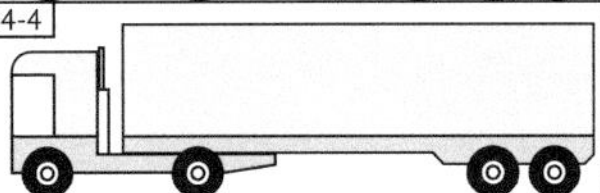	5	25	30	15	15
FLM4-5 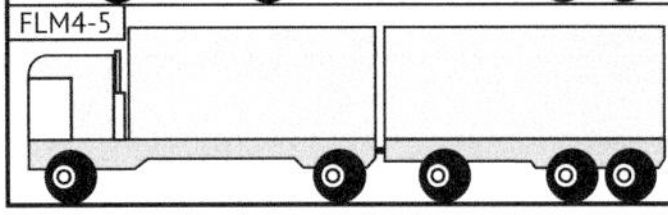	5	25	20	10	10

Abb. 5.22 Modifiziertes Ermüdungslastmodell 4 für Verkehrskategorie 1 nach BASt-NaReLi (05.2011)

5.7 Beispielrechnung

5.7.1 Angabe

Eine bestehende Brücke einer Staatsstraße, welche für BKL 60 bemessen wurde, soll nachträglich auf Ermüdung nachgewiesen werden. Der Überbau der Brücke ist als Plattenbalken ausgebildet und liegt als Einfeldträger über einen gleichhohen Querträger auf Elastomerlagern gelenkig auf. Als Baustoffe wurde ein C30/37 und Betonstahl B500B mit der Betondeckung von 4,5 cm verwendet. Der Querschnitt des Überbaus ist in Abb. 5.23 und der Längsschnitt in Abb. 5.24 dargestellt.

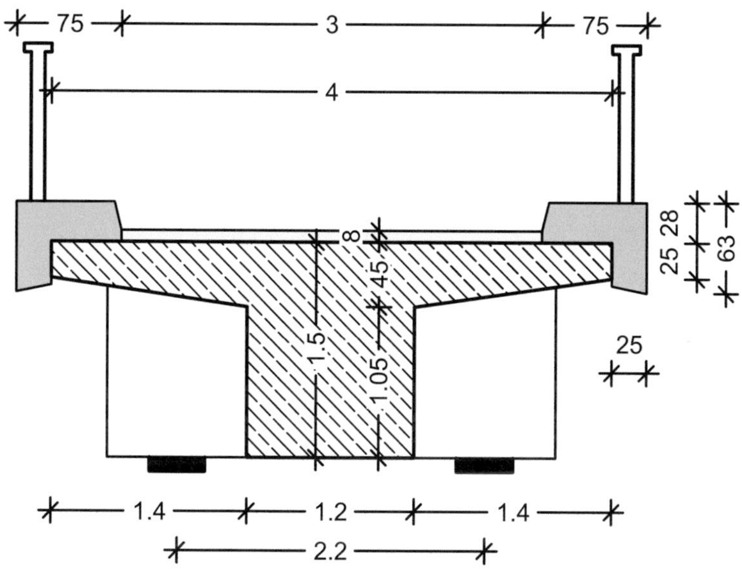

Abb. 5.23 Querschnitt Brücke Ermüdungsbeispiel

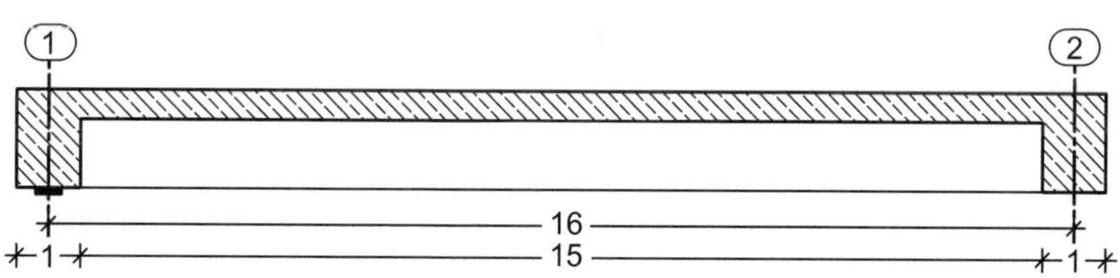

Abb. 5.24 Längsschnitt Brücke Ermüdungsbeispiel

5.7.2 Bestandsstatik

5.7.2.1 Belastung

Als ständige Last wirkt das Eigengewicht des Überbaus, welches sich über die Querschnittsfläche ergibt:

$$g_{k1} = \gamma_B \cdot A_c = 25 \cdot \left(1{,}5 \cdot 1{,}2 + 2 \cdot 1{,}4 \cdot \frac{0{,}45 + 0{,}25}{2}\right) = 69{,}5\,\frac{\text{kN}}{\text{m}}$$

Als weitere ständige Lasten wirken die Ausbaulasten, die sich aus Asphalt, Kappen und Geländer zusammensetzen:

$$g_{k,\text{Belag}} = \left(0{,}08\ \text{m} \cdot 25\,\frac{\text{kN}}{\text{m}^3} + 0{,}50\,\frac{\text{kN}}{\text{m}^2}\right) \cdot 3\,\text{m} = 7{,}5\,\frac{\text{kN}}{\text{m}}$$

$$g_{k,\text{Kappen}} = (0{,}25 \cdot 0{,}63 + 0{,}5 \cdot 0{,}28) \cdot 2 \cdot 25 = 15\,\frac{\text{kN}}{\text{m}}$$

$$g_{k,\text{Gel}} = 2 \cdot 1 = 2\,\frac{\text{kN}}{\text{m}}$$

$$g_{k2} = 7{,}5 + 15 + 2 = 24{,}5\,\frac{\text{kN}}{\text{m}}$$

Als Verkehrslast wirkt der SLW 60. Hierfür muss zunächst der Schwingbeiwert nach DIN 1072 (12.1985) berechnet werden:

$$\varphi = 1{,}4 - 0{,}008 \cdot l_\varphi = 1{,}4 - 0{,}008 \cdot 16 = 1{,}272$$

Gemäß DIN 1072 (12.1985) hat der SLW-60 drei Achsen mit dem Abstand von 1,5 m mit folgender Achslast:

$$P_{\text{Achse}} = 1{,}272 \cdot 100 \cdot 2 = 254{,}4\,\text{kN}$$

Auf der Hauptspur wirkt auf 3 m Breite gemäß DIN 1072 (12.1985) die Flächenlast von 5 kN/m^2, welche noch mit dem Schwingbeiwert zu multiplizieren ist:

$$p_{UDL,HS} = 5 \cdot 1{,}272 \cdot 3 = 19{,}08\,\text{kN/m}$$

Die Restflächenlast von 3 kN/m^2 wirkt bei dieser Brücke auf $2 \times 0{,}5$ m und muss gemäß DIN 1072 (12.1985) nicht mit dem Schwingbeiwert multipliziert werden:

$$p_{UDL,RS} = 3 \cdot 0{,}5 \cdot 2 = 3\,\text{kN/m}$$

5.7.2.2 Schnittgrößen

5.7.2.2.1 Biegemoment in Feldmitte

Das Moment aus den ständigen Lasten kann über die bekannten Beziehungen am Einfeldträger berechnet werden und ergibt sich in Feldmitte zu:

$$M_{gk,\max} = (g_{k1} + g_{k2}) \cdot \frac{l^2}{8} = (69{,}5 + 24{,}5) \cdot \frac{16^2}{8} = 3008\,\text{kNm}$$

Für die Verkehrslast wird das maximale Feldmoment getrennt für die Gleichstreckenlast (UDL) und die Achslasten (TS) ermittelt. Für die UDL-Last kann das Moment in Feldmitte wie folgt bestimmt werden:

$$M_{UDL,k,\max} = \left(p_{UDL,HS} + p_{UDL,RS}\right) \cdot \frac{l^2}{8} = (19{,}08 + 3) \cdot \frac{16^2}{8} = 707\,\text{kNm}$$

Das maximale Moment aus der TS-Last ergibt sich, wenn der SLW 60 genau in Feldmitte steht. Aus den Einzellasten kann am statisch bestimmten Einfeldträger das maximale Feldmoment wie folgt bestimmt werden:

$$M_{TS+,\max} = \frac{3}{2} \cdot 254{,}4 \cdot \frac{16}{2} - 1{,}5 \cdot 254{,}4 = 2671\,\text{kNm}$$

Da beim SLW60 nicht gleichzeitig die Gleichlast wirkt, kann die Überlast abgezogen. Das Moment aus der Überlast beträgt:

$$M_{TS-,\max} = \frac{6}{2} \cdot 19{,}08 \cdot \frac{16}{2} - 3 \cdot 19{,}08 \cdot 1{,}5 = 372\,\text{kNm}$$

Somit kann das resultierende Moment berechnet werden:

$$M_{TS} = 2671 - 372 = 2299\,\text{kNm}$$

5.7.2.2.2 Querkraft am Übergang zum Querträger

Die Querkraft wird am Übergang des Hauptträgers zum Querträger bestimmt. Aus den ständigen Lasten kann die Querkraft wie folgt berechnet werden:

$$V_{gk,\max} = (g_{k1} + g_{k2}) \cdot \frac{l}{2} - (g_{k1} + g_{k2}) \cdot 0{,}5 =$$

$$V_{gk,\max} = (69{,}5 + 24{,}5) \cdot \left(\frac{16}{2} - 0{,}5\right) = 705\,\text{kN}$$

Wie beim Moment wird auch hier die Verkehrslast einzeln für die Flächenlast und die Achslasten bestimmt. Aus der UDL-Last ergibt sich folgende Querkraft am Querträgerrand:

$$V_{UDL,k,\max} = \left(p_{UDL,HS} + p_{UDL,RS}\right) \cdot \left(\frac{l}{2} - 0{,}5\right) = (19{,}08 + 3) \cdot 7{,}5 = 166\,\text{kNm}$$

Aus den TS-Lasten folgt die folgende Querkraft:

$$V_{TS+,\max} = 3 \cdot 254{,}4 \cdot \frac{15 - 1{,}5}{15} = 687\,\text{kN}$$

$$V_{TS-,\max} = 6 \cdot 19{,}08 \cdot \frac{15 - 3}{15} = 92\,\text{kN}$$

$$V_{TS,k} = 687 - 92 = 595\,\text{kN}$$

5.7.2.3 Überlagerungen

Das maximale Bemessungsmoment für die ständige und vorübergehende Bemessungssituation ergibt sich wie folgt. Hierbei wird gemäß (Novák & Gabler, 2003) die UDL-Last und die TS-Last der gleichen Einwirkung zugeordnet.

$$M_{Ed} = \gamma_g \cdot M_{gk} + \gamma_q \cdot M_{TS} + \gamma_q \cdot M_{UDL}$$

$$M_{Ed} = 1{,}35 \cdot 3008 + 1{,}5 \cdot 2299 + 1{,}5 \cdot 707 = 8570\,\text{kNm}$$

Auf die gleiche Weise kann die Bemessungsquerkraft bestimmt werden:

$$V_{Ed} = 1{,}35 \cdot 705 + 1{,}5 \cdot 595 + 1{,}5 \cdot 166 = 2093\,\text{kN}$$

5.7.2.4 Bemessung Biegung

Für die Biegebemessung wird zunächst die statische Nutzhöhe unter der Annahme von Bügel 16 mm und einer zweilagigen Längsbewehrung mit einem Durchmesser 28 mm bestimmt:

$$d_1 = 4{,}5 + 1{,}6 + 1{,}5 \cdot 2{,}8 = 11{,}2 \text{ cm}$$

$$d = 150 - 11{,}2 = 138{,}8 \text{ cm}$$

Die Biegebemessung erfolgt über das μ_{Eds}-Verfahren, welches z. B. in (Finckh, 2023) erläutert ist. Auch finden sich dort die zugehörigen Tabellen. Der dimensionslose Beiwert μ_{Eds} ergibt sich zu:

$$\mu_{\text{Eds}} = \frac{M_{\text{Eds}}}{b \cdot d^2 \cdot f_{cd}} = \frac{8{,}570}{4 \cdot 1{,}388^2 \cdot 17} = 0{,}065$$

Damit kann die bezogene Druckzonenhöhe aus den Tabellen abgelesen werden und die Druckzonenhöhe bestimmt werden:

$$\Rightarrow \frac{x}{d} = 0{,}092 \Rightarrow x = 0{,}092 \cdot 138{,}8 = 12{,}8\,\text{cm}$$

Da die Druckzone kleiner als 0,24 m ist, liegt diese vollständig in der Platte und die Annahmen bezüglich der Druckzonenbreite von 4 m war korrekt. Damit kann über den mechanischen Bewehrungsgrad die erforderliche Längsbewehrung bestimmt werden:

$$\Rightarrow \omega = 0{,}067 \Rightarrow A_{s1} = 0{,}067 \cdot 138{,}8 \cdot 400 \cdot \frac{17}{457} = 138\,\text{cm}^2$$

Es werden $16\text{Ø}28 + 8\text{Ø}25$ gewählt was eine Bewehrungsmenge von $A_{s,\text{vorh}} = 138\,\text{cm}^2$ entspricht.

5.7.2.5 Bemessung Querkraft

Für die Bemessung auf Querkraft wird zunächst der Druckstrebenwinkel an der Stelle der maximalen Querkraft bestimmt, welcher sich gemäß DIN EN 1992-2 (12.2010) in Verbindung mit der DIN EN 1992-2/NA (04.2013) wie folgt ergibt:

$$V_{Rd,cc} = 0{,}5 \cdot 0{,}48 \cdot f_{ck}^{\frac{1}{3}} \cdot \left(1 - 1{,}2 \cdot \frac{\sigma_{cd}}{f_{cd}}\right) \cdot b_w \cdot z$$

$$V_{Rd,cc} = 0{,}5 \cdot 0{,}48 \cdot 30^{\frac{1}{3}} \cdot 1 \cdot 1{,}2 \cdot 1{,}388 \cdot 0{,}9 = 1{,}12\ \text{MN}$$

$$1{,}0 \leq \cot\theta \leq \frac{1{,}2 + 1{,}4 \cdot \frac{\sigma_{cd}}{f_{cd}}}{1 - \frac{V_{Rd,cc}}{V_{Ed}}} = \frac{1{,}2}{1 - \frac{1{,}12}{2{,}09}} = 2{,}59 \leq 1{,}75$$

Damit kann der Nachweis der Druckstrebe geführt werden:

$$V_{Rd,\max} = \frac{f_{cd} \cdot \nu_1 \cdot b_w \cdot z}{\cot\theta + \tan\theta} = \frac{17 \cdot 0{,}75 \cdot 1{,}2 \cdot 1{,}388 \cdot 0{,}9}{1{,}75 + \frac{1}{1{,}75}} = 8{,}2\,\text{MN}$$

$$V_{Rd,\max} = 8200kN > V_{Ed} = 2093\,\text{kN}$$

Die Bügelbewehrung wird vereinfacht auch an der gleichen Stelle berechnet:

$$V_{Rd,sy} = f_{\text{ywd}} \cdot \frac{A_{sw}}{s} \cdot z \cdot \cot\theta \geq V_{Ed}$$

$$V_{Rd,sy} = 435 \cdot \frac{A_{sw}}{s} \cdot 1{,}388 \cdot 0{,}9 \cdot 1{,}75 = 951 \cdot \frac{A_{sw}}{s} \geq 2{,}093$$

Über eine Umformung erhält man die Querkraftbewehrung:

$$\Longrightarrow \frac{A_{sw}}{s_w} = \frac{2{,}093}{951} = 22 \cdot 10^{-3}\frac{\text{m}^2}{\text{m}} = 22\frac{\text{cm}^2}{\text{m}}$$

Es werden Bügel Ø12/20 außenliegen zusammen mit einem innenliegenden Bügel Ø12/20 gewählt, was einem $a_{sw,\text{vorh}} = 22{,}6\,\text{cm}^2$ entspricht.

5.7.2.6 Bewehrung

Die Bewehrung des Überbaus ist in Abb. 5.25 und 5.26 dargestellt.

5.7.3 Vereinfachter Ermüdungsnachweis

5.7.3.1 Allgemeines

Zunächst wird der vereinfachte Ermüdungsnachweis über die Spannungsbegrenzung geführt.

5.7.3.2 Biegebeanspruchung

Zunächst wird der Nachweis für die Bewehrung geführt. Für nicht geschweißte Bewehrungsstäbe unter Zugbeanspruchung darf ein ausreichender Widerstand gegen Ermüdung angenommen werden, wenn die Schwingbreite unter der

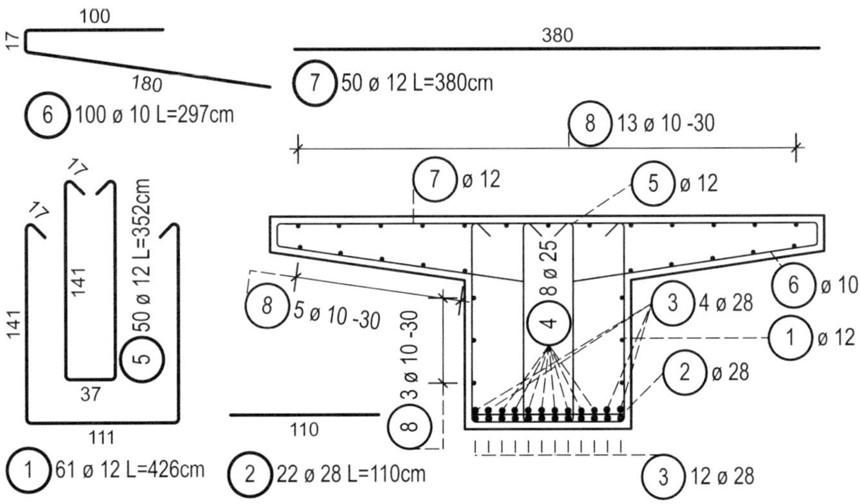

Abb. 5.25 Bewehrung des Ermüdungsbeispiels im Querschnitt

häufigen zyklischen Einwirkung mit der Grundkombination $\Delta\sigma_s \leq 70\,\mathrm{N/mm^2}$ ist. Der untere Wert für das Moment unter häufiger Einwirkung beträgt:

$$M_{\text{freq,min}} = M_{gk} = 3008\,\text{kNm}$$

Der obere Wert für das Moment kann unter Annahme, dass die UDL-Last und die TS-Last gemäß (Novák & Gabler, 2003) der gleichen Einwirkung zugeordnet werden, wie folgt berechnet werden:

$$M_{\text{freq,max}} = M_{gk} + \psi_1 \cdot M_{TS} + \psi_1 \cdot M_{UDL} =$$

$$M_{\text{freq,max}} = 3008 + 0{,}75 \cdot 2299 + 0{,}4 \cdot 707 = 5015\,\text{kNm}$$

Die Ermittlung der Spannung unter Gebrauchslastniveau kann vereinfacht unter der Annahme, dass der Beton noch im elastischen Bereich ist, erfolgen. Damit kann die Druckzonenhöhe wie folgt ermittelt (Vgl. z. B. Finckh, 2023):

$$\alpha_e = \frac{E_s}{E_c} = \frac{200000}{33000} = 6{,}06$$

$$x = \frac{\alpha_e \cdot A_{s1}}{b} \cdot \left(-1 + \sqrt{1 + \frac{2 \cdot b \cdot d}{\alpha_e \cdot A_{s1}}} \right) =$$

$$x = \frac{6{,}06 \cdot 138}{400} \cdot \left(-1 + \sqrt{1 + \frac{2 \cdot 400 \cdot 138{,}8}{6{,}06 \cdot 138}} \right) = 22\,\text{cm}$$

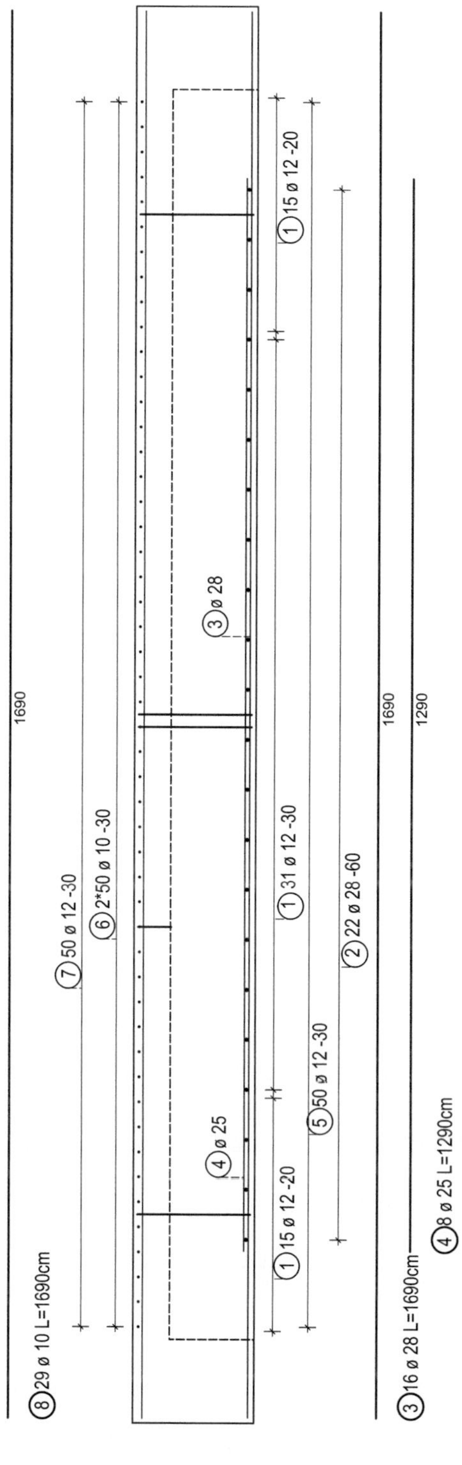

Abb. 5.26 Bewehrung des Ermüdungsbeispiels im Längsschnitt

Da somit die Druckzone in der Platte liegt, war die Verwendung der Formeln wie für eine Rechteckquerschnitt in Ordnung. Der innere Hebelarm ergibt sich unter der linearen Annahme zu:

$$z = d - \frac{x}{3} = 138{,}8 - \frac{22}{3} = 131{,}5\,\text{cm}$$

Damit können direkt die Spannungen ermittelt werden:

$$\sigma_{s,\text{freq,min}} = \frac{M}{A_s \cdot z} = \frac{3008\,\text{kNm}}{138\,\text{cm}^2 \cdot 1{,}315\,\text{m}} = 16{,}6\,\text{kN/cm}^2$$

$$\sigma_{s,\text{freq,max}} = \frac{M_{\text{freq,max}}}{A_s \cdot z} = \frac{5015\,\text{kNm}}{138\,\text{cm}^2 \cdot 1{,}315\,\text{m}} = 27{,}6\,\text{kN/cm}^2$$

Aus der Differenz kann die Schwingbreite bestimmt werden:

$$\Delta\sigma_s = 27{,}6 - 16{,}6 = 11{,}0\frac{\text{kN}}{\text{cm}^2} = 110\,\text{N/mm}^2$$

Der Nachweis lautet dann wie folgt:

$$\Delta\sigma_s = 110\,\text{N/mm}^2 \nleq 70\,\text{N/mm}^2$$

Da der Nachweis nicht erfüllt ist, muss entweder mehr Bewehrung gewählt werden oder ein genauerer Nachweis erfolgen.

Für den Nachweis der Betons unter Druck wird zunächst überprüft, ob unter seltener Lastfallkombination die Betondruckspannung kleiner als $0{,}6 \cdot f_{ck}$ ist. Das Moment unter seltener Lastfallkombination ergibt sich wie folgt:

$$M_{\text{rare,max}} = 3008 + 2299 + 707 = 6014\,\text{kNm}$$

Damit kann die Betondruckdruckspannung ermittelt werden:

$$\sigma_{ck} = \frac{M_{\text{rare,max}}}{b \cdot z \cdot \frac{x}{2}} = \frac{6{,}014}{4 \cdot 1{,}315 \cdot \frac{0{,}22}{2}} = 10{,}4\ \text{MN/m}^2$$

Somit ist der Betondruckspannung $\sigma_{ck} = 10{,}4\,\text{MN/m}^2 \leq 0{,}6 \cdot 30 = 18\,\text{MN/m}^2$ und es brauch kein Ermüdungsnachweis der Biegedruckzone erfolgen.

5.7.3.3 Querkraftbeanspruchung

5.7.3.3.1 Allgemeines

Bei der Bemessung der Querkraftbewehrung muss gemäß Abschn. 5.5.2 die Druckstrebenneigung θ_{fat} ermittelt werden.

$$\tan\theta_{\text{fat}} = \sqrt{\tan\theta} \leq 1{,}0$$

$$\tan\theta_{\text{fat}} = \sqrt{1/1{,}75} = 0{,}76 \Rightarrow \cot\theta_{\text{fat}} = 1{,}32$$

Der untere Wert für das Querkraft unter häufige Einwirkung beträgt:

$$V_{\text{freq,min}} = V_{gk} = 705\,\text{kN}$$

Der oberer Wert für das Moment unter häufige Einwirkung beträgt:

$$V_{\text{freq,max}} = V_{gk} + \psi_1 \cdot V_{TS} + \psi_1 \cdot V_{UDL} =$$

$$V_{\text{freq,max}} = 705 + 0{,}75 \cdot 595 + 0{,}4 \cdot 166 = 1218\,\text{kN}$$

5.7.3.3.2 Nachweis Zugstrebe

Die Spannungen in der Zugstrebe ergeben sich wie folgt:

$$\sigma_{\text{swd}} = \frac{V}{\frac{A_{sw}}{s} \cdot z \cdot \cot\theta_{\text{fat}}}$$

$$\sigma_{\text{swd,freq,min}} = \frac{705\,\text{kN}}{22{,}6\,\text{cm}^2/\text{m} \cdot 1{,}388\,\text{m} \cdot 0{,}9 \cdot 1{,}32} = 18{,}9\,\text{kN/cm}^2$$

$$\sigma_{\text{swd,freq,max}} = \frac{1218\,\text{kN}}{22{,}6\,\text{cm}^2/\text{m} \cdot 1{,}388\,\text{m} \cdot 0{,}9 \cdot 1{,}32} = 32{,}7\,\text{kN/cm}^2$$

Aus der Differenz kann die Schwingbreite Zugstrebe ermittelt werden:

$$\Delta\sigma_s = 32{,}7 - 18{,}9 = 12{,}8\frac{\text{kN}}{\text{cm}^2} = 138\,\text{N/mm}^2$$

Der Nachweis lautet dann wie folgt:

$$\Delta\sigma_s = 138\,\text{N/mm}^2 \nleq 70\,\text{N/mm}^2$$

Da der Nachweis nicht erfüllt ist, muss entweder mehr Bewehrung gewählt werden oder ein genauerer Nachweis erfolgen.

5.7.3.3.3 Nachweis Druckstrebe

Der Nachweis der Druckstrebe erfolgt über den Nachweis der Ermüdung des Betons gemäß DIN EN 1992-2 (12.2010) Abschn. 6.8.7. Hierfür wird der Bemessungswert der einaxialen Festigkeit des Betons auf Ermüdung benötigt:

$$f_{cd,\text{fat}} = k_1 \cdot \beta_{cc}(t_0) \cdot f_{cd} \cdot \left(1 - \frac{f_{ck}}{250}\right)$$

$$f_{cd,\text{fat}} = 1 \cdot 1 \cdot 17 \cdot \left(1 - \frac{30}{250}\right) = 15\frac{\text{N}}{\text{mm}^2}$$

Betondruckfestigkeit ist für die Querkraftdruckstrebe mit dem Festigkeitsabminderungsbeiwert ν_1 zu reduzieren. Dies darf nach DIN EN 1992-2/NA (04.2013) NDP zu 6.2.3 (103) erfolgen.

$$\sigma_{Rd,\text{max,fat}} = 15 \cdot 0{,}75 = 11{,}25\frac{\text{N}}{\text{mm}^2}$$

Die Spannung in der Druckstrebe ergibt sich wie folgt:

$$\sigma_{cd,V} = \frac{V}{b_w \cdot z} \cdot (\cot\theta + \tan\theta)$$

$$\sigma_{cd,V,\min} = \frac{0{,}705\,\text{MN}}{1{,}2\,\text{m} \cdot 1{,}388\,\text{m} \cdot 0{,}9}(1{,}75 + 1/1{,}75) = 1{,}09\,\text{MN/m}^2$$

$$\sigma_{cd,V,\max} = \frac{1{,}218\,\text{MN}}{1{,}2\,\text{m} \cdot 1{,}388\,\text{m} \cdot 0{,}9}(1{,}75 + 1/1{,}75) = 1{,}74\ \text{MN/m}^2$$

Damit kann der Nachweis der Druckstrebe geführt werden:

$$\frac{\sigma_{c,\max}}{f_{cd,\text{fat}}} \leq 0{,}5 + 0{,}45 \cdot \frac{\sigma_{c,\min}}{f_{cd,\text{fat}}} \leq 0{,}9$$

$$\frac{1{,}74}{11{,}25} \leq 0{,}5 + 0{,}45 \cdot \frac{1{,}09}{11{,}25} \leq 0{,}9$$

$$0{,}15 \leq 0{,}55 \leq 0{,}9$$

Der Nachweis der Druckstrebe ist somit erfüllt.

5.7.4 Nachweis über schädigungsäquivalente Schwingbreiten

5.7.4.1 Allgemeines

Für Betonstahl darf ein ausreichender Widerstand gegen Ermüdung angenommen werden, wenn folgende erfüllt wird:

$$\gamma_{F,\text{fat}} \cdot \Delta\sigma_{S,\text{equ}}\left(N^*\right) \leq \frac{\Delta\sigma_{Rsk}(N^*)}{\gamma_{S,\text{fat}}}$$

Für Betonstahl B500 B ergibt sich somit:

$$1{,}0 \cdot \Delta\sigma_{S,\text{equ}}\left(N^*\right) \leq \frac{175}{1{,}15} = 152{,}3\,\frac{\text{N}}{\text{mm}^2}$$

5.7.4.2 Ermittlung der Schwingbreite aus dem ELM3

5.7.4.2.1 Lastmodell

Für die Berechnung auf Ermüdung ist das Ermüdungslastmodell 3 nach Abb. 5.11 zu verwenden.

5.7.4.2.2 Biegebeanspruchung

Vereinfacht werden zwei Laststellungen untersucht:

- ELM3 in Feldmitte
- Erste Achse in Feldmitte

Für die Laststellung ELM3 in Feldmitte ergibt sich folgendes Moment

$$M_{FLM3,1} = 240\,\text{kN} \cdot 5\,\text{m} - 120\,\text{kN} \cdot 1{,}2\,\text{m} = 1056\,\text{kNm}$$

Die Laststellung erste Achse in Feldmitte führt zu dem nachfolgenden Moment

$$A = \frac{120 \cdot 8 + 120 \cdot (8 + 1{,}2) + 120 \cdot (8 + 7{,}2)}{16} = 243\,\text{kN}$$

$$M_{FLM3,2} = 243\,\text{kN} \cdot 8\,\text{m} - 120\,\text{kN} \cdot 1{,}2\,\text{m} - 120\,\text{kN} \cdot 7{,}2\,\text{m} = 936\,\text{kNm}$$

Somit ist die Laststellung ELM3 in Feldmitte maßgebend und es können die Spannungen in der Bewehrung analog dem Abschn. 5.7.3.2 erfolgen:

$$\sigma_{s,FLM3,\text{min}} = \frac{M_G}{A_s \cdot z} = \frac{3008\,\text{kNm}}{138\,\text{cm}^2 \cdot 1{,}315\,\text{m}} = 16{,}6\,\text{kN/cm}^2$$

$$\sigma_{s,fFLM3,\text{max}} = \frac{M_G + M_{FLM3,1}}{A_s \cdot z} = \frac{3008\,\text{kNm} + 1056\,\text{kNm}}{138\,\text{cm}^2 \cdot 1{,}315\,\text{m}} = 22{,}4\,\text{kN/cm}^2$$

Damit ergibt sich die Schwingbreite aus dem ELM3:

$$\Delta\sigma_s = 22{,}4 - 16{,}6 = 5{,}8\,\frac{\text{kN}}{\text{cm}^2} = 58\,\text{N/mm}^2$$

5.7.4.2.3 Querkraftbeanspruchung

Vereinfacht wird nur die Laststellung „ELM3 steht direkt nach dem Querträger“ untersucht. Aus dieser ergibt sich folgende Querkraft

$$V_{FLM3} = \frac{120 \cdot 15 + 120 \cdot (15 - 1{,}2) + 120 \cdot (15 - 7{,}2) + 120 \cdot (15 - 8{,}4)}{15}$$

$$V_{FLM3} = 345{,}6\,\text{kN}$$

Damit können die Spannungen in der Bügelbewehrung wie in Abschn. 5.7.3.3.2 ermittelt werden:

$$\sigma_{\text{ywd},LM3,\text{min}} = \frac{705\,\text{kN}}{22{,}6\,\text{cm}^2/\text{m} \cdot 1{,}388\,\text{m} \cdot 0{,}9 \cdot 1{,}32} = 18{,}9\,\text{kN/cm}^2$$

$$\sigma_{\text{ywd},LM3,\text{max}} = \frac{705 + 345{,}6}{22{,}6\,\text{cm}^2/\text{m} \cdot 1{,}388\,\text{m} \cdot 0{,}9 \cdot 1{,}32} = 28{,}2\,\text{kN/cm}^2$$

Damit ergibt sich die Schwingbreite der Bügelbewehrung aus dem ELM3:

$$\Delta\sigma_s = 28{,}2 - 18{,}9 = 9{,}3\frac{\text{kN}}{\text{cm}^2} = 93\,\text{N/mm}^2$$

5.7.4.3 Biegebeanspruchung

Zur Berechnung der schädigungsäquivalenten Schwingbreite für den Nachweis des Stahls sind die Achslasten des Ermüdungslastmodells 3 mit den Faktoren:

- 1,75 für den Nachweis an Zwischenstützen,
- 1,40 für den Nachweis in den übrigen Bereichen und in Querrichtung,

zu multiplizieren.

$$\Delta\sigma_s = 1{,}4 \cdot 58\frac{\text{N}}{\text{mm}^2} = 81{,}2\frac{\text{N}}{\text{mm}^2}$$

Der Nachweis gegen Ermüdung des Stahls nach DIN EN 1992-1-1 (01.2011) wird grundsätzlich im Knickpunkt der Wöhlerlinie bei N* Spannungszyklen geführt. Die schädigungsäquivalente Schwingbreite $\Delta\sigma_{s,\text{equ}}$ führt bei N* Spannungszyklen zur gleichen Schädigung, wie das Schwingbreitenspektrum infolge fließenden Verkehrs während der rechnerischen Nutzungsdauer. Darfur ist folgende Gleichung anzuwenden.

$$\Delta\sigma_{s,\text{equ}} = \Delta\sigma_s \cdot \lambda_S$$

Der Korrekturbeiwert λ_S berücksichtigt den Einfluss der Spannweite, des jährlichen Verkehrsaufkommens, der Nutzungsdauer, der Anzahl der Verkehrsstreifen, der Verkehrsart sowie der Oberflächenrauigkeit und darf wie folgt berechnet werden.

$$\lambda_S = \lambda_{\text{fat}} \cdot \lambda_{S,1} \cdot \lambda_{S,2} \cdot \lambda_{S,3} \cdot \lambda_{S,4}$$

Der Beiwert für den Einfluss von Stützweite und System, zur Umrechnung von einem Jahr auf 100 Jahre Nutzungsdauer und zur Umrechnung von N* auf $N = 2 \cdot 10^6$ Spannungszyklen bestimmt sich nach Abb. 5.27 zu:

$$\lambda_{S,1} = 1{,}18$$

Der Beiwert $\lambda_{S,2}$ erfasst den Einfluss des jährlichen Verkehrsaufkommens und der Verkehrsart. Gemäß ARS 22/2012 (11.2012) sind für diesen Brückenquerschnitt die Verkehrskategorie 3 zu wählen Das jährliche Verkehrsaufkommen ergibt sich mit dieser Verkehrskategorie nach DIN EN 1991-2 (12.2010) zu $N_{\text{obs}} = 0{,}125 \cdot 10^6$. Und somit ergibt sich der Beiwert mit Verkehrsart mittlere Entfernung nach DIN EN 1992-2/NA (04.2013) zu:

$$\lambda_{S,2} = \overline{Q} \cdot \sqrt[k_2]{\frac{N_{\text{obs}}}{2{,}0}} = 0{,}94 \cdot \sqrt[9]{\frac{0{,}125}{2{,}0}} = 0{,}69$$

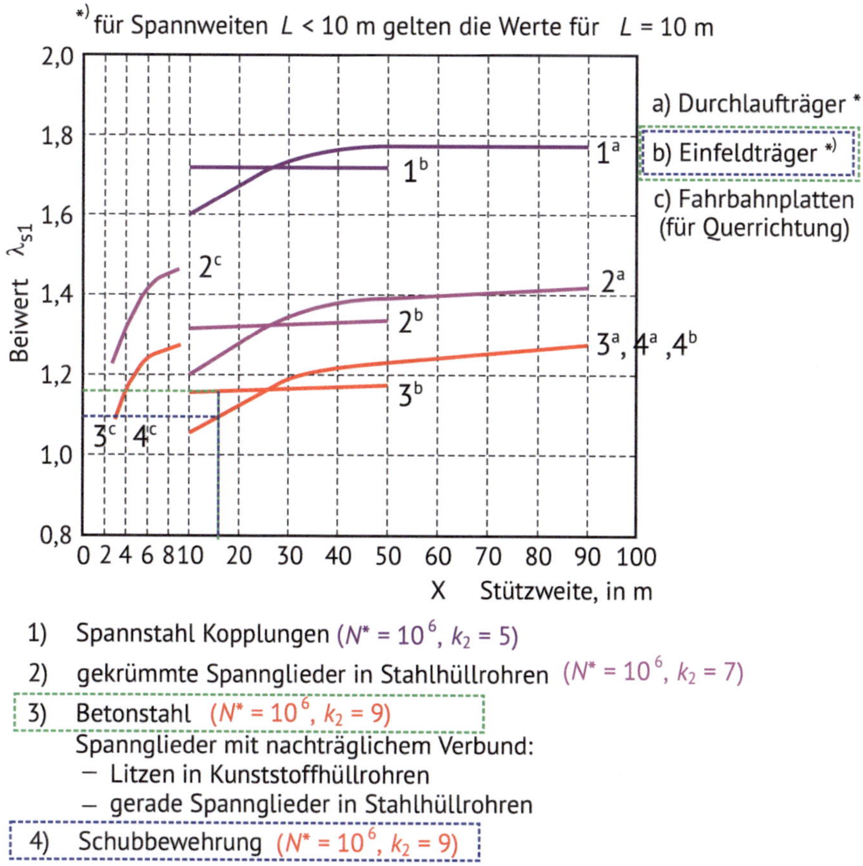

Abb. 5.27 Beiwert $\lambda_{S,1}$ für den Ermüdungsnachweis im Feld und für Einzelbauteile

Der Beiwert $\lambda_{S,3}$ erfasst den Einfluss der Nutzungsdauer. Mit der Nutzdauer von 100 Jahren nach ARS 22/2012 (11.2012) ergibt sich:

$$\lambda_{S,3} = \sqrt[k_2]{\frac{N_{\text{years}}}{100}} = \sqrt[9]{\frac{100}{100}} = 1{,}0$$

Der Beiwert $\lambda_{S,4}$ erfasst den Einfluss mehrerer Fahrstreifen und darf wie folgt ermittelt werden:

$$\lambda_{S,4} = \sqrt[k_2]{\frac{\Sigma N_{\text{obs},i}}{N_{\text{obs},1}}} = \sqrt[9]{\frac{0{,}125}{0{,}125}} = 1{,}0$$

Somit ergibt sich:

$$\lambda_S = \lambda_{\text{fat}} \cdot \lambda_{S,1} \cdot \lambda_{S,2} \cdot \lambda_{S,3} \cdot \lambda_{S,4} = 1{,}2 \cdot 1{,}18 \cdot 0{,}69 \cdot 1{,}0 \cdot 1{,}0 = 0{,}98$$

Damit ergibt sich die schädigungsäquivalente Schwingbreite $\Delta\sigma_{s,\text{equ}}$ zu:

$$\Delta\sigma_{s,\text{equ}} = \Delta\sigma_s \cdot \lambda_S = 81{,}2 \cdot 0{,}98 = 80\,\text{N/mm}^2$$

Damit kann der Nachweis geführt werden

$$80\frac{\text{N}}{\text{mm}^2} \leq 152{,}3\frac{\text{N}}{\text{mm}^2}$$

5.7.4.4 Querkraftbeanspruchung

Auf den Reduktionsfaktor der Ermüdungsfestigkeit darf bei Querkraftbewehrung mit 90°-Bügeln für Bügel kleiner 16 mm mit Bügelhöhen größer 600 mm verzichtet werden. Damit darf die gleiche Ermüdungsfestigkeit wie bei der Biegebeanspruchung verwendet werden. Die Schwingbreite aus dem ELM 3 ergibt sich zu:

$$\Delta\sigma_s = 1{,}4 \cdot 93\frac{\text{N}}{\text{mm}^2} = 130{,}2\frac{\text{N}}{\text{mm}^2}$$

Der Beiwert für den Einfluss von Stützweite und System, zur Umrechnung von einem Jahr auf 100 Jahre Nutzungsdauer und zur Umrechnung von N* auf $N = 2 \cdot 10^6$ Spannungszyklen bestimmt sich nach Abb. 5.27zu:

$$\lambda_{S,1} = 1{,}10$$

Die restlichen Beiwerte ergeben sich wie bei der Biegung. Somit ergibt sich:

$$\lambda_S = \lambda_{\text{fat}} \cdot \lambda_{S,1} \cdot \lambda_{S,2} \cdot \lambda_{S,3} \cdot \lambda_{S,4} = 1{,}2 \cdot 1{,}10 \cdot 0{,}69 \cdot 1{,}0 \cdot 1{,}0 = 0{,}91$$

Damit ergibt sich die schädigungsäquivalente Schwingbreite $\Delta\sigma_{s,\text{equ}}$ zu:

$$\Delta\sigma_{s,\text{equ}} = \Delta\sigma_s \cdot \lambda_S = 148{,}8 \cdot 0{,}91 = 135\,\text{N/mm}^2$$

Damit kann der Nachweis geführt werden:

$$130{,}2\frac{\text{N}}{\text{mm}^2} \leq 152{,}3\frac{\text{N}}{\text{mm}^2}$$

5.7.5 Betriebsfestigkeitsnachweis

5.7.5.1 Allgemeines

Im Nachgang zur Berechnung hat sich herausgestellt, dass die Annahmen bezüglich der Ermüdungsbelastung aufgrund eines Industrieanliegers nichtzutreffend sind. Der Industriebetrieb fährt mit zwei Spezialfahrzeugen gemäß Abb. 5.28 über die Brücke.

Damit können die Lastwechsel pro Jahr berechnet werden. Für Spezialfahrzeug 1 und 2 ergibt sich:

$$N_{\text{obs},1} = 100 \cdot 5 \cdot 52 = 26000$$

$$N_{\text{obs},2} = 260 \cdot 5 \cdot 52 = 67600$$

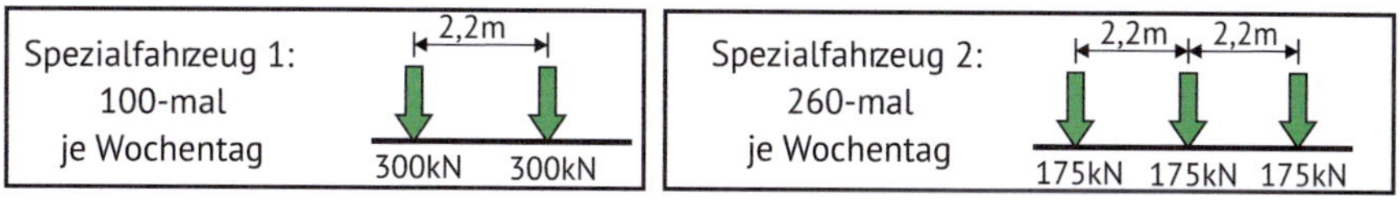

Abb. 5.28 Achslasten inklusiver Schwingbeiwerte der Spezialfahrzeuge

Die Brücke ist 15 Jahre alt und es soll ermittelt werden, wie groß die Schädigung schon ist und, wie lange die Brücke der jetzigen Belastung rechnerisch noch standhält (Restlebensdauer).

5.7.5.2 Schnittgrößen und Schwingbreiten

5.7.5.2.1 Biegung

Zunächst wird das **Fahrzeug 1** untersucht. Für die Laststellung Fahrzeug 1 in Feldmitte ergibt sich folgendes Biegemoment:

$$M_{SF1} = 300\,\text{kN} \cdot 8\,\text{m} - 300\,\text{kN} \cdot 1{,}1\,\text{m} = 2070\,\text{kNm}$$

Damit können die Spannungen für das Fahrzeug 1 sowie die Schwingbreite ermittelt werden:

$$\sigma_{s,SF1,\min} = \frac{M_G}{A_s \cdot z} = \frac{3008\,\text{kNm}}{138\,\text{cm}^2 \cdot 1{,}315\,\text{m}} = 16{,}6\,\text{kN/cm}^2$$

$$\sigma_{s,SF1,\max} = \frac{M_G + M_{SF1}}{A_s \cdot z} = \frac{3008\,\text{kNm} + 2070\,\text{kNm}}{138\,\text{cm}^2 \cdot 1{,}315\,\text{m}} = 28\,\text{kN/cm}^2$$

$$\Delta\sigma_{s,1} = 28 - 16{,}6 = 11{,}4\frac{\text{kN}}{\text{cm}^2} = 114\,\text{N/mm}^2$$

Das gleiche erfolgt nun für das **Fahrzeug 2.** Für die Laststellung Fahrzeug 2 in Feldmitte ergibt sich folgendes Moment:

$$M_{SF2} = 175\,\text{kN} \cdot \frac{3}{2} \cdot 8\,\text{m} - 175\,\text{kN} \cdot 2\,m = 1750\,\text{kNm}$$

Damit können die Spannungen für das Fahrzeug 2 sowie die Schwingbreite ermittelt werden:

$$\sigma_{s,SF2,\min} = \frac{M_G}{A_s \cdot z} = \frac{3008\,\text{kNm}}{138\,\text{cm}^2 \cdot 1{,}315\,\text{m}} = 16{,}6\,\text{kN/cm}^2$$

$$\sigma_{s,SF2,\max} = \frac{M_G + M_{SF1}}{A_s \cdot z} = \frac{3008\,\text{kNm} + 1750\,\text{kNm}}{138\,\text{cm}^2 \cdot 1{,}315\,\text{m}} = 26{,}2\,\text{kN/cm}^2$$

$$\Delta\sigma_{s,2} = 26{,}2 - 16{,}6 = 9{,}6\frac{\text{kN}}{\text{cm}^2} = 96\,\text{N/mm}^2$$

5.7.5.2.2 Querkraft

Zunächst werden die Schnittgrößen ermittelt. Für die Laststellung Fahrzeug 1 am Auflager ergibt sich folgende Querkraft:

$$V_{SF1} = 300\,\text{kN} + 300\,\text{kN} \cdot \frac{(15 - 2{,}2)}{15} = 556\,\text{kNm}$$

Für die Laststellung Fahrzeug 2 am Auflager ergibt sich diese Querkraft:

$$V_{SF2} = 175\,\text{kN} + 175\,\text{kN} \cdot \frac{(15 - 2)}{15} + 175\,\text{kN} \cdot \frac{(15 - 4)}{15} = 445\,\text{kNm}$$

Nun werden die Spannungen in den Bügeln ermittelt. Die Spannungen aus Fahrzeug 1 ergeben sich wie folgt:

$$\sigma_{\text{ywd,1,min}} = \frac{705\,\text{kN}}{22{,}6\,\text{cm}^2/\text{m} \cdot 1{,}388\,\text{m} \cdot 0{,}9 \cdot 1{,}32} = 18{,}9\,\text{kN/cm}^2$$

$$\sigma_{\text{ywd,1,max}} = \frac{705\,\text{kN} + 556\,\text{kN}}{22{,}6\,\text{cm}^2/\text{m} \cdot 1{,}388\,\text{m} \cdot 0{,}9 \cdot 1{,}32} = 33{,}8\,\text{kN/cm}^2$$

Schwingbreite der Bügel aus Fahrzeug 1 beträgt somit:

$$\Delta\sigma_{s,1} = 33{,}8 - 18{,}9 = 14{,}9 \frac{\text{kN}}{\text{cm}^2} = 149\,\text{N/mm}^2$$

Für das Fahrzeug 2 ergeben sich folgende Bügelspannungen:

$$\sigma_{\text{ywd,2,min}} = \frac{705\,\text{kN}}{22{,}6\,\text{cm}^2/\text{m} \cdot 1{,}388\,\text{m} \cdot 0{,}9 \cdot 1{,}32} = 18{,}9\,\text{kN/cm}^2$$

$$\sigma_{\text{ywd,2,max}} = \frac{705\,\text{kN} + 445\,\text{kN}}{22{,}6\,\text{cm}^2/\text{m} \cdot 1{,}388\,\text{m} \cdot 0{,}9 \cdot 1{,}32} = 30{,}8\,\text{kN/cm}^2$$

Schwingbreite der Bügel aus Fahrzeug 2 beträgt somit:

$$\Delta\sigma_{s,2} = 30{,}8 - 18{,}9 = 11{,}9 \frac{\text{kN}}{cm^2} = 119\,\text{N/mm}^2$$

Für die Druckstrebe ergeben sich folgende Spannungen

$$\sigma_{cd,V,\text{min},1,2} = \frac{0{,}705\,\text{MN}}{1{,}2\,\text{m} \cdot 1{,}388\,\text{m} \cdot 0{,}9}(1{,}75 + 0{,}57) = 1{,}1\,\text{MN/m}^2$$

$$\sigma_{cd,V,\text{max},1} = \frac{0{,}705 + 0{,}556}{1{,}2\,\text{m} \cdot 1{,}388\,\text{m} \cdot 0{,}9}(1{,}75 + 0{,}57) = 2{,}0\,\text{MN/cm}^2$$

$$\sigma_{cd,V,\text{max},2} = \frac{0{,}705 + 0{,}445}{1{,}2\,\text{m} \cdot 1{,}388\,\text{m} \cdot 0{,}9}(1{,}75 + 0{,}57) = 1{,}8\,\text{MN/cm}^2$$

5.7.5.3 Ermittlung der Schädigung nach 15 Jahren

5.7.5.3.1 Lastwechsel

Die bisherigen Überfahrten (nach 15 Jahren) aus dem Spezialfahrzeug 1 und 2 betragen

$$n_1 = 26000 \cdot 15 = 390000$$

$$n_2 = 67600 \cdot 15 = 1014000$$

5.7.5.3.2 Biegung

Für die Biegebewehrung ergibt sich aus dem Fahrzeuge 1 folgende Schädigung:

$$D_{Ed,1} = \frac{n(\Delta\sigma_1)}{N(\Delta\sigma_1)} = \frac{n(\Delta\sigma_1)}{\left(\frac{\Delta\sigma_{Rsk}(N^*)}{\gamma_{s,\text{fat}} \cdot \Delta\sigma_{Ed,s}}\right)^m \cdot N^*}$$

$$\Delta\sigma_{s,1} = 114 \frac{\text{N}}{\text{mm}^2} < \frac{\Delta\sigma_{Rsk}}{\gamma_{s,\text{fat}}} = \frac{175}{1{,}15} = 152 \frac{\text{N}}{\text{mm}^2} \Rightarrow m = k_2 = 9$$

Damit gilt:

$$D_{Ed,1} = \frac{n(\Delta\sigma_1)}{N(\Delta\sigma_1)} = \frac{390\,000}{\left(\frac{175}{1{,}15 \cdot 114}\right)^9 \cdot 1 \cdot 10^6} = 0{,}008$$

Aus dem Fahrzeug 2 ergab sich folgende Schädigung:

$$D_{Ed,2} = \frac{n(\Delta\sigma_2)}{N(\Delta\sigma_2)} = \frac{1014000}{\left(\frac{175}{1{,}15 \cdot 96}\right)^9 \cdot 1 \cdot 10^6} = 0{,}016$$

Daraus ergibt sich folgende Gesamtschädigung für die Biegebewehrung:

$$D_{Ed} = \sum\nolimits_i \frac{n(\Delta\sigma_i)}{N(\Delta\sigma_i)} = 0{,}016 + 0{,}008 = 0{,}024 \leq 1{,}0$$

5.7.5.3.3 Querkraft Zugstrebe

Für das Fahrzeug 1 gilt:

$$\Delta\sigma_{s,1} = 149 \frac{\text{N}}{\text{mm}^2} > \frac{\Delta\sigma_{Rsk}}{\gamma_{s,\text{fat}}} = \frac{175}{1{,}15} = 152 \frac{\text{N}}{\text{mm}^2} \Rightarrow m = k_1 = 9$$

Für die Bügelbewehrung ergibt sich aus dem Fahrzeuge 1 somit folgende Schädigung:

$$D_{Ed,1} = \frac{n(\Delta\sigma_1)}{N(\Delta\sigma_1)} = \frac{390\,000}{\left(\frac{175}{1{,}15 \cdot 149}\right)^9 \cdot 1 \cdot 10^6} = 0{,}323$$

Aus dem Fahrzeug 2 ergibt sich die folgende Schädigung der Bügelbewehrung:

$$\Delta\sigma_{s,2} = 119\frac{\mathrm{N}}{\mathrm{mm}^2} < \frac{\Delta\sigma_{Rsk}}{\gamma_{s,\mathrm{fat}}} = \frac{175}{1{,}15} = 152\frac{\mathrm{N}}{\mathrm{mm}^2} \Rightarrow m = k_2 = 9$$

$$D_{Ed,2} = \frac{n(\Delta\sigma_2)}{N(\Delta\sigma_2)} = \frac{1014000}{\left(\frac{175}{1{,}15\cdot 119}\right)^9 \cdot 1 \cdot 10^6} = 0{,}11$$

Daraus folgt folgende Gesamtschädigung für die Biegebewehrung:

$$D_{Ed} = \sum\nolimits_i \frac{n(\Delta\sigma_i)}{N(\Delta\sigma_i)} = 0{,}323 + 0{,}11 = 0{,}433 \leq 1{,}0$$

5.7.5.3.4 Querkraft Druckstreb

Die Ermüdungsfestigkeit des Druckstrebenbetons beträgt:

$$\sigma_{Rd,\mathrm{max,fat}} = 15 \cdot 0{,}75 = 11{,}25\frac{\mathrm{N}}{\mathrm{mm}^2}$$

Zunächst wird **Fahrzeug 1** betrachtet. Hier treten folgende minimale und maximale Spannungen auf:

$$\sigma_{cd,V,\mathrm{min},1} = 1{,}1\ \mathrm{MN/m}^2$$

$$\sigma_{cd,V,\mathrm{max},1} = 2{,}0\ \mathrm{MN/m}^2$$

Das Spannungsverhältnis ergibt sich zu:

$$R_1 = \frac{E_{cd.\mathrm{min},1}}{E_{cd.\mathrm{max},1}} = \frac{\sigma_{cd.\mathrm{min},1}/\sigma_{Rd,\mathrm{max,fat}}}{\sigma_{cd.\mathrm{max},1}/\sigma_{Rd,\mathrm{max,fat}}} = \frac{1{,}1/11{,}25}{2{,}0/11{,}25} = \frac{0{,}097}{0{,}178} = 0{,}54$$

Die maximale Zahl von Lastzyklen derselben konstanten Amplitude ergibt sich zu:

$$N_1 = 10^{\left(14\cdot\frac{1-E_{cd.\mathrm{max},1}}{\sqrt{1-R_1}}\right)} = 10^{\left(14\cdot\frac{1-0{,}178}{\sqrt{1-0{,}54}}\right)} = 9{,}3\cdot 10^{16}$$

Damit kann die Schädigung des Fahrzeug 1 berechnet werden:

$$D_{Ed,1} = \frac{n_1}{N_1} = \frac{390\,000}{9{,}3\cdot 10^{16}} = 4{,}2\cdot 10^{-12}$$

Nun wird **Fahrzeug 2** betrachtet. Hier treten folgende minimale und maximale Spannungen auf:

$$\sigma_{cd,V,\mathrm{min},2} = 1{,}1\ \mathrm{MN/m}^2$$

$$\sigma_{cd,V,\mathrm{max},2} = 1{,}8\ \mathrm{MN/m}^2$$

Das Spannungsverhältnis ergibt sich zu:

$$R_2 = \frac{E_{cd.\min,2}}{E_{cd.\max,2}} = \frac{\sigma_{cd.\min,2}/\sigma_{Rd,\max,\mathrm{fat}}}{\sigma_{cd.\max,2}/\sigma_{Rd,\max,\mathrm{fat}}} = \frac{1{,}1/11{,}25}{1{,}8/11{,}25} = \frac{0{,}097}{0{,}16} = 0{,}61$$

Die maximale Zahl von Lastzyklen derselben konstanten Amplitude ergibt sich zu:

$$N_2 = 10^{\left(14 \cdot \frac{1-E_{cd.\max,1}}{\sqrt{1-R_2}}\right)} = 10^{\left(14 \cdot \frac{1-0{,}16}{\sqrt{1-0{,}61}}\right)} = 6{,}8 \cdot 10^{18}$$

Damit kann die Schädigung des Fahrzeug 2 berechnet werden:

$$D_{Ed,2} = \frac{n_2}{N_2} = \frac{1014000}{6{,}8 \cdot 10^{18}} = 1{,}5 \cdot 10^{-13}$$

Die Gesamtschädigung beträgt:

$$D_{Ed} = \sum\nolimits_i \frac{n(\Delta\sigma_i)}{N(\Delta\sigma_i)} = 4{,}2 \cdot 10^{-12} + 1{,}5 \cdot 10^{-13} = 4{,}35 \cdot 10^{-12} \leq 1{,}0$$

Die Schädigung auf Druck ist somit vernachlässigbar.

5.7.5.4 Ermittlung der Restlebensdauer

5.7.5.4.1 Biegung

Die bisherige Schädigung beträgt 2,4 % nach 15 Jahren.

$$D_{Ed} = 0{,}024 + \mathrm{Restjahre} \cdot \frac{0{,}024}{15} = 1{,}0$$

$$\mathrm{Restjahre} = \frac{(1{,}0 - 0{,}024)}{0{,}024/15} = 610\mathrm{Jahre}$$

5.7.5.4.2 Querkraft Zugstrebe

Die bisherige Schädigung beträgt 43 % nach 15 Jahren.

$$D_{Ed} = 0{,}43 + Restjahre \cdot \frac{0{,}43}{15} = 1{,}0$$

$$Restjahre = \frac{(1{,}0 - 0{,}43)}{0{,}43/15} = 19{,}9\ Jahre$$

Bis die Brücke ermüdet dauert es noch 20 Jahre. Somit beträgt die Gesamtlebensdauer nur 20 + 15 = 35 Jahre.

Literatur

ARS 22/2012. (11.2012). *Allgemeines Rundschreiben Straßenbau Nr. 22/2012, Technische Baubestimmungen Brücken – Einführung der Eurocodes für Brücken.*

Bagayoko, L. (1999). *Betriebsfestigkeit von Eisenbahnbrücken in Stahlbeton- und Spannbetonbauweise.* Dissertation, München.

BASt-NaReLi. (05.2011). *Richtlinie zur Nachrechnung von Straßenbrücken im Bestand (Nachrechnungsrichtlinie).*

Bathias, C., & Pineau, A. (2010). *Fatigue of materials and structures.* ISTE; Wiley.

Danielewicz, I. (1994). *Zur Ermüdungsbemessung von Beton-Strassenbrücken.* Dissertation, Darmstadt.

DIN 1072. (12.1985). *Straßen- und Wegbrücken, Lastannahmen.*

DIN EN 1990. (10.2021). *Eurocode: Grundlagen der Tragwerksplanung; Deutsche Fassung EN 1990:2002 + A1:2005 + A1:2005/AC:2010.*

DIN EN 1991-2. (12.2010). *Eurocode 1: Einwirkungen auf Tragwerke – Teil 2: Verkehrslasten auf Brücken; Deutsche Fassung EN 1991-2:2003 + AC:2010.*

DIN EN 1991-2/NA. (08.2012). *Nationaler Anhang – National festgelegte Parameter – Eurocode 1: Einwirkungen auf Tragwerke – Teil 2: Verkehrslasten auf Brücken.*

DIN EN 1992-1-1. (01.2011). *Eurocode 2: Bemessung und Konstruktion von Stahlbeton- und Spannbetontragwerken – Teil 1-1: Allgemeine Bemessungsregeln und Regeln für den Hochbau; Deutsche Fassung EN 1992-1-1:2004 + AC:2010.*

DIN EN 1992-1-1/NA. (04.2013). *Nationaler Anhang – National festgelegte Parameter – Eurocode 2: Bemessung und Konstruktion von Stahlbeton- und Spannbetontragwerken – Teil 1-1: Allgemeine Bemessungsregeln und Regeln für den Hochbau; Deutsche Fassung EN 1992-1-1:2004 + AC:2010.*

DIN EN 1992-2. (12.2010). *Eurocode 2: Bemessung und Konstruktion von Stahlbeton- und Spannbetontragwerken – Teil 2: Betonbrücken – Bemessungs- und Konstruktionsregeln; Deutsche Fassung EN 1992-2:2005 + AC:2008.*

DIN EN 1992-2/NA. (04.2013). *Nationaler Anhang – National festgelegte Parameter – Eurocode 2: Bemessung und Konstruktion von Stahlbeton- und Spannbetontragwerken – Teil 2: Betonbrücken – Bemessungs- und Konstruktionsregeln.*

Dressler, K., Hack, M., & Krüger, W. (1997). Stochastic reconstruction of loading histories from a rainflow matrix. *Zeitschrift für Angewandte Mathematik und Mechanik, 77*, 217–226. https://doi.org/10.1002/zamm.19970770315.

Finckh, W. (2023). *Stahlbetonkonstruktion; Von der Bewehrungskonstruktion zum Bewehrungsplan.* Springer Vieweg; Springer Fachmedien.

Grob, J. (1977) *Ermüdung von Stahlbeton- und Spannbetontragwerken, Bericht Nr. 75.* Dissertation, Zürich.

Grünberg, J., Hansen, M., & Liebig, J. P. (2007). Ermüdungsbeanspruchungen von Betonbrücken unter zunehmendem Schwerverkehr. *Beton und Stahlbetonbau, 102*, 596–606. https://doi.org/10.1002/best.200700569.

Haibach, E. (2006). *Betriebsfestigkeit; Verfahren und Daten zur Bauteilberechnung.* Springer.

Hegger, J., & Neuser, J. U. (1998). *Untersuchungen zur Reibermüdung von großen Spanngliedern bei teilweise vorgespannten Bauteilen unter Betriebsbedingungen; Bericht, Nr. 49/98. ehrstuhl und Institut für Massivbau.* RWTH Aachen.

Köhler, M., Jenne, S., Pötter, K., & Zenner, H. (2012). *Zählverfahren und Lastannahme in der Betriebsfestigkeit.* Springer.

König, G., & Danielewicz, I. (1994). *Ermüdungsfestigkeit von Stahlbeton- und Spannbetonbauteilen mit Erläuterungen zu den Nachweisen gemäß CEB-FIP Model Code 1990; DAfStb-Heft 439.* Beuth.

Krohn, S. (2013). *Messwertgestützte Ermüdungsnachweise an bestehenden Straßenbrücken.* Dissertation, Berlin.

Marx, S., Hansen, M., Grünberg, J., & Schneider, S. (2017). *Sachstandbericht – Grenzzustände der Ermüdung von dynamisch hoch beanspruchten Tragwerken aus Beton; DAfStb-Heft 618.* Beuth.

Maurer, R., Block, K., & Dreier, F. (2010). Ermüdungsfestigkeit von Betonstahl – Bestimmung mit dem Interaktiven Verfahren. *Bauingenieur, 85*, 17–28.

Maurer, R., Heeke, G., Kiziltan, H., Kolodziejczyk, A., Zilch, K., Dunkelberg, D., & Fitik, B. (2012). *Nachrechnung von Betonbrücken zur Bewertung der Tragfähigkeit bestehender Bauwerke; Berichte der Bundesanstalt für Straßenwesen – Heft B 89.* Wirtschaftsverlag NW.

Merzenich, G., & Sedlacek, G. (1995). *Hintergrundbericht zum Eurocode 1-Teil 3.2: Verkehrslasten auf Straßenbrücken; Forschung Straßenbau und Straßenverkehrstechnik H. 711*. bast.

Niciz, A. (2011) *Kurzzeitschwingfestigkeit des Verbundes aufgeklebter Bewehrung*. Dissertation, München.

Novák, B., & Gabler, M. (2003). *Leitfaden zum DIN-Fachbericht 101, Einwirkungen auf Brücken*. Ernst.

Nürnberger, U. (1981). Dauerschwingverhalten von Spannstählen. *Bauingenieur, 59*, 311–319.

Nürnberger, U., & Beul, W. (2000). Schwingfestigkeit von Stahlbeton bei Beanspruchung mit Meerwasser. In: R. Eligehausen (Hrsg.), *Bewehrte Betonbauteile unter Betriebsbedingungen. Forschungsbericht* (S. 297–303). Wiley-VCH.

Radaj, D., & Vormwald, M. (2007). *Ermüdungsfestigkeit, Grundlagen für Ingenieure*. Springer.

Rehm, G., Harre, W., & Rußwurm, D. (1981). *Untersuchungen über die Schwingfestigkeit geschweißter Betonstahlverbindungen; Teil 1: Schwingfestigkeitsversuche; DAfStb-Heft 317*. Ernst und Sohn.

RiL 805. (03.2022). *Tragsicherheit bestehender Eisenbahnbrücken*. Karlsruhe.

Zilch, K., Zehetmaier, G., & Gläser, C. (2004). Ermüdungsnachweis von Massivbrücken. In: K. Bergmeister, J. D. Wörner (Hrsg.), *Beton Kalender 2004* (S. 309–406). Ernst & Sohn.

Zilch, K., & Zehetmaier, G. (2010). *Bemessung im konstruktiven Betonbau; Nach DIN 1045-1 (Fassung 2008) und EN 1992-1-1 (Eurocode 2)*. Springer.

6 Erläuterungen zur Ermüdung eingeklebter Bewehrung

Zusammenfassung

Diese Kapitel behandelt das Ermüdungsverhalten eingeklebter CFK-Lamellen als Biegeverstärkung. Hierbei liegt der Schwerpunkt auf den Besonderheiten des Verbundverhaltens der eingeklebten Bewehrung und dem daraus folgenden Nachweiskonzept für die Verbundermüdung der eingeklebten Bewehrung.

6.1 Grundlagen

6.1.1 Allgemeines

Als eingeklebte Bewehrung werden im Regelfall CFK-Lamellen verwendet, welche in vorher herstellte Schlitze der Betondeckung mit Epoxidharzklebstoff eingeklebt werden. Dieses Verfahren, welches im Wesentlichen auf (Blaschko, 2001) zurückgeht ist dadurch gekennzeichnet, dass die Kraft in der CFK-Lamelle über recht kurze Verbundlängen an den Beton abgegeben werden kann. Aus diesem Grund wird in der DAfStb-RiLi VBgB (03.2012) neben dem Biegenachweis und den Querkraftnachweis nur ein Endverankerungsnachweis gefordert, welcher mit dem Nachweis für abgestufte Betonstahlbewehrung nach DIN EN 1992-1-1 (01.2011) vergleichbar ist. Das genaue Nachweiskonzept wird z. B. in (Finckh, 2024) erläutert. Nachfolgend werden nur die Besonderheiten bezüglich der Ermüdung erläutert.

6.1.2 Ermüdung CFK-Lamellen

Wie in Abschn. 5.2.2.1 beschrieben, erfolgt die Ermüdung von metallischen Werkstoffen mit der Phase einer Rissentstehung, welcher dann immer weiterwächst, bis es zum Versagen kommt.

W. Finckh et al., *Brückenverstärkung mit geklebter Bewehrung*,
https://doi.org/10.1007/978-3-658-49258-8_6

Im Gegensatz dazu ist gemäß (Schulte & Baron, 1987) der Ermüdungsprozess in Faserverbundwerkstoffen durch die Entstehung und Vermehrung zahlreicher Einzelrisse gekennzeichnet, anstatt durch das Wachstum eines einzelnen Risses. In Faserverbundwerkstoffen treten Risse schon früh in der Ermüdungslebensdauer auf, was oft als „Ersteschichtversagen" bezeichnet wird. In Metallen steigt die Rissfortschrittsgeschwindigkeit bei Ermüdung an. In Faserverbundwerkstoffen hingegen bilden sich mit der Zeit weniger neue Risse, und der Bruch erfolgt abrupt und unvorhersehbar, weshalb man oft vom „Sudden-Death" dieser Werkstoffe spricht.

Gemäß (Alam et al., 2019) ist das Ermüdungsverhalten von CFK-Werkstoffen stark abhängig vom Fasertyp (Hochmodulig oder Niedrigmodulig) und dem Herstellungsverfahren. So werden dort Quasi-Dauerschwingfestigkeiten bei $N = 10^8$ Lastwechseln von 40 % bis 70 % der Kurzeitfestigkeit angegeben. Dies deckt sich auch mit den Aussagen, welche in (Bergmeister, 2003) (vgl. Abb. 6.1) oder in (Schulte & Baron, 1987) zu finden sind.

Geht man von einer Festigkeit der CFK-Lamelle von circa 2500 N/mm2 aus, so wären 40 % dieser Festigkeit 1000 N/mm^2. Da dies weit über der zulässigen Schwingbreite von Betonstahl liegt und auch weit über der Fließgrenze, kann die Ermüdungsfestigkeit bei schlaff verklebten Lamellen nicht maßgebend werden, da ein Fließen der Bewehrung ausgeschlossen werden muss. Hinzukommt, dass der Betonstahl meist eine Vordehnung hat und der E-Modul der meisten

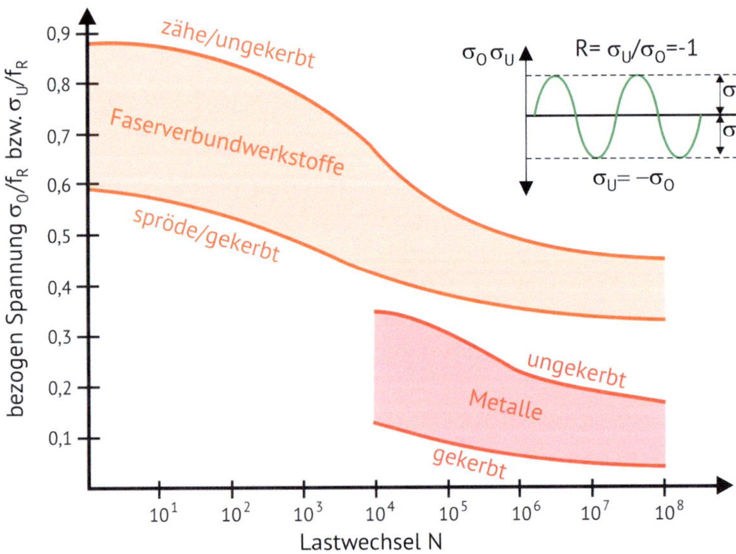

Abb. 6.1 Vergleich des Ermüdungsverhaltens von Metallen zu Faserverbundwerkstoffen in Anlehnung an (Bergmeister, 2003)

CFK-Lamellen etwas niedriger ist, als der des Betonstahls und somit die Spannung in der CFK-Lamelle meist niedriger sein wird.

Aus den genannten Gründen und dem somit deutlich besseren Ermüdungsverhalten der CFK-Lamelle gegenüber dem inneren Betonstahl wird üblicherweise kein Ermüdungsnachweis der CFK-Lamelle geführt, sondern nur ein Nachweis des Verbundes.

6.1.3 Verbundermüdung Betonstahl

Im Stahlbetonbau wird in der DIN EN 1992-1-1 (01.2011) in Verbindung mit der DIN EN 1992-1-1/NA (04.2013) kein Ermüdungsnachweis für den Betonstahlverbund gefordert. Auch neuere Normen wie EN 1992-1-1 (11.2023) fordern hier keinen Nachweis. Lediglich bei der Verankerung von Spanngliedern im sofortigen Verbund werden gemäß den Zulassungen (vgl. z. B. Z-12.3-125 (10.2023)) bei zyklischen Einwirkungen die Verbundlängen etwas vergrößert, wobei auch kein expliziter Nachweis geführt wird.

In der Literatur finden sich im wesentlichen Berechnungsansätze, wie sich die Ermüdung auf den Verbundschlupf und somit indirekt auf die Rissbreite auswirken. Diese Formulierungen sind ähnlich zu den Formulierungen des Verbundkriechens, welche auf (Franke, 1976) zurückgehen und in Gleichung (6.1) wiedergeben sind.

$$s_s(t) = s_{s,0} \cdot (1 + k_{ts}) \tag{6.1}$$

$$k_{ts} = (1 + 10 \cdot t)^{0,08} - 1 \tag{6.2}$$

Dabei ist:

$s_s(t)$ Verbundschlupf zum Zeitpunkt t
$s_{s,0}$ Verbundschlupf zum Ausgangszeitpunkt
t Zeit der Lastdauer in Stunden
k_{ts} Kriechfaktor der Verbundkriechens

Dieser Ansatz wird von (Rehm & Eligehausen, 1977) dann anhand von Verbundversuchen an Betonrippenstählen unter Ermüdungsbelastung adaptiert.

$$s_s(n) = s_{s,0} \cdot (1 + k_{ns}) \tag{6.3}$$

$$k_{ns} = (1 + n)^{0,107} - 1 \tag{6.4}$$

Dabei ist:

$s_s(n)$ Verbundschlupf nach den Lastwechseln
$s_{s,0}$ Verbundschlupf vor den Lastwechseln
n Anzahl der Lastwechsel
k_{ns} Einfluss der Lastwechsel

(Rehm & Eligehausen, 1977) stellen fest, dass die Ermüdungsfestigkeit des Verbundes bei schwellender Belastung der des zentrisch gedrückten Betons entspricht. Ein Ermüdungsbruch des Verbundes ist deshalb während mehrerer Millionen Lastwechsel nur zu erwarten, wenn die Oberlast das 0,5-fache der Kurzzeit-Ausziehlast nicht übersteigt. Da beim Betonstahlverbund ein Teilsicherheitsbeiwert auf der Widerstandsseite von 1,5 und auf der Einwirkungsseite mindestens eine Teilsicherheit von 1,35 vorhanden ist kann bei einer normativ korrekten Bemessung maximal eine Oberlast von $1/(1{,}35 \cdot 1{,}5) = 0{,}49$ erreicht werden und es tritt keine Verbundermüdung des Betonstahls auf.

(Rehm & Eligehausen, 1977) stellen auch fest, dass eine vorausgehende wiederholte Belastung, welche keinen Ermüdungsbruch verursacht, keinen ungünstigen Einfluss auf das Verformungsverhalten von Verankerungen und Stößen beim Bruch hat und die Bruchlast im Kurzzeitversuch nicht gegenüber einer konstanten Laststeigerung beeinträchtigt wird.

Aus diesem Grund wird in der DIN EN 1992-1-1 (01.2011) in Verbindung mit der DIN EN 1992-1-1/NA (04.2013) kein Ermüdungsnachweis für den Betonstahlverbund gefordert.

Ohne Ermüdungsbruch beeinflusst schwellende Belastung nur das Verhalten unter Gebrauchslast. Dies erhöht die Relativbewegungen zwischen Stahl und Beton und vermindert die lokale Verbundsteifigkeit, was eine Kraftumlagerung entlang der Verankerung verursacht. Das führt zu größeren Verformungen und Rissbreiten im Verankerungsbereich.

6.1.4 Umlagerungen zwischen den Bewehrungssträngen

Für den Ermüdungsnachweis ist die realitätsnahe Kenntnis der Zugkräfte in den verschiedenen Bewehrungssträngen von entscheidender Bedeutung. Aufgrund externer Zugkräfte oder einer Momentenbeanspruchung nehmen die geklebte Bewehrung und die interne Bewehrung Zugkräfte auf. Die Verteilung der Zugkräfte in den verschiedenen Bewehrungssträngen kann jedoch nicht zwangsläufig aufgrund des unterschiedlichen Verbundverhaltens mit der Voraussetzung der ebenen Dehnungsverteilung über den Querschnitt erfolgen. Für den Spannbeton wurde von (Tue, 1993) hierzu ein Ansatz erstellt, welcher bereits in Abschn. 5.4.2 wiedergeben ist. Für aufgeklebte Lamellen befasst sich (Holzenkämpfer, 1994) erstmals mit dieser Problematik und erweitert ein bestehendes Modell von (Tue, 1993). Darauf aufbauend entwickelte (Zehetmaier, 2006) ein Model für das Zusammenwirken der Bewehrungsstränge, was im Gegensatz zu den bisherigen Modellen von den Spannbetonbauteilen nicht von einer konstanten mittleren Verbundspannung ausgeht, sondern die Verbundspannungen in Abhängigkeit des Schlupfes durch die Verbundspannungsschlupfbeziehung berücksichtigt. Dieses Modell ist auch in (Zehetmaier & Zilch, 2008) für eingeklebte Bewehrung erweitert worden. In der DAfStb-RiLi VBgB (03.2012) wurden diese Modelle für die Rissbreite mit einigen Modifizierung (vgl. (DAfStb, 2013) übernommen. Die Gleichungen sind sehr umfangreich und werden in (Finckh, 2024) erläutert und anhand eines Beispiels verdeutlicht.

Da dieses Modell allerdings nur für statische Belastungen gilt, muss das Modell für zyklische Belastungen angepasst werden. Hierzu kann anstatt des Faktors für das Verbundkriechen k_{ts} der Betonstahlbewehrung der Faktor k_{ns} nach Gl. (6.4) verwendet werden. Für die eingeklebte Bewehrung kann hier der Faktor k_{nL} nach Gl. (6.8) anstatt des Faktors k_{tL} verwendet werden.

6.2 Wissenschaftliche Ausgangsbasis

6.2.1 Experimentelle Untersuchungen zur Verbundermüdung

Die ersten Ermüdungsversuche an eingeklebten CFK-Lamellen wurden von (Blaschko, 2001) durchgeführt. Hier wurde ein Bauteilversuch an einem Biegeträger sowie zahlreiche Verbundversuche unter zyklischen Lasten durchgeführt. Der verstärkte Stahlbetonbiegeträger wurde von (Blaschko, 2001) unter dynamischer Last im Vierpunkt-Biegeversuch geprüft. Dabei wurden 2 Mio. Lastwechsel mit einer Oberlast, welche einer Spannung in der Betonstahlbewehrung von 500 N/mm^2 entspricht und einer Unterlast, welche 180 N/mm^2 in der Betonstahlbewehrung entspricht, aufgebracht. Die 2 Mio. Lastwechsel führten nicht zu einem Ermüdungsbruch. Aus diesem Grund wurde nach dem Ermüdungsversuch ein statischer Versuch an diesem Träger durchgeführt. Dieser zeigte keine Reduktion der Bruchlast im Vergleich zu den rein statischen Versuchen und es trat ein Lamellenzugbruch auf.

Zusätzlich wurden von (Blaschko, 2001) 9 Verbundermüdungsversuche mit unterschiedlichen Oberlasten, Schwingbreiten und CFK-Lamellen durchgeführt. Die Versuchsergebnisse sind in Abb. 6.2 dargestellt. Man erkennt, dass bei großen Oberlasten, welche deutlich über 500 N/mm^2 liegen, Verbundbrüche stattfinden. Bei kleineren Oberlasten, unterhalb von 500 N/mm^2, werden nur noch Durchläufer (kein Ermüdungsversagen) erzeugt. In einem betonstahlbewehrten Bauteil ist eine Oberlast von 500 N/mm^2 kaum erreichbar, da hier der Betonstahl fließen würde, was unter Gebrauchslasten unzulässig ist. (Blaschko, 2001) gibt aufbauend auf den Versuchen an, dass die Oberlast, unter der kein Ermüdungsversagen auftritt bei etwa 60 % der statischen Verbundtragfähigkeit liegt.

Da die Ergebnisse nicht ausreichen, um eine Wöhlerlinie aufzustellen, wird von (Blaschko, 2001) vorgeschlagen, den Ermüdungsnachweis als Quasi-Dauerfestigkeitsnachweis zu führen und dabei unter Ermüdungseinwirkung die verbundbeanspruchende Oberlast auf die 0,6-fache Verbundbruchlast zu beschränken. Somit kann gemäß (Blaschko, 2001) aufgrund der für den Ermüdungsnachweis und den Nachweis der Verbundtragfähigkeit unterschiedlichen Einwirkungskombinationen und Teilsicherheitsbeiwerte in der Regel der Ermüdungsnachweis für die eingeklebte Bewehrung entfallen.

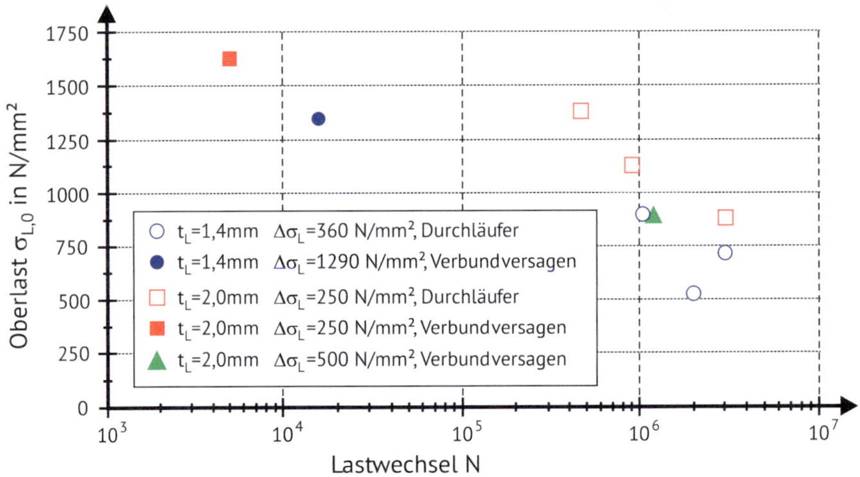

Abb. 6.2 Ergebnisse der Verbundermüdungsversuche von (Blaschko, 2001)

Auf nationaler Ebenen sind die Untersuchungen von (Blaschko, 2001) auch bisher die einzigen veröffentlichten Ermüdungsversuche. Es sind im Rahmen von Zulassungsverfahren oder projektbezogen weitere Ermüdungsversuche durchgeführt worden. Leider sind zum Zeitpunkt der Manuskripterstellung diese Daten noch nicht gesammelt und ausgewertet worden.

Im Rahmen der Erstellung des Anhang J der EN 1992-1-1 (11.2023) kam die Frage auf, in wie weit die Versuchsergebnisse auch auf dickere CFK-Lamellen bis 3,0 mm anwendbar sind. Bisher wurde dies in den nationalen Zulassungen und in der DAfStb-RiLi VBgB (03.2012) nicht infrage gestellt.

International wurden auch Ermüdungsversuche an eingeklebter Bewehrung durchgeführt. (vgl. z. B. [Badawi & Soudki, 2009; Wahab et al., 2011; Fernandes et al., 2015; Jahani et al., 2022; Wang & Cheng, 2023]).

Da hier oft andere Klebstoffe und Bewehrungselemente (z. B. Rundstäbe) verwendet wurden, sind die Ergebnisse oft nicht direkt mit den in Deutschland zugelassen Systemen vergleichbar. Allerdings zeigen nahezu alle Biegeversuch an nicht vorgespannten Elementen, dass ein Ermüdungsbruch des Verbundes nicht eintritt sondern entweder Durchläufer erzeugt werden oder es zu einem Ermüdungsversagen des Betonstahls kommt.

6.2.2 Untersuchungen zum Verbundkriechen

Zum Verbundkriechen von eingeklebter Bewehrung wurden von (Borchert, 2009) umfangreiche Untersuchungen unter anderem auch mit verschieden Temperaturen durchgeführt, da bekannt ist, dass die Werkstoffkenngrößen von Epoxidharzen temperaturabhängig sind.

In (Zilch & Finckh, 2012) wurde das Modell von (Borchert, 2009) entsprechend der Ansätze von (Franke, 1976) wiedergeben. Damit ergibt sich der Schlupf unter Kriechbedingungen zu Gl. (6.5).

$$s_L(t) = s_{L,0} \cdot (1 + k_{tL}) \tag{6.5}$$

$$k_{tL} = (1 + 10 \cdot t)^{\beta_{tL}} - 1 \tag{6.6}$$

Dabei ist:

$s_L(t)$ Verbundschlupf zum Zeitpunkt t
$s_{L,0}$ Verbundschlupf zum Ausgangszeitpunkt
t Zeit der Lastdauer in Stunden
k_{ts} Kriechfaktor der Verbundkriechens
β_{tL} Exponent der Verbundkriechfunktion

Das Verbundkriechen der eingeklebten CFK-Lamellen ist im Gegensatz zu dem der einbetonierten Bewehrung stark von der Temperatur und der Last abhängig. Gemäß (Borchert, 2009) ergibt sich für den Exponenten β_{tL} in Gl. (6.5) bei einem Lastniveau von 40 % der Kurzzeitfestigkeit und einer Temperatur von 20 °C ein Wert von $\beta_{tL} = 0{,}11$ und für 40 °C ein Wert von $\beta_{tL} = 0{,}17$. Das Verbundkriechen unter Raumtemperatur ist damit etwas größer als das des Betonstahls, bei welchem sich der Wert nach (Franke, 1976) bei Normalbeton zu 0,08 ergibt. Jedoch ist der Verbund der eingeklebten CFK-Lamellen unter Kurzzeitbelastung deutlich steifer als der Verbund der einbetonierten Bewehrung. So beträgt der Verschiebungswert, ab welcher die Verbundspannung nach dem Verbundgesetzt nicht mehr ansteigt, bei eingeklebten CFK-Lamellen gemäß (Blaschko, 2001) $s_{L1} = 0{,}05$ mm und für die einbetonierte Bewehrung gemäß (Eligehausen & Mayer, 2000) $s_{L1} = 0{,}25$ mm. Das Verbundkriechen unter Raumtemperatur sowie dessen Einfluss auf den Schlupf der einbetonierten und eingeklebten Bewehrung ist in Abb. 6.3 dargestellt.

6.2.3 Mögliche Erweiterung

Ähnlich wie (Rehm & Eligehausen, 1977) könnte man den Ansatz zum Verbundkriechen auch auf die Ermüdungsbelastung von eingeklebter Bewehrung adaptieren.

$$s_L(n) = s_{L,0} \cdot (1 + k_{nL}) \tag{6.7}$$

$$k_{nL} = (1 + n)^{\beta_{tm}} - 1 \tag{6.8}$$

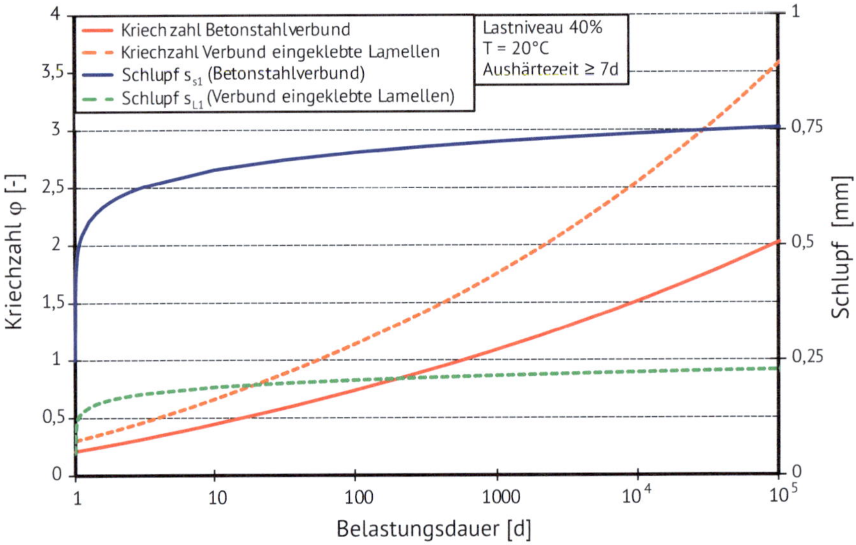

Abb. 6.3 Kriechfunktion für einbetonierte und in Schlitze verklebte Bewehrung sowie deren Einfluss auf den Bewehrungsschlupf aus (Zilch & Finckh, 2012)

Dabei ist:

$s_L(n)$	Verbundschlupf nach den Lastwechseln
$s_{L,0}$	Verbundschlupf vor den Lastwechseln
n	Anzahl der Lastwechsel
k_{nL}	Einfluss der Lastwechsel
β_{nL}	Exponent der Verbundschlupf-Lastwechselfunktion

Für eine empirische Ermittlung des Faktors β_{tn} ist die Versuchsanzahl nicht ausreichend. Geht man von einem ähnlichen Verhältnis wie bei Betonstahl aus, so würden sich für β_{tn} bei einer Temperatur von 20 °C der Wert $\beta_{tn} = 0{,}15$ und für 40 °C der Wert $\beta_{tn} = 0{,}23$ ergeben. Diese Faktoren sind vermutlich eher etwas zu groß, da in der Praxis das Lastniveau bei eingeklebter Bewehrung geringer sein wird als bei Betonstahl. Da bei einem gemischt bewehrten Bauteil jedoch meist der Ermüdungsnachweis für Betonstahl maßgebend ist, würde ein zu großer Schlupf der CFK-Lamellen hier auf der sicheren Seite liegen.

6.3 Ermüdungsnachweis

6.3.1 Konzept nach DAfStb-Richtlinie

Da für die DAfStb-RiLi VBgB (03.2012) nur die geringe Anzahl an Ermüdungsversuchen von (Blaschko, 2001) zur Verfügung standen, wurde hier der der Quasi-Dauerfestigkeitsnachweis aus den ehemaligen Bemessungsregeln der Zulassungen von 2011 (vgl. z. B. Z-36.12-73 (03.2011)) verwendet. Eine Wöhlerlinie für einklebte CFK-Lamellen kann nicht angegeben werden, sodass nicht auf eine höhere Lastspielzahl als in den Versuchen vorhanden war extrapoliert werden kann. Deshalb kann mit dem Nachweis nur von einem ausreichenden Widerstand gegen Ermüdung für bis zu $2 \cdot 10^6$ Lastspiele ausgegangen werden. Bemessungsverfahren für Lastspielzahlen größer $2 \cdot 10^6$ werden in der DAfStb-RiLi VBgB (03.2012) derzeit nicht geregelt.

Bis zu einer Lastspielzahl von $2 \cdot 10^6$ darf ein ausreichender Widerstand gegen Ermüdung der in Schlitzen verklebten CFK-Lamellen angenommen werden, wenn unter häufiger zyklischer Einwirkung nach DIN EN 1992-1-1 (01.2011) 6.8.3 (3) die Endverankerungskraft unter Berücksichtigung des Versatzmaßes den Wert von 60 % des Verbundwiderstandes ($0{,}6 \cdot F_{bLRd}$) und die Lamellenschwingbreite einen Wert nach Gl. (6.9) nicht überschreiten.

$$\Delta\sigma_L \leq \frac{500\ \mathrm{N/mm^2}}{t_L} \tag{6.9}$$

Dabei ist:

t_L Lamellendicke in mm
$\Delta\sigma_L$ aufnehmbare Schwingbreite in $\mathrm{N/mm^2}$

Neben diesem Ermüdungsnachweis sind auch für den Beton sowie für den Beton- und Spannstahl zusätzlich die entsprechenden Ermüdungsnachweise nach DIN EN 1992-1-1 (01.2011) in Verbindung mit der DIN EN 1992-1-1/NA (04.2013) zu führen.

Eine Umlagerung zwischen den Bewehrungssträngen wird in der DAfStb-RiLi VBgB (03.2012) nicht vorgesehen (vgl. auch [DAfStb, 2013]), da der Verbund der eingeklebten Bewehrung deutlich steifer ist als der Verbund der inneren Bewehrung. Somit würde der Betonstahl entlastet werden, was zu geringen Spannungsschwingbreiten im Betonstahl führen würde. Da der Nachweis des Betonstahls meist maßgebend ist, wird dieser Effekt auf der sicheren Seite weggelassen. Eine höhere Belastung des Verbundes der eingeklebten Bewehrung führt zu stärkerem Kriechen und somit zu einer gewissen Rückumlagerung zur Bewehrung.

6.3.2 Mögliche pragmatische Anpassung und Erweiterung

Wie bereits in Abschn. 6.2.1 erwähnt, wurde im Rahmen der Erstellung des Anhang J der EN 1992-1-1 (11.2023) diskutiert, wie weit die Versuchsergebnisse auch auf andere CFK-Lamellen anwendbar sind. Aus diesem Grund wird im zugehörigen „Background-Document“ (Finckh et al., 2023) folgende Vorgehensweise vorgeschlagen:

$$F_{L,max} \leq 0{,}6 \cdot F_{bLRd} \tag{6.10}$$

$$\Delta\sigma_L \leq 0{,}15 \cdot \frac{F_{bLRd}}{b_L \cdot t_L} \tag{6.11}$$

Dabei ist $F_{L,max}$ die Oberlast (Lamellenzugkraft) unter der Ermüdungslast. Die Kraft F_{bLRd} stellt die Verbundkraft des elastischen Asts nach Gl. (6.12) für $l_{bL} \leq 115$ mm dar. Da jedoch in den Versuchsergebnissen Dauerstandslasten schon größtenteils enthalten sind, sollte bei der Ermittlung von τ_{bLd} ein angepasster Dauerstandsfaktor verwendet werden.

$$F_{bLRd} = b_L \cdot \tau_{bLd} \cdot \sqrt[4]{a_r} \cdot l_{bL} \cdot (0{,}4 - 0{,}0015 \cdot l_{bL}) \cdot 0{,}95 \tag{6.12}$$

Die Ermittlung der Werte in Gl. (6.12) ist z. B. in (Finckh, 2024) erläutert.

Es bleibt jedoch das Problem bestehen, dass ab $2 \cdot 10^6$ Lastspiele kein Nachweis mehr zur Verfügung steht. Diese Lastspiele sind gemäß DIN EN 1991-2 (12.2010) in Verbindung mit der DIN EN 1991-2/NA (08.2012) und dem ARS 22/2012 (11.2012) bei einer Autobahnbrücke bereits nach einem Jahr erreicht.

Pragmatisch könnte man feststellen, dass sich der Verbund der eingeklebten Bewehrung ähnlich wie der Beton bei Druckbeanspruchung verhält. Somit könnte die maximale Lastwechselzahl ähnlich wie beim Beton beschrieben werden. Die Gl. (5.1) könnte man dann adaptieren und die maximale Lastwechselzahl mit Gl. (6.13) beschreiben.

$$N_i = 2 \cdot 10^{7{,}5 \cdot \frac{1 - E_{Ld,max,i}}{\sqrt{1 - R_i}}} \tag{6.13}$$

$$R_i = \frac{E_{Ld,min,i}}{E_{Ld,max,i}} \tag{6.14}$$

$$E_{Ld,max,i} = \frac{F_{L,max}}{F_{bLRd}} \tag{6.15}$$

$$E_{Ld,min,i} = \frac{F_{L,min}}{F_{bLRd}} \tag{6.16}$$

Dabei ist:

R_i	Das Spannungsverhältnis
$E_{Ld,max,i}$	Das maximale Niveau der Lamellenspannungen
$E_{Ld,max,i}$	Das minimale Niveau der Lamellenspannungen
$F_{L,max}$	Die Oberspannung in einem Lastzyklus
$F_{L,min}$	Die Unterspannung in einem Lastzyklus

Setzt man für $E_{Ld,max,i} = 0{,}6$ und für $E_{Ld,min,i} = 0{,}6 - 015 = 0{,}45$ ein so erhält man $R_i = 0{,}45/0{,}6 = 0{,}75$. Damit ergibt sich:

$$N_i = 2 \cdot 10^{7{,}5 \cdot \frac{1-0{,}6}{\sqrt{1-0{,}75}}} = 2 \cdot 10^6$$

6.4 Fazit

Bezüglich dem Ermüdungsverhalten eingeklebter CFK-Lamellen liegt in Deutschland nur eine geringe Datenbasis vor. Das Material der CFK-Lamellen hat, wie in Abschn. 6.1.2 beschrieben, einen sehr hohen Ermüdungswiderstand. Der Verbund der eingeklebten Bewehrung verhält sich ähnlich, wie der Betonstahlverbund, für welchen wie in Abschn. 6.1.3 dargestellt kein Ermüdungsnachweis geführt wird. Aus diesem Grund galt in den ersten Zulassungen (vgl. z. B. Z-36.12-60 (01.2004)) der Ermüdungsnachweis der geklebten Zuglamellen als erfüllt, wenn der entsprechende Nachweis für die zugehörige innere Bewehrung erfüllt ist. Weitere Nachweise wurden nicht geführt. Da jedoch die Untersuchungen zum Verbundkriechen (vgl. Abschn. 6.2.2) gezeigt haben, dass insbesondere bei hohen Temperaturen das Verbundkriechen der eingeklebten Bewehrung deutlich größer ist, als das der einbetonierten Bewehrung, wurde mit der Zulassungsumstellung im Jahre 2011 ein Quasi – Dauerfestigkeitsnachweis für den Verbund der eingeklebten Bewehrung eingeführt und in die DAfStb-RiLi VBgB (03.2012) übernommen. Dieser Quasi – Dauerfestigkeitsnachweis basiert auf einer geringen Anzahl an Ermüdungsversuchen von (Blaschko, 2001) und wurde auf $2 \cdot 10^6$ Lastspiele begrenzt. In Abschn. 6.3.2 wurde deshalb eine Erweiterung vorgeschlagen, welche auch größere Lamellenquerschnitt berücksichtigt. Aufgrund der wenigen Versuche bleibt jedoch insbesondere das zutreffende Lastniveau offen, welches in zukünftigen experimentellen Untersuchungen geklärt werden sollte.

Da der Verbund der eingeklebten Bewehrung zunächst im Regelfall deutlich steifer ist, als der der einbetonierten Betonstahlbewehrung, jedoch aufgrund des Kriechens weicher wird, werden sich die Kräfte in den verschiedenen Bewehrungssträngen ständig verändern. Dieser Effekt, sollte bei zukünftigen Untersuchungen ebenfalls in Betracht gezogen werden. Bei einer hochzyklischen Belastung wird dieser Effekt jedoch vermutlich gering sein. Aufgrund des steifen Verbundverhaltens bei eingeklebter Bewehrung könnte dies, insbesondere bei großen Durchmessern, zu einer zusätzlichen Verringerung der Schwingbreite der einbetonieren Bewehrung führen. Da dies im Regelfall der maßgebende Ermüdungsnachweis ist, könnten dadurch Verstärkungen mit eingeklebter Bewehrung effizienter ausgelegt werden.

Literatur

Alam, P., Mamalis, D., Robert, C., Floreani, C., & Ó Brádaigh, C.M. (2019). The fatigue of carbon fibre reinforced plastics – A review. *Composites Part B: Engineering, 166,* 555–579. https://doi.org/10.1016/j.compositesb.2019.02.016.

ARS 22/2012. (11.2012). Allgemeines Rundschreiben Straßenbau Nr. 22/2012, Technische Baubestimmungen Brücken – Einführung der Eurocodes für Brücken, Bonn.

Badawi, M., & Soudki, K. (2009). Fatigue Behavior of RC Beams Strengthened with NSM CFRP Rods. *Journal of Composites for Construction, 13,* 415–421. https://doi.org/10.1061/(ASCE)1090-0268(2009)13:5(415).

Bergmeister, K. (2003). *Kohlenstofffasern im konstruktiven Ingenieurbau.* Ernst & Sohn.

Blaschko, M. (2001). *Zum Tragverhalten von Betonbauteilen mit in Schlitze eingeklebten CFK-Lamellen.* Dissertation.

Borchert, K. (2009). *Verbundverhalten von Klebebewehrung unter Betriebsbedingungen; DAfStb-Heft 575.* Beuth.

DAfStb, (Hrsg.). (2013). *Erläuterungen und Beispiele zur DAfStb-Richtlinie: „Verstärken von Betonbauteilen mit geklebter Bewehrung"; DAfStb-Heft 595.* Beuth.

DAfStb-RiLi VBgB. (03.2012). Richtlinie Verstärken von Betonbauteilen mit geklebter Bewehrung.

DIN EN 1991-2. (12.2010). Eurocode 1: Einwirkungen auf Tragwerke – Teil 2: Verkehrslasten auf Brücken; Deutsche Fassung EN 1991-2:2003 + AC:2010, Berlin.

DIN EN 1991-2/NA. (08.2012). Nationaler Anhang – National festgelegte Parameter – Eurocode 1: Einwirkungen auf Tragwerke – Teil 2: Verkehrslasten auf Brücken, Berlin.

DIN EN 1992-1-1. (01.2011). Eurocode 2: Bemessung und Konstruktion von Stahlbeton- und Spannbetontragwerken – Teil 1–1: Allgemeine Bemessungsregeln und Regeln für den Hochbau; Deutsche Fassung EN 1992-1-1:2004 + AC:2010, Berlin.

DIN EN 1992-1-1/NA. (04.2013). Nationaler Anhang – National festgelegte Parameter – Eurocode 2: Bemessung und Konstruktion von Stahlbeton- und Spannbetontragwerken – Teil 1–1: Allgemeine Bemessungsregeln und Regeln für den Hochbau; Deutsche Fassung EN 1992-1-1:2004 + AC:2010, Berlin.

Eligehausen, R., & Mayer, U. (2000). *Untersuchungen zum Einfluss der bezogenen Rippenfläche von Bewehrungsstäben auf das Tragverhalten von Stahlbetonbauteilen im Gebrauchs- und Bruchzustand; DAfStb-Heft 503.* Beuth.

EN 1992-1-1. (11.2023). Eurocode 2. Design of concrete structures. General rules and rules for buildings, bridges and civil engineering structures.

Fernandes, P.M., Silva, P.M., & Sena-Cruz, J. (2015). Bond and flexural behavior of concrete elements strengthened with NSM CFRP laminate strips under fatigue loading. *Engineering Structures, 84,* 350–361. https://doi.org/10.1016/j.engstruct.2014.11.039.

Finckh, W., Leusmann, T., Zilch, K., & Niedermeier, R. (2023). Fatigue analysis for Near surface mounted CFRP strips Background Document for FprEN 1992-1-1, CEN/TC 250/ SC 2 N2087, Brüssel, S. 678.

Finckh, W. (2024). *Verstärken von Betonbauteilen.* Tragwerksplanung im Bestand, Springer Fachmedien Wiesbaden, Imprint Springer Vieweg.

Franke, L. (1976). *Einfluss der Belastungsdauer auf das Verbundverhalten von Stahl in Beton (Verbundkriechen); DAfStb-Heft 268.* Ernst & Sohn.

Holzenkämpfer, P. (1994). *Ingenieurmodelle des Verbunds geklebter Bewehrung für Betonbauteile.* Dissertation, Braunschweig.

Jahani, Y., Baena, M., Barris, C., Torres, L., & Sena-Cruz, J. (2022). Effect of fatigue loading on flexural performance of NSM CFRP-strengthened RC beams under different service temperatures. *Engineering Structures, 273,* 115119. https://doi.org/10.1016/j.engstruct.2022.115119.

Rehm, G., & Eligehausen, R. (1977). Einfluß einer nicht ruhenden Belastung auf das Verbundverhalten von Rippenstählen. *BETONWERK + FERTIGTEIL-TECHNIK 43,* 295–299.

Schulte, K., & Baron, C. (1987). Schädigungsentwicklung bei Ermüdung verschiedener CFK-Laminate. *Materialwissenschaft und Werkstofftechnik, 18,* 103–110.

Tue, N. V. (1993). *Zur Spannungsumlagerung im Spannbeton bei der Rissbildung unter statischer und wiederholter Belastung; DAfStb-Heft 435.* Beuth.

Wahab, N., Soudki, K. A., & Topper, T. (2011). Mechanics of Bond Fatigue Behavior of Concrete Beams Strengthened with NSM CFRP Rods. *Journal of Composites for Construction, 15,* 934–942. https://doi.org/10.1061/(ASCE)CC.1943-5614.0000228.

Wang, X., & Cheng, L. (2023). Full-Range fatigue behavior of NSM CFRP-to-Concrete bonded joints. *Engineering Structures, 295,* 116812. https://doi.org/10.1016/j.engstruct.2023.116812.

Z-12.3-125. (10.2023). Spannstahllitze St 1660/1860 aus sieben kaltgezogenen Einzeldrähten -rund, glatt- mit Nenndurchmesser: 9,3-12,5-15,3 und 15,7 mit Anwendungsbestimmungen für Spannbetonbauteile und Felsanker.

Z-36.12-60. (01.2004). Verstärken von Stahlbeton- und Spannbetonbauteilen durch in Schlitze eingeklebte Carboplus Lamellen.

Z-36.12-73. (03.2011). Verstärken von Stahlbetonbauteilen durch in Schlitze verklebte Kohlefaserlamellen Carboplus nach DIN 1045-1:2008-08.

Zehetmaier, G. (2006). *Zusammenwirken einbetonierter Bewehrung mit Klebearmierung bei verstärkten Betonbauteilen*. Dissertation.

Zehetmaier, G., & Zilch, K. (2008). Rissbildung und Rissbreitenbeschränkung bei Verstärkung mit CFK-Lamellen. *Bauingenieur, 83,* 19–26.

Zilch, K., & Finckh, W. (2012). Erweiterung der Verbundmodelle auf eingeschlitzte CFK-Bewehrung. In W. Fuchs & R. Eligehausen (Hrsg.), *Befestigungstechnik, Bewehrungstechnik und … II. Rolf Eligehausen zum 70. Geburtstag*. Ibidem-Verlag.

Beispiel: Verstärkung einer Brücke in Querrichtung

7

Zusammenfassung

In Kap. 7 wird anhand eines Beispiels die Verstärkung einer Straßenbrücke in Querrichtung mit eingeklebter Bewehrung erläutert. Bei der zu verstärkende Brücke soll aufgrund eines Umbaus fehlende Kragarmbewehrung durch eingeklebte Bewehrung ergänzt werden. Für diese Verstärkung werden alle Nachweise geführt, wobei insbesondere der Ermüdungsnachweis ausführlich behandelt wird.

7.1 Grundlagen

7.1.1 Aufgabenstellung

Eine innerstädtische Brücke aus dem Jahre 2004 soll so umgebaut werden, dass ein maximal großer Geh- und Radweg auf der einen Seite entsteht. Der Querschnitt der Brücke vor dem Umbau ist in Abb. 7.1 dargestellt. Bei der Brücke handelt es sich um eine einfeldrige Brücke, welche in Längsrichtung mit Spanngliedern im nachträglichen Verbund vorgespannt ist.

Nach dem Umbau soll die Brücke den Querschnitt, welcher in Abb. 7.2 dargestellt ist, erhalten. Dadurch erhält der Kragarm der Brücke auf der linken Seite eine Verkehrsbelastung, welche er vorher nicht hatte, und muss deshalb verstärkt werden. Der Umbau soll im Jahr 2027 erfolgen.

Da die Brücke im Jahr 2027 23 Jahre alt sein wird, hat sie nach DIN EN 1990 (10.2021) noch eine Restnutzungsdauer von 100−23 = 77 Jahren.

Ergänzende Information Die elektronische Version dieses Kapitels enthält Zusatzmaterial, auf das über folgenden Link zugegriffen werden kann https://doi.org/10.1007/978-3-658-49258-8_7.

W. Finckh et al., *Brückenverstärkung mit geklebter Bewehrung*,
https://doi.org/10.1007/978-3-658-49258-8_7

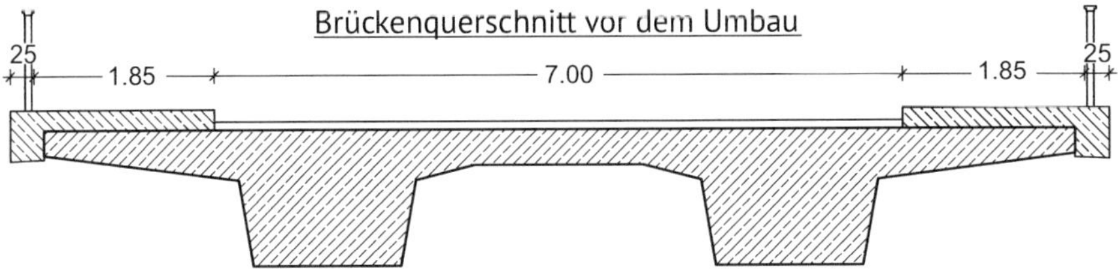

Abb. 7.1 Brückenquerschnitt vor dem Umbau (ohne Geh- und Radweg)

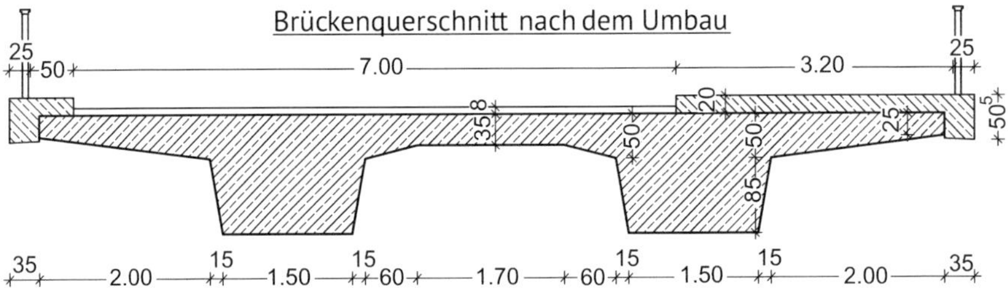

Abb. 7.2 Brückenquerschnitt nach dem Umbau (mit Geh- und Radweg)

7.1.2 Material und Bewehrung des Bestands

Die Brücke wurde nach dem DIN FB 101 (03.2003) und DIN FB 102 (03.2003) bemessen. Es wurde gemäß den Bestandsunterlagen ein C45/55 und ein Betonstahl B500B verwendet. Die Bewehrung in Querrichtung für den Kragarm besteht aus Ø10/20 und ist in Abb. 7.3 dargestellt.

Aufgrund des C45/55 wird eine charakteristische Druckfestigkeit von $f_{ck} = 45$ N/mm^2 und eine mittlere Druckfestigkeit $f_{cm} = 53$ N/mm^2 zugrunde gelegt. Es wird ein E-Modul von $E_{cm} = 36000$ N/mm^2 sowie eine Zugfestigkeit von $f_{ctm} = 3{,}8$ N/mm^2 gemäß der DIN EN 1992-1-1 (01.2011) verwendet.

Der Bewehrungsabstand der Querbewehrung ergibt sich zu:

$$d_1 = c_{nom} + \frac{\phi_q}{2} = 45 + \frac{10}{2} = 50 \text{ mm}$$

Damit kann die statische Nutzhöhe der Betonstahlbewehrung am Kragarmanschnitt bestimmt werden:

$$d_s = h - d_1 = 500 - 40 = 450 \text{ mm}$$

7.1.2.1 Verstärkungssystem

Als Verstärkung sollen eingeklebte CFK-Lamellen S&P 150/2000 mit dem Querschnitt $t_L \times b_L = 1{,}7 \times 20$ mm nach Z-36.12-88 (08.2024) zum Einsatz kommen.

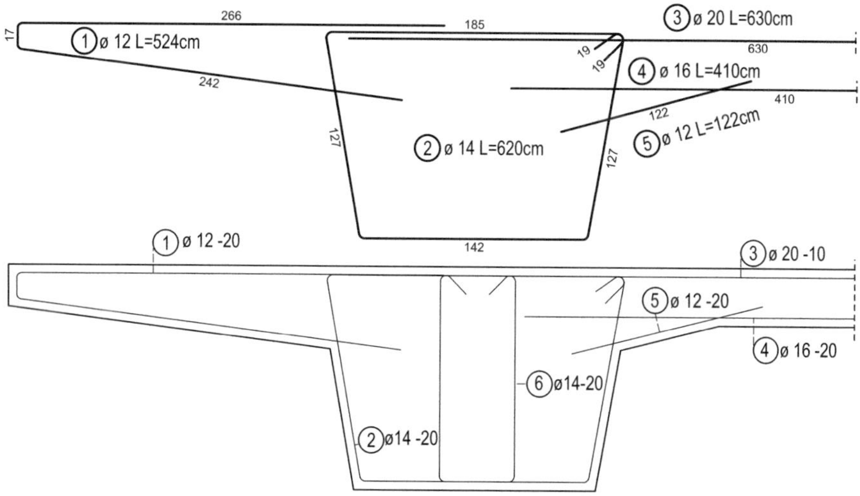

Abb. 7.3 Querbewehrung der Brücke

Für die Lamelle ergibt sich die maximal ansetzbare Zugfestigkeit nach Z-36.12-88 (08.2024) (vgl. auch (Finckh, 2024b) Tab. 6.4) zu:

$$f_{LRd} = \kappa_\varepsilon \cdot \alpha_{\text{zeit}} \cdot \frac{f_{Luk}}{\gamma_{LL}} = 0{,}8 \cdot 0{,}90 \cdot \frac{2350}{1{,}2} = 1410 \text{ N/mm}^2$$

Ebenfalls kann aus der Z-36.12-88 (08.2024) der E-Modul $E_L = 168000$ N/mm^2, die Bruchdehnung $\varepsilon_{Luk} = 15\,‰$ und der Wert $k_{\text{sys}} = 1{,}7$ abgelesen werden. Für den Klebstoff kann man aus der Z-36.12-88 (08.2024) (vgl. auch (Finckh, 2024b) Tab. 6.2) die Zugfestigkeit $f_{Gtk} = 14$ N/mm^2 und die Druckfestigkeit $f_{Gck} = 58$ N/mm^2 ablesen. Damit ergibt sich die Verbundfestigkeit bei Klebstoffversagen zu:

$$\tau_{bGk} = k_{sys} \cdot \sqrt{\left(2 \cdot f_{Gtk} - 2 \cdot \sqrt{\left(f_{Gtk}^2 + f_{Gck} \cdot f_{Gtk}\right)} + f_{Gck}\right) \cdot f_{Gtk}}$$

$$\tau_{bGk} = 1{,}7 \cdot \sqrt{\left(2 \cdot 14 - 2 \cdot \sqrt{\left(14^2 + 58 \cdot 14\right)} + 58\right) \cdot 14} = 30{,}2 \text{ N/mm}^2$$

Mit dem Wert $k_{bck} = 4{,}92$ nach Z-36.12-88 (08.2024) kann noch die Verbundfestigkeit bei Betonversagen berechnet werden:

$$\tau_{bck} = k_{bck} \cdot \sqrt{f_{cm}} = 4{,}92 \cdot \sqrt{53} = 35{,}8 \text{ N/mm}^2$$

Damit kann der Bemessungswert der Verbundfestigkeit mit dem Dauerstandbeiwert des Betonversagens von $\alpha_{bC} = 0{,}9$ berechnet werden:

$$\tau_{bLd} = \frac{1}{\gamma_{BE}} \cdot \min\begin{cases} \tau_{bGk} \cdot \alpha_{bG} \\ \tau_{bck} \cdot \alpha_{bC} \end{cases} = \frac{1}{1{,}3} \cdot \min\begin{cases} 30{,}2 \cdot 0{,}35 \\ 35{,}8 \cdot 0{,}9 \end{cases}$$

$$= \frac{1}{1{,}3} \cdot \min\begin{cases} 10{,}6 \\ 32{,}2 \end{cases} = 8{,}2\ \text{N/mm}^2$$

Die Schlitztiefe für die eingeklebte Lamelle wird oben und unten gleich gewählt. Diese ergibt sich zu:

$$\Delta c_{\text{dev}} = \Delta c_{\text{Ger}}\text{ät} + \Delta c_{\text{Schnitt}} + \Delta c_{\text{Bauteil}} = 1 + 2 + 0 = 3\ \text{mm}$$

$$t_s \leq c - \Delta c_{\text{dev}} = 45 - 3 = 42\ \text{mm}$$

Es wird eine Schlitztiefe von 20 mm gewählt. Damit kann die statische Nutzhöhe der Lamelle am Kragarmanschnitt bestimmt werden:

$$d_L = h - \left(t_s - \frac{b_L}{2}\right) = 500 - \left(20 - \frac{20}{2}\right) = 490\ \text{mm}$$

7.2 Modellbildung

Für die Modellbildung in Querrichtung wird vereinfacht ein Einfeldträger mit beidseitigem Kragarm angenommen, wie er in Abb. 7.4 dargestellt ist.

Der Querschnitt des Stabsystems ist in der Höhe entsprechend Abb. 7.4 variabel. Als Breite wird 1 m-Pattenbreite verwendet.

7.3 Belastung

7.3.1 Während der Verstärkung

Zum Verstärken werden die Kappen, der Asphalt, die Abdichtung und das Geländer zurückgebaut. Somit wirkt während der Verstärkung lediglich das Eigengewicht der Brücke bzw. des Kragarms.

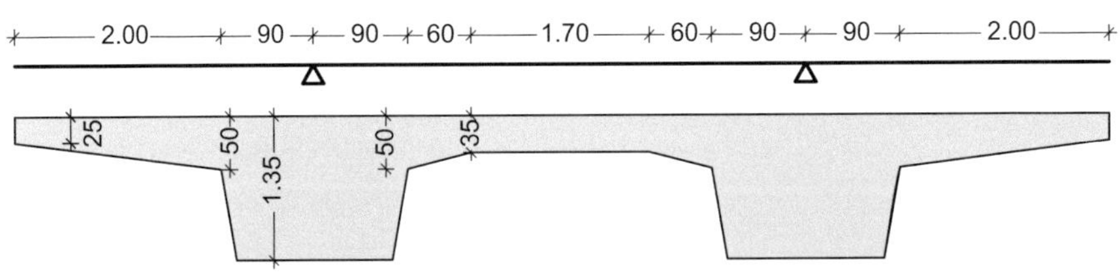

Abb. 7.4 Vereinfachte Modellbildung in Querrichtung

7.3.2 Nach der Verstärkung

7.3.2.1 Ständige Lasten

Neben dem Eigengewicht der Brücke wirken die Ausbaulasten. Diese ergeben sich auf den Überbau wie folgt:

- Belag und Ausgleich: $g_{k,Belag} = 0{,}085\ \text{m} \cdot 25\ \text{kN/m}^3 + 0{,}50\ \text{kN/m}^2 = 2{,}625\ \text{kN/m}^2$
- Kappen: $g_{k,Kappe} = 0{,}20\ \text{m} \cdot 25\ \text{kN/m}^3 = 5\ \text{kN/m}^2$
- Kappenbalken: $G_{k,Kappe} = 0,35\ \text{m} \cdot 0,5\ \text{m} \cdot 25\ \text{kN/m}^3 = 4{,}375\ \text{kN/m}$
- $m_{k,Kappe} = 4{,}375 \cdot 0{,}175\ \text{m} = 0{,}77\ \text{kNm/m}$
- Geländer: $G_{k,Gel} = 1{,}00\ \text{kN/m}$; $M_{k,Gel} = 1{,}00\ \text{kN/m} \cdot 0{,}175\ \text{m} = 0{,}175\ \text{kNm/m}$

7.3.2.2 Verkehrslasten aus LM1

Für die Verkehrslasten wird gemäß DIN EN 1991-2 (12.2010) in Verbindung mit der DIN EN 1991-2/NA (08.2012) das Lastmodell 1 verwendet. Maßgebend für die Bemessung des Kragarms in Querrichtung ist hierbei die Laststellung direkt am Schrammbord. Somit ergibt sich die maßgebende Laststellung aus der Gleichlast (UDL), wie in Abb. 7.5 dargestellt.

Neben der UDL-Last ist beim LM1 auch die Doppelachse anzusetzen. Diese wird, wie dies in Abb. 7.6 auch entsprechend der Abstände nach DIN EN 1991-2 (12.2010) am Schrambord angeordnet.

Die Einzellasten aus dem Rad der Doppelachse dürfen gemäß DIN EN 1991-2 (12.2010) für die Ermittlung der Schnittgrößen bis zur Systemachse verteilt werden, wie dies auch Abb. 7.7 zeigt.

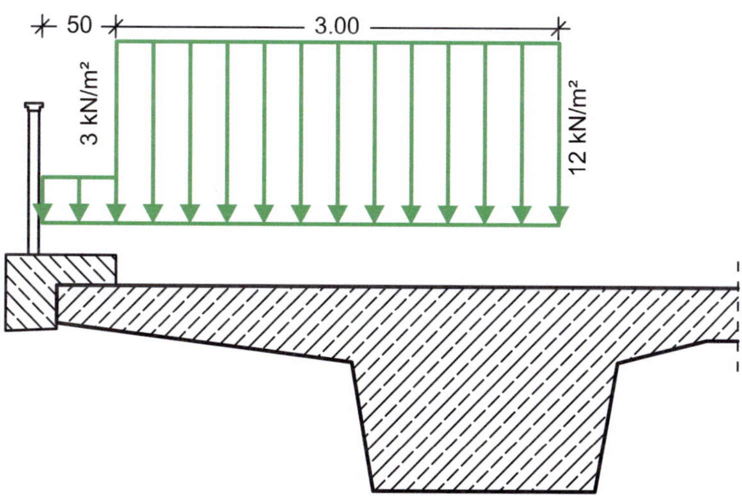

Abb. 7.5 Maßgebende UDL-Last für die Bemessung des Kragarms

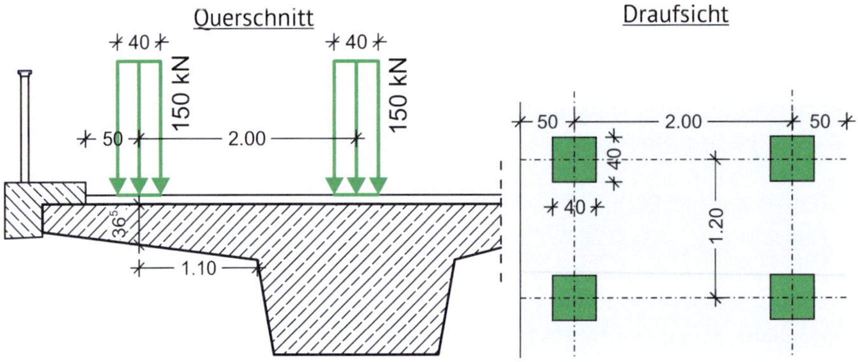

Abb. 7.6 Maßgebende TS-Last für die Bemessung des Kragarms

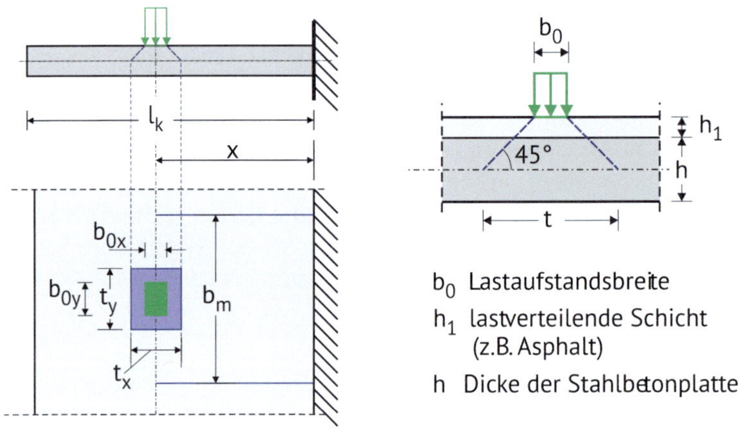

Abb. 7.7 Ermittlung der Lasteinleitungsbreite und der rechnerischen Verteilungsbreite b_m, nach (Finckh 2024a)

Die Lastverteilungsbreite ergibt sich somit zu:

$$t_y = b_{0,y} + 2 \cdot h_1 + h = 0{,}4 + 2 \cdot 0{,}08 + 0{,}365 = 0{,}925 \text{ m}$$

Für die Ermittlung des maximale Biegemomentes am Kragarmanschnitt kann nun gemäß (DAfStb, 2019) noch die rechnerische Verteilungsbreite b_m ermittelt werden. Diese ergibt sich zu (vgl. z. B. auch (Finckh 2024a) Abschn. 3.2.2):

$$b_m = t_y + 1{,}5 \cdot x = 0{,}925 + 1{,}5 \cdot 1{,}1 = 2{,}575 \text{ m}$$

Damit ergibt sich bezüglich der beiden auf dem Kragarm stehenden Reifen der Doppelachse die in Abb. 7.8 dargestellte Situation.

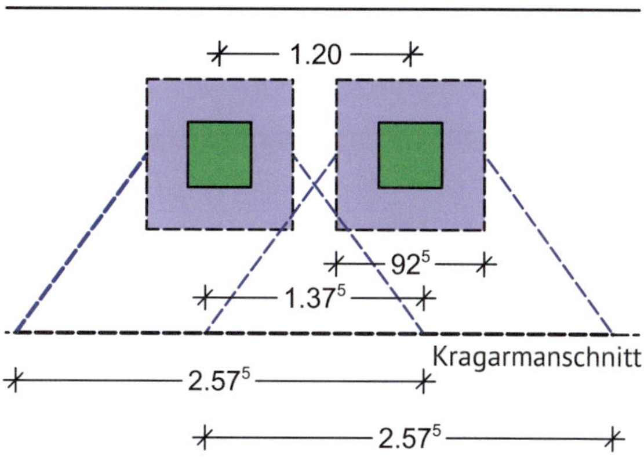

Abb. 7.8 Geometrische Situation der Lastverteilung der Doppelachse auf dem Kragarm

Damit ergibt sich ein Bereich von circa 1,375 m, wo beide Achsen einen Einfluss haben. Das Biegemoment in diesem Bereich ergibt sich somit zu:

$$m_{TS} = \frac{150 \cdot 1{,}1}{2{,}578} + \frac{150 \cdot 1{,}1}{2{,}578} = 128 \text{ kNm/m}$$

Für die Berechnung der Querkraft ergibt sich nach (DAfStb, 2019) die Lastverteilungsbreite von:

$$b_{m,V} = 7 \cdot d_F + 0{,}5 \cdot b_0 = 7 \cdot (0{,}365 - 0{,}05) + 0{,}5 \cdot 0{,}4 = 2{,}4 \text{ m}$$

Somit ergibt sich folgende Querkraft

$$v_{TS} = \frac{150}{2{,}4} + \frac{150}{2{,}4} = 125 \text{ kN/m}$$

7.3.2.3 Ermüdungslasten

Nach der Aussage des Bauherrn soll in Anlehnung an das ARS 22/2012 (11.2012) die Verkehrskategorie 3 gewählt werden. Das jährliche Verkehrsaufkommen ergibt sich mit dieser Verkehrskategorie nach DIN EN 1991-2 (12.2010) zu $N_{obs} = 0{,}125 \cdot 10^6$. Der Bauherr hat ebenfalls angegeben, dass es sich um die Verkehrsart Ortsverkehr handelt und er die Brücke noch 77 Jahre nutzen will. Außerdem hat er zugestimmt, dass vereinfacht nur der LKW 1 nach DIN EN 1991-2 (12.2010) verwendet werden soll und dieser 100 % der Verkehrsmischung beträgt. Zur Kompensation eines möglicherweise ungünstigeren Ansatzes soll jedoch die ungünstigere Reifenart C verwendet werden. Der anzusetzende LKW ist in Abb. 7.9 dargestellt.

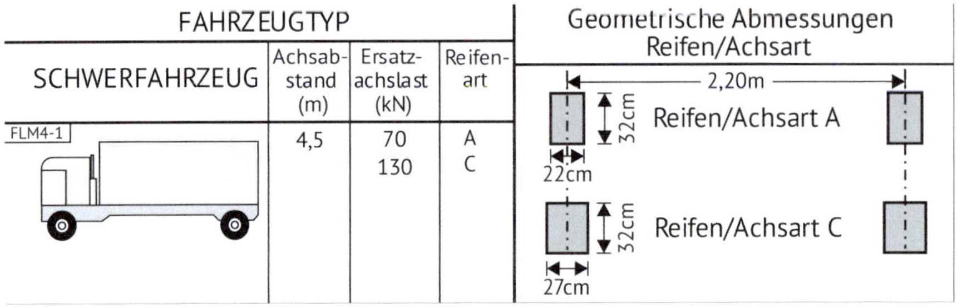

Abb. 7.9 Anzusetzender LKW 1

7.4 Schnittgrößen

Die Schnittgrößen wurden mit dem System aus Abb. 7.4 mit dem Programm (SOFiSTiK AG, 2025) für die verschiedenen Lastfälle ermittelt. Für das Eigengewicht sind die Schnittgrößen in Abb. 7.10 angegeben.

Für die Lasten vor dem Umbau der Brücke sind die Schnittgrößen in Abb. 7.11 und für die Lasten nach dem Umbau in Abb. 7.12 dargestellt.

Neben den Lasten aus Abb. 7.12 sind noch die Lasten aus der TS-Last nach Abschn. 7.3.2.2 vorhanden:

$m_{TS} = 128$ kNm/m; $v_{TS} = 125$ kN/m

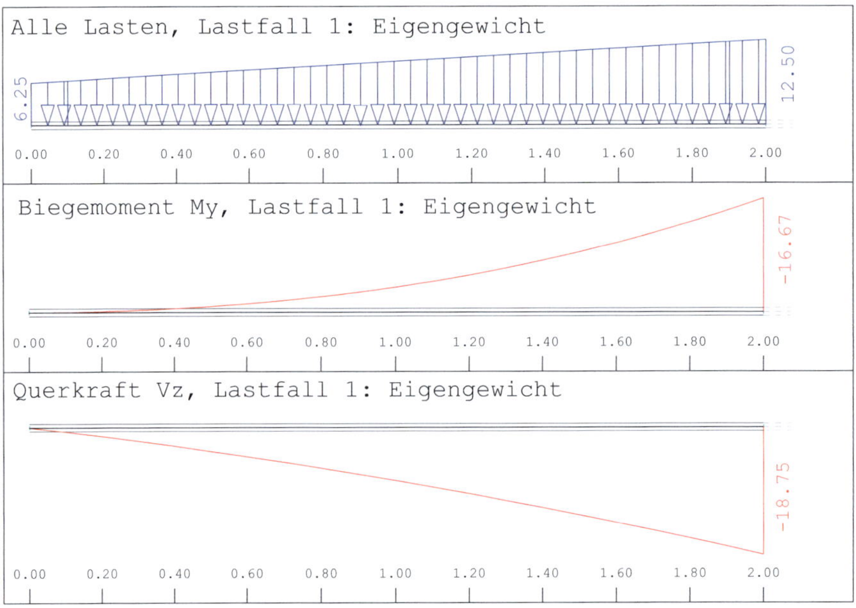

Abb. 7.10 Schnittgrößen aus Eigengewicht im Bereich des Kragarms in kNm bzw. kN

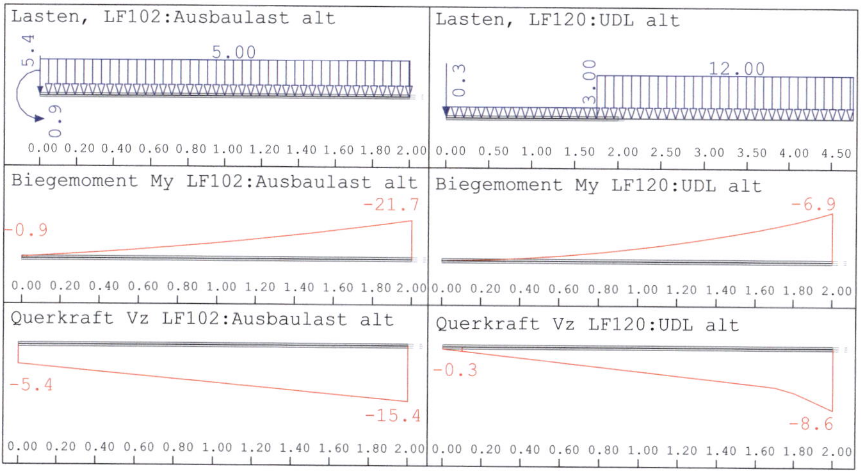

Abb. 7.11 Schnittgrößen für die Belastung vor dem Umbau in kNm bzw. kN

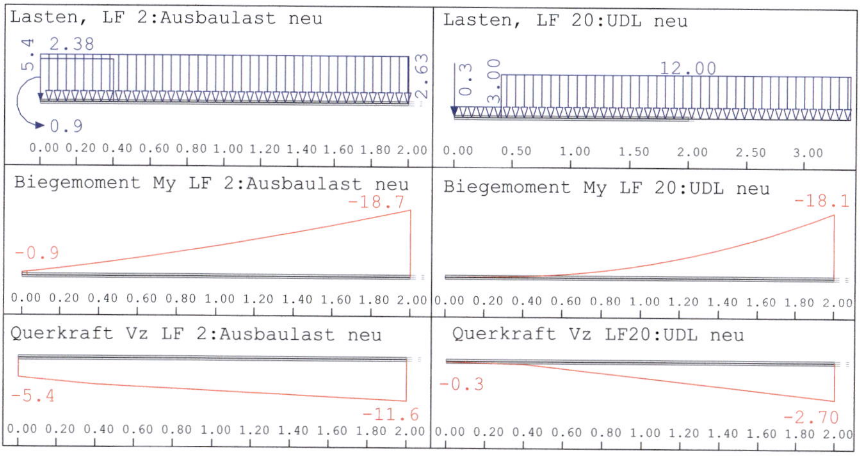

Abb. 7.12 Schnittgrößen für die Belastung nach dem Umbau in kNm bzw. kN

7.5 Nachweis der Verstärkung

7.5.1 Vordehnung

Zunächst wird ermittelt, ob sich der Querschnitt aufgrund der bisherigen Nutzung im gerissenen Zustand befindet. Das Rissmoment am Kragarmanschnitt beträgt:

$$m_{cr} = f_{ctm} \cdot W_{c,0} = 3{,}8 \cdot \frac{0{,}5^2 \cdot 1{,}0}{6} = 0{,}158 = 158 \text{ kNm/m}$$

Am Anschnitt beträgt das Biegemoment unter den Lasten vor der Verstärkung (vgl. Abb. 7.11) unter seltener Einwirkungskombination:

$$m_{rare} = m_{gk1} + m_{gk2,alt} + m_{UDL,alt} = -16{,}7 - 21{,}7 - 6{,}9 = -45{,}3 \text{ kNm/m}$$

Da das Moment unter seltener Einwirkungskombination kleiner als das Rissmoment ist, kann davon ausgegangen werden, dass der Querschnitt im ungerissenen Zustand ist. Aus diesem Grund sind die Vordehnungen sehr klein und brauchen nicht berücksichtigt werden. (vgl. auch (Finckh, 2024b) Abschn. 5.4.3).

7.5.2 Biegenachweis

Für die weitere Berechnung wird angenommen, dass Lamellen 1,7 mm×20 mm alle 0,1 m benötigt werden (Lamellenlayout siehe auch Abschn. 7.9). Der gesamte Lamellenquerschnitt beträgt somit:

$$A_L = t_L \cdot \frac{b_L}{a_L} = 1{,}7 \cdot \frac{20}{0{,}1} = 340 \text{ mm}^2\text{/m}$$

Die maximal in der Bemessung ansetzbare Lamellenkraft ergibt sich somit zu:

$$F_{LRd} = f_{LRd} \cdot A_L = 1410 \cdot 340 = 479.400 \text{ N/m}$$

Damit kann die maximale Dehnung im Schwerpunkt bestimmt werden:

$$\varepsilon_{LRd} = \frac{f_{LRd}}{E_{Lm}} = \frac{1410}{168 \cdot 10^3} = 8{,}4\,‰$$

Der Nachweis der Biegetragfähigkeit wird am Momentenmaximum geführt. Bei der nachfolgenden Berechnung wird davon ausgegangen, dass die volle Lamellendehnung erreicht werden kann. Da die Lamellendehnung ε_{LRd} deutlich größer als f_{yd}/E_s ist, wird weiterhin davon ausgegangen, dass sich der Betonstahl im Fließen befindet. Eine Nachverfestigung des Betonstahls wird auf der sicheren Seite liegend vernachlässigt. Somit ergibt sich die Zugkraft des Betonstahls mit der vorhandenen Bewehrung von Ø12/20 zu:

$$F_{s1d} = \frac{A_{s1} \cdot f_{yk}}{\gamma_s} = \frac{5{,}65 \cdot 10^2 \cdot 500}{1{,}15} = 245.987 \text{ N/m}$$

Unter Annahme einer Betonstauchung $\varepsilon_c < 2\,‰$ kann die Betondruckkraft wie folgt beschrieben werden:

$$F_{cd} = b \cdot x \cdot f_{cd} \cdot \alpha_R = b \cdot \xi \cdot d_L \cdot f_{cd} \cdot \left(\frac{\varepsilon_c}{2} - \frac{{\varepsilon_c}^2}{12}\right) =$$

$$F_{cd} = 1000 \cdot \left(\frac{\varepsilon_c}{\varepsilon_c + \varepsilon_{LRd}}\right) \cdot 490 \cdot 25{,}5 \cdot \left(\frac{\varepsilon_c}{2} - \frac{{\varepsilon_c}^2}{12}\right)$$

$$= 12.495.000 \cdot \left(\frac{\varepsilon_c}{\varepsilon_c + 8{,}4}\right) \cdot \left(\frac{\varepsilon_c}{2} - \frac{{\varepsilon_c}^2}{12}\right)$$

Über das Gleichgewicht der inneren Kräfte kann anschließend unter Vernachlässigung der Druckbewehrung[1] die Betondehnung ermittelt werden:

$$F_{s1d} + F_{LRd} = F_{cd}$$

$$479.400 + 245.987 = 8910.000 \cdot \left(\frac{\varepsilon_c}{\varepsilon_c + 8{,}4}\right) \cdot \left(\frac{\varepsilon_c}{2} - \frac{\varepsilon_c{}^2}{12}\right)$$

Über eine Iteration ergibt sich $\varepsilon_c = 1{,}18\,‰$. Da dieser Wert kleiner als die maximale Stauchung des Betons $\varepsilon_{cu} = 3{,}5\,‰$ und ebenfalls $\varepsilon_c < 2\,‰$ ist, war die getroffene Annahme gerechtfertigt. Mithilfe der Dehnungen kann nun die Druckzonenhöhe x ermittelt werden.

$$x = \xi \cdot d_L = \frac{\varepsilon_c}{\varepsilon_c + \varepsilon_L} \cdot d_L = \frac{1{,}18}{1{,}18 + 8{,}4} \cdot 490 = 60{,}4 \text{ mm}$$

Über den Beiwert k_a (für $\varepsilon_c < 2\,‰$) können nun die inneren Hebelarme bestimmt werden:

$$k_a = \frac{8 - \varepsilon_c}{24 - 4 \cdot \varepsilon_c} = \frac{8 - 1{,}18}{24 - 4 \cdot 1{,}18} = 0{,}35$$

$$a = k_a \cdot x = 0{,}35 \cdot 60{,}4 = 21{,}1 \text{ mm}$$

$$z_{s1} = d_{s1} - a = 450 - 21{,}1 = 428{,}9 \text{ mm}$$

$$z_L = d_L - a = 490 - 17{,}4 = 468{,}9 \text{ mm}$$

Die Momententragfähigkeit des verstärkten Stahlbetonquerschnitts ergibt sich somit zu:

$$M_{Rd} = z_{s1} \cdot F_{s1d} + z_L \cdot F_{LRd} = 0{,}429 \cdot 246{,}0 + 0{,}469 \cdot 479{,}4 = 330{,}4 \text{ kNm/m}$$

Das maximale Bemessungsmoment für die ständige und vorübergehende Bemessungssituation ergibt sich mit den Schnittgrößen aus Abschn. 7.4 wie folgt. Hierbei wird gemäß (Novák & Gabler, 2003) die UDL-Last und die TS-Last der gleichen Einwirkung zugeordnet.

$$M_{Ed} = \gamma_g \cdot M_{gk} + \gamma_q \cdot M_{TS} + \gamma_q \cdot M_{UDL}$$

$$M_{Ed} = 1{,}35 \cdot (16{,}7 + 18{,}7) + 1{,}35 \cdot 128 + 1{,}35 \cdot 18{,}12 = 245{,}0 \text{ kNm/m}$$

Da die Momententragfähigkeit $M_{Rd} = 330{,}4$ kNm/m größer ist als das einwirkende Moment von $M_{Ed} = 245{,}0$ kNm/m, ist der Nachweis erfüllt.

[1] Diese liegt hier nämlich sehr nahe an der Nulllinie.

7.5.3 Lamellenspannungen im Grenzzustand der Gebrauchstauglichkeit

Die Lamellenspannungen am Kragarm wurden mit dem (SOFiSTiK AG, 2025) über den Quellcode im Anhang ermittelt und sind in Abb. 7.13 dargestellt.

7.5.4 Verankerungsnachweis Anschnitt

Gemäß DAfStb-RiLi VBgB (03.2012) sollte der Verankerungsnachweis an der Stelle geführt werden, ab welchem die Lamelle für die Bauteiltragfähigkeit benötigt wird. Dies ist hier der Querschnittsprung und somit der Anschnitt des Kragarms. An dieser Stelle beträgt gemäß Abb. 7.13 die Lamellenspannung 754 N/mm2. Damit kann die einwirkende Lamellenkraft bestimmt werden:

$$F_{LEd} = \sigma_{LEd} \cdot A_L = 754 \cdot 340 = 256.360 \text{ N/m}$$

Da 10 Lamellen je Meter vorhanden sind, erhält jede Lamelle eine Kraft von $F_{LEd,i} = 25.636$ N. Die über die Verbundwirkung zwischen CFK-Lamelle und Betonbauteil verankerbare Lamellenzugkraft pro Lamelle kann für $l_{\text{bL}} > 115$ mm nach DAfStb-RiLi VBgB (03.2012) berechnet werden. Da es sich um eine Platte handelt gibt es keinen Randabstand und $a_r = 150$ mm.

$$F_{bLRd} = b_L \cdot \tau_{bLd} \cdot \sqrt[4]{a_r} \cdot \left(26{,}2 + 0{,}065 \cdot \tanh\left(\frac{a_r}{70}\right) \cdot (l_{bL} - 115)\right) \cdot 0{,}95$$

$$F_{bLRd} = 20 \cdot 8{,}2 \cdot \sqrt[4]{150} \cdot \left(26{,}2 + 0{,}065 \cdot \tanh\left(\frac{150}{70}\right) \cdot (l_{bL} - 115)\right) \cdot 0{,}95$$
$$= 25.636 \text{ N}$$

Aus der vorherigen Gleichung kann die erforderliche Verankerungslänge von $l_{bL} = 444$ mm ermittelt werden. Zuzüglich des Versatzmaßes von $a_l = d_L = 490$ mm muss die Länge der Lamelle nach dem Kragarm 95 cm betragen.

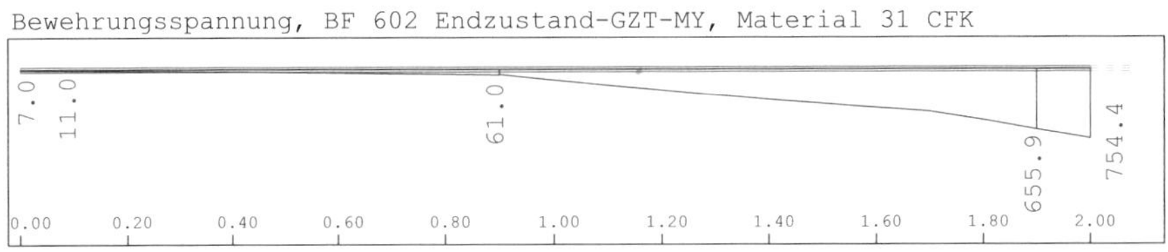

Abb. 7.13 Lamellenspannungen im Kragarm für den Grenzzustand der Tragfähigkeit in N/mm²

7.5.5 Verankerungsnachweis Kragarmende (Kappe)

Gemäß DAfStb-RiLi VBgB (03.2012) sollte der Verankerungsnachweis an der Stelle geführt werden, ab welcher die Lamelle für die Bauteiltragfähigkeit benötigt wird. Dazu muss der Widerstand des Querschnitts ohne Verstärkung der Einwirkung im GZT gegenübergestellt werden. Diese Gegenüberstellung ist in Abb. 7.14 dargestellt.

Man erkennt, dass die Verstärkung ab x = 1,2 m benötigt wird. An dieser Stelle beträgt gemäß Abb. 7.13 die Lamellenspannung 229 N/mm². Damit kann die einwirkende Lamellenkraft bestimmt werden:

$$F_{LEd} = \sigma_{LEd} \cdot A_L = 229 \cdot 340 = 77860 \text{ N/m}$$

Da 10 Lamellen je Meter vorhanden sind, erhält jede Lamelle eine Kraft von $F_{LEd,i} = 7786$ N. An der Stelle x = 1,2 ist der Querschnitt 0,4 m hoch. Somit beträgt das Versatzmaß $a_l = d_L = 390$ mm. Damit ergibt sich die vorhandene Verankerungslänge zu $l_{bL} = 1200 - 390 = 810$ mm. Die über die Verbundwirkung zwischen CFK-Lamelle und Betonbauteil verankerbare Lamellenzugkraft pro Lamelle kann für $l_{\mathrm{bL}} > 115$ mm nach DAfStb-RiLi VBgB (03.2012) berechnet werden. Da es sich um eine Platte handelt gibt es keinen Randabstand und $a_r = 150$ mm.

$$F_{bLRd} = b_L \cdot \tau_{bLd} \cdot \sqrt[4]{a_r} \cdot \left(26{,}2 + 0{,}065 \cdot \tanh\left(\frac{a_r}{70}\right) \cdot (l_{bL} - 115)\right) \cdot 0{,}95$$

$$F_{bLRd} = 20 \cdot 8{,}2 \cdot \sqrt[4]{150} \cdot \left(26{,}2 + 0{,}065 \cdot \tanh\left(\frac{150}{70}\right) \cdot (810 - 115)\right) \cdot 0{,}95$$
$$= 38.247 \text{ N}$$

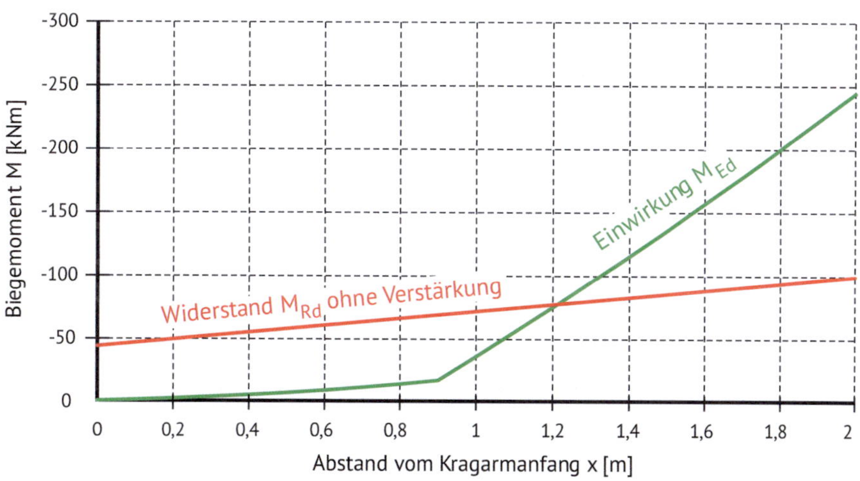

Abb. 7.14 Gegenüberstellung der Einwirkung und des Querschnittswiderstandes ohne Verstärkung

Damit kann der Nachweis erfolgreich geführt werden:

$$F_{bLRd} = 38{,}3\ \text{kN} \geq F_{LEd,i} = 7{,}8\ \text{kN}$$

7.5.6 Nachweis gegen Versatzbruch

Da die Lamelle über das Auflager geführt wird, wird der Nachweis nicht maßgebend.

7.5.7 Gebrauchstauglichkeit – Spannungsgrenzen

Gemäß DAfStb-RiLi VBgB (03.2012), muss im Gebrauchszustand die Betonstahldehnung $\varepsilon_s \leq f_{yk}/E_s = 500/200 = 2{,}5\,‰$ eingehalten werden. Falls zusätzlich unter seltener Einwirkungskombination die Dehnung der CFK-Lamelle auf $\varepsilon_L \leq 2\,‰$ beschränkt ist, darf auf den Nachweis der Beschränkung der Rissbreite und der Bauteilverformung verzichtet werden. Unter seltener Einwirkung ergeben sich die Bewehrungsspannungen in Abb. 7.15.

Damit ist der Gebrauchstauglichkeitsnachweis der Betonstahlbewehrung knapp erfüllt:

$$\varepsilon_s = \frac{456}{200} = 2{,}28\,‰ \leq 2{,}5\,‰$$

Die Dehnung der CFK-Lamelle von $\varepsilon_L \leq 2\,‰$ kann nicht eingehalten werden. Aus diesem Grund ist ein Nachweis der Rissbreitenbeschränkung erforderlich.

$$\varepsilon_L = \frac{422}{168} = 2{,}56\,‰ \not< 2{,}0\,‰$$

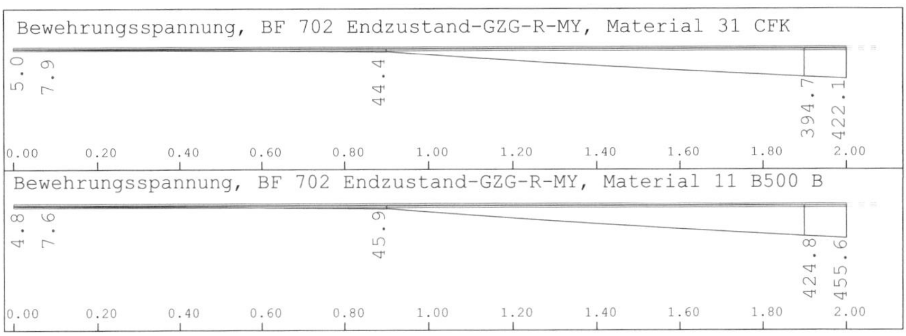

Abb. 7.15 GZG-Lamellen- und Bewehrungsspannungen unter seltener Einwirkungskombination in N/mm²

7.5.8 Rissbreitennachweis

7.5.8.1 Grundlage

Gemäß DIN EN 1992-2 (12.2010) in Verbindung mit der DIN EN 1992-2/NA (04.2013) muss die Rissbreite auf $w_k = 0,2$ mm unter häufiger Einwirkungskombination beschränkt werden. Die maximalen und minimalen Lamellenspannungen sind in Abb. 7.16 und die minimalen sowie maximalen Betonstahlspannungen sind in Abb. 7.17 dargestellt.

Der Rissbreitennachweis wird nach DAfStb-RiLi VBgB (03.2012) geführt. Es wird zunächst davon ausgegangen, dass die Risse verpresst wurden oder sich geschlossen haben und eine Rissbreite von 0,2 mm gerade erreicht wird.

$$w_k = 2 \cdot s_{sr} = 2 \cdot s_{Lr} = 0{,}2 \text{ mm} \Rightarrow s_{Lr} = s_{sr} = 0{,}1 \text{ mm}$$

7.5.8.2 Verbund der einbetonierten Bewehrung

Unter der Annahme einer Restnutzungszeit von 75 Jahren kann zunächst der Verbundkriecheffekt berechnet werden. Hierbei ist die Zeit t in Stunden einzusetzen:

$$k_{ts} = (1 + 10 \cdot t)^{0{,}08} - 1 = (1 + 10 \cdot 75 \cdot 356 \cdot 24)^{0{,}08} - 1 = 2{,}50$$

Damit kann über die Werte α_s und k_s nach DAfStb-RiLi VBgB (03.2012) für gerippten guten Verbund der Verbundbeiwert berechnet werden:

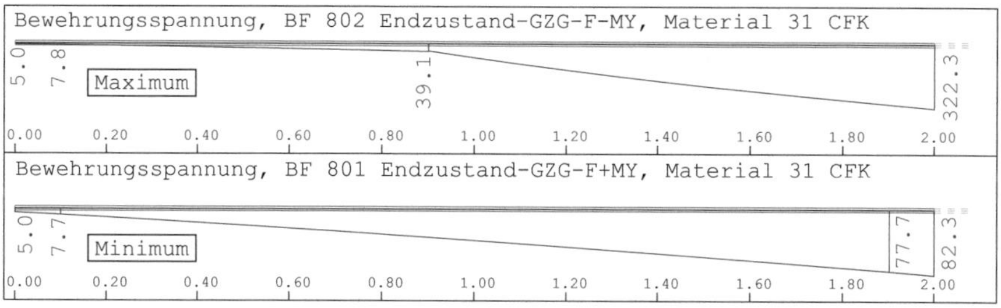

Abb. 7.16 GZG-Lamellenspannungen unter häufiger Einwirkungskombination in N/mm²

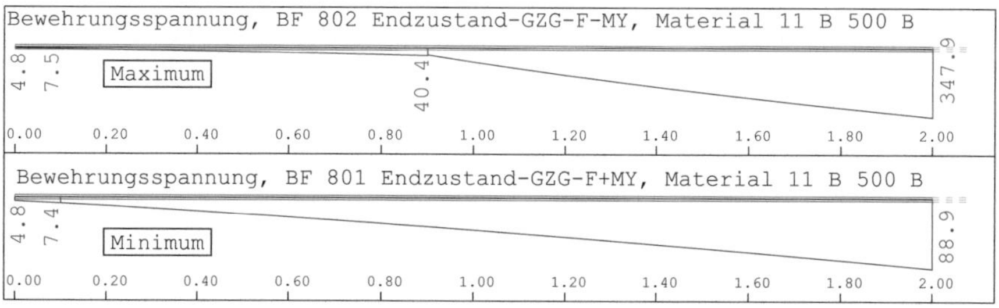

Abb. 7.17 GZG-Bewehrungsspannungen unter häufiger Einwirkungskombination in N/mm²

$$k_{\mathrm{s,eff}} = \frac{k_s}{(1+k_{ts})^{\alpha_s}} = \frac{2}{(1+2{,}5)^0{,}25} = 1{,}46$$

Damit kann die mittlere Verbundspannung zum Zeitpunkt der Rissbildung bestimmt werden:

$$\tau_{sm} = \frac{k_{s,\mathrm{eff}} \cdot \sqrt{f_{cm}}}{\alpha_s + 1} \cdot s_{sr}^{\alpha_s} = \frac{1{,}46 \cdot \sqrt{53}}{0{,}25+1} \cdot 0,1^0{,}25 = 4{,}78\ \mathrm{N/mm^2}$$

7.5.8.3 Verbund eingeklebter Bewehrung

Unter der Annahme einer Restnutzungszeit von 75 Jahren kann zunächst der Verbundkriecheffekt berechnet werden. Hierbei ist die Zeit t in Stunden einzusetzen:

$$k_{tL} = (1 + 10 \cdot t)^{0,14} - 1 = (1 + 10 \cdot 75 \cdot 356 \cdot 24)^{0,14} - 1 = 7{,}97$$

Der Wert des Beiwertes α_L ergibt sich über die Klebstoffdicke t_A, welche zu 1 mm angenommen wird, zu:

$$\alpha_L = 0{,}38 \cdot t_A - 0{,}11 = 0{,}38 \cdot 1 - 0{,}11 = 0{,}27 \leq 0{,}31$$

Der weitere Verbundbeiwert kann damit über die Verbundfestigkeit des Klebstoffes bestimmt werden:

$$k_L = 5^{\alpha_L} \cdot \tau_{\mathrm{bGk}} = 5^{0,27} \cdot 30{,}2 = 46{,}6$$

$$k_{L,\mathrm{eff}} = \frac{k_L}{(1+k_{tL})^{\alpha_L}} = \frac{46{,}6}{(1+7{,}97)^{0,27}} = 25{,}8$$

Damit kann die mittlere Verbundspannung bestimmt werden:

$$\tau_{Lm} = \frac{k_{L,eff}}{\alpha_L + 1} \cdot s_{Lr}^{\alpha_L} \cdot (1-\alpha_L) = \frac{25{,}8}{0{,}27+1} \cdot 0{,}1^{0,27} \cdot (1-0{,}27) = 7{,}96\ \mathrm{N/mm^2}$$

7.5.8.4 Interaktionsbeiwerte

Das Verhältnis der Verbundfestigkeiten ergibt sich mit dem Beiwert $\kappa_{Lb} = 2{,}0$ nach DAfStb-RiLi VBgB (03.2012) zu:

$$\xi_L = \sqrt{\frac{\tau_{Lm}}{\tau_{sm}} \cdot \frac{E_s \cdot \phi_s}{\kappa_{Lb} \cdot E_L \cdot t_L}} = \sqrt{\frac{7{,}96}{4},78 \cdot \frac{200 \cdot 12}{2 \cdot 168 \cdot 1{,}7}} = 2{,}65$$

Der Umlagerungsbeiwert zwischen den Bewehrungssträngen ergibt sich damit zu:

$$\delta_L = \frac{\varepsilon_{\mathrm{Lr}}}{\varepsilon_{\mathrm{sr}}} = \frac{2 \cdot \xi_L^2}{\xi_L^2 + 1} = \frac{2 \cdot 2{,}65^2}{2{,}65^2 + 1} = 1{,}75$$

Der Beiwert der Dehnsteifigkeiten ergibt sich damit zu:

$$\eta_L = \frac{\left(1 + \frac{E_L A_L}{(E_s A_s)}\right) \cdot \delta_L}{1 + \frac{E_L A_L}{(E_s A_s)} \cdot \delta_L} = \frac{\left(1 + \frac{168.000 \cdot 340}{200.000 \cdot 565}\right) \cdot 1{,}75}{1 + \frac{168.000 \cdot 340}{200.000 \cdot 564} \cdot 1{,}75} = 1{,}41$$

7.5.8.5 Dehnungen und Rissabstand

Für die Ermittlung der Dehnungen und des Rissabstandes wird noch der Wirkungsbereich der Bewehrung benötigt. Dieser ergibt sich mit der Druckzonenhöhe x = 61 mm, welche aus der (SOFiSTiK AG, 2025) Berechnung entnommen wurde, zu:

$$h_{c,ef} = \min\left(2{,}5 \cdot (h - d_s); \frac{h-x}{3}; \frac{h}{2}\right) = \min\left(2{,}5 \cdot (500 - 450); \frac{500-61}{3}; \frac{500}{2}\right)$$
$$= 125 \text{ mm}$$

Die Fläche $A_{ct,\text{eff}}$ ergibt sich damit zu:

$$A_{ct,\text{eff}} = b \cdot h_{c,ef} = 1000 \cdot 125 = 125.000 \text{ mm}^2$$

Die mittlere Dehnung der Lamelle kann wie folgt berechnet werden:

$$\varepsilon_{Lm} = \varepsilon_L^{II} \cdot \eta_L - 0{,}5 \cdot f_{ct,\text{eff}} \cdot A_{ct,\text{eff}} \cdot \left(\frac{\xi_L^2}{E_s A_s + E_L A_L \cdot \xi_L^2}\right)$$

$$\varepsilon_{Lm} = \frac{322}{168.000} \cdot 1{,}41 - 0{,}5 \cdot 3{,}8 \cdot 125.000 \cdot \left(\frac{2{,}65^2}{200.000 \cdot 565 + 168.000 \cdot 340 \cdot 2{,}65^2}\right)$$

$$\varepsilon_{Lm} = 2{,}70\,‰ - 3{,}24\,‰ = -0{,}56\,‰$$

Da eine negative Lamellendehnung nicht auftreten kann, wird ein Mindestwert von $0{,}4 \cdot \varepsilon_L^{II}$ angesetzt, wie es im Gelbdruck der zukünftigen Richtlinie DAfStb-G-RiLi VBgB (09.2025) vorgeschlagen wird. Damit ergibt sich die folgende Dehnung

$$\varepsilon_{Lm} = 0{,}4 \cdot 1{,}91\,‰ = 0{,}76\,‰$$

Die Betondehnung ergibt sich wie folgt:

$$\varepsilon_{cm} = 0{,}4 \cdot \frac{f_{ct,\text{eff}}}{E_c} = 0{,}4 \cdot \frac{3{,}8}{36000} = 0{,}04\,‰$$

Der mittlere Rissabstand kann wie folgt berechnet werden:

$$s_{cr,\max} = \frac{A_{ct,\text{eff}} \cdot f_{ct,\text{eff}}}{2 \cdot \tau_{Lm}} \cdot \frac{\kappa_{Lb} \cdot E_L \cdot t_L \cdot \xi_L^2}{E_s A_s + E_L A_L \cdot \xi_L^2}$$

$$s_{cr,\max} = \frac{125.000 \cdot 3{,}8}{2 \cdot 7{,}96} \cdot \frac{2 \cdot 168.000 \cdot 1{,}7 \cdot 2{,}65^2}{200.000 \cdot 565 + 168.000 \cdot 340 \cdot 2{,}65^2} = 232{,}8 \text{ mm}$$

7.5.8.6 Resultierende Rissbreite

Aus den Dehnungen resultiert folgende Rissbreite:

$$w_{k,\text{calc}} = s_{cr,\max} \cdot (\varepsilon_{Lm} - \varepsilon_{cm}) = 232{,}8 \cdot \frac{(0{,}76 - 0{,}04)}{1000} = 0{,}168 \text{ mm}$$

Da die Rissbreite kleiner ist als die angenommene und die erforderlich Rissbreite ist der Nachweis erfüllt. Um die echte rechnerische Rissbreite zu erhalten, müsste nun eine Anpassung der Annahme der Rissbreite bzw. des Schlupfes in Abschn. 7.5.8.1 erfolgen. Dies ist hier nicht weiter ausgeführt, und würde zu einer rechnerischen Rissbreite von $w_{k,\text{calc}} = 0{,}174$ mm führen.

7.6 Querkraftnachweis

Am Kragarmanschitt herrscht gemäß DIN EN 1992-1-1 (01.2011) in Verbindung mit der DIN EN 1992-1-1/NA (04.2013) folgender Querkraftwiderstand:

$$k = 1 + \sqrt{\frac{200}{d}} = 1 + \sqrt{\frac{200}{450}} = 1{,}67 > 2 \rightarrow k = 1{,}67$$

$$v_{\min} = \left(\frac{0{,}0525}{\gamma_C}\right) \cdot k^{\frac{3}{2}} \cdot f_{ck}{}^{\frac{1}{2}} = \left(\frac{0{,}0525}{1{,}5}\right) \cdot 1{,}67^{\frac{3}{2}} \cdot 45^{\frac{1}{2}} = 0{,}51\ \text{MN/m}^2$$

$$V_{Rd,c,\min} = v_{\min} \cdot b_w \cdot d = 0{,}51 \cdot 1{,}0 \cdot 0{,}450 = 0{,}230\ \text{MN} = 230\text{kN}$$

Die maximale Querkraft für die ständige und vorübergehende Bemessungssituation ergibt sich mit den Schnittgrößen aus Abschn. 7.4 wie folgt.

$$V_{Ed} = \gamma_g \cdot V_{gk} + \gamma_q \cdot V_{TS} + \gamma_q \cdot V_{UDL}$$

$$V_{Ed} = 1{,}35 \cdot (18{,}75 + 11{,}6) + 1{,}35 \cdot 125 + 1{,}35 \cdot 20{,}7 = 234\ \text{kN}$$

Im Abstand d vom Auflager ergibt sich folgende Bemessungsquerkraft. Hierbei wird d aufgrund der veränderlichen Höhe zu 0,4 m angenommen.

$$V_{Ed,\text{red}} = 234\text{kN} - 2{,}63 \cdot 1{,}35 \cdot 0{,}4 - 12 \cdot 1{,}35 \cdot 0{,}4 - 11{,}25 \cdot 1{,}35 \cdot 0{,}4 = 220\ \text{kN}$$

Da die Querkrafttragfähigkeit $V_{Rd} = 230$ kN größer ist als die einwirkende Querkraft von $V_{Ed,\text{red}} = 220$ kN ist der Nachweis erfüllt.

7.7 Vereinfachter Ermüdungsnachweis

7.7.1 Vereinfachter Nachweis Lamelle nach DAfStb-Richtlinie

Zunächst wird der vereinfachte Nachweis unter seltener Einwirkungskombination geführt. Für die Lamellenspannung ergibt sich gemäß Abb. 7.16 daraus folgende Schwingbreite und folgende maximale Kraft je Lamelle:

$$\Delta\sigma_L = 322 - 82 = 240\ \text{N/mm}^2$$

$$F_{L,\max} = 322 \cdot 1{,}7 \cdot 20 = 10.950\ \text{N}$$

Der Verbundwiderstand beträgt nach Abschn. 7.5.4 $F_{bLRd} = 25.636$ N je Lamelle. Damit kann der Nachweis nach DAfStb-RiLi VBgB (03.2012) geführt werden:

$$\Delta\sigma_L = 240 \frac{N}{\mathrm{mm}^2} \leq \frac{500 \frac{N}{\mathrm{mm}^2}}{t_L} = \frac{500}{1{,}7} = 294 \mathrm{~N/mm}^2$$

$$F_{L,\max} = 10.950 \leq 0{,}6 \cdot 25.636 = 15382$$

Damit ist der vereinfachte Ermüdungsnachweis nach DAfStb-RiLi VBgB (03.2012) erfüllt. Allerdings ist dieser Nachweis auf $2 \cdot 10^6$ Lastspiele begrenzt. Mit der Jährlichen überfahrt von $0{,}125 \cdot 10^6$ wäre somit nach 16 Jahren die Nutzungsdauer erreicht.

7.7.2 Vereinfachter Nachweis Betonstahl

Auch beim Nachweis des Betonstahls wird zunächst, versucht den vereinfachten Nachweis zu führen. Für die Betonstahlspannung ergibt sich gemäß Abb. 7.17 folgende Schwingbreite:

$$\Delta\sigma_{S,\mathrm{freq}} = 348 - 89 = 259 \mathrm{~N/mm}^2$$

Damit lautet der Nachweis wie folgt:

$$\gamma_{F,\mathrm{fat}} \cdot \Delta\sigma_{S,\mathrm{freq}} = 1 \cdot 259 \mathrm{~N/mm}^2 \nleq \frac{\Delta\sigma_{S,lim}}{\gamma_{S,fat}} = 70 \mathrm{~N/mm}^2$$

Der vereinfachte Nachweis ist somit nicht erfüllt und es ist ein genauerer Nachweis erforderlich.

7.7.3 Vereinfachter Nachweis Beton auf Druck

Der Ermüdungsnachweis für Beton darf bei Straßenbrücken entfallen, falls die Betondruckspannung unter seltene Einwirkungskombination kleiner ist als 60 % der charakteristischen Betondruckfestigkeit ist ($\sigma_{c,\mathrm{rare}} \leq 0{,}6 f_{ck}$). Unter seltener Lastfallkombination treten nach Abb. 7.18 $\sigma_{c,\mathrm{rare}} = 10 \mathrm{~N/mm}^2$ auf.

Der Nachweis kann somit erfolgreich geführt werden, und es ist kein Ermüdungsnachweis für den Beton erforderlich:

$$\sigma_{c,\mathrm{rare}} = 10 \mathrm{~N/mm}^2 \leq 0{,}6 \cdot 45 = 27 \mathrm{~N/mm}^2$$

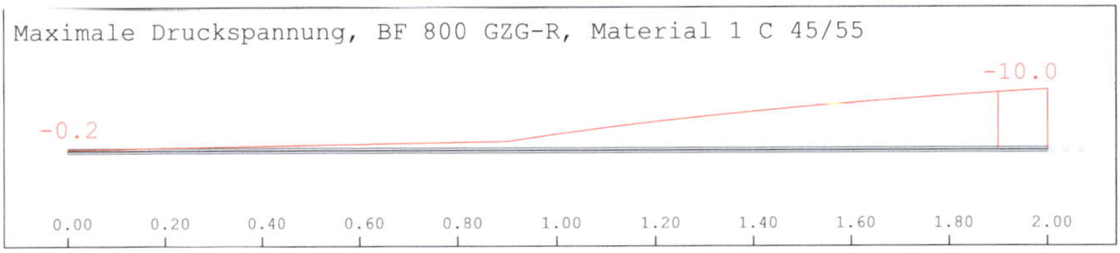

Abb. 7.18 Betondruckspannungen unter seltener Lastfallkombination in N/mm²

7.8 Genauer Nachweis

7.8.1 Lastbild und Schnittgrößen

Es wird das Lastmodell nach Abschn. 7.3.2.3 angesetzt. Für die Achse 1 und Achse 2 ergeben sich die folgenden Lastverteilungsbreiten

$$t_{y,1} = t_{y,2} = b_{0,y} + 2 \cdot h_1 + h = 0{,}32 + 2 \cdot 0{,}08 + 0{,}365 = 0{,}845 \text{ m}$$

Für die Ermittlung des maximale Biegemomentes am Kragarmanschnitt wird noch die rechnerische Verteilungsbreite b_m ermittelt:

$$b_{m,1} = b_{m,2} = t_y + 1{,}5 \cdot x = 0{,}845 + 1{,}5 \cdot 1{,}1 = 2{,}495 \text{ m}$$

Aufgrund des Achsabstandes von 4,5 m ergibt sich für Achse 1 und 2 keine Überschneidung und jeweils näherungsweise ein unabhängiges Biegemoment von:

$$m_{FLM4,1} = \frac{70/2 \cdot 1{,}1}{2}{,}495 = 15{,}4 \text{ kNm/m}$$

$$m_{FLM4,2} = \frac{130/2 \cdot 1{,}1}{2}{,}495 = 26{,}7 \text{ kNm/m}$$

7.8.2 Betonstahl- und Lamellenspannungen

Die Betonstahl- und Lamellenspannungen werden mit dem Programm (SOFiSTiK AG, 2025) bestimmt. Für den Betonstahl ergibt sich für die Achse 1 und 2 die folgende Schwingbreite aus der Abb. 7.19:

$$\Delta\sigma_{s,1} = 136 - 89 = 47 \text{ N/mm}^2$$

$$\Delta\sigma_{s,2} = 161 - 89 = 72 \text{ N/mm}^2$$

Für den CFK-Lamelle ergibt sich für die Achse 1 und 2 folgende Spannungen aus der Abb. 7.20.

$$\sigma_{L,1,\min} = \sigma_{L,2,\min} = 88 \text{ N/mm}^2$$

$$\sigma_{L,1,\max} = 126 \text{ N/mm}^2$$

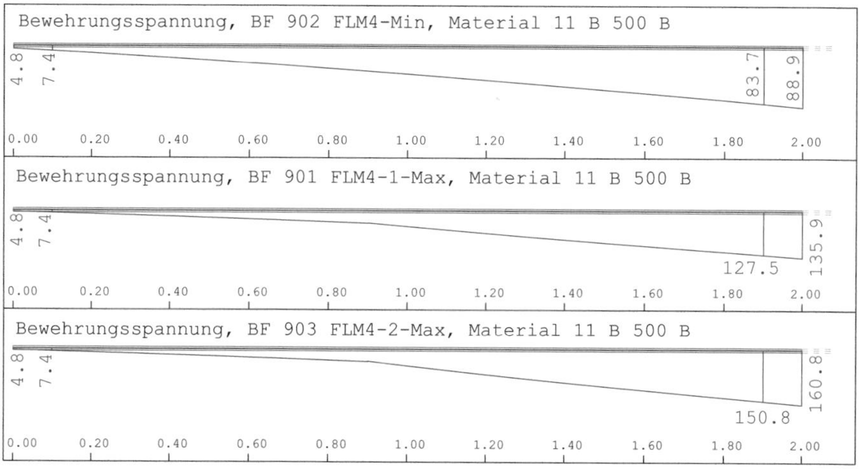

Abb. 7.19 Maximale und minimale Betonstahlspannungen aus den ELM4 in N/mm²

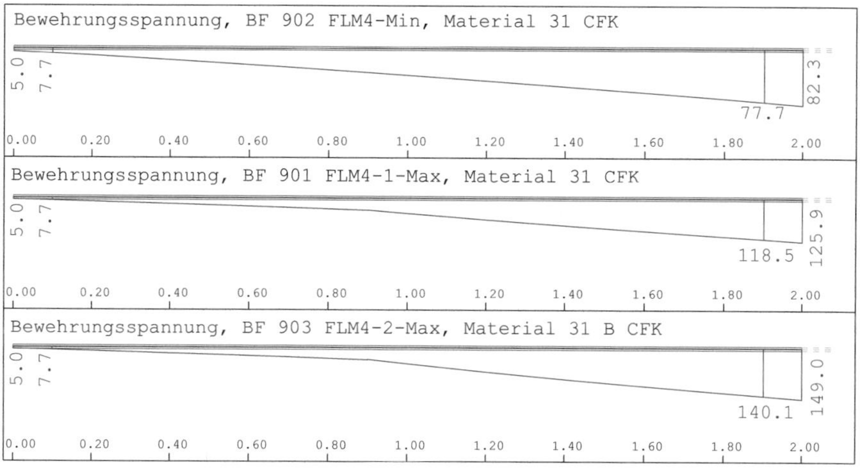

Abb. 7.20 Maximale und minimale Lamellenspannungen aus den ELM4 in N/mm²

$$\sigma_{L,2,\max} = 149 \text{ N/mm}^2$$

7.8.3 Nachweis CFK-Lamelle

Der Nachweis wird nach Abschn. 6.3.2 geführt. Für die maximal ansetzbare Verbundlänge von 115 mm ergibt sich mit der für die Ermüdung angepassten Dauerstandsbeiwert $\alpha_{bg} = 0{,}7$ zu:

$$\tau_{bLd} = \frac{1}{\gamma_{BE}} \cdot \min\begin{cases} \tau_{bGk} \cdot \alpha_{bG} \\ \tau_{bck} \cdot \alpha_{bC} \end{cases} = \frac{1}{1{,}3} \cdot \min\begin{cases} 30{,}2 \cdot 0{,}7 \\ 35{,}8 \cdot 0{,}9 \end{cases} = \frac{1}{1{,}3} \cdot \min\begin{cases} 21{,}1 \\ 32{,}2 \end{cases}$$
$$= 16{,}3\ \mathrm{N/mm}^2$$

$$F_{bLRd} = b_L \cdot \tau_{bLd} \cdot \sqrt[4]{a_r} \cdot l_{bL} \cdot (0{,}4 - 0{,}0015 \cdot l_{bL}) \cdot 0{,}95$$

$$F_{bLRd} = 20 \cdot 16{,}2 \cdot \sqrt[4]{150} \cdot 115 \cdot (0{,}4 - 0{,}0015 \cdot 115) \cdot 0{,}95 = 28.182\ \mathrm{N}$$

Für die Achse 1 wäre somit folgende maximale Lastwechsel aufnehmbar:

$$E_{Ld,\min,1} = \frac{F_{L1,\min}}{F_{bLRd}} = \frac{83 \cdot 20 \cdot 1{,}7}{28.182} = 0{,}10$$

$$E_{Ld,\max,1} = \frac{F_{L1,\max}}{F_{bLRd}} = \frac{126 \cdot 20 \cdot 1{,}7}{28.182} = 0{,}15$$

$$R_1 = \frac{0{,}10}{0{,}15} = 0{,}67$$

$$N_{1,\max} = 2 \cdot 10^{7{,}5 \cdot \frac{1-E_{Ld,\max,i}}{\sqrt{1-R_1}}} = 2 \cdot 10^{7{,}5 \cdot \frac{1-0{,}15}{\sqrt{1-0{,}67}}} = 2 \cdot 10^{11}$$

Damit ergäbe sich für die Achse 1 nach 75 Jahren folgende Schädigung:

$$D_{Ed,1} = \frac{n_1}{N_{1,\max}} = \frac{75 \cdot 0{,}125 \cdot 10^6}{2 \cdot 10^{11}} = 4{,}7 \cdot 10^{-5}$$

Für die Achse 2 wäre somit folgende maximale Lastwechsel aufnehmbar:

$$E_{Ld,\min,2} = \frac{F_{L2,\min}}{F_{bLRd}} = \frac{83 \cdot 20 \cdot 1{,}7}{28.182} = 0{,}10$$

$$E_{Ld,\max,2} = \frac{F_{L2,\max}}{F_{bLRd}} = \frac{148 \cdot 20 \cdot 1{,}7}{28.182} = 0{,}18$$

$$R_2 = \frac{0{,}10}{0{,}18} = 0{,}56$$

$$N_{2,\max} = 2 \cdot 10^{7{,}5 \cdot \frac{1-E_{Ld,\max,i}}{\sqrt{1-R_1}}} = 2 \cdot 10^{7{,}5 \cdot \frac{1-0{,}18}{\sqrt{1-0{,}56}}} = 2 \cdot 10^{9}$$

Damit ergäbe sich für die Achse 1 nach 75 Jahren folgende Schädigung:

$$D_{Ed,2} = \frac{n_2}{N_{2,\max}} = \frac{75 \cdot 0{,}125 \cdot 10^6}{2 \cdot 10^{9}} = 4{,}7 \cdot 10^{-3}$$

Daraus folgt folgende Gesamtschädigung für die Lamelle.

$$D_{Ed} = \sum_i D_{Ed,\mathrm{i}} = 4{,}7 \cdot 10^{-5} + 4{,}7 \cdot 10^{-3} = 0{,}005 \leq 1{,}0$$

Somit kann der Nachweis für die CFK-Lamelle geführt werden.

7.8.4 Nachweis Betonstahl

Für die Biegebewehrung ergibt sich nach 75 Jahren aus der Achse 1 folgende Schädigung:

$$D_{Ed,1} = \frac{n(\Delta\sigma_1)}{N(\Delta\sigma_1)} = \frac{n(\Delta\sigma_1)}{\left(\frac{\Delta\sigma_{Rsk}(N^*)}{\gamma_{s,fat} \cdot \Delta\sigma_{Ed,s}}\right)^m \cdot N^*}$$

$$\Delta\sigma_{s,1} = 47\frac{\mathrm{N}}{\mathrm{mm}^2} < \frac{\Delta\sigma_{Rsk}}{\gamma_{s,fat}} = \frac{175}{1{,}15} = 152\frac{\mathrm{N}}{\mathrm{mm}^2} \Rightarrow m = k_2 = 9$$

Damit gilt:

$$D_{Ed,1} = \frac{n(\Delta\sigma_1)}{N(\Delta\sigma_1)} = \frac{75 \cdot 0{,}125 \cdot 10^6}{\left(\frac{175}{1{,}15 \cdot 47}\right)^9 \cdot 1 \cdot 10^6} = 2{,}6 \cdot 10^{-4}$$

Aus Achse 2 ergibt sich folgende Schädigung:

$$D_{Ed,2} = \frac{n(\Delta\sigma_2)}{N(\Delta\sigma_2)} = \frac{75 \cdot 0{,}125 \cdot 10^6}{\left(\frac{175}{1{,}15 \cdot 72}\right)^9 \cdot 1 \cdot 10^6} = 0{,}011$$

Daraus folgt folgende Gesamtschädigung für die Biegebewehrung:

$$D_{Ed} = \sum_i \frac{n(\Delta\sigma_i)}{N(\Delta\sigma_i)} = 2{,}6 \cdot 10^{-4} + 0{,}011 = 0{,}011 \leq 1{,}0$$

Somit kann auch der Ermüdungsnachweis für die Betonstahlbewehrung geführt werden.

7.9 Zusammenfassung und konstruktive Durchbildung

Die Nachweise für den Umbau können mit einer Verstärkung in Querrichtung mit eingeklebten CFK-Lamellen 20×1,7 mm alle 10 cm erfüllt werden. Maßgebend sind im Wesentlichen die Querkraftnachweise und die Einhaltung der Gebrauchsspannungen für die Betonstahlbewehrung. Die aus den Nachweisen folgende konstruktive Durchbildung ist in Abb. 7.21 dargestellt.

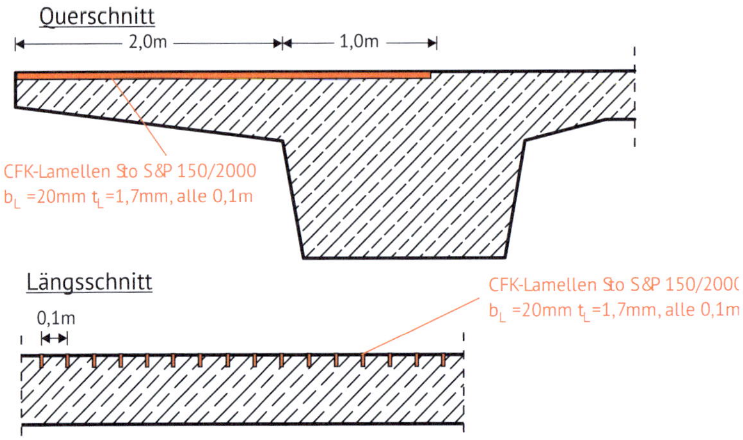

Abb. 7.21 Konstruktive Durchbildung der Kragarmverstärkung

Literatur

ARS 22/2012. (11.2012). Allgemeines Rundschreiben Straßenbau Nr. 22/2012, Technische Baubestimmungen Brücken – Einführung der Eurocodes für Brücken, Bonn.

DAfStb. (Hrsg.). (2019). Hilfsmittel zur Schnittgrößenermittlung und zu besonderen Detailnachweisen bei Stahlbetontragwerken; DAfStb Heft 631. Beuth, Berlin.

DAfStb-G-RiLi VBgB. (09.2025). Gelbdruck -Richtlinie Verstärken von Betonbauteilen mit geklebter Bewehrung.

DAfStb-RiLi VBgB. (03.2012). Richtlinie Verstärken von Betonbauteilen mit geklebter Bewehrung.

DIN EN 1990. (10.2021). Eurocode: Grundlagen der Tragwerksplanung; Deutsche Fassung EN 1990:2002 + A1:2005 + A1:2005/AC:2010.

DIN EN 1991-2. (12.2010). Eurocode 1: Einwirkungen auf Tragwerke – Teil 2: Verkehrslasten auf Brücken; Deutsche Fassung EN 1991-2:2003 + AC:2010, Berlin.

DIN EN 1991-2/NA. (08.2012). Nationaler Anhang – National festgelegte Parameter – Eurocode 1: Einwirkungen auf Tragwerke – Teil 2: Verkehrslasten auf Brücken, Berlin.

DIN EN 1992-1-1. (01.2011). Eurocode 2: Bemessung und Konstruktion von Stahlbeton- und Spannbetontragwerken – Teil 1-1: Allgemeine Bemessungsregeln und Regeln für den Hochbau; Deutsche Fassung EN 1992-1-1:2004 + AC: 2010, Berlin.

DIN EN 1992-1-1/NA. (04.2013). Nationaler Anhang – National festgelegte Parameter – Eurocode 2: Bemessung und Konstruktion von Stahlbeton- und Spannbetontragwerken – Teil 1-1: Allgemeine Bemessungsregeln und Regeln für den Hochbau; Deutsche Fassung EN 1992-1-1:2004 + AC: 2010, Berlin.

DIN EN 1992-2. (12.2010). Eurocode 2: Bemessung und Konstruktion von Stahlbeton- und Spannbetontragwerken – Teil 2: Betonbrücken – Bemessungs- und Konstruktionsregeln; Deutsche Fassung EN 1992-2:2005 + AC: 2008, Berlin.

DIN EN 1992-2/NA. (04.2013). Nationaler Anhang – National festgelegte Parameter – Eurocode 2: Bemessung und Konstruktion von Stahlbeton- und Spannbetontragwerken – Teil 2: Betonbrücken – Bemessungs- und Konstruktionsregeln, Berlin.

DIN FB 101. (03.2003). DIN-Fachbericht 101: Einwirkungen auf Brücken, Berlin.

DIN FB 102. (03.2003). DIN-Fachbericht 102: Betonbrücken, Berlin.

Finckh, W. (2024a). *Stahlbetonkonstruktion 2; Von der Bauteilberechnung über die Bemessung zur Bauwerksplanung*. Springer Vieweg.

Finckh, W. (2024b). *Verstärken von Betonbauteilen; Tragwerksplanung im Bestand*. Springer Fachmedien Wiesbaden; Imprint Springer Vieweg.

Novák, B., & Gabler, M. (2003). *Leitfaden zum DIN-Fachbericht 101, Einwirkungen auf Brücken*. Ernst.

SOFiSTiK AG. (2025). Finite Elemente Methode Software für Bauingenieure. https://www.sofistik.de/produkte/statik-fem/sofistik-fem-pakete. Zugegriffen: 2025.

Z-36.12-88. (08.2024). Bausatz StoCretec zum Verstärken von Stahl- und Spannbetonbauteilen durch in Schlitze verklebte CFK-Lamellen nach der DAfStb-Verstärkungs-Richtlinie.

Erläuterungen zur Ermüdung aufgeklebter Bewehrung 8

Zusammenfassung

Das Kap. 8 bietet eine umfassende Darstellung der Grundlagen, Nachweise und wissenschaftlichen Erkenntnisse zur Ermüdung von aufgeklebter Bewehrung als Verstärkung von Betonbauteilen. Zentral ist hierbei der Verbund zwischen Beton und aufgeklebter Bewehrung sowie die Umlagerung der Zugkräfte zwischen dieser und der Betonstahlbewehrung unter statischer und dynamischer Beanspruchung.

8.1 Grundlagen

8.1.1 Ausgangsbasis

Zur Biegeverstärkung werden meist CFK-Lamellen als aufgeklebte Bewehrung verwendet. Wie bei der eingeklebten Bewehrung hat auch bei der aufgeklebten Bewehrung das Bewehrungselement an sich einen sehr hohen Ermüdungswiderstand. Da bei den aufgeklebten CFK-Lamellen die Materialausnutzungsgrade aufgrund des meist maßgebenden Klebeverbundes deutlich geringer sind als bei eingeklebten CFK-Lamellen, ist somit eine Ermüdung des CFK-Werkstoffes im Allgemeinen ausgeschlossen und braucht nicht weiter betrachtet werden.

Bei aufgeklebter Bewehrung wird der Verbund bereits in der statischen Bemessung in den meisten Fällen maßgebend. Somit hat der Verbund zwischen Beton und aufgeklebter Bewehrung auch bei der Ermüdungsbeanspruchung eine zentrale Bedeutung. Hinzu kommt, dass bei einer potenziellen Verbundentkopplung die Zugkräfte aus der aufgeklebten Bewehrung sich in die Betonstahlbewehrung umlagern, was zu größeren Schwingbreiten in der Betonstahlbewehrung führt. Demzufolge muss eine Verbundentkopplung im Ermüdungsfall verhindert bzw. stark begrenzt werden.

W. Finckh et al., *Brückenverstärkung mit geklebter Bewehrung*,
https://doi.org/10.1007/978-3-658-49258-8_8

Ein Ermüdungsnachweis für ein mit aufgeklebter Bewehrung verstärktes Bauteil muss somit die folgenden Elemente enthalten:

- Ermüdungsnachweis der Verbundkraftübertragung der aufgeklebten Bewehrung
- Ermüdungsnachweis des inneren Betonstahls

Gegebenenfalls ist noch die Ermüdung des Betons und die Ermüdung auf Querkraft zu untersuchen. Bei der Verwendung von Stahllaschen als aufgeklebte Bewehrung muss für diese auch ein Ermüdungsnachweis erfolgen, welcher z. B. wie für den Betonstahl geführt werden kann.

In den beiden nachfolgenden Abschnitten werden die Grundlagen des statischen Verbundes der aufgeklebten Bewehrung sowie die Grundlagen der Umlagerung zwischen aufgeklebter Bewehrung und Betonstahlbewehrung kurz erläutert, da diese die Grundlagen für den Ermüdungsverbundnachweis darstellen.

8.1.2 Verbundbeschreibung unter statischer Belastung

Der Verbund aufgeklebter Bewehrung ist durch die mäßige Zugfestigkeit der oberflächennahen Betonschichten charakterisiert. Zur Beschreibung dieses Verbundes gibt es zahlreiche Ansätze, welche z. B. in (Zilch et al., 2011) beschrieben sind. Die meisten Modelle basieren auf der Differentialgleichung des verschieblichen Verbundes, welche bereits 1938 von (Volkersen, 1938) für genietete Verbindungen aufgestellt wurde und mit der in Abb. 8.1 dargestellten Überlegung für aufgeklebte Bewehrung adaptiert werden kann.

Der Verbund aufgeklebter Bewehrung wurde erstmals konsequent von (Holzenkämpfer, 1994) unter Vernachlässigung der Betonverformungen mit der Differentialgleichung des verschieblichen Verbundes, wie sie in Gl. (8.1)

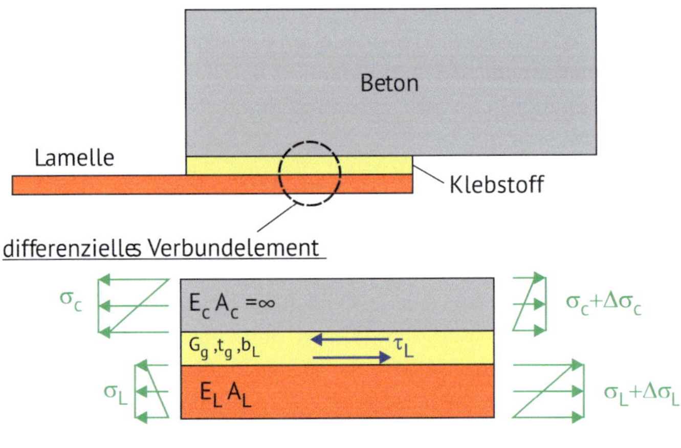

Abb. 8.1 Überlegung zur Aufstellung der Differenzialgleichung des verschieblichen Verbundes

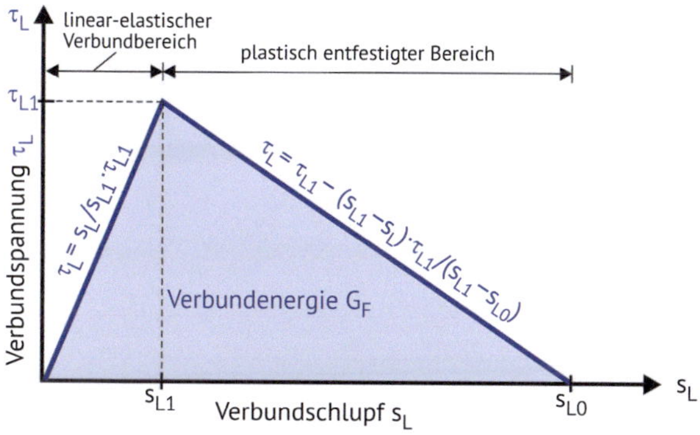

Abb. 8.2 Beschreibung der Verbundspannung

dargestellt ist, über den Lamellenschlupf s_L, die Verbundspannungs-Schlupf-Beziehung $\tau(s_L)$, die Lamellendicke t_L und den Elastizitätsmodul E_L der Lamelle beschrieben.

$$s_L'' - \frac{b_L}{E_L \cdot A_L} \cdot \tau(s_L) = 0 \Rightarrow s_L'' - \frac{\tau(s_L)}{E_L \cdot t_L} = 0 \tag{8.1}$$

Zentrale Bedeutung hat hier die Verbundspannung-Schlupf-Beziehung, welche den Zusammenhang zwischen Lamellenschlupf (Verschiebung am Lamellenende) und der Verbundspannung beschreibt. Bereits (Ranisch, 1982) stellte fest, dass die maximale Verbundspannung begrenzt ist und ab einer maximalen Beanspruchung eine Entfestigung folgt, wie dies in Abb. 8.2 dargestellt ist.

Dieser in Abb. 8.2 dargestellte bilineare Verbundansatz mit einem linear-elastisch ansteigenden und einem plastisch entfestigenden Ast wurde somit erstmals von (Ranisch, 1982) auf die aufgeklebte Bewehrung übertragen. Aufgrund von Versuchsergebnissen von Bauteilversuchen, wählte er jedoch den Grenzschlupf s_{L0}, ab welchem keine Verbundspannung mehr übertragen werden kann, abhängig von der Verbundlänge. Dies wurde von (Iványi & Buschmeyer, 1992) als mechanischer Widerspruch identifiziert.

Darauf aufbauend wurde von (Holzenkämpfer, 1994) der bilineare Verbundansatz mit einem von der Verbundlänge unabhängigen Grenzschlupf s_{L0} beschrieben. Den Wert der maximalen Verbundspannung τ_{L1} legt er aufgrund des Mohr-Coulombschen Bruchkriteriums in Abhängigkeit der Zugfestigkeit des Betons fest. Die Verbundbruchenergie G_F der Verbundspannungs-Schlupf-Beziehung wurde von Holzenkämpfer anhand zahlreicher Verbundversuche mit aufgeklebten Stahllaschen kalibriert. (Neubauer, 2000) adaptiert den Ansatz von (Holzenkämpfer, 1994) und ermittelt sich für aufgeklebte CFK-Lamellen eine etwas höhere Verbundbruchenergie.

(Niedermeier, 2001) ermittelt sich über die Anpassung der rechnerischen an die gemessen Schlüpfe und Laschen/Lamellenkräfte erstmals konkret die Schlupfwerte s_{L1} und s_{L0} sowie die maximalen Verbundspannung τ_{L1} für jeden einzelnen

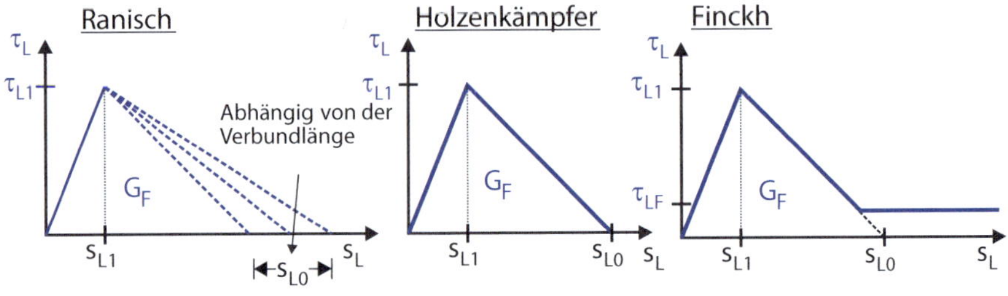

Abb. 8.3 Weiterentwicklung der Verbundspannungsschlupfbeziehung für aufgeklebte Bewehrung für ebene ungerissene Elemente. (Nach Zilch & Finckh, 2012)

Versuch. (Zehetmaier, 2006) adaptiert den Ansatz von (Niedermeier, 2001) und ermittelt sich für aufgeklebte CFK-Lamellen eine etwas höhere maximale Verbundspannung.

Die Ansätze von (Niedermeier, 2001) und (Zehetmaier, 2006) wurden von (Finckh, 2012) anhand von zahlreichen Versuchen angepasst und um ein Reibplateau τ_{LF} erweitert. Die Weiterentwicklung der Verbundspannung-Schlupf-Beziehung für aufgeklebte Bewehrung am ebenen ungerissenen Element ist in Abb. 8.3 dargestellt.

Der bilineare Verbundansatz stellt eine brauchbare Näherung zur Beschreibung des Verbundes der aufgeklebten Bewehrung an ebenen ungerissenen Elementen dar. Die Schlupfgrößen und Verbundspannungen hängen jedoch wie beim Verbund des Betonstahls neben der Festigkeit des Betons auch von der Betonzusammensetzung ab, sodass ein absoluter, allgemeingültiger Wert hierfür nur schwer zu finden ist. Des Weiteren werden diese Größen auch vom Verstärkungssystem an sich abhängen, sodass diese Werte bei stark unterschiedlichen Systemen über Verbundversuche erneut ermittelt werden sollten. Die in der DAfStb-RiLi VBgB (03.2012) zugrunde liegenden Werte stammen aus (Zilch et al., 2012). Für die statische Verbundwirkung ist lediglich die Bruchenergie von entscheidender Bedeutung. Somit sind hier nur die Werte für den maximalen Schlupf s_{L0} und der maximalen Verbundspannung τ_{L1} relevant.

Bei der Ermüdung hingegen ist der elastische Ast von entscheidender Bedeutung. Dieser ist jedoch gemäß (Finckh, 2012) versuchstechnisch schwer zu bestimmen. Da bei der üblichen Auswertung nach (Zilch & Niedermeier, 2008) die Werte des bilinearen Verbundansatzes über die Rückrechnung der Versuchskurven erfolgen und bei der Ermittlung des elastischen Astes insbesondere bei dünner aufgeklebter Bewehrung wie z. B. CFK-Lamellen nur sehr geringe Schlüpfe auftreten. Wie Abb. 8.4 zeigt, beeinflusst die Größe des elastischen Astes im relevanten Bereich lediglich die Anfangssteigung der Relativverschiebungs-Lamellenkraftkurve. In diesem Anfangsbereich sind jedoch die Schlüpfe extrem klein und schwierig zu messen. Dies führt zu extrem großen Schwankungen aufgrund von kaum zu verhindernden Messungenauigkeiten, was wiederum zu extrem niedrigen charakteristischen Werten wie bei (Zehetmaier, 2006) führt. Dies ist einerseits

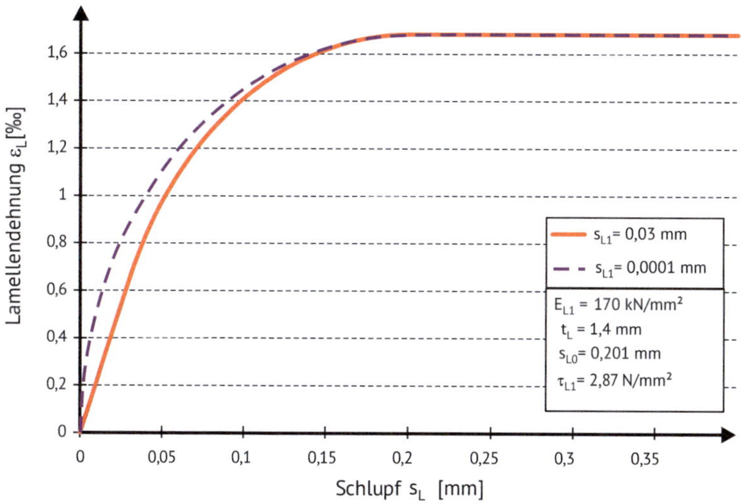

Abb. 8.4 Einfluss der Wahl der Größe des elastischen Astes auf die Lamellendehnung-Schlupf-Beziehung. (Nach Finckh, 2012)

unglaubwürdig, da im sonstigen Betonbau im Regelfall die Streuung bei geeigneten Modellen deutlich kleiner ist, anderseits sind solche Schwankungen für eine Bemessung und akkurate Auswertung nicht brauchbar.

Aus diesem Grund ist in der DAfStb-RiLi VBgB (03.2012) zusätzlich der elastische Ast anhand mechanischer Überlegungen festgelegt. Der elastische Ast kann beim bilinearen Verbundansatz über die Steigung bestimmt werden, welche sich über die Schubverformung einer mitwirkenden Schicht der Dicke t_{Lb} ergibt.

$$s_{L1} = \frac{t_{Lb}}{G_{Lb}} \cdot \tau_{L1} \tag{8.2}$$

Die mitwirkende Schicht wird von (Ulaga, 2003) rein über die Klebschicht bestimmt. Im Gegensatz dazu bestimmen (Holzenkämpfer, 1994), (Hankers, 1995) und (Neubauer, 2000) diese über eine mitwirkende Schicht des Betons. Die Hypothese der mitwirkenden Schicht des Betons von (Holzenkämpfer, 1994) wurde durch optische Messungen von Verbundrissen an Endverankerungskörpern von (Czaderski et al., 2010) bestätigt. Somit kann die Schubverformung über den Schubmodul des Betons sowie über eine mitwirkende Dicke unter Zug bestimmt werden. Der Schubmodul kann über den E-Modul und die Querdehnzahl bestimmt werden. Nimmt man als Querdehnzahl für den Beton $\nu = 0{,}2$ nach der DIN EN 1992-1-1 (01.2011) an, so erhält man den Zusammenhang zwischen Schubmodul und E-Modul gemäß Gl. (8.3).

$$G_{Lb} = \frac{E_c}{2 \cdot (1 + \nu)} \approx \frac{E_c}{2 \cdot (1 + 0{,}2)} = \frac{E_c}{2{,}4} \tag{8.3}$$

Die mitwirkende Dicke unter Zug kann bei Beton nach (Eibl & Iványi, 1976) über das sogenannte repräsentativen Volumenelement beschrieben werden. Zur Beschreibung der Kantenlänge dieses repräsentativen Volumenelements d_{RVE} stehen verschiedene Ansätze zur Verfügung (vgl. z. B. (Reineck, 1990), (Jahn, 1983)). Die Formulierung von (Holzenkämpfer, 1994) scheint für die Anwendung des repräsentativen Volumenelements auf die aufgeklebte Bewehrung am treffendsten zu passen (vgl. (Czaderski et al., 2010)). Diese Beziehung wird durch Gl. (8.4) über den Durchmesser des Größtkorns des Betons d_g beschrieben

$$t_{Lb} = d_{RVE} = 2{,}5\ \text{mm} + 3 \cdot d_g \tag{8.4}$$

Somit ergibt sich der elastische Ast in der DAfStb-RiLi VBgB (03.2012) zu Gl. (8.4), wie Sie auch in (Budelmann & Leusmann, 2013) für den Ermüdungsnachweis vorgeschlagen wird.

8.1.3 Verbundkraftübertragung unter statischer Belastung

8.1.3.1 Allgemeines

Die direkte Anwendung der Verbundspannungs-Schlupf-Beziehung auf das Gesamtbauteil, wäre nur bei einer sehr detaillieren nummerischen Analyse möglich, was jedoch durch die jetzigen Vorschriften, wie die DAfStb-RiLi VBgB (03.2012) nicht abgedeckt ist.

Für die Verbundkraftübertragung am Bauteil wurden umfangreiche Untersuchungen durchgeführt und unter anderem die Differentialgleichung des verschieblichen Verbundes mit der der Verbundspannungs-Schlupf-Beziehung für verschiedene Randbedingen gelöst. Bei aufgeklebter Bewehrung muss die Verbundkraftübertragung, wie im Abb. 8.5 dargestellt, an der Stelle stattfinden, an welcher die Änderungen der Zugkraft auftreten. Aus diesem Grund werden für eine Nachweisführung zwei Bereiche unterschieden, nämlich der Endverankerungsbereich und der intermediäre Bereich. In diesem intermediären Bereich wird, wie Abb. 8.5 zeigt, die Verbundkraft an Elementen, welche durch Biegerisse getrennt werden, den sogenannten Zwischenrisselementen übertragen. An einem solchen Zwischenrisselement herrscht die Lamellenkraft am niedriger beanspruchten Rissufer und diese Grundlamellenzugkraft mit einer zusätzlichen Lamellenkraft am höher beanspruchten Rissufer. Diese zusätzliche Lamellenkraft entspricht dem Zugkraftzuwachs bzw. der Lamellenkraftdifferenz und muss über Verbundspannungen in das Betonbauteil übertragen werden.

8.1.3.2 Endverankerung

Für den Endverankerungsbererich kann man die Differentialgleichung des verschieblichen Verbundes mit dem bilinearen Verbundansatz geschlossen lösen (vgl. z. B. (Holzenkämpfer, 1994)). In der DAfStb-RiLi VBgB (03.2012) wurde diese Lösung nach (Niedermeier, 2001) leicht vereinfacht.

Hierbei wird über eine linearisierte Zurückrechnung die maximal aufnehmbare Lamellenspannung $f_{bLk,max}$ am idealisierten Endverankerungspunkt mit Gl. (8.5)

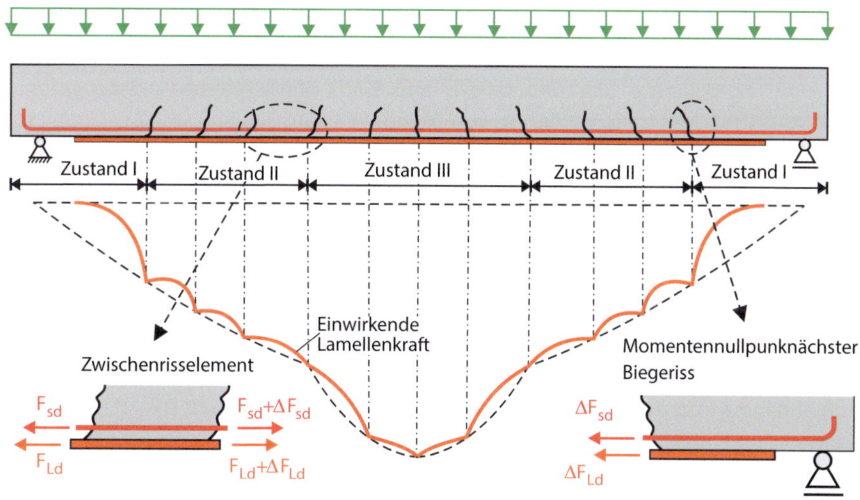

Abb. 8.5 Prinzip der Verbundkraftübertragung bei aufgeklebten CFK-Lamellen. (Entnommen aus Finckh, 2024)

bestimmt. Die zugehörige effektive Verbundlänge $l_{bL,max}$, nach der die bruchmechanisch begrenzte Lamellenspannung am Endverankerungspunkt nicht mehr ansteigt, kann mit Gl. (8.6) bestimmt werden. Der Bereich vor der maximalen Verbundlänge wird von (Niedermeier, 2001) über eine Parabel der exakten Lösung aus dem bilinearen Verbundansatz mit Gl. (8.7) angenähert. Um eine bessere Übereinstimmung dieser Näherung mit den Versuchswerten zu erreichen, wurde noch der empirische Faktor $\kappa_{Lb} = 1{,}128$ von (Niedermeier, 2001) in die Gleichung für die maximale Verbundlänge eingeführt.

$$f_{bLk,max} = \sqrt{\frac{E_L \cdot s_{L0k} \cdot \tau_{L1k}}{t_L}} \tag{8.5}$$

$$l_{bL,max} = \frac{2}{\kappa_{Lb}} \cdot \sqrt{\frac{E_L \cdot t_L \cdot s_{L0k}}{\tau_{L1k}}} \tag{8.6}$$

$$f_{bLk}(l_{bL}) = \begin{cases} f_{bLk,max} \cdot \frac{l_{bL}}{l_{bL,max}} \left(2 - \frac{l_{bL}}{l_{bL,max}}\right) & l_{bL} < l_{bL,max} \\ f_{bLk,max} & l_{bL} \geq l_{bL,max} \end{cases} \tag{8.7}$$

In der DAfStb-RiLi VBgB (03.2012) kann am Endverankerungsnachweis auch die Umlagerung zwischen den Bewehrungen gemäß Abschn. 8.1.4 berücksichtigt werden. Die daraus folgende Nachweisführung ist z. B. in (Finckh, 2024) erläutert und an Beispielen verdeutlicht.

8.1.3.3 Intermediäre Bereich

Im intermediären Bereich wird nach DAfStb-RiLi VBgB (03.2012) bei einer genauen Berechnung der Nachweis am Zwischenrisselement durchgeführt. Hier muss im gerissenen Bereich des Bauteils nachgewiesen werden, dass die Lamellenkraftdifferenz am Zwischenrisselement ΔF_{LEd}, welche von der Querkraft abhängt, kleiner ist als die Kraftänderung, die durch Verbund aufnehmbar ist. (Vgl. auch Abb. 8.5)

$$\Delta F_{LEd} \leq \Delta F_{LRd} \tag{8.8}$$

$$\Delta F_{LEd} = F_{LEd}(x + s_r) - F_{LEd}(x) \tag{8.9}$$

Die aufnehmbare Lamellenkraftänderung am Zwischenrisselement ist unter anderem abhängig von der Lamellenkraft am niedriger beanspruchten Rissufer $F_{LEd}(x)$, welche durch das Biegemoment charakterisiert wird. Der Bemessungswert des Widerstandes der Lamellenkraftänderung ΔF_{LRd} am Zwischenrisselement setzt sich in Gl. (8.10), wie erstmals in (Finckh, 2012) beschrieben wurde, aus drei Traganteilen zusammen:

- Dem infolge der Klebeverbundwirkung aus dem bilinearen Verbundansatz abgeleiteten Grundwert des Verbundkraftwiderstands am Zwischenrisselement $\Delta F_{\mathrm{Lk,BL}}$ nach Gl. (8.11).
- Dem Verbundkraftwiderstand am Zwischenrisselement aufgrund der Reibung an den bereits entkoppelten Stellen $\Delta F_{\mathrm{Lk,BF}}$ nach Gl. (8.18).
- Dem Verbundkraftwiderstand am Zwischenrisselement aufgrund der Krümmung $\Delta F_{\mathrm{Lk,KF}}$ nach Gl. (8.20).

$$\Delta F_{LRd} = \frac{\Delta F_{Lk,BL} + \Delta F_{Lk,BF} + \Delta F_{Lk,KF}}{\gamma_{BA}} \tag{8.10}$$

Die drei Traganteile sind in Abb. 8.6 über der Lamellenkraft am niedriger beanspruchten Rissufer des Zwischenrisselements mit den zugehörigen Verbundspannung-Schlupf-Beziehungen schematisch dargestellt. Die Gleichungen zur Beschreibung der einzelnen Traganteile sind nachfolgend aufgelistet und kurz erläutert. Eine genaue Beschreibung sowie die Herleitung der Gleichungen sind in (Zilch et al., 2012) angegeben. Die Gleichungen sind abhängig von den geometrischen Größen der aufgeklebten Bewehrung (Breite b_L und rechnerische Dicke t_L), den Materialeigenschaften der aufgeklebten Bewehrung (Bemessungswert der Bruchkraft F_{Lud} und mittlerer E-Modul E_{Lm}) sowie den Verbundbeiwerten des erweiterten bilinearen Ansatzes und somit abhängig von der maximalen Verbundspannung τ_{L1k}, dem Grenzschlupf s_{L0k} sowie der Reibverbundspannung τ_{LFk} (vgl. auch Abb. 8.3).

Der erste Traganteil in Gl. (8.10), welcher den Verbundkraftwiderstand aus dem bilinearen Verbundansatz am Zwischenrisselement nach (Niedermeier, 2001) beschreibt, wird durch den Punkt D im Abb. 8.6, in zwei Teile geteilt und kann mit Gl. (8.11) bestimmt werden. Der Punkt D beschreibt die Lamellenkraft am niedriger beanspruchten Rissufer, ab der es am Zwischenrisselement zu entkoppelten

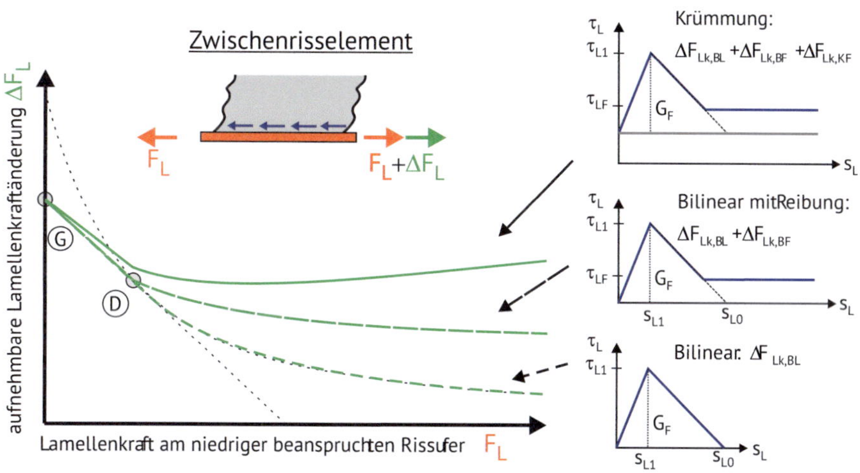

Abb. 8.6 Aufnehmbare Lamellenkraftänderung am Zwischenrisselement aufgrund der drei Anteile in Abhängigkeit der Lamellenkraft am niedriger beanspruchten Rissufer. (Entnommen aus Finckh, 2024)

Bereichen kommt. Der erste Bereich vom Punkt G bis zum Punkt D, welcher durch eine Gerade zwischen diesen beiden Punkten beschrieben wird, stellt den Bereich dar, in welchem die benötigte Übertragungslänge des bilinearen Ansatzes größer ist als die Länge des Zwischenrisselements, die dem Rissabstand s_r entspricht. Am Zwischenrisselement treten dann keine entkoppelten Verbundbereiche auf

$$\Delta F_{Lk,BL} = \begin{cases} \Delta F^G_{\text{Lk,BL}} - \frac{\Delta F^G_{\text{Lk,BL}} - \Delta F^D_{\text{Lk,BL}}}{F^D_{\text{Lk,BL}}} F_{\text{LEd}} & \text{für} \quad F_{LEd} \leq F^D_{Lk,BL} \\ \sqrt{{b_L}^2 \cdot \tau_{L1k} \cdot s_{L0k} \cdot E_L \cdot t_L + {F_{LEd}}^2} - F_{LEd} & \text{für } F^D_{Lk,BL} < F_{LEd} \leq F_{Lud} \end{cases} \tag{8.11}$$

Die Lamellenkraft im Punkt D und die Verbundkraftwiderstände in den Punkten G und D berechnen sich mit den Gl. (8.12) bis (8.14). Die dafür benötigte effektive Verbundlänge $l_{bL,max}$ kann über die Verbundparameter des bilinearen Ansatzes und den empirischen Kalibrierungsbeiwert $\kappa_{Lb} = 1{,}128$ mit der Gl. (8.5) bestimmt werden.

$$\Delta F^G_{Lk,BL} = f_{bLk}(s_r) \cdot b_L t_L \tag{8.12}$$

$$F^D_{Lk,BL} = \frac{s_{L0k} \cdot E_L \cdot b_L \cdot t_L}{s_r} - \tau_{L1k} \frac{s_r b_L}{4} \tag{8.13}$$

$$\Delta F^D_{Lk,BL} = \sqrt{{b_L}^2 \cdot \tau_{L1k} \cdot s_{L0k} \cdot E_L \cdot t_L + {F^D_{Lk,BL}}^2} - F^D_{Lk,BL} \tag{8.14}$$

$$l_{bL,max} = \frac{2}{\kappa_{Lb}} \cdot \sqrt{\frac{E_L \cdot t_L \cdot s_{L0k}}{\tau_{L1k}}} \tag{8.15}$$

$$f_{bLk,max} = \sqrt{\frac{E_L \cdot s_{L0k} \cdot \tau_{L1k}}{t_L}} \tag{8.16}$$

$$f_{bLk}(s_r) = \begin{cases} f_{bLk,max} \cdot \frac{s_r}{l_{bL,max}} \left(2 - \frac{s_r}{l_{bL,max}}\right) & s_r < l_{bL,max} \\ f_{bLk,max} & s_r \geq l_{bL,max} \end{cases} \tag{8.17}$$

Der zweite Traganteil aus dem Reibverbund in der bereits entkoppelten Fläche, welcher nur nach dem Punkt D in Abb. 8.6 auftreten kann, berechnet sich in der DAfStb-RiLi VBgB (03.2012) mit Gl. (8.18).

$$\Delta F_{Lk,BF} = \begin{cases} 0 & \text{für} \quad F_{LEd} \leq F^D_{Lk,BL} \\ \tau_{\text{LFk}} \cdot b_L \cdot (s_r - l_{wi}) & \text{für} \quad F^D_{Lk,BL} < F_{LEd} \leq F_{Lud} \end{cases} \tag{8.18}$$

$$l_{wi} = \frac{2 \cdot t_L \cdot E_L}{\tau_{L1k}} \cdot \left(\sqrt{\frac{\tau_{L1k} \cdot s_{L0k}}{t_L \cdot E_L} + \frac{{F_{LEd}}^2}{{b_L}^2 \cdot {t_L}^2 \cdot {E_L}^2}} - \frac{F_{LEd}}{b_L \cdot t_L \cdot E_L} \right) \tag{8.19}$$

Der dritte Traganteil in Gl. (8.10) stellt den Einfluss der Bauteilkrümmung auf den Verbund der aufgeklebten Bewehrung dar. Durch eine konvexe Krümmung, wie sie bei der Durchbiegung entsteht, wird eine Umlenkung an jedem Zwischenrisselement verursacht, was somit zu einem selbstinduzierten Anpressdruck führt. Dieser Anpressdruck auf die aufgeklebte Bewehrung bewirkt einerseits eine Erhöhung des Verbundkraftwiderstandes infolge der Klebeverbundwirkung in den nicht entkoppelten Bereichen und andererseits eine Erhöhung des Verbundkraftwiderstandes infolge der Reibung in den entkoppelten Bereichen. In der DAfStb-Richtlinie wird dieser Effekt vereinfacht mit der Gl. (8.20) über die Verkrümmung des Querschnittes erfasst, welche über die Bauteilhöhe h, die Betonstauchung ε_{cr1} und die Lamellendehnung ε_{Lr1} am niedriger beanspruchten Rissufer bestimmt wird. In Gl. (8.20) ist der Beiwert $\kappa_k = 24{,}3 \cdot 10^3$ N/mm ein empirischer Beiwert, zur Berücksichtigung des Einflusses der Krümmung auf den Verbund, welcher anhand von zahlreichen Versuchen in (Zilch et al., 2012) bestimmt wurde.

$$\Delta F_{Lk,KF} = s_r \cdot \kappa_k \cdot \frac{\varepsilon_{Lr1} + \varepsilon_{cr1}}{h} \cdot b_L \tag{8.20}$$

Der hier dargestellte genaue Nachweis am Zwischenrisselement ist für eine Handrechnung eher ungeeignet, da der für die Bemessung maßgebende Punkt bei den in der Praxis üblichen Flächen- und Streckengleichlasten nicht klar erkennbar ist, sondern sich erst durch die gesamte Nachweisführung ergibt. Betrachtet man zum Beispiel einen Zweifeldträger unter Gleichlast, so führt die Festlegung

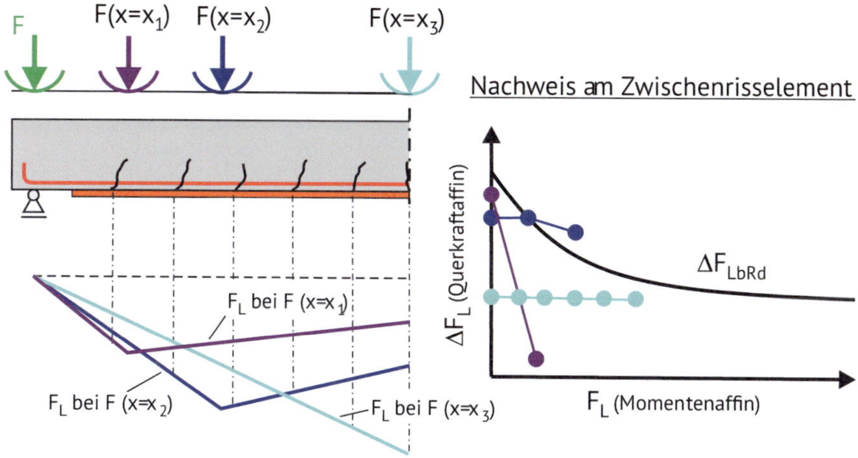

Abb. 8.7 Beispielhafer Verbundnachweis bei einer Wanderlast. (Entnommen aus Finckh, 2024)

des maßgeblichen Lastfalls für die ungünstigste Kombination am maßgebenden Zwischenrisselement zu erheblichem Rechenaufwand, was diesen Nachweis für eine Handrechnung eher unbrauchbar macht. Für eine EDV-Berechnung eignet sich dieser Nachweis jedoch relativ gut, da nur wenige Fallunterscheidungen notwendig sind.

Der Verbundwiderstand am Zwischenrisselement ist beim genaueren Nachweis abhängig von der Lamellenkraft am niedriger beanspruchten Rissufer. Somit ist der Widerstand abhängig von der Einwirkung. Aus diesem Grund muss dieser Nachweis für jede Lastfallkombination untersucht werden. Das Superpositionsprinzip gilt nicht.

Der Einfluss der Lastfallkombinationen auf den Verbundnachweis wird am Beispiel einer Wanderlast in Abb. 8.7 verdeutlicht.

8.1.4 Umlagerungen zwischen den Bewehrungen

Für die Biegebemessung wie auch die Ermittlung der Verbundbeanspruchung ist die Kenntnis der Zugkräfte von entscheidender Bedeutung. Aufgrund externer Zugkräfte oder einer Momentenbeanspruchung nehmen die geklebte Bewehrung und die interne Bewehrung Zugkräfte auf. Die Verteilung der Zugkräfte in den verschiedenen Bewehrungssträngen kann aufgrund des unterschiedlichen Verbundverhaltens nicht mit der Voraussetzung der ebenen Dehnungsverteilung[1] über den

[1] Bei üblichen verstärkten Bauteilen ist dieser Effekt im Wesentlichen im Grenzzustand der Gebrauchstauglichkeit und der Ermüdung von Bedeutung. Im Grenzzustand der Tragfähigkeit stellt sich aufgrund des duktilen Verhaltens des Betonstahls (Fließen) und des linear elastischen Verhaltens der CFK-Lamelle meist der Zustand der ebenen Dehnungsverteilung ein.

Querschnitt erfolgen. Ähnlich wie bei teilweise vorgespannten Bauteilen müssen die unterschiedlichen Verbundeigenschaften der Bewehrungsstränge berücksichtigt werden. Dies wird auch in der DIN EN 1992-1-1 (01.2011) beim Nachweis der Rissbreite auf Grundlage von (König & Fehling, 1988) mit Gl. (8.21) berücksichtigt.

$$\frac{\Delta\varepsilon_{p2}}{\varepsilon_{s2}} = \xi_1 = \sqrt{\frac{\tau_{pm}}{\tau_{sm}} \cdot \frac{E_s \cdot \phi_s}{E_p \cdot \phi_p}} \approx \sqrt{\frac{\tau_{pm}}{\tau_{sm}} \cdot \frac{\phi}{\phi_p}} = \sqrt{\xi \cdot \frac{\phi_s}{\phi_p}} \tag{8.21}$$

Dieser Ansatz wird dann in der DIN EN 1992-1-1 (01.2011) auf Grundlage von (Tue, 1993) im Ermüdungsnachweis durch einen Erhöhungsfaktor η für die Betonstahlbewehrung berücksichtigt (vgl. auch Gl. (5.5)).

Diese Modelle für die vorgespannten Bauteile können nicht einfach für alle Fälle auf die geklebte Bewehrung adaptiert werden, da insbesondere bei der aufgeklebten Bewehrung der Verbund im Verhältnis zum Betonstahl deutlich geringer ist und somit die Umlagerungseffekte auch für den Grenzzustand der Tragfähigkeit, insbesondere im Endverankerungsbereich, relevant sind und die Annahme der konstanten Verbundspannung bei beginnender Verbundentkopplung die Realität zu ungenau abbildet.

In den vorgestellten Ansätzen zur geklebten Bewehrung sowie in den Ansätzen zu teilweise vorgespannten Bauteilen wird das Zusammenwirken oft mit unterschiedlichen Verhältnisfaktoren beschrieben:

- Verhältnis der tatsächlichen Dehnungen der unterschiedlichen Bewehrungsstränge nach Gl. (8.22).
- Verhältnis der tatsächlichen Dehnungen zu den rechnerischen Dehnungen im Zustand II ermittelt auf Basis der Dehnungsebenheit (Gl. (8.23)).
- Verhältnis der mittleren Dehnungen einer Bewehrung zu den tatsächlichen Dehnungen mit Gl. (8.24).

$$\delta_L = \frac{\varepsilon_{Lr}}{\varepsilon_{sr}} \tag{8.22}$$

$$\eta_L = \frac{\varepsilon_{Lr}}{\varepsilon_L^{II}} \text{bzw. } \eta_s = \frac{\varepsilon_{sr}}{\varepsilon_s^{II}} \tag{8.23}$$

$$\kappa_L = \frac{\varepsilon_{Lm}}{\varepsilon_{Lr}} \text{bzw. } \kappa_s = \frac{\varepsilon_{sm}}{\varepsilon_{sr}} \tag{8.24}$$

Dabei ist:

ε_{Lr} tatsächlichen Dehnung der Lamellen

ε_{sr} tatsächlichen Dehnung der Betonstahlbewehrung

ε_L^{II} Dehnung der Lamellen im Zustand II, ermittelt auf Basis der Dehnungsebenheit

ε_s^{II} Dehnung des Betonstahls im Zustand II, ermittelt auf Basis der Dehnungsebenheit

ε_{sm} mittlere Betonstahldehnung im Zustand II unter Mitwirkung des Betons zwischen den Rissen, ermittelt auf Basis der Dehnungsebenheit

ε_{sm} mittlere Lamellendehnung im Zustand II unter Mitwirkung des Betons zwischen den Rissen, ermittelt auf Basis der Dehnungsebenheit

Für die aufgeklebte Bewehrung wurden von (Rostásy et al., 1994), (Ulaga, 2003), (Zehetmaier, 2006) Modelle für das Zusammenwirken der einbetonierten und aufgeklebten Bewehrung entwickelt.

Die Ansätze von (Rostásy et al., 1994), (Ulaga, 2003), (Zehetmaier, 2006) werden beispielhaft anhand eines konkreten Zugstabes in Abb. 8.8 verglichen. Dabei ist in Abb. 8.8 links der Umlagerungsbeiwert in Abhängigkeit der Lamellendehnung nach Balkentheorie (Bernoulli) dargestellt und in Abb. 8.8 rechts die tatsächliche Dehnung über die Lamellendehnung nach Bernoulli dargestellt. Man kann erkennen, dass sich der Ansatz von (Rostásy et al., 1994) von den Ansätzen von (Ulaga, 2003) und (Zehetmaier, 2006) erheblich unterscheidet und teilweise ein Ergebnis auf der unsicheren Seite gegenüber den anderen beiden Ansätzen liefert. Die Ansätze von (Ulaga, 2003) und (Zehetmaier, 2006) unterscheiden sich bei geringen Dehnungen erheblich, bei zunehmender Dehnung gleichen sie sich jedoch weiter an.

In der DAfStb-RiLi VBgB (03.2012) wird das Modell von (Zehetmaier, 2006) verwendet, da es das einzige Modell ist, das ausreichend experimentell verifiziert ist und als einziges Modell auch die unterschiedlichen Abstände der Bewehrung von der neutralen Achse berücksichtigt.

(Zehetmaier, 2006) stellt in seiner Arbeit ein numerisches, ein analytisches und ein Ingenieurmodell vor. Im Rahmen dieser Arbeit wird das analytische Modell verwendet, da dies am besten mit den anderen Modellen kombiniert werden kann.

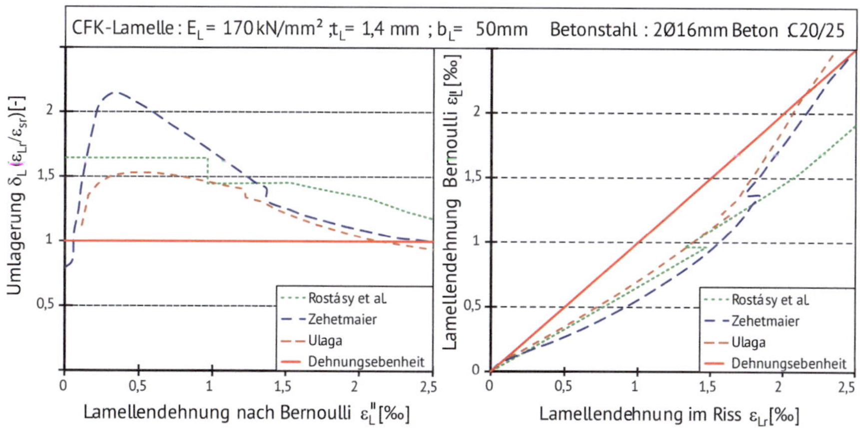

Abb. 8.8 Vergleich der Ansätze zur Zugkraftaufteilung anhand eines konkreten Zugstabes. (Nach Finckh, 2012)

In diesem analytischen Modell werden die Verhältnisse der tatsächlichen Dehnungen der unterschiedlichen Bewehrungsstränge (vgl. Gl. (8.22)) angegeben. Mit diesem Verhältniswert lässt sich aus der Dehnung, welche unter Annahme der Hypothese von Bernoulli bestimmt wurde, die wahre Dehnung im Riss mit den Gl. (8.25) und (8.26) berechnen.

$$\varepsilon_{Lr} = \frac{\left(1 + \frac{E_L \cdot A_L}{E_s \cdot A_s} \cdot \frac{z_L}{z_s} \cdot \frac{d_L - x}{d_s - x}\right) \cdot \delta_L}{1 + \frac{E_L \cdot A_L}{E_s \cdot A_s} \cdot \frac{z_L}{z_s} \cdot \frac{d_L - x}{d_s - x} \cdot \delta_L} \cdot {\varepsilon_L}^{II} \tag{8.25}$$

$$\varepsilon_{sr} = \frac{\left(1 + \frac{E_s \cdot A_s}{E_L \cdot A_L} \cdot \frac{z_s}{z_L} \cdot \frac{d_s - x}{d_L - x}\right) \cdot \delta_s}{1 + \frac{E_s \cdot A_s}{E_L \cdot A_L} \cdot \frac{z_s}{z_L} \cdot \frac{d_s - x}{d_L - x} \cdot \delta_s} \cdot {\varepsilon_s}^{II} = \frac{\left(1 + \frac{E_s \cdot A_s}{E_L \cdot A_L} \cdot \frac{z_s}{z_L} \cdot \frac{d_s - x}{d_L - x}\right) \cdot \frac{1}{\delta_L}}{1 + \frac{E_s \cdot A_s}{E_L \cdot A_L} \cdot \frac{z_s}{z_L} \cdot \frac{d_s - x}{d_L - x} \cdot \frac{1}{\delta_L}} \cdot {\varepsilon_s}^{II} \tag{8.26}$$

(Zehetmaier, 2006) gibt als Vereinfachung seines numerischen Modelles in seinem analytischen Modell die Umlagerungsfaktoren in bestimmten Stadien an. Im Wesentlichen lässt sich die Umlagerung in drei Stadien unterteilen:

- Erstrissbildung
- Übergangsbereich
- Entkopplungsbeginn

Im Folgenden werden diese Stadien näher erläutert und die Gleichungen zur Bestimmung der Umlagerungsfaktoren nach (Zehetmaier, 2006) angegeben. Dabei werden nur die Gleichungen angeben, welche im Weiteren verwendet werden. In einzelnen Fällen wurden noch kleine Vereinfachungen eingeführt und die Gleichungen in (Zehetmaier, 2006) an die hier verwendeten Formelbezeichnungen angepasst. Die Abb. 8.9 zeigt den sich aus den nachfolgenden Gleichungen ergebenden Umlagerungsfaktor für zwei verschiedene Fälle, für übliche CFK-Lamellen und übliche Stahllaschen.

Erstrissbildung

Bei der Erstrissbildung wird der maximale Umlagerungsbeiwert $\delta_{Li,max}$ angesetzt, welcher sich in Anhängigkeit der Steifigkeiten und der Verbundbeiwerte der aufgeklebten Bewehrung (τ_{L1} s_{L1} s_{L0}) und der einbetonierten Bewehrung (α_s, k_s) zu Gl. (8.27) berechnet.

$$\delta_{Li,max} = \sqrt{\frac{E_s \cdot \phi_s \cdot \tau_{L1}}{E_L \cdot t_L \cdot \sqrt{f_{cm}}}} \cdot k_{\delta i}^{(\alpha_s+1)/2} \cdot \left(\frac{d_s - x}{d_L - x}\right)^{(\alpha_s-1)/2} \cdot \sqrt{\frac{\alpha_s + 1}{8 \cdot k_s}} \cdot \frac{\sqrt{2 \cdot s_L^* - s_{L1} - \frac{\left(s_L^* - s_{L1}\right)^2}{s_{L0} - s_{L1}}}}{\left(s_L^*\right)^{(\alpha_s+1)/2}} \tag{8.27}$$

Diese maximale Umlagerung stellt sich beim zugehörigen Lamellenschlupf s_L^* ein, welcher sich aus folgender Gleichung ergibt.

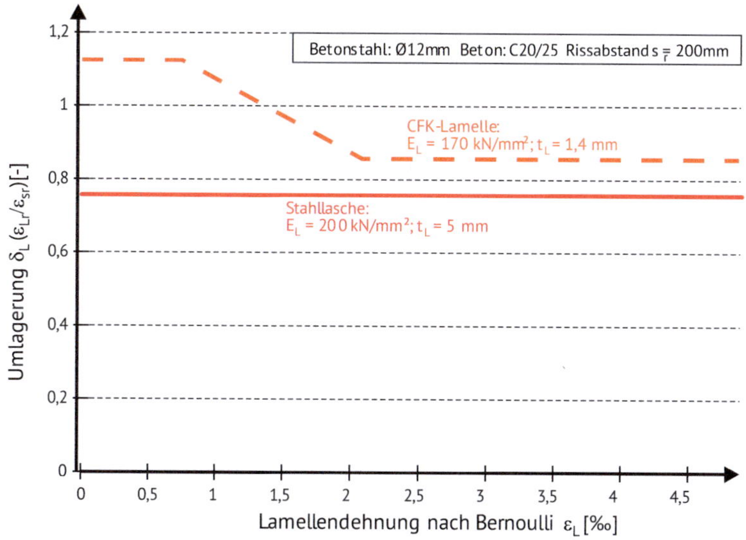

Abb. 8.9 Umlagerungsbeiwerte nach dem analytischen Modell von (Zehetmaier, 2006). (Nach Finckh, 2012)

$$s_L^* = \frac{\alpha_s \cdot s_{L0} - \sqrt{\alpha_s{}^2 \cdot s_{L0}{}^2 - s_{L1} \cdot s_{L0} \cdot \left(\alpha_s{}^2 - 1\right)}}{\alpha_s - 1} \tag{8.28}$$

Neben den Verbundbeiwerten der Bewehrung ist die Gl. (8.27) zusätzlich noch vom empirischen Korrekturfaktor für die Umlagerung $k_{\delta i}$ abhängig, welcher sich mit den Werten aus Tab. 8.1 zu Gl. (8.29) ergibt.

$$\begin{aligned} k_{\delta i} = &\left(k_{\delta i,c1} + k_{\delta i,c2} \frac{f_{cm}}{30\,N/mm^2}\right) \cdot \left(k_{\delta i,L1} + k_{\delta i,L2} \frac{E_L \cdot t_L}{1 \cdot 10^6\,\text{N/mm}}\right) \\ &\cdot \left(k_{\delta i,s1} + k_{\delta i,s2} \frac{E_s \cdot \phi_s}{2 \cdot 10^6\,\text{N/mm}}\right) \end{aligned} \tag{8.29}$$

Die nach Bernoulli bestimmte Lamellendehnung, bei der der maximale Umlagerungsbeiwert zustande kommt, kann mit Gl. (8.30) ausgerechnet werden. Diese ist abhängig von der wahren Lamellendehnung, welche mit Gl. (8.31) bestimmt werden kann.

Tab. 8.1 Koeffizienten für den empirischen Korrekturfaktor nach Gl. (8.29)

Betonstahl	$k_{\delta\text{i,c1}}$	$k_{\delta\text{i,c2}}$	$k_{\delta\text{i,L1}}$	$k_{\delta\text{i,L2}}$	$k_{\delta\text{i,s1}}$	$k_{\delta\text{i,s2}}$
Gerippt	1,91	–0,68	1,24	0,70	0,76	–0,17
Glatt	4,94	–2,35	0,31	0,70	1,00	0,00

$$\varepsilon_L{}^{\text{II}}(\delta_{\text{Li,max}}) = \frac{1 + \frac{E_L \cdot A_L}{E_s \cdot A_s} \cdot \frac{z_L}{z_s} \cdot \frac{d_L - x}{d_s - x} \cdot \delta_{\text{Li,max}}}{\left(1 + \frac{E_L \cdot A_L}{E_s \cdot A_s} \cdot \frac{z_L}{z_s} \cdot \frac{d_L - x}{d_s - x}\right) \cdot \delta_{\text{Li,max}}} \cdot \varepsilon_{\text{Lr}}(\delta_{\text{Li,max}}) \tag{8.30}$$

$$\varepsilon_{\text{Lr}}(\delta_{\text{Li,max}}) = \sqrt{\frac{\tau_{\text{L1}}}{E_L \cdot t_L}} \cdot \sqrt{2 \cdot s_L^* - s_{\text{L1}} - \frac{\left(s_L^* - s_{\text{L1}}\right)^2}{s_{\text{L0}} - s_{\text{L1}}}} \tag{8.31}$$

Übergangsbereich

Nach der Lamellendehnung, bei der der maximale Umlagerungsbeiwert zustande kommt, mindert sich der Umlagerungsbeiwert ab. Die Steigung der Gerade ab dem Punkt $\varepsilon_L{}^{\text{II}}(\delta_{\text{Li,max}})$ bis zum Entkopplungsbeginn ergibt sich zu Gl. (8.32).

$$\frac{d\delta_L(\varepsilon_L{}^{\text{II}})}{d\varepsilon_L{}^{\text{II}}} = -E_s \cdot \phi_s \cdot \sqrt{\frac{\tau_{\text{L1}}}{E_L \cdot t_L \cdot f_{\text{cm}}}} \cdot k_{\delta\text{i}}{}^{(\alpha_s+1)} \cdot \left(\frac{d_s - x}{d_L - x}\right)^{\alpha_s} \cdot \frac{\alpha_s + 1}{8 \cdot k_s} \cdot s_{\text{L0}}{}^{-\alpha_s} \cdot \frac{E_L \cdot A_L + E_s \cdot A_s}{E_s \cdot A_s} \tag{8.32}$$

Entkopplungsbeginn

Für die Ermittlung des Umlagerungsbeiwerts zu Entkopplungsbeginn müssen zwei Fälle unterschieden werden. Falls die wirksame Einleitungslänge am Einzelriss nach Gl. (8.36) kleiner ist als der halbe Rissabstand, so kommt es zur Entkopplung am Einzelriss. Andernfalls findet die Entkopplung am Zwischenrisselement statt. Der Umlagerungsbeiwert für beide Fälle kann in Abhängigkeit der wirksamen Einleitungslänge am Einzelriss mit Gl. (8.33) bestimmt werden.

$$\delta_{\text{L,e}} = \begin{cases} \delta_{\text{L,e,1}} & \text{für } s_r/2 \leq \tilde{l}_{\text{Lb,max}} \\ \delta_{\text{L,e,2}} & \text{für } s_r/2 > \tilde{l}_{\text{Lb,max}} \end{cases} \tag{8.33}$$

$$\delta_{\text{L,e,1}} = \frac{\varepsilon^a_{\text{Lr,max}} / sin(\omega \cdot s_r/2)}{\frac{2 \cdot s_{\text{L0}}}{s_r} \cdot \frac{1}{k_\delta} + \frac{s_r}{E_s \cdot \phi_s} \cdot \frac{k_s \cdot \sqrt{f_{\text{cm}}}}{\alpha_s + 1} \cdot s_{\text{L0}}{}^{\alpha_s} \cdot k_\delta{}^{-\alpha_s} \cdot \left(\frac{d_s - x}{d_L - x}\right)^{(1-\alpha_s)}} \tag{8.34}$$

$$\delta_{\text{L,e,2}} = \frac{\varepsilon^a_{\text{Lr,max}}}{\sqrt{\frac{8 \cdot k_s \cdot \sqrt{f_{\text{cm}}}}{(\alpha_s + 1) \cdot E_s \cdot \phi_s} \cdot s_{\text{L0}}{}^{(\alpha_s+1)/2} \cdot k_{\delta\text{i}}{}^{-(\alpha_s+1)/2} \cdot \left(\frac{d_s - x}{d_L - x}\right)^{(1-\alpha_s)/2}}} \tag{8.35}$$

$$\tilde{l}_{\text{Lb,max}} = \frac{\pi}{2} \sqrt{\frac{E_L \cdot t_L \cdot s_{\text{L0}}}{\tau_{\text{L1}}}} \tag{8.36}$$

Der empirische Umlagerungsfaktor k_δ im oberen Teil der Gl. (8.34) bzw. (8.35) stellt einen lastabhängigen bzw. rissbildabhängigen Faktor dar, welcher nach (Zehetmaier, 2006) iterativ bestimmt werden muss. Geht man jedoch vom abgeschlossenen Rissbild aus, ergibt sich der Faktor zu 1,0. Meist wird näherungsweise davon ausgegangen, dass der Entkopplungsbeginn bei abgeschlossenen Rissbild stattfindet. Die sich daraus ergebenden Abweichungen sind im Regelfall klein und vernachlässigbar.

8.2 Wissenschaftliche Ausgangsbasis zur Verbundermüdung

8.2.1 Historische Entwicklung in Deutschland

Nach den ersten Entwicklungen und den ersten Berechnungsansätzen zu aufgeklebten Stahllaschen war man sehr euphorisch zur Anwendung im Bereich der Koppelfugenverstärkung (vgl. z. B. (Rostásy & Ranisch, 1981), (Rostásy & Ranisch, 1983)). Ein Ausführungsbeispiel aus dieser Zeit ist in Abb. 8.10 dargestellt.

(Iványi & Buschmeyer, 1992) stellen jedoch fest, dass hierbei einige Fragestellungen nicht beatwortet sind. Aus diesem Grund wird von (Holzenkämpfer, 1994) der Verbundansatz unter statischer Belastung weiterentwickelt. Darauf aufbauend wir von (Hankers, 1995) erstmals ein Schädigungsmodell unter dynamischer Belastung für den Klebeverbund aufgestellt.

In Deutschland durfte die aufgeklebte Bewehrung nach den Zulassungen (vgl. z. B. Z-36.1.20 (11.2003)) bis 2008 auch für nicht vorwiegend ruhende Belastung angewendet werden. Mit einer Zulassungsumstellung im Jahre 2008 (vgl. z. B. Z-36.1.20 (09.2008)) wurde die Anwendung auf vorwiegend ruhende Belastung beschränkt, da das Modell von (Hankers, 1995) nur mit relativ geringen Lastwechselzahlen von bis zu 110.000 Lastwechseln anhand von Verbundversuchen mit Stahllaschen ermittelt wurde.

Um die Anwendung wieder zu erlauben, wurden zahlreiche Ermüdungsversuche (vgl. (Budelmann et al., 2006), (Budelmann & Husemann, 2008), (Budelmann & Leusmann, 2013)) durchgeführt und ein Nachweis zur Verbundermüdung von (Leusmann, 2015) ermittelt und in die DAfStb-RiLi VBgB (03.2012) aufgenommen.

Diese Untersuchungen hatten alle den Fokus die Verbundermüdung im hohen Lastwechselbereich zu klären und gehen nur wenig auf die im Abschn. 8.2.3 beschriebenen Schädigungsmechanismen ein, da dies aufgrund der hohen Lastwechselzahl kaum sinnvoll zu behandeln ist. Die Schädigungsmechanismen, welche in (Hankers, 1995) umfangreich beschrieben sind, sind für die Beschreibung der Kurzzeitschwingfestigkeit des Verbundes aufgeklebter Bewehrung deutlich relevanter. Für diese Kurzzeitschwingfestigkeit wird von (Nizic, 2011) anhand von zwölf Versuchen mit hoher Oberlast[2] und niedriger Lastwechselzahl[3] das Modell von (Hankers, 1995) um einen veränderlichen Schädigungskoeffizienten erweitert.

[2] Die Oberlast lag zwischen 70 und 98 % der statischen Kurzeitfestigkeit.

[3] Je nach Oberlast wurden 32 bis 32 und 11.429 Lastwechsel erreicht.

Abb. 8.10 Koppelfugenverstärkung mit aufgeklebten Stahllaschen in einem Hohlkasten

Aufbauend auf dem Energieverlust und der linearen Schadensakkumulation nach Palmgren und Miner wurde eine Schadensakkumuluationshypothese aufgestellt, mit welcher es möglich ist, die Lebensdauer des Verbundes aufgrund der Kurzzeitermüdung (z. B. im Erdbebenfall) vorherzusagen.

8.2.2 Grundlagen

Der Verbund aufgeklebter Bewehrung unter dynamischer Belastung hat die gleichen Einflussfaktoren wie der Verbund unter statischer Belastung. Eine Ermüdung des Klebstoffes tritt meist nicht ein, da die Beanspruchungen in der Klebstoffschicht weit unter der Festigkeit des Klebstoffes liegen und bei einem Versagen im Regelfall die Betonzugfestigkeit maßgebend wird. In der Literatur gibt es verschiedene Untersuchungen zu Endverankerungskörpern unter unterschiedlichen dynamischen Belastungen. Abb. 8.11 zeigt die Verbundspannung in Abhängigkeit von Schlupf und Lastwechsel für einen Endverankerungsversuch von (Bizindavyi et al., 2003).

Die Lastwechselkurven in Abb. 8.11 verdeutlichen eine kontinuierliche Schädigung pro Lastwechsel, erkennbar an der Reduzierung der Steifigkeit bzw. der Abnahme der Steigung der Kurven. Obwohl die einzelnen Kurven eine Abnahme der Steigung zeigen, ist ihr Flächeninhalt gering, was darauf hinweist, dass die Schädigung im Verbund oder in der oberflächennahen Betonschicht und nicht im aufgeklebten Bewehrungselement stattfindet. Weitere Versuchsbeobachtungen haben zudem gezeigt, dass unter dynamischer Belastung die Entkopplung des Verbunds schrittweise mit der Erhöhung der Lastwechselanzahl entlang der Verbundlänge erfolgt. Eine längere Verbundlänge als die effektive Verbundlänge führt unter dynamischer Belastung zu einem erhöhten Widerstand, was bei statischer Belastung nicht der Fall ist.

In Abb. 8.12 wird ein Ermüdungsversuch von (Dai et al., 2005) an einem Endverankerungskörper veranschaulicht. Die Versuchskurven zeigen die

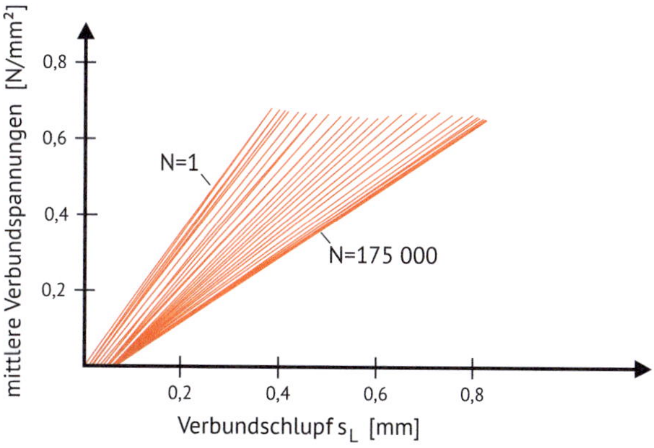

Abb. 8.11 Verbundspannung in Abhängigkeit des Schlupfes und der Lastwechsel als Versuchsergebnis eines Endverankerungsversuches unter dynamischer Belastung. (In Anlehnung an Bizindavyi et al., 2003)

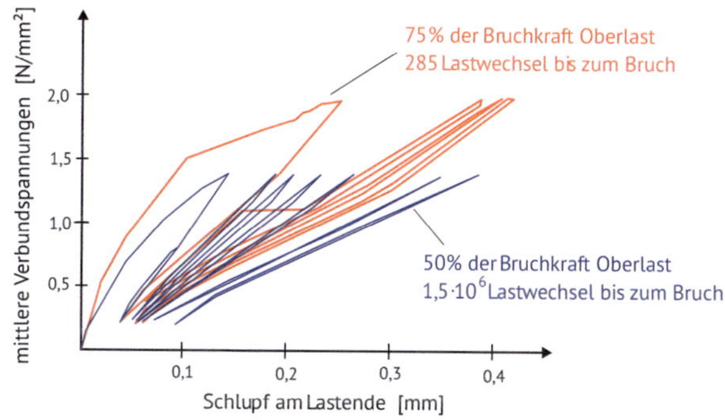

Abb. 8.12 Verbundspannung in Abhängigkeit des Schlupfes und der Lastwechsel als Versuchsergebnis eines Endverankerungsversuches unter dynamischer Belastung mit hoher Oberlast und niedriger Oberlast. (In Anlehnung an Dai et al., 2005)

Verbundspannung in Abhängigkeit vom Schlupf und den Lastwechseln für zwei unterschiedliche Oberlasten und Spannungsschwingbreiten. Es zeigt sich, dass bei einer Oberlast von 73 % der statischen Bruchkraft lediglich 285 Lastwechsel aufgenommen werden konnten. Im Gegensatz dazu wurden bei einer Oberlast von 51 % der statischen Bruchkraft etwa 1,5 Mio. Lastwechsel aufgenommen.

Die Ergebnisse zeigen, dass der Verbund unter dynamischer Belastung von Spannungsamplitude und Mittelspannung abhängt, ähnlich wie beim Beton. Da der Bruch meist in der oberflächennahen Betonschicht erfolgt, spiegelt das Ermüdungsverhalten des Verbunds das des Betons in ähnlicher Weise wider.

8.2.3 Verbundschädigung

8.2.3.1 Allgemeines

Unter zyklischer Belastung tritt bei jedem Lastwechsel eine Schädigung auf. Die verschiedenen Stadien eines Lastwechsels sind in Abb. 8.13 gemäß (Hankers, 1995) dargestellt und werden im Folgenden kurz erläutert.

a) Bei der Erstbelastung entstehen Risse in der oberflächennahen Betonschicht, da die Belastung an Punkt D im plastisch entfestigten Bereich der Verbundspannung-Schlupf-Beziehung liegt. Das Verhalten entspricht dem statischen

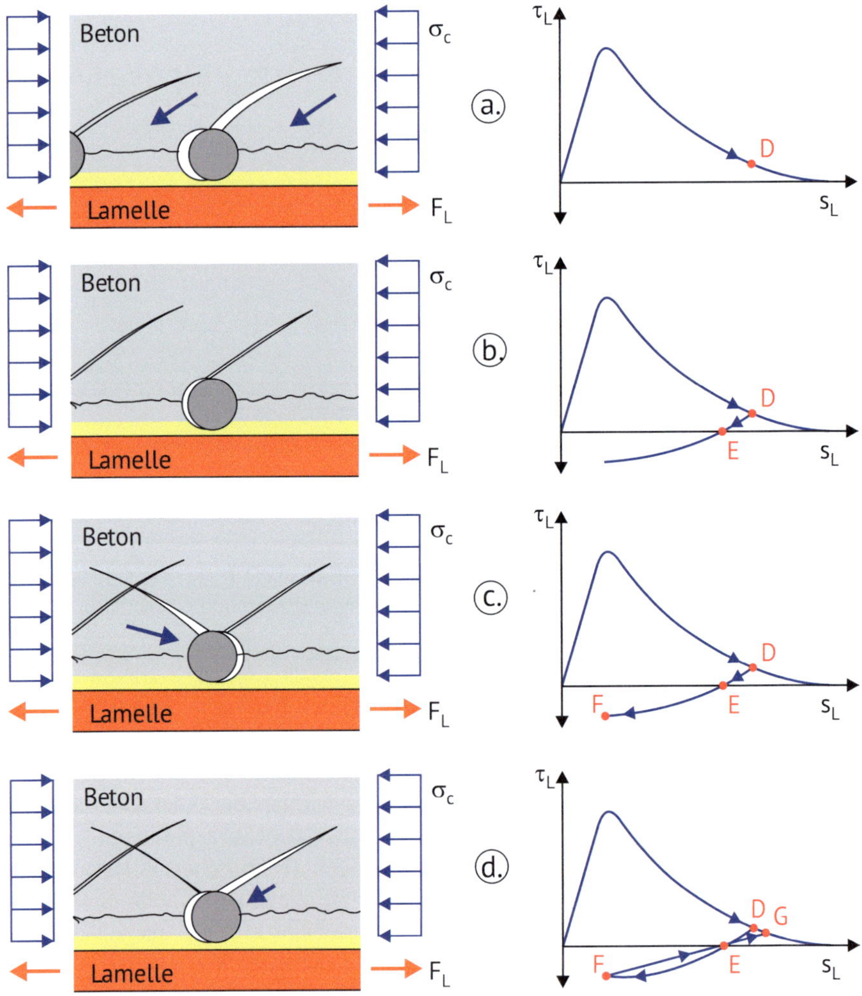

Abb. 8.13 Mechanische Modellvorstellung der Verbundschädigung unter dynamischer Belastung. (In Anlehnung an Hankers, 1995)

Verbundversuch, daher können auch die aus diesen Versuchen ermittelten Verbundspannung-Schlupf-Beziehung verwendet werden.

b) Der Körper wird entlastet, wodurch der Verbund weniger beansprucht wird. Da die Beanspruchung bereits im plastischen Bereich war, schließen sich die Risse nur teilweise. Ein Schlupf bleibt an Punkt E bestehen, wo keine Verbundspannung mehr vorhanden ist.
c) Wenn die Beanspruchungsrichtung umgekehrt wird, führt dies aufgrund der Schließung der bereits vorhandenen Verbundrisse zu einem weicheren Verbundverhalten. Bei weiterer Belastungssteigerung entstehen zusätzliche Risse, die die bestehenden Verbundrisse kreuzen.
d) Bei einer erneuten Umkehr der Belastungsrichtung zur Wiederbelastung reduziert sich der Verbundwiderstand infolge der vorherigen Schädigung. Der Ausgangspunkt auf der Verbundspannung-Schlupf-Beziehung der statischen Belastung kann daher nicht mehr erreicht werden.

(Hankers, 1995) entwickelt auf Basis von acht Endverankerungsversuchen, die einer Belastung von 952 bis 110.000 Lastwechseln ausgesetzt wurden, ein bruchmechanisch begründetes Rechenmodell für das Verbundverhalten von aufgeklebten Stahllaschen. Dieses Modell wird anhand des bilinearen Verbundansatzes und der in den Versuchen beobachteten Verschiebungen hergeleitet. Mithilfe einer Parameterstudie über sein Rechenmodell entwickelt er anschließend ein Schädigungsmodell. Im Folgenden wird das Rechenmodell von (Hankers, 1995) erläutert und dargestellt.

8.2.3.2 Rechenmodell unter zyklischer Belastung

(Hankers, 1995) entwickelt basierend auf dem statischen Verbundansatz für aufgeklebte Bewehrung von (Holzenkämpfer, 1994) und dem Betonermüdungsmodell von (Gylltoft, 1983) ein Schädigungsmodell für den Verbund aufgeklebter Bewehrung unter mehreren Lastwechseln. Das Modell gliedert sich in drei Stadien, welche nachfolgend kurz dargestellt werden:

- Erstbelastung und Entlastung
- Erneute Belastung
- Wiederholte Be-, Ent- und Wiederbelastung

Erstbelastung und Entlastung

Der Verbundansatz für die erstmalige Belastung entspricht dem von (Holzenkämpfer, 1994) beschriebenen Ansatz für statische Kurzzeitbelastungen. Eine Entlastung im elastischen Anstiegsbereich der Beziehung zwischen Verbundspannung und Schlupf führt bei einer monotonen Erstbelastung zu keiner Schädigung. Sowohl die Verschiebungen als auch die Verbundspannungen sind vollständig reversibel.

Im abnehmenden bzw. entfestigenden Bereich der Verbundspannung-Schlupf-Beziehung bewirkt eine Entlastung, beispielsweise in Punkt C gemäß Abb. 8.14, zunächst ein Rückfedern des elastischen Anteils. Dies erfolgt parallel zur elastischen Anstiegsgeraden der monotonen Verbundspannung-Schlupf-Beziehung.

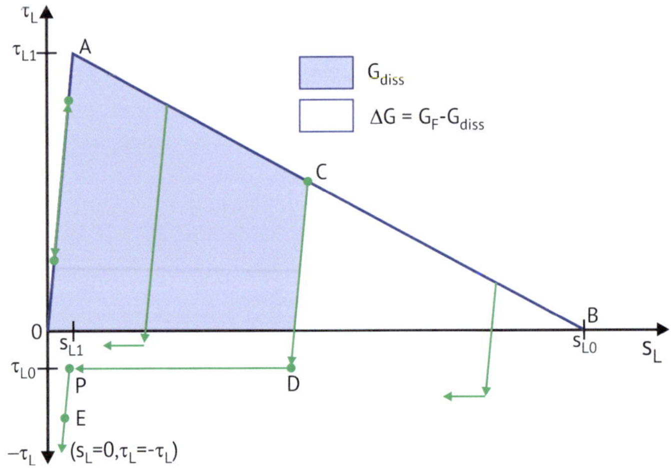

Abb. 8.14 Zustand bei der ersten Entlastung im plastisch entfestigendem Bereich. (Nach Hankers, 1995)

Der lokale Energieverlust G_{diss} wird sichtbar, sobald die Abszisse erreicht ist, wie in Abb. 8.14 schraffiert dargestellt. Für positive Verschiebungen steht als lokaler Verbundwiderstand lediglich die Differenz zur Verfügung. Laut (Hankers, 1995) ändert sich der Betrag von ΔG bei Entlastung und Wiederbelastung nicht.

Nachdem der Wert τ_{L0} in Punkt D erreicht wird, führt eine weitere Rücknahme der Relativverschiebung bei konstantem Widerstand zunächst zu einem Schließen der Verbundrisse. Die Größe von τ_{L0} wird gemäß Gl. (8.37) in Abhängigkeit von der Relativverschiebung bei Entlastungsbeginn festgelegt. Hierbei legt (Hankers, 1995) den Werte $\tau_{L0,\mathrm{min}} = 1{,}0\,\mathrm{N/mm^2}$ fest.

$$\tau_{L0} = \tau_{L0,min} \cdot \frac{s_{LC} - s_{L1}}{s_{L0} - s_{L1}} \tag{8.37}$$

Erneute Belastung

Abb. 8.15 zeigt einen potenziellen Wiederbelastungspfad für Verbundelemente nach (Hankers, 1995), abhängig vom Erstbelastungszustand. Die neue lokale Verbundspannung-Schlupf-Beziehung beginnt am Entlastungspunkt, z. B. Punkt E. Nach Erreichen des Niveaus τ_{L0} steigt die Verschiebung unter konstantem Verbundwiderstand τ_{L0} bis zum Punkt F. Ab diesem Punkt erfolgt der Anstieg linear bis zum Punkt G auf der Verbundspannung-Schlupf-Beziehung für die monotone Erstbelastung.

(Hankers, 1995) bestimmt die Steigung der Anstiegsgeraden durch eine Energiegleichgewichtsbetrachtung. Er stützt sich auf (Gylltoft, 1983) und schließt, dass wiederholte Be- und Entlastungen beim Beton die Bruchenergie G_F nicht beeinflussen. Daher müssen die Flächeninhalte ΔG_1 und ΔG_2 in Abb. 8.15 identisch sein. Diese Annahme legt den Zielpunkt G auf dem abfallenden Ast der

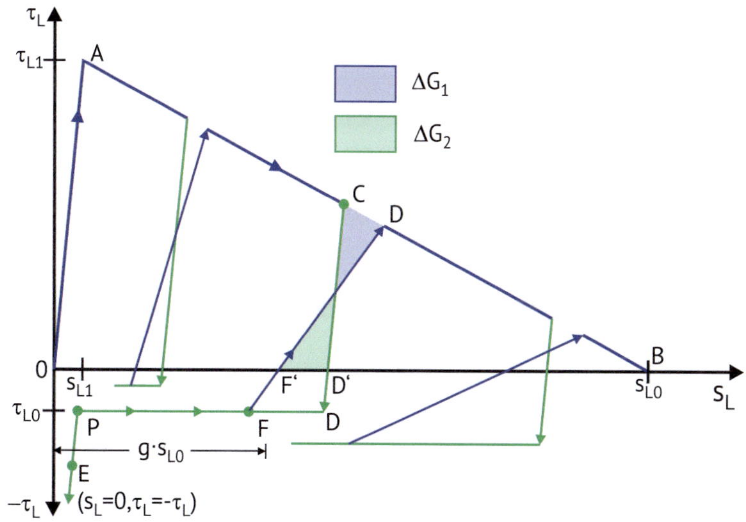

Abb. 8.15 Verbundspannungsschlupfbeziehung für Wiederbelastung. (Nach Hankers, 1995)

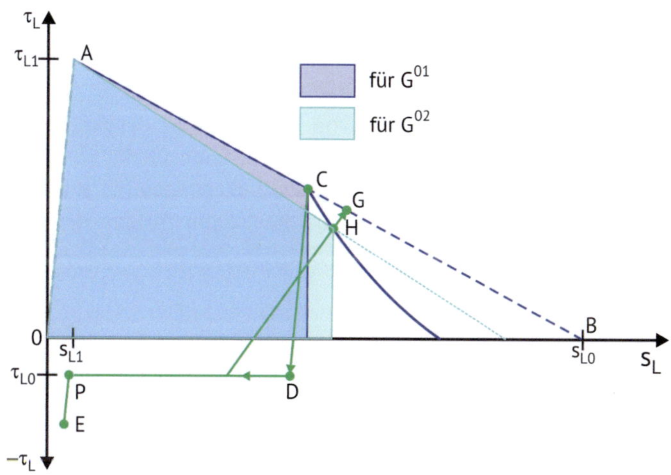

Abb. 8.16 Verbundenergie unter Oberlast nach 1. und 2. Belastung nach Hankers

Verbundspannung-Schlupf-Beziehung fest. Mit den Bezeichnungen aus Abb. 8.15 lässt sich die Gl. (8.38) ableiten.

$$\tau_{LG} = \tau_{LC} \frac{s_{L0} - s_{LC} + \tau_{LC} \frac{s_{L1}}{\tau_{L1}}}{s_{L0} - s_{LF'}} \tag{8.38}$$

Der Beginn der Wiederanstiegsgeraden vom Niveau τ_{L0}, Punkt F in Abb. 8.15, definiert den Schädigungsgrad. Hankers hat festgestellt, dass mit zunehmender

Entfernung des Entlastungspunktes auf dem abfallenden Ast von τ_{L1} der Wiederanstieg flacher wird, was zu einer Verbunderweichung führt. Daher führt (Hankers, 1995) einen Schädigungsfaktor $g \leq 1$ ein, der abhängig von der Position des Entlastungspunktes die Basis des Zyklus auf dem Niveau τ_{L0} bestimmt. Der Schädigungsparameter g wird von (Hankers, 1995) aus den Versuchen abgeleitet. Nach dem Überschreiten der Verschiebung s_{LG} folgt der ursprüngliche abfallende Ast der Verbundspannung-Schlupf-Beziehung für monotone Erstbelastungen. Somit wird die lokale Verbundspannung-Schlupf-Beziehung für eine Wiederbelastung durch den Pfad EFGB festgelegt. Der Zustand der Verbundspannung und Verschiebung des betrachteten Elements ist dadurch jedoch noch nicht vollständig bestimmt und wird von (Hankers, 1995) deshalb durch eine Energiegleichgewichtsbetrachtung ermittelt. Er postuliert, dass die Verbundenergie bei Ent- und Wiederbelastung nicht verändert wird. Bei einer erneuten Belastung mit konstanter Oberlast muss die Verbundenergie unabhängig von der Form der lokalen Verbundspannung-Schlupf-Beziehung erneut erreicht werden. Unter der vereinfachten Annahme, dass die Verbundspannung-Verschiebungszustände jedes Elements im entfestigten Bereich der Verbundspannung-Schlupf-Beziehung ebenfalls durch eine Gerade dargestellt werden können, kann die Position des Endpunktes auf der Wiederanstiegsgeraden mit der Bedingung ermittelt werden, dass die Verbundenergie bei Ent- und Wiederbelastung unverändert bleibt. Dies führt zur Gl. (8.39).

$$\tau_{LH} = \frac{2 \cdot G^{02} - \tau_{L1} s_{LH}}{s_{LH} - s_{L1}} \tag{8.39}$$

Abb. 8.17 zeigt den Funktionsverlauf von Gl. (8.39) in der Verbundspannung-Schlupf-Beziehung. Gl. (8.39) gilt ab dem Ausgangspunkt in der Verbundspannung-Schlupf-Beziehung für monotone Erstbelastungen bis zur Abszisse. Der Verbundspannung-Verschiebungszustand am belasteten Anfang der Lasche nach

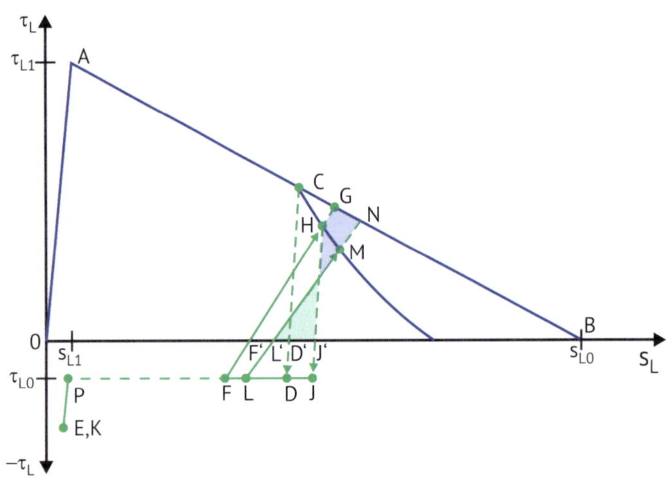

Abb. 8.17 Verbundenergie unter Oberlast nach weiteren Belastungen nach Hankers

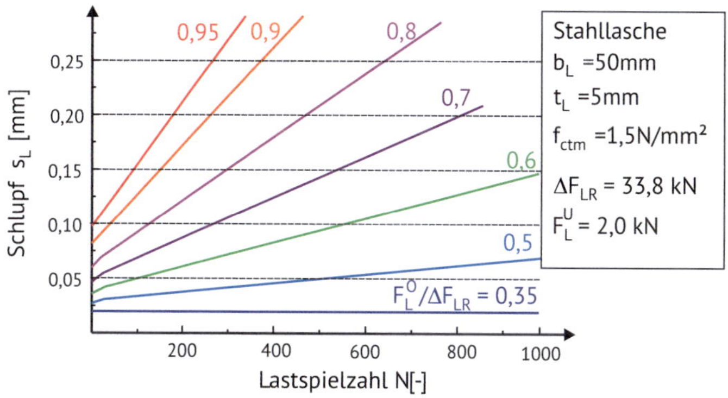

Abb. 8.18 Zunahme der Relativverschiebung in Abhängigkeit der Lastwechsel bei unterschiedlichen Oberlasten. (Nach Hankers, 1995)

Belasten, Entlasten und Wiederbelasten kann nun durch die Schnittpunktbildung der Wiederanstiegsgeraden mit Gl. (8.39) ermittelt werden.

Wiederholte Be-, Ent- und Wiederbelastung
Eine erneute Entlastung erfolgt wie bei der ersten Entlastung parallel zur elastischen Anstiegsgeraden der Verbundspannung-Schlupf-Beziehung. Bei Wiederbelastung gilt Gl. (8.38) nur, wenn die Entlastung auf der Kurve für monotone Erstbelastung begonnen hat. Andernfalls müssen die schraffierten Flächen in Abb. 8.17 berücksichtigt werden und Gl. (8.38) wird zu Gl. (8.40) angepasst.

$$\tau_{LN} = \tau_{LG}\frac{s_{L0} - s_{LF'}}{s_{L0} - s_{LL'}} - \tau_{LN}\frac{s_{LJ'} - s_{LF'}}{s_{L0} - s_{LL'}} \tag{8.40}$$

8.2.3.3 Schädigungsmodell

Mit dem zuvor beschriebenen Rechenmodell kann die Zunahme der Relativverschiebung s_L in Abhängigkeit von den Lastwechseln bestimmt werden (siehe Abb. 8.18). Bei Oberlasten, die mehr als 40 % der statischen Bruchkraft betragen, tritt gemäß (Hankers, 1995) eine Schädigung auf.

(Hankers, 1995) verwendet die Steigung m der in Abb. 8.18 gezeigten Geraden als Maß für die Schädigung. Der Faktor R, das Verhältnis von Unterlast ${F_L}^U$ zu Oberlast ${F_L}^O$, beschreibt den Einfluss der Lastkonfiguration. Weitere Faktoren sind die Betonzugfestigkeit f_{ct}, der Geometriefaktor[4] k_b und der Modellfaktor g. Die Schädigung ergibt sich nach Hankers aus Gl. (8.41).

$$m = 15{,}2 \cdot 10^{-4} \cdot \left(\frac{{F_L}^O}{F_{Lb}} - 0{,}348 \cdot {f_{ct}}^{1/4}\right)^2 \cdot k(f_{ct}) \cdot k(k_b) \cdot k(R) \cdot k(g) \tag{8.41}$$

[4] In weiteren Untersuchungen (Niedermeier (2001)) wurde die Notwendigkeit des Geometriefaktor k_b wiederlegt. Danach ist stets $k_b = 1{,}0$ zu wählen.

$$k(f_{ct}) = 0{,}65 \cdot \sqrt{f_{ct}} + 0{,}2 \tag{8.42}$$

$$k(k_b) = 1{,}26 \cdot k_b - 0{,}66 \tag{8.43}$$

$$k(R) = \begin{cases} -3{,}1(R - 0{,}2)^2 + 1{,}0 & \text{für}\, 0{,}2 \leq R \leq 0{,}75 \\ 1{,}0 & \text{für}\, 0{,}0 \leq R \leq 0{,}20 \end{cases} \tag{8.44}$$

$$R = \frac{{F_L}^U}{{F_L}^O} \tag{8.45}$$

$$k(g) = 50 \cdot (1 - g) \tag{8.46}$$

Von großem Einfluss auf den Schädigungsfortschritt ist der Modellparameter g in Gl. (8.46), der die Basis der Hystereseschleife und damit die Neigung der Wiederanstiegsgeraden in den lokalen Verbundspannung-Schlupf-Beziehung bestimmt. Aufgrund der geringen Anzahl kann (Hankers, 1995) diesen nur überschlägig zu $g = 0{,}98$ abschätzten.

Der Term $0{,}348 \cdot {f_{ct}}^{1/4}$ kennzeichnet den elastischen Bereich der bilinearen Verbundspannung-Schlupf-Beziehung nach (Holzenkämpfer, 1994). Wenn die Oberlast ${F_L}^O$ im Verhältnis zur Verbundbruchkraft F_{Lb} unter diesem Wert liegt, wird die maximale Verbundspannung τ_{L1} nicht überschritten, Be- und Entlastungspfade stimmen überein und es erfolgt keine Zunahme der Relativverschiebung sowie keine Schädigung. Eine weitere Grenze für die Schädigung bietet der Faktor R. Liegt dieser über 0,75, wird nach (Hankers, 1995) der Faktor $k(R) = 0$, und dem Modell zufolge tritt keine Schädigung auf.

8.2.4 Hintergrund Regelungen der DAfStb-Richtlinie

Aufgrund der Kritikpunkte am Modell von (Hankers, 1995) wurden für die Erstellung der DAfStb-RiLi VBgB (03.2012) zahlreiche experimentelle Untersuchungen durchgeführt mit dem Ziel, eine Dauerfestigkeit des Verbundes aufgeklebter Bewehrung mit Hilfe einer Wöhlerlinie zu erhalten. Die Kritikpunkte am Modell von Hankers waren gemäß (Budelmann & Leusmann, 2013):

- Das Modell von (Hankers, 1995) wurde mit relativ geringen Lastwechselzahlen von bis zu 110.000 Lastwechseln anhand von Verbundversuchen mit Stahllaschen ermittelt.
- Versuche haben gezeigt, dass bei einem Verhältnis von Oberlast zu Unterlast von 0,75 im Gegensatz zum Modell von (Hankers, 1995) auch eine Schädigung eintritt.

Aufgrund der Versuchsergebnisse aus (Budelmann et al., 2006) (Budelmann & Husemann, 2008) (Budelmann & Leusmann, 2013), welche alle mit 2 Mio.

Lastwechseln belastest und nach dem Verfahren von (Block & Dreier, 2003) ausgewertet wurden, werden von (Budelmann & Leusmann, 2013) Wöhlerlinen für verschiedenen Oberlasten angegeben. Daraus entwickeln sie das in Abb. 8.19 dargestellte Goodman-Smith-Diagramm für den Verbund aufgeklebter CFK-Lamellen, in welchem die Dauerfestigkeit in Abhängigkeit der Oberlast dargestellt ist.

Weitere Versuche werden (Leusmann, 2015) für aufgeklebte CF-Gelege im Rahmen der Zulassungsversuche für die Z-36.12-83 (04.2016) durchgeführt. Hierbei zeigt sich, dass das Modell der DAfStb-RiLi VBgB (03.2012) auch für diese Gelege gültig ist. Auch vergleicht (Leusmann, 2015) den Ansatz der DAfStb-RiLi VBgB (03.2012) mit weiteren Ermüdungsversuchen aus der Literatur und stellt hier eine gute Überstimmung fest, wie dies Abb. 8.20 zeigt.

In (Budelmann & Leusmann, 2013) wird sowohl ein vereinfachtes wie auch ein genaueres Verfahren vorgeschlagen. Das genaue Verfahren wird direkt anhand der Abb. 8.19 als Dauerfestigkeit hergeleitet und ist in Gl. (8.47) angegeben.

$$F_{Lb,Rd,fat2} = \alpha \cdot F_{LbRd} \geq F_{LEd}{}^{O} - F_{LEd}{}^{U} \tag{8.47}$$

$$\alpha = -0{,}342 \cdot \frac{F_{LEd}{}^{U}}{F_{Lb,Rd}} + 0{,}342 \tag{8.48}$$

Dabei ist:

$F_{LEd}{}^{U}$ unterer Wert der Schwingbreite der zu verankernden Lamellenzugkraft
$F_{LEd}{}^{O}$ oberer Wert der Schwingbreite der zu verankernden Lamellenzugkraft
$F_{Lb,Rd}$ Bemessungswert des statischen Verbundwiderstandes

In der DAfStb-RiLi VBgB (03.2012) wird statt dem Werte 0,342 ein Beiwert zur Berücksichtigung der Lastspielzahl eingeführt.

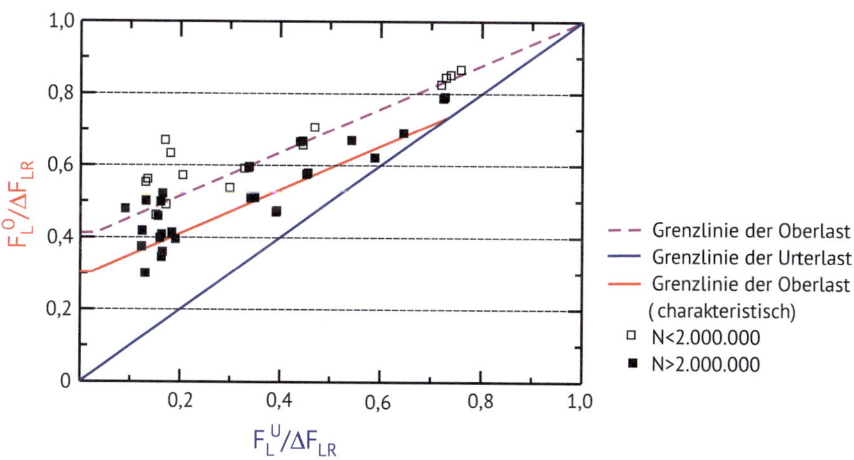

Abb. 8.19 Darstellung der Versuchsergebnisse im Goodman-Smith-Diagramm. (Nach Leusmann, 2015)

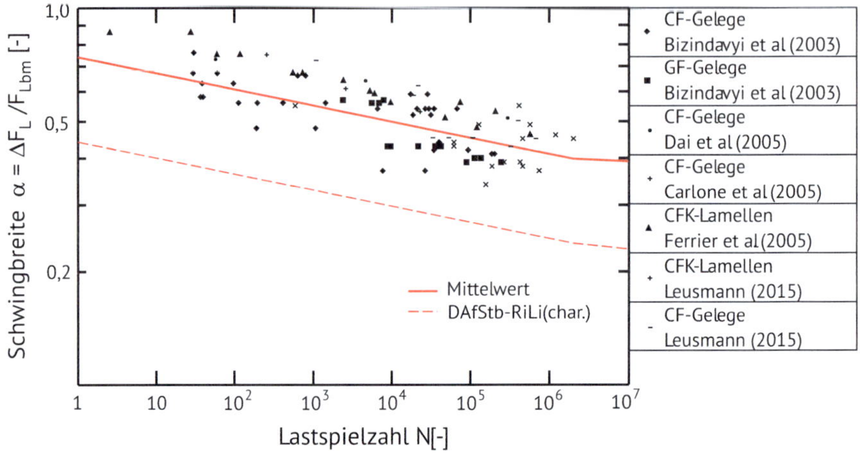

Abb. 8.20 Vergleich der Wöhlerlinie der DAfStb-RiLi VBgB (03.2012) mit zahlreichen Versuchen aus der Literatur. (Nach Leusmann, 2015)

Neben dem fundierten genauen Nachweis wird auch noch ein vereinfachtes Verfahren vorgeschlagen, welches jedoch nicht aus Versuchen abgeleitet, sondern in Anlehnung an (Hankers, 1995) festgelegt wurde. Hierbei darf auf den Nachweis der Einhaltung der Schwingbreite verzichtet werden, wenn nachgewiesen wird, dass der elastische Bereich im Verbundspannungs-Verschiebungsgesetz nicht überschritten wird. Dazu muss die Bedingung nach Gl. (8.49) eingehalten werden:

$$F_{Lb,Rd,fat1} = 0{,}348 \cdot f_{ctm,surf}^{1/4} \cdot F_{LbRd} \geq F_{LEd}{}^{O} \tag{8.49}$$

Dabei ist:

$f_{ctm,surf}$ Oberflächenzugfestigkeit in N/mm²
$F_{LEd}{}^{O}$ oberer Wert der Schwingbreite der zu verankernden Lamellenzugkraft
F_{LbRd} Bemessungswert des statischen Verbundwiderstandes

8.2.5 Zukünftige Anpassung der DAfStb-Richtlinie

In dem bisherigen Ansatz der DAfStb-RiLi VBgB (03.2012) ist die in Abschn. 8.1.4 erläuterte verbundbedingte Umlagerungen zwischen den Bewehrungen noch nicht enthalten. Hierzu wird von (Leusmann, 2015) ein Verfahren vorgeschlagen, welches auch in die zukünftige Richtlinien (vgl. DAfStb-G-RiLi VBgB (2025)) übernommen werden soll. Dazu werden die Lamellenkräfte $F_{LEd}{}^{O}$ und $F_{LEd}{}^{U}$ mit dem Faktor $k_{fat,B}$ multipliziert:

$$F_{LEd,fat}{}^{O} = k_{fat,B} \cdot F_{LEd}{}^{O} \tag{8.50}$$

$$F_{LEd,fat}{}^{U} = k_{fat,B} \cdot F_{LEd}{}^{U} \tag{8.51}$$

Der Beiwert für die Kraftaufteilung $k_{fat,B}$ darf am Zwischenrisselement zu 1,0 gesetzt werden und am Endverankerungsnachweis wird er in Analogie zu Abschn. 8.1.4 wie folgt ermittelt:

$$k_{fat,B} = \eta_{Lb} = \frac{(1 + E_L A_L/(E_s A_s)) \cdot \delta_L}{1 + E_L A_L/(E_s A_s) \cdot \delta_L} \tag{8.52}$$

$$\delta_L = \frac{\varepsilon_{\mathrm{Lr}}}{\varepsilon_{\mathrm{sr}}} = \frac{2 \cdot \xi_L^2}{\xi_L^2 + 1} \tag{8.53}$$

$$\xi_L = \sqrt{\frac{\tau_{Lm}}{\tau_{sm}} \cdot \frac{E_s \cdot \phi_s}{4 \cdot E_L \cdot t_L}} \tag{8.54}$$

Die Verbundspannungen ergeben sich dabei aus Gl. (8.55) und (8.56), wobei das Verbundkriechen nach Gl. (8.57) berücksichtigt werden kann. Hierbei sollte für die Zeit t jedoch nicht die Restnutzungsdauer in Stunden eingesetzt werden, sondern die bisherige Nutzungsdauer bis zur Verstärkung der Konstruktion in Stunden.

$$\tau_{Lm} = \begin{cases} \frac{\tau_{L1k}}{2 \cdot s_{L1k}} \cdot s_{Lr} & \text{für} \quad 0 \leq s_{Lr} \leq s_{L1k} \\ \frac{\tau_{L1k} \cdot \left(s_{Lr}^2 - 2 \cdot s_{Lr} \cdot s_{L0k} + s_{L1k} \cdot s_{L0k}\right)}{2 \cdot s_{Lr} \cdot (s_{L1k} - s_{L0k})} & \text{für} \quad s_{L1k} \leq s_{Lr} \leq s_{L0k} \end{cases} \tag{8.55}$$

$$\tau_{sm} = \frac{k_{s,eff} \sqrt{f_{cm}}}{\alpha_s + 1} \cdot s_{sr}^{\alpha_s} \tag{8.56}$$

$$k_{s,eff} = \frac{k_s}{(1 + k_{ts})^{\alpha_s}} \tag{8.57}$$

$$k_{ts} = (1 + 10 \cdot t)^{0{,}08} - 1 \tag{8.58}$$

Dabei ist:

s_{L1k} elastische Verformung des bilinearen Verbundansatzes

$$s_{L1k} = 2{,}5 \cdot 50\,\mathrm{mm}/E_{cm} \cdot \tau_{\mathrm{L1k}}$$

τ_{L1k} maximale Verbundspannung des bilinearen Verbundansatzes
s_{L0k} maximaler Schlupf des bilinearen Verbundansatzes
α_s Verbundbeiwert nach Tab. 8.2
k_s Verbundbeiwert nach Tab. 8.2

Tab. 8.2 Verbundbeiwerte der einbetonierten Bewehrung

	Gerippte Stäbe		Glatte Stäbe	
Verbundbedingungen	Gut	Mäßig	Gut	Mäßig
α_s	0,25	0,25	0	0
k_s	2	1	0,25	0,13

Der Schlupf der Bewehrung ergibt sich dabei nach Gl. (8.59) und (8.60)

$$s_{Lr} = \frac{\alpha_N \cdot s_{L0k} - \sqrt{\alpha_N^2 \cdot s_{L0k}^2 - s_{L0} \cdot s_{L1k} \cdot \left(\alpha_N^2 - 1\right)}}{(\alpha_N - 1)} \tag{8.59}$$

$$s_{sr} = \frac{s_{Lr}}{\frac{d_L - x}{d - x}} \tag{8.60}$$

Des Weiteren haben Vergleichsrechnungen (vgl. (Nieder, 2021)) gezeigt, dass der Wert 0,348 für das vereinfachtes Verfahren (siehe Gl. (8.49)) nicht immer auf der sicheren Seite liegt. Dieser wird wahrscheinlich wie folgt angepasst:

$$F_{Lb,Rd,fat1} = 0{,}17 \cdot f_{ctm,surf}^{1/4} \cdot F_{LbRd} \geq F_{LEd}{}^{O} \tag{8.61}$$

8.3 Ermüdungsnachweis

8.3.1 Allgemeines

Der Nachweis gegen Ermüdung unter zyklischen ermüdungswirksamen Einwirkungen wird nach der DAfStb-RiLi VBgB (03.2012) – wie im Stahlbeton- und Spannbetonbau üblich – als ein entkoppelter Grenzzustandsnachweis betrachtet, der unabhängig von extremen, einmal in der Lebensdauer des Bauwerks auftretenden Beanspruchungen, die das Tragwerk auf der Grundlage des Nachweises im Grenzzustand der Tragfähigkeit mit definierter Sicherheit aufnehmen muss, zu führen ist. Da die Kohlenstofffasern nahezu keine Ermüdung zeigen, muss für aufgeklebte CFK-Lamellen lediglich ein ausreichender Widerstand des Verbundes gegen Ermüdung nachgewiesen werden. Neben diesem Ermüdungsnachweis des Verstärkungssystems sind für den Beton, Beton- und Spannstahl zusätzlich die entsprechenden Widerstände gegen Ermüdung gemäß DIN EN 1992-1-1 (01.2011) in Verbindung mit der DIN EN 1992-1-1/NA (04.2013) nachzuweisen.

Für Ermüdungsnachweise des Verbundes der aufgeklebten CFK-Lamellen wird in der DAfStb-RiLi VBgB (03.2012) ein Quasi-Dauerfestigkeitsnachweis durch eine Beschränkung der Lamellenkraftänderung am Zwischenrisselement gefordert, welcher in (Budelmann & Leusmann, 2013) auf Grundlage zahlreicher Versuche erarbeitet wurde. Die DAfStb-RiLi VBgB (03.2012) enthält sowohl ein vereinfachtes Nachweiskonzept als auch ein genaueres Verfahren.

8.3.2 Zwischenrisselement

8.3.2.1 Vereinfachtes Konzept nach DAfStb-Richtlinie

Auf den Nachweis der Einhaltung der Schwingbreite darf verzichtet werden, wenn nachgewiesen wird, dass unter der Einwirkungskombination nach DIN

EN 1992-1-1, Abschn. 10.2, der elastische Bereich im Verbundspannungs-Verschiebungsgesetz nicht überschritten wird. Dazu muss die folgende Bedingung eingehalten werden.

$$\Delta F_{LRd,fat1} = 0{,}348 \cdot f_{ctm,surf}^{1/4} \cdot \Delta F_{LRd} \geq \Delta F_{LE,equ} \tag{8.62}$$

Dabei ist:

$f_{ctm,surf}$ Oberflächenzugfestigkeit in N/mm²
ΔF_{LRd} Widerstand der Lamellenkraftänderung am Zwischenrisselement in kN
$\Delta F_{LE,equ}$ Einwirkung Lamellenkraftänderung am Zwischenrisselement in kN

Die einwirkende Lamellenkraftänderung am Zwischenrisselement nach Gl. (8.9) ist unter der Ermüdungseinwirkungskombination nach DIN EN 1992-1-1 (01.2011) zu bestimmen. Hierbei stellt $\Delta F_{LE,equ}$ die Lamellenkraftänderung bei Oberlast dar. Vereinfacht darf diese gemäß DIN EN 1992-1-1 (01.2011) Abschn. 6.8.6 (2) zur häufigen Kombination angenommen werden. Bei der Ermittlung der Lamellenkraft muss das Versatzmaß berücksichtigt werden.

Für den Widerstandes der Lamellenkraftänderung am Zwischenrisselement darf nur der bilineare Anteil nach Gl. (8.11) berücksichtig werden. Somit ergibt sich der Widerstand zu:

$$\Delta F_{LRd} = \frac{\Delta F_{Lk,BL}}{\gamma_{BA}} \tag{8.63}$$

8.3.2.2 Genaues Konzept nach DAfStb-Richtlinie

Für den genauen Nachweis muss nach DAfStb-RiLi VBgB (03.2012) und DAfStb-RiLi VBgB (10.2020) nachgewiesen werden, dass an jedem Zwischenrisselement die Bedingung nach Gl. (8.64) eingehalten ist.

$$\Delta F_{LRd,fat2} = \alpha \cdot \Delta F_{LRd} \geq \Delta F_{LEd,fat} \tag{8.64}$$

$$\alpha = -c \cdot \frac{\Delta F_{LEd}{}^{U}}{\Delta F_{LRd}} + c \tag{8.65}$$

$$c = 0{,}342 \cdot \left(\frac{N}{N^*}\right)^{-\frac{1}{k}} \tag{8.66}$$

Dabei ist:

N Lastspielzahl der Einwirkung
N^* Bezugswert der Lastspielzahl $N^* = 2 \cdot 10^6$
k Exponent zur Ermittlung des Beiwertes c

$$k = 23{,}2 \text{ für } N < N^*$$

$$k = 45{,}4 \text{ für } N \geq N^*$$

Für den Widerstandes der Lamellenkraftänderung am Zwischenrisselement darf nur der bilineare Anteil nach Gl. (8.11) berücksichtig werden, wobei für die die Lamellenkraft am niedriger beanspruchten Rissufer die Oberlast $F_{LEd}{}^{O}$ anzusetzen ist.

Der Bemessungswert der Schwingbreite aus den einwirkenden Lamellenkräften am höher belasteten Rissufer $\Delta F_{LEd,fat}$ wird wie folgt ermittelt:

$$\Delta F_{LEd,fat} = \Delta F_{LEd}{}^{O} - \Delta F_{LEd}{}^{U} \tag{8.67}$$

Dabei ist:

$\Delta F_{LEd}{}^{O}$ Wert der Lamellenkraftdifferenz ΔF_{LEd} bei Oberlast unter zyklischer Einwirkung nach DIN EN 1992-1-1, Abschn. 6.8.3 (3), am Zwischenrisselement

$\Delta F_{LEd}{}^{U}$ Wert der Lamellenkraftdifferenz ΔF_{LEd} bei Unterlast unter zyklischer Einwirkung nach DIN EN 199-1-1, Abschn. 6.8.3 (3), am Zwischenrisselement

Bei der Ermittlung der Lamellenkraft muss das Versatzmaß berücksichtigt werden.

8.3.3 Ermüdungsnachweis Endverankerung

8.3.3.1 Allgemeines

Gemäß (DAfStb 2013) darf der Ermüdungsnachweis der Endverankerung entweder am Biegeriss, welcher dem Momentennullpunkt am nächsten ist oder am letzten Zwischenrisselement erfolgen. Eine Kraftumlagerung zwischen den Bewehrungssträngen ist in der DAfStb-RiLi VBgB (03.2012) derzeit noch nicht vorgesehen, kann jedoch nach Abschn. 8.2.5 erfolgen.

8.3.3.2 Vereinfachtes Konzept nach DAfStb-Richtlinie

Auf den Nachweis der Einhaltung der Schwingbreite darf verzichtet werden, wenn nachgewiesen wird, dass unter der Einwirkungskombination nach DIN EN 1992-1-1, Abschn. 10.2 der elastische Bereich im Verbundspannungs-Verschiebungsgesetz nicht überschritten wird. Dazu muss die folgende Bedingung eingehalten werden:

$$F_{LRd,fat1} = 0{,}348 \cdot f_{ctm,surf}^{1/4} \cdot F_{bL,Rd} \geq F_{LE,equ} \tag{8.68}$$

Dabei ist:

$f_{ctm,surf}$ Oberflächenzugfestigkeit in N/mm^2

$F_{bL,Rd}$ Widerstandes am Endverankerungspunkt nach Gl. (8.69)

$F_{LE,equ}$ Einwirkende Lamellenkraft am Endverankerungspunkt

Die einwirkende Lamellenkraft am Endverankerungspunkt ist unter der Ermüdungseinwirkungskombination nach DIN EN 1992-1-1 (01.2011) zu bestimmen. Hierbei stellt $F_{LE,equ}$ die Lamellenkraft bei Oberlast dar. Vereinfacht darf diese gemäß DIN EN 1992-1-1 (01.2011) Abschn. 6.8.6 (2) zur häufigen Kombination angenommen werden. Bei der Ermittlung der Lamellenkraft muss das Versatzmaß berücksichtigt werden.

Der Verbundwiderstand am Endverankerungspunkt ergibt sich über die Verbundfestigkeit f_{bLk} zu:

$$F_{bL,Rd} = \frac{b_L \cdot t_L \cdot f_{bLk}}{\gamma_{BA}} \tag{8.69}$$

8.3.3.3 Genaues Konzept nach DAfStb-Richtlinie

Für den genauen Nachweis muss nach DAfStb-RiLi VBgB (03.2012) und DAfStb-RiLi VBgB (10.2020) nachgewiesen werden, dass am Endverankerungspunkt die Bedingung nach Gl. (8.70) eingehalten ist. Hierbei ist der Bemessungswert der Schwingbreite am Endverankerungspunkt nach Gl. (8.73) ermittelt.

$$F_{LRd,fat2} = \alpha \cdot F_{bL,Rd} \geq F_{LEd,fat} \tag{8.70}$$

$$\alpha = -c \cdot \frac{F_{LEd}{}^{U}}{F_{bL,Rd}} + c \tag{8.71}$$

$$c = 0{,}342 \cdot \left(\frac{N}{N^*}\right)^{-\frac{1}{k}} \tag{8.72}$$

$$F_{LEd,fat} = F_{LEd}{}^{O} - F_{LEd}{}^{U} \tag{8.73}$$

Dabei ist:

- $F_{bL,Rd}$ Verbundwiderstand am Endverankerungspunkt nach Gl. (8.69)
- $F_{LEd}{}^{U}$ Lamellenkraft bei Unterlast unter zyklischer Einwirkung nach DIN EN 1992-1-1, Abschn. 6.8.3 (3), am Endverankerungspunkt
- N Lastspielzahl der Einwirkung
- N^* Bezugswert der Lastspielzahl $N^* = 2 \cdot 10^6$
- k Exponent zur Ermittlung des Beiwertes c

$$k = 23{,}2 \text{ für } N < N^*$$

$$k = 45{,}4 \text{ für } N \geq N^*$$

- $F_{LEd}{}^{O}$ Lamellenkraft bei Oberlast unter zyklischer Einwirkung nach DIN EN 1992-1-1, Abschn. 6.8.3 (3), am Endverankerungspunkt

Bei der Ermittlung der Lamellenkraft muss das Versatzmaß berücksichtigt werden.

8.3.4 Berücksichtigung unterschiedlicher Schwingbreiten

Bei mehreren unterschiedlichen Schwingbreiten muss man sich zunächst die Wöhlerlinie konstruieren, welche sich gemäß (Budelmann & Leusmann, 2013) zur Abb. 8.21 ergibt.

Hierfür muss zunächst der Ermüdungswiderstand bei der Knickstelle von N^* nach Gl. (8.74) ermittelt werden.

$$F^*_{LRd,fat} = \left(0{,}342 - 0{,}342 \cdot \frac{F_{LEd}{}^U}{F_{bL,Rd}}\right) \cdot F_{bL,Rd} \tag{8.74}$$

Die Schädigung kann dann aus einer Schwingbreite ähnlich wie bei Stahl mit der Gl. (8.75) berechnet werden.

$$D_{Ed,\mathrm{i}} = \frac{n(F_{LEd,fat,i})}{N(F_{LEd,fat,i})} = \frac{n(F_{LEd,fat,i})}{\left(\frac{F^*_{LRd,fat}}{F_{LEd,fat,i}}\right)^k \cdot N^*} \tag{8.75}$$

Dabei ist:

$F_{bL,Rd}$	Verbundwiderstand
$n(F_{LEd,fat,i})$	Lastspielzahl der Einwirkung
N^*	Bezugswert der Lastspielzahl $N^* = 2 \cdot 10^6$
k	Exponent

$$k = 23{,}2 \text{ für } F_{LEd,fat} > F^*_{LRd,fat}$$

$$k = 45{,}4 \text{ für } F_{LEd,fat} \leq F^*_{LRd,fat}$$

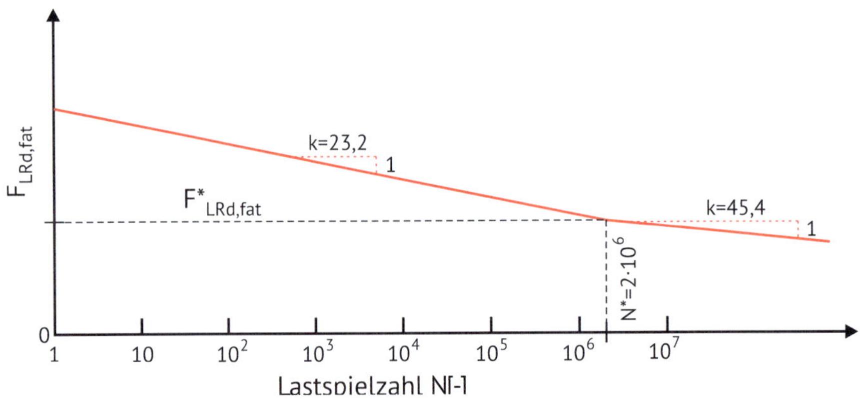

Abb. 8.21 Idealisierte Wöhlerlinie für den Verbund aufgeklebter Bewehrung

Die Gesamtschädigung aus allen Lastwechseln muss dann in Summe kleiner 1,0 sein.

$$D_{Ed} = \sum_i \frac{n(F_{LEd,fat,i})}{N(F_{LEd,fat,i})} \leq 1{,}0 \tag{8.76}$$

Literatur

Bizindavyi, L., Neale, K. W., & Erki, M. A. (2003). Experimental investigation of bonded fiber reinforced polymer-concrete joints under cyclic loading. *Journal of Composites for Construction, 7*, 127–134.

Block, K., & Dreier, F. (2003). *Das Ermüdungstragverhalten von Dübelbefestigungen; DAfStb-Heft 541*. Beuth.

Budelmann, H., & Husemann, U. (2008). Einfluss von nicht vorwiegend ruhender Belastung auf die Verbundtragfähigkeit von CFK-Lamellen zur Bauteilverstärkung; Abschlussbericht zum Forschungsvorhaben der BASt FE 15.0404/2004/FRB. Technischen Universität Braunschweig

Budelmann, H., & Leusmann, T. (2013). *Praxisgerechte Bemessungsansätze für das wirtschaftliche Verstärken von Betonbauteilen mit geklebter Bewehrung – Verbundtragfähigkeit unter nicht ruhender Belastung; DAfStb-Heft 593*. Beuth.

Budelmann, H., Husemann, U., Block, K., & Dreier, F. (2006). Einfluss von nicht vorwiegend ruhender Belastung auf die Verbundtragfähigkeit von CFK-Lamellen zur Bauteilverstärkung. Schlussbericht zum gemeinsamen Forschungsvorhaben der MPA Braunschweig und der Universität Dortmund; DIBt Geschäftszeichen: ZP 52-5-19.45-1096/04 und ZP 52-5-19.45.1-/05. Technischen Universität Braunschweig.

Czaderski, C., Soudki, K., & Montavalli, M. (2010). Front and side view image correlation measurements on frp to concrete pull-off bond tests. *Journal of Composites for Construction, 14*, 451–463.

DAfStb. (Hrsg.). (2013). Erläuterungen und Beispiele zur DAfStb-Richtlinie: „Verstärken von Betonbauteilen mit geklebter Bewehrung"; DAfStb-Heft 595. Beuth.

DAfStb-G-RiLi VBgB. (2025). Gelbdruck -Richtlinie Verstärken von Betonbauteilen mit geklebter Bewehrung.

DAfStb-RiLi VBgB. (03.2012). Richtlinie Verstärken von Betonbauteilen mit geklebter Bewehrung.

DAfStb-RiLi VBgB. (10.2020). Verstärken von Betonbauteilen mit geklebter Bewehrung, Erste Korrektur und Ergänzung.

Dai, J.G., Saito, J., Ueda, T., & Sato, Y. (2005). Static and Fatigue Bond Characteristics of Interfaces be- tween CFRP Sheets and Frost Damage Experienced Concrete. In: Shield, C. (Hrsg.), *7th International Symposium on Fiber Reinforced Polymer Reinforcement for Reinforced Concrete Structures (FRPRCS 7)*. ACI SP-230-88, S. 1515–1530.

DIN EN 1992-1-1 (01.2011) Eurocode 2: Bemessung und Konstruktion von Stahlbeton- und Spannbetontragwerken – Teil 1-1: Allgemeine Bemessungsregeln und Regeln für den Hochbau; Deutsche Fassung EN 1992-1-1:2004 + AC:2010, Berlin.

DIN EN 1992-1-1/NA (04.2013) Nationaler Anhang – National festgelegte Parameter – Eurocode 2: Bemessung und Konstruktion von Stahlbeton- und Spannbetontragwerken – Teil 1-1: Allgemeine Bemessungsregeln und Regeln für den Hochbau; Deutsche Fassung EN 1992-1-1:2004 + AC:2010, Berlin.

Eibl, J., & Iványi, G. (1976). *Studie zum Trag- und Verformungsverhalten von Stahlbeton; DAfStb-Heft 260*. Ernst & Sohn.

Finckh, W. (2012). *Einfluss bauteilspezifischer Effekte auf die Bemessung von mit CFK-Lamellen verstärkten Stahlbetonbauteilen*. Dissertation, München.

Finckh, W. (2024). *Verstärken von Betonbauteilen; Tragwerksplanung im Bestand.* . Springer Fachmedien Wiesbaden; Imprint Springer Vieweg.

Gylltoft, K. (1983). *Fracture mechanics models for fatigue in concrete structures.* Dissertation, Luleå

Hankers, C. (1995). *Zum Verbundtragverhalten laschenverstärkter Betonbauteilen unter nicht vorwiegend ruhender Beanspruchung.* Dissertation, Braunschweig.

Holzenkämpfer, P. (1994). *Ingenieurmodelle des Verbunds geklebter Bewehrung für Betonbauteile.* Dissertation, Braunschweig

Iványi, G., & Buschmeyer, W. (1992). Verstärkung von Spannbetonbrücken durch Stahllaschen –Anwendungskriterien. *Beton- und Stahlbetonbau, 87*(265–271), 305–311.

Jahn, M. (1983). *Zum Ansatz der Betonzugfestigkeit bei den Nachweisen zur Trag- und Gebrauchsfähigkeit von unbewehrten und bewehrten Betonbauteilen; DAfStb-Heft 341.* Beuth.

König, G., & Fehling, E. (1988). Grundlagen zur Rissbreitenbeschränkung im Spannbetonbau. *Beton- und Stahlbetonbau, 83*, 317–323.

Leusmann, T. (2015). *Das Verbundtragverhalten geklebter Kohlefaserkunststoffe auf Beton unter schwingender Beanspruchung.* Dissertation, Braunschweig.

Neubauer, U. (2000). *Verbundtragverhalten geklebter Lamellen aus Kohlenstofffaserverbundwerkstoff zur Verstärkung von Betonbauteilen.* Dissertation, Braunschweig

Nieder, L. (2021). *Überprüfung der Praxistauglichkeit des Ermüdungsnachweises für aufgeklebte CFK-Lamellen.* Master-Thesis.

Niedermeier, R. (2001). *Zugkraftdeckung bei klebearmierten Bauteilen.* Dissertation, München.

Nizic, (2011). *Kurzzeitschwingfestigkeit des Verbundes aufgeklebter Bewehrung.* Dissertation, München.

Ranisch, E. (1982). *Zur Tragfähigkeit von Verklebungen zwischen Baustahl und Beton – Geklebte Bewehrung.* Dissertation, Braunschweig.

Reineck, K.-H. (1990). *Ein mechanisches Modell für den Querkraftbereich von Stahlbetonbauteilen.* Dissertation, Stuttgart.

Rostásy R, Ranisch E (1981) Nachträgliche Verstärkung von Spannbetonbrücken im Koppelfugenbereich durch geklebte Stahllaschen; Forschung Straßenbau und Straßenverkehrstechnik 326. FSGV, Köln

Rostásy, R., & Ranisch, E. (1983). Einseitige Verstärkung gerissener Koppelfugenbereiche durch angeklebte Stahllaschen; Forschung Straßenbau und Straßenverkehrstechnik 378. FSGV, Köln.

Rostásy, R., Holzenkämpfer, P., & Hankers, C. (1994) Geklebte Bewehrung für die Verstärkung von Betonbauteilen. In Eibl, J. (Hrsg.), *Beton Kalender 1996* (S. 547–576). Ernst & Sohn.

Tue, N. V. (1993). *Zur Spannungsumlagerung im Spannbeton bei der Rissbildung unter statischer und wiederholter Belastung; DAfStb-Heft 435.* Beuth.

Ulaga, T. (2003). *Betonbauteile mit Stab- und Lamellenbewehrung: Verbund- und Zuggliedmodellierung.* Dissertation, Zürich.

Volkersen, O. (1938). Die Nietkraftverteilung in zugbeanspruchten Nietverbindungen mit konstanten Laschenquerschnitten. *Luftfahrtforschung, 15*, 41–47.

Z-36.1.20. (09.2008). Klebesysteme „StoGB System 1" für schubfeste Klebeverbindungen zwischen Stahlplatten und Bauteilen.

Z-36.1.20. (11.2003). Klebesysteme „StoGB System 1" für schubfeste Klebeverbindungen zwischen Stahlplatten und Stahlbetonbauteilen oder Spannbetonbauteilen.

Z-36.12-83. (04.2016). Verstärken von Betonbauteilen mit schubfest aufgeklebten CFK-Gelegen nach der „DAfStb-Richtlinie Verstärken von Betonbauteilen mit geklebter Bewehrung" mittels des Tyfo Fibrwrap Carbon Composite Systems: Tyfo SCH-41 und Tyfo SCH-11UP in Verbindung mit Tyfo S Epoxy.

Zehetmaier, G. (2006). *Zusammenwirken einbetonierter Bewehrung mit Klebearmierung bei verstärkten Betonbauteilen.* Dissertation, München.

Zilch, K., & Niedermeier, R. (2008). *Formulierung von Prüfgrundsätzen bei Verbundver- suchen mit oberflächig aufgeklebten Stahlaschen und CFK-Lamellen.* Fraunhofer IRB Verlag.

Zilch, K., & Finckh, W. (2012). Mechanischer Hintergrund der Wirkungsweise der aufgeklebten Bewehrung. In: R. Nothnagel & H. Twelmeier (Hrsg.), *Baustoff und Konstruktion. Festschrift zum 60. Geburtstag von Harald Budelmann* (S. 243–254). Springer Berlin Heidelberg.

Zilch, K., Niedermeier, R., & Finckh, W. (2011). *Sachstandbericht Verstärken von Betonbauteilen mit geklebter Bewehrung; DAfStb-Heft 591*. Beuth.

Zilch, K., Niedermeier, R., & Finckh, W. (2012). *Praxisgerechte Bemessungsansätze für das wirtschaftliche Verstärken von Betonbauteilen mit geklebter Bewehrung – Verbundtragfähigkeit unter statischer Belastung; DAfStb-Heft 592*. Beuth.

9 Beispiel: Verstärkung einer Einfeldbrücke

Zusammenfassung

In Kapitel 7 wird anhand eines Beispiels die Verstärkung einer Straßenbrücke in Längsrichtung mit aufgeklebter Bewehrung erläutert. Bei der zu verstärkende Brücke handelt es sich um eine einfeldrige kleine Straßenbrücke. Für diese Verstärkung werden alle Nachweise geführt. Hierbei werden vor allem die Besonderheiten des Verbundnachweises bei Wanderlasten und der genaue Ermüdungsnachweis unter ELM4 erläutert.

9.1 Grundlagen

9.1.1 Aufgabenstellung

Eine Brücke aus dem Jahre 1990 soll von BKL 30 auf BKL 60 nach DIN 1072 (12.1985) mit aufgeklebter Bewehrung verstärkt werden, da diese als Zufahrt für eine neu erschlossene Kiesgrube dienen soll. Die Brücke hat eine Höhe von 1,0 m. Der Brückenquerschnitt ist in Abb. 9.1 dargestellt.

Bei der Brücke handelt es sich um ein einfeldriges, gelagertes Bauwerk mit einer Stützweite von 13,0 m, wie es in Abb. 9.2 dargestellt ist. Die Größe der Lagerplatten beträgt $t = 40$ cm.

Ergänzende Information Die elektronische Version dieses Kapitels enthält Zusatzmaterial, auf das über folgenden Link zugegriffen werden kann https://doi.org/10.1007/978-3-658-49258-8_9.

W. Finckh et al., *Brückenverstärkung mit geklebter Bewehrung*,
https://doi.org/10.1007/978-3-658-49258-8_9

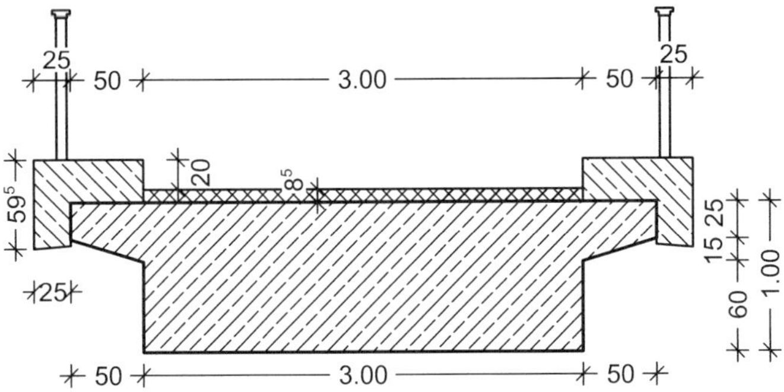

Abb. 9.1 Brückenquerschnitt der zu verstärkenden Straßenbrücke

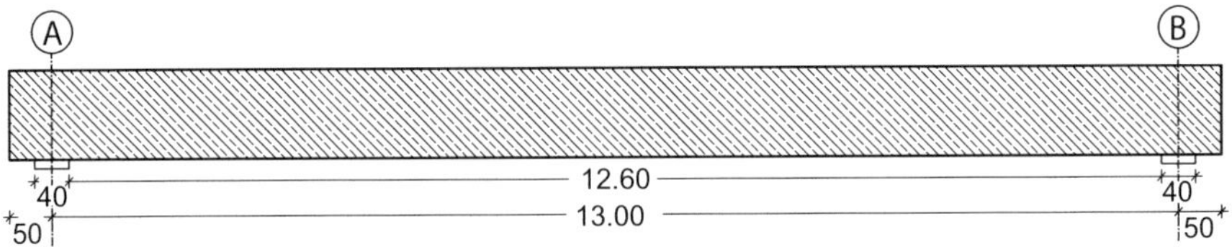

Abb. 9.2 Längsschnitt der Straßenbrücke

9.1.2 Angaben zum Bestand

9.1.2.1 Allgemeines

Beim Bau wurde ein Beton B35 und Betonstahl BSt 500 S (IV) nach DIN 1045 (07.1988) verwendet. Der Überbau ist nicht vorgespannt. Gemäß der DIN 1072 (12.1985) wurde die Brücke auf BKL 30/30 ausgelegt. Das Lastbild ist in Abb. 9.3 dargestellt.

9.1.2.2 Bewehrung

Die Bewehrung des Querschnitts ist in Abb. 9.4 dargestellt. Diese Bewehrung ist über die Länge der Brücke nicht abgestuft.

Somit ergibt sich als Feldbewehrung ein Querschnitt von 26 Ø 25 = 127,6 cm^2. Die Betondeckung beträgt 3,5 cm. Als Querbewehrung sind Ø10mm verbaut. Damit ergibt sich die statische Nutzhöhe zu:

$$d = h - c - \phi_q - \phi_l/2 = 1000 - 35 - 10 - 25/2 = 942{,}5 \text{ mm}$$

Als Querkraftbewehrung sind im Regelquerschnitt 10 Bügelschenkel Ø10/15 vorhanden. Dies ergibt eine Querkraftbewehrung von $a_{sw} = 52{,}4 \text{ cm}^2/\text{m}$.

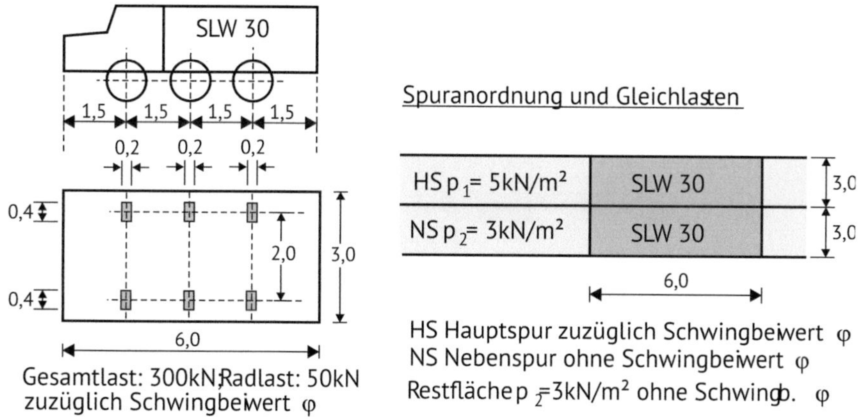

Abb. 9.3 Brückenklasse 30

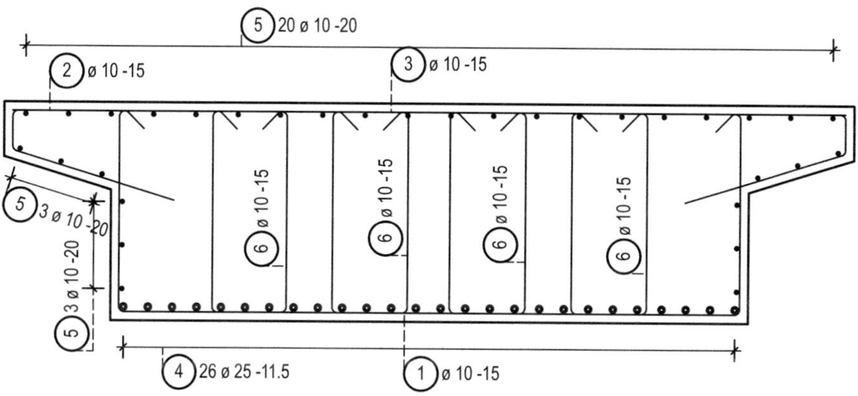

Abb. 9.4 Grundbewehrung des Querschnitts der Straßenbrücke

9.1.3 Ermüdungslasten

Vor der Eröffnung der Kiesgrube hat die Brücke keine nennenswerte Ermündungsbelastung erhalten. Die Brücke soll noch 65 Jahre in Betrieb bleiben. Nach der Aussage des Bauherrn sollen zwei LKW in Anlehnung an das FLM4 der DIN EN 1991-2 (12.2010) berücksichtigt werden. Die Angaben des Ermüdungslastmodells sind in Abb. 9.5 zusammengefasst.

Es wird prognostiziert, dass der LKW 1 80.000-mal und der LKW 2 20.000-mal in einem Jahr über die Brücke fahren. Somit ergeben sich die Gesamtlastwechselzahlen der LKW auf die 65 Jahre bezogen zu:

$$N_{LKW1} = 65 \cdot 80000 = 5{,}2 \cdot 10^6$$

$$N_{LKW2} = 65 \cdot 20000 = 1{,}3 \cdot 10^6$$

FAHRZEUGTYP					VERKEHR
NAME	SCHWERFAHRZEUG	Achsabstand (m)	Ersatzachslast (kN)	Reifenart	N_{obs}
LKW1		4,20 1,30	70 120 120	A B B	80 000
LKW2	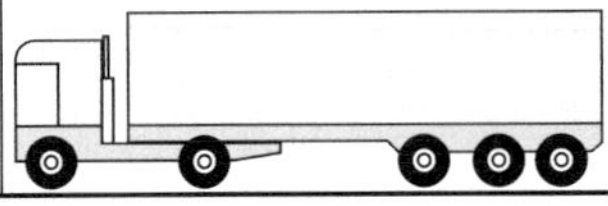	3,20 5,20 1,30 1,30	70 150 90 90 90	A B C C C	20 000

Abb. 9.5 Anzusetzender LKW 1 und 2 für die Ermüdungsberechnung

9.2 Nachrechnung mit BKL 60

9.2.1 Modellbildung

Die Brücke wird mit den Programmpaketen (SOFiSTiK AG, 2025) als Einstabsystem abgebildet. Die Eingabebefehle sind im Zusatzmaterial wiedergeben und das Modell ist in Abb. 9.6 dargestellt.

9.2.2 Material

Der Beton B35 entspricht gemäß BASt-NaReLi (05.2011) einem C25/30 mit der charakteristischen Betondruckfestigkeit $f_{ck} = 27{,}5$ N/mm^2. Der Bemessungswert der Betondruckfestigkeit ergibt sich zu:

$$f_{cd} = \alpha_{cc} \cdot \frac{f_{ck}}{\gamma_c} = 0{,}85 \cdot \frac{27{,}5}{1{,}5} = 15{,}6 \text{ N/mm}^2$$

Die mittlere Betondruckfestigkeit ergibt sich zu $f_{cm} = 27{,}5 + 8 = 35{,}5$ N/mm^2.

Für den Betonstahl BSt 500 S (IV) wird gemäß BASt-NaReLi (05.2011) eine Streckgrenze von $f_{yk} = 500$ N/mm^2 angesetzt. Der Bemessungswert der Streckgrenze ergibt sich zu

$$f_{yd} = \frac{f_{yk}}{\gamma_s} = \frac{500}{1{,}15} = 435 \text{ N/mm}^2$$

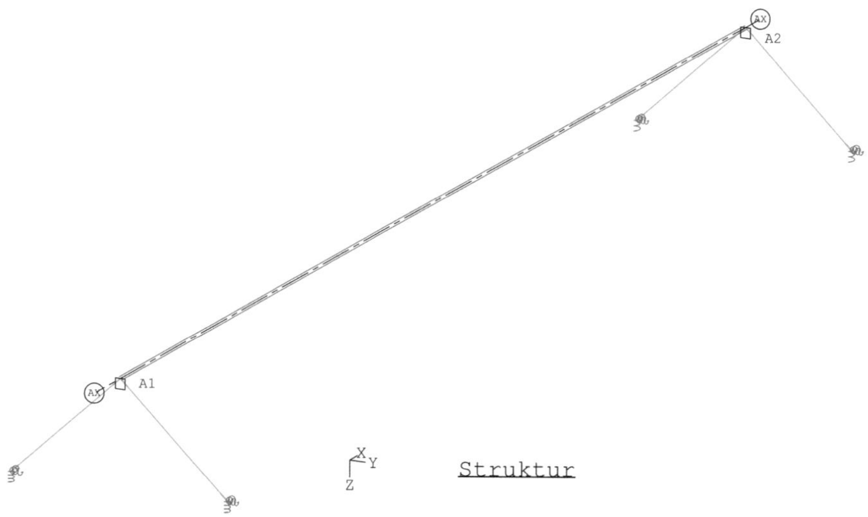

Abb. 9.6 Modellierung der Straßenbrücke als Einstabsystem

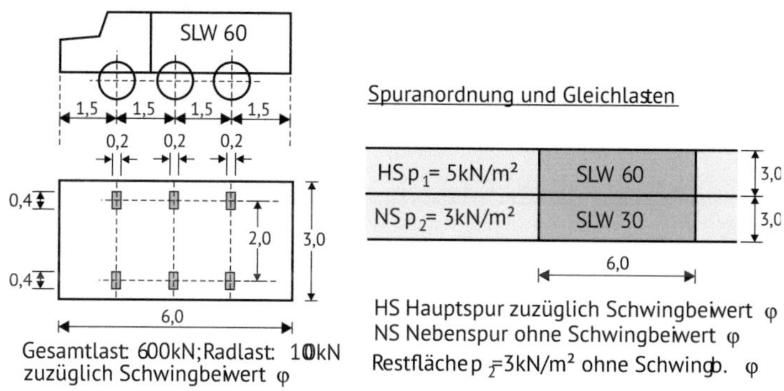

Abb. 9.7 Brückenklasse 60

9.2.3 Belastung

9.2.3.1 Ständige Lasten

Das Eigengewicht der Brücke beträgt $g_{k1} = 83{,}12$ kN/m. Neben dem Eigengewicht wirkt die Ausbaulast der Kappen und des Belages. Die Ausbaulasten ergeben sich auf den Überbau wie folgt:

- Belag und Ausgleich:
  $g_{k,Belag} = 0{,}085\text{ m} \cdot 25\text{ kN/m}^3 + 0{,}50\text{ kN/m}^2 = 2{,}625\text{ kN/m}^2$
  $G_{k,Belag} = 3{,}0\text{ m} \cdot 2{,}625\text{ kN/m}^2 = 7{,}875\text{ kN/m}$

- Kappen:
  $g_{k,Kappe1} = 0{,}285\ \text{m} \cdot 25\ \text{kN/m}^3 = 7{,}125\ \text{kN/m}^2$
  $G_{k,Kappe2} = 0{,}25\ \text{m} \cdot 0{,}60\ \text{m} \cdot 25\ \text{kN/m}^3 = 3{,}75\ \text{kN/m}$
  $G_{k,Kappe} = 7{,}125 \cdot 0{,}5 \cdot 2 + 3{,}75 \cdot 2 = 14{,}625\ \text{kN/m}$
- Geländer: $G_{k,Gel} = 2 \cdot 1{,}00 = 2{,}0\ \text{kN/m}$

Somit ergibt sich eine Gesamtausbaulast von $g_{k2} = 7{,}875 + 14{,}625 + 2 = 24{,}5\ \text{kN/m}$.

9.2.3.2 Veränderliche Lasten

Die Brücke soll nach der Verstärkung die Brückenklasse 60 (vgl. Abb. 9.7) nach DIN 1072 (12.1985) erfüllen. Dazu muss auf die einspurige Brücke der SLW 60 nach DIN 1072 aufgebracht werden.

Die Lasten für die Hauptspur müssen noch mit dem Schwingbeiwert belegt werden, welcher sich wie folgt ergibt:

$$\varphi = 1{,}4 - 0{,}008 \cdot l_\varphi = 1{,}4 - 0{,}008 \cdot 13 = 1{,}296$$

Die Last aus der Streckenlast ergibt sich damit zu:

$$p_{UDL} = 1{,}296 \cdot 5 \cdot 3 + 1 \cdot 3 = 22{,}44\ \text{kN/m}.$$

Die Radlast aus den Einzelachsen ergibt sich zu:

$$P_{TS} = 100 \cdot 1{,}296 = 129{,}6\ \text{kN}.$$

9.2.4 Schnittgrößen

Die Biegemomente sind lastfallweise für die äußeren Lasten in Abb. 9.8 dargestellt.

Die maximale Querkraft im GZT ist unter Berücksichtigung der Vorspannung in Abb. 9.9 dargestellt.

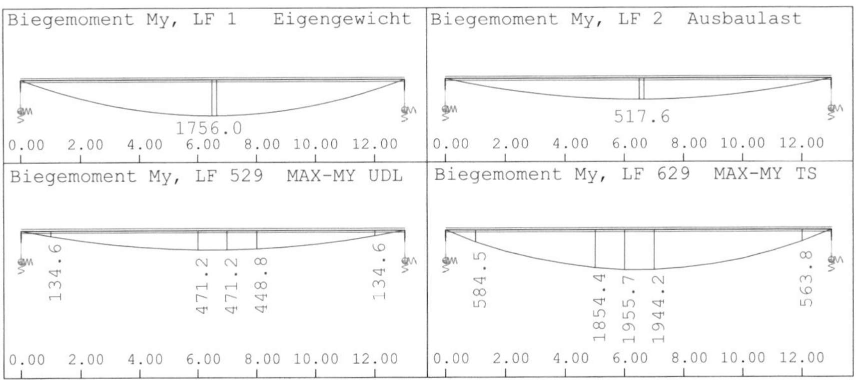

Abb. 9.8 Schnittgrößen der äußeren Lasten

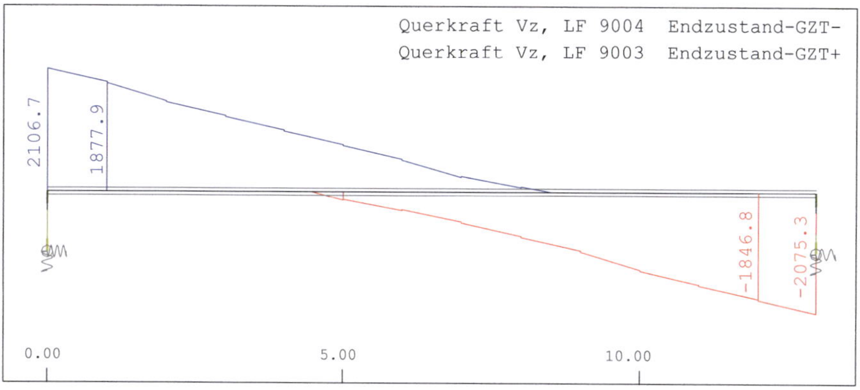

Abb. 9.9 Querkraft im GZT

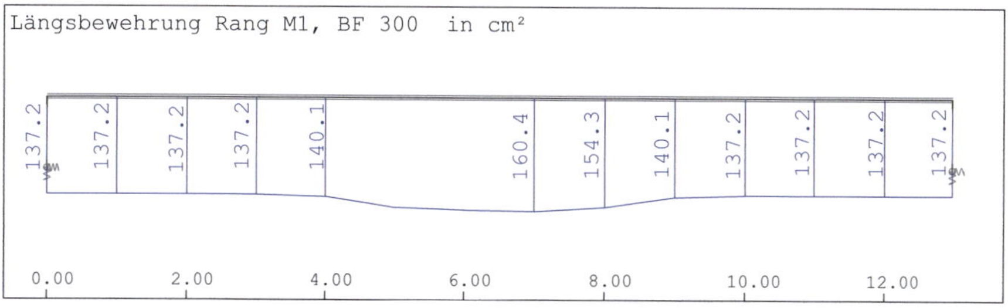

Abb. 9.10 Erforderliche Biegebewehrung

9.2.5 Bemessung

Die Schnittgrößen werden noch entsprechend den Kombinationsvorschriften überlagert und es wird zunächst eine Biegebemessung mit dem SOFiSTiK Modul AQB durchgeführt. Hierfür wurde vorher die vorhandene Bewehrung definiert. Die Biegebemessung ergibt die erforderliche Biegebewehrung in Abb. 9.10.

Man erkennt, dass in Feldmitte mehr Bewehrung erforderlich ist, als vorhanden ist. Aus diesem Grund ist einen Feldmomentenverstärkung erforderlich. Auf weitere Nachweise wird hier verzichtet. Diese werden dann beim Nachweis des verstärkten Systems geführt.

9.3 Wahl des Verstärkungssystems

Die Nachrechnung hat ergeben, dass eine Verstärkung notwendig ist. Als Verstärkung sollen aufgeklebte CFK-Lamellen des Typs 150/2000 nach Z-36.12-86 (01.2025) mit einer Dicke von $t_L = 1{,}4$ mm zum Einsatz kommen.

(Verstärkungsprinzip siehe auch Abschn. 9.14) Für die Lamelle ergibt sich die maximal ansetzbare Zugfestigkeit mit den Werten aus Z-36.12-86 (01.2025) zu:

$$f_{LRud} = \alpha_{zeit} \cdot \frac{f_{Luk}}{\gamma_{LL}} = 0{,}9 \cdot \frac{2350}{1{,}2} = 1762{,}5\ \text{N/mm}^2$$

Ebenfalls kann aus Z-36.12-86 (01.2025) der E-Modul $E_L = 168000\ \text{N/mm}^2$ und die Bruchdehnung $\varepsilon_{Luk} = 15\ ‰$ abgelesen werden.

Im Rahmen der Bestandsanalyse wurden Haftzugprüfungen nach DIN EN 1542 (07.1999) an der zu verklebenden Bauteilunterseite durchgeführt. Diese ergaben die Werte nach Tab. 9.1.

Zur Bestimmung der Oberflächenzugfestigkeit müssen die Tests noch statistisch ausgewertet werden. Der Mittelwert ergibt sich zu:

$$f_{ct,m(n)} = \frac{\sum f_{ct,i}}{n}$$

$$f_{ct,m(n)} = \frac{2{,}5 + 2{,}6 + \cdots + 2{,}9}{10} = 2{,}70\ \text{N/mm}^2$$

Für die Ermittlung des Erwartungswertes des Mittelwertes wird die Standardabweichung benötigt.

$$s_x = \sqrt{\frac{1}{n-1} \cdot \sum_{i=1}^{n} \left(f_{ct,i} - f_{ct,m(n)}\right)^2}$$

$$s_x = \sqrt{\frac{1}{9} \cdot (0{,}20^2 + 0{,}10^2 + \cdots + 0{,}20^2)} = 0{,}405\ \text{N/mm}^2$$

Der Erwartungswert des Mittelwerts bei einem Vertrauensintervall von 95 % ergibt sich nach der DAfStb-RiLi VBgB (03.2012) Teil 4 mit der nachfolgenden Gleichung. Hierbei wurde $k = 0{,}580$ nach Tab 3.6 gewählt.

$$f_{ctm,surf} = \left(\frac{1}{n} \cdot \sum\nolimits_{i=1}^{n} f_{ct,surf,i}\right) - k \cdot s_x = 2{,}70 - 0{,}580 \cdot 0{,}405 = 2{,}46\ \text{N/mm}^2$$

Tab. 9.1 Ergebnisse der Haftzugprüfungen

Stichprobe	$f_{ctm,surf}$ [N/mm²]	Stichprobe	$f_{ctm,surf}$ [N/mm²]
1	2,5	6	3
2	2,6	7	2
3	3,1	8	2,9
4	2,7	9	3,2
5	2,1	10	2,9

Die Randwerte des Verbundansatzes ergeben sich damit zu:

$$\tau_{L1k} = 0{,}366 \cdot \sqrt{\alpha_{cc} \cdot f_{cm} \cdot \alpha_{ct} \cdot f_{ctm,surf}} = 0{,}366 \cdot \sqrt{0{,}85 \cdot 35{,}5 \cdot 0{,}85 \cdot 2{,}46} = 2{,}91\ \text{N/mm}^2$$

$$s_{L0k} = 0{,}201\ \text{mm}$$

$$\tau_{LFk} = 10{,}8 \cdot \alpha_{cc} \cdot f_{cm}{}^{-0{,}89} = 10{,}8 \cdot 0{,}85 \cdot 35{,}5^{-0{,}89} = 0{,}38\ \text{N/mm}^2$$

9.4 Ermittlung der Rissbildung

Für den genauen Verbundnachweis wird der Rissabstand nach DAfStb-RiLi VBgB (03.2012) benötigt. (siehe z. B. (Finckh, 2024) Abschn. 7.5.3.3.2). Dazu muss zunächst mithilfe der Oberflächenzugfestigkeit das Rissmoment des Querschnitts ermittelt werden:

$$M_{cr} = \kappa_{fl} \cdot f_{ctm,surf} \cdot W_{c,0}$$

$$\kappa_{fl} = 1{,}6 - \frac{h}{1000} = 1{,}6 - \frac{1000}{1000} = 0{,}6 \geq 1{,}0$$

Aus der (SOFiSTiK AG, 2025)-Berechnung kann das Flächenträgheitsmoment von $I_y = 0{,}286\ \text{m}^4$ und der Schwerpunktabstand von unten $z_u = 1000 - 467{,}3 = 532{,}7\ \text{mm}$ entnommen werden. Damit ergibt sich das Widerstandmoment:

$$W_{c,0} = \frac{I_y}{z_u} = \frac{0{,}286}{0{,}5327} = 0{,}537\ \text{m}^3$$

$$M_{cr} = 1{,}0 \cdot 2{,}46 \cdot 0{,}537 = 1{,}32\ \text{MNm}$$

Des Weiteren wird die mittlere Verbundspannung der gerippten Betonstähle unter guten Verbundbedingungen benötigt:

$$f_{bsm} = \kappa_{vb1} \cdot 0{,}43 \cdot f_{cm}^{2/3} = 1{,}0 \cdot 0{,}43 \cdot 35{,}5^{2/3} = 4{,}64\ \text{N/mm}^2$$

Damit kann die Verbundkraft je Länge berechnet werden. Mit der Bewehrung von 26 Ø 25 ergibt sich:

$$F_{bsm} = \sum\nolimits_{i=1}^{n} n_{s,i} \cdot \phi_{s,i} \cdot \pi \cdot f_{bsm}$$

$$F_{bsm,1} = 26 \cdot 25 \cdot \pi \cdot 4{,}64 = 9475\ \text{N/mm}$$

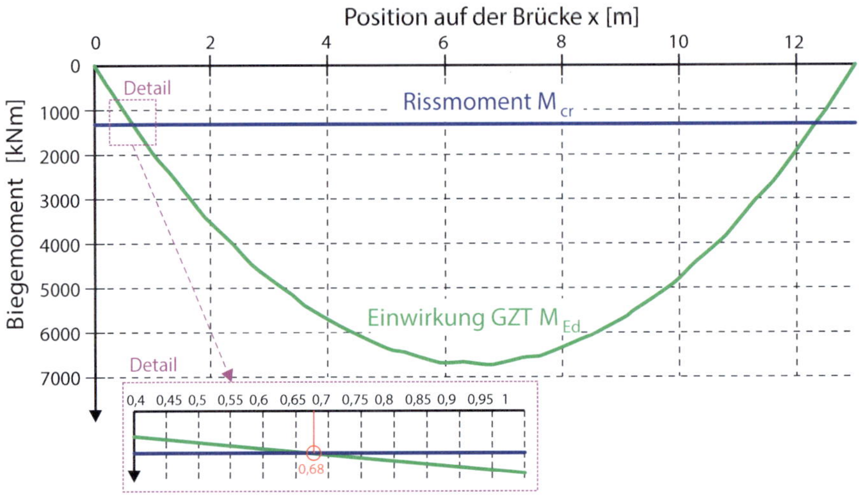

Abb. 9.11 Ermittlung des Erstriss unter $M_{Ed,max}$

Somit kann über das Rissmoment und den inneren Hebelarm, welcher zu 0,9-mal der statischen Nutzhöhe angenommen werden darf, die Eintragungslänge des Betonstahls für den Bereich 1 berechnet werden.

$$l_{e,0} = \frac{M_{cr}}{z_s \cdot F_{bsm}} = \frac{M_{cr}}{0{,}9 \cdot d_{s1} \cdot F_{bsm}}$$

$$l_{e,0,1} = \frac{1{,}32 \cdot 10^6}{0,9 \cdot 0{,}9425 \cdot 9475} = 164 \text{ mm}$$

Der Rissabstand ergibt sich dann aus der 1,5-fachen Eintragungslänge des Betonstahles:

$$s_{r,1} = 1{,}5 \cdot l_{e,0,1} = 1{,}5 \cdot 164 = 246 \text{ mm}$$

Das Rissbild wird nun noch mit dem Moment $M_{Ed,max}$ im GZT verglichen. Dieser Vergleich ist in Abb. 9.11 dargestellt und man erkennt, dass der Erstriss bei 0,68 m ab der Auflagerachse liegt.

Basierend auf den Ergebnissen aus den vorherigen Abschnitten wird beginnend vom Erstriss in Feldmitte das Rissbild angeordnet und es wird daraus das Rissbild in Abb. 9.12 abstrahiert.

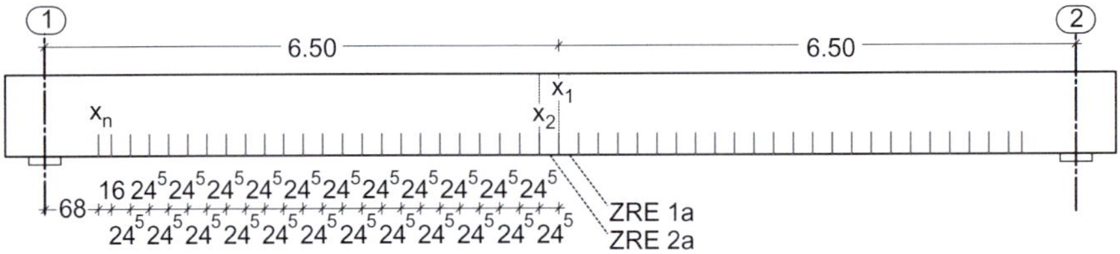

Abb. 9.12 Abstrahiertes Rissbild

9.5 Spannungsermittlung in der CFK-Lamelle

Das Modell aus der Nachrechnung in Abschn. 9.2 wird um die CFK-Lamellen erweitert. Dazu wird im Programm (SOFiSTiK AG, 2025) der Querschnitt um einen weiteren Bauabschnitt ergänzt, in welchen Bewehrungsstränge mit den Materialeigenschaften der CFK-Lamellen eingelegt werden. Damit die Vordehnung entsprechend berücksichtigt wird, wird ein nicht-linearer Primärlastfall berechnet und in der Spannungsermittlung am gerissenen Querschnitt berücksichtigt. Der SOFiSTiK Quellcode ist im Zusatzmaterial zum Buch enthalten.

Für die Spannungsermittlung muss ein Lamellenquerschnitt vorgeben werden. Dieser muss so gewählt werden, dass alle Nachweise eingehalten werden können. Im Regelfall sind dies die Verbundnachweise und die iterative Festlegung des Lamellenquerschnitts. In diesem Beispiel werden 12 Lamellen mit einem Querschnitt von $100 \times 1{,}4\ \text{mm}^2$ gewählt, welche alle nebeneinander verklebt werden (Siehe auch Abschn. 9.14).

$$A_L = n_L \cdot b_L \cdot t_L = 12 \cdot 100 \cdot 1{,}4 = 1680\ \text{mm}^2$$

Da für den Nachweis am Zwischenrisselement nicht klar ist, welche Laststellung des SLW 60 maßgebend ist, werden sechs Laststellungen untersucht.

Mit dem Lamellenquerschnitt von $A_L = 1680\ \text{mm}^2$ ergibt sich für den Grenzzustand der Tragfähigkeit die Lamellenspannungen für die verschiedenen Laststellungen aus Abb. 9.13 und 9.14. Bei der Berechnung der Lamellenspannungen wurde das Versatzmaß mit dem $cot\theta = 1{,}0$ über das Programm AQB automatisch berücksichtigt.

Man erkennt, dass die Lamellenspannung mit $\sigma_{LEd} = 640\ \text{N/mm}^2$ deutlich kleiner ist als der Bemessungswert der Festigkeit von $f_{LRud} = 1762{,}5$ N/mm und der Biegenachweis somit erbracht ist.

9.6 Verbundnachweis am Zwischenrisselement

9.6.1 Vorgehen

Bei diesem Nachweis nach DAfStb-RiLi VBgB (03.2012), wie er umfangreich in (Finckh, 2024) beschrieben ist, ist an jedem Zwischenrisselement ein Nachweis zu führen. Es ist nachzuweisen, dass die einwirkende Lamellenkraftänderung kleiner ist als die aufnehmbare Lamellenkraftänderung am Zwischenrisselement.

$$\Delta F_{LEd} \leq \Delta F_{LRd}$$

Für den Nachweis werden diskrete Zwischenrisselemente, gemäß der schematischen Darstellung in Abb. 9.12 angeordnet. Zunächst werden die Lamellenkräfte an jedem Riss ermittelt und dann nach der Berechnung des Verbundkraftwiderstandes der Nachweis an jedem Zwischenrisselement geführt. Der Nachweis muss unter jeder Laststellung erfolgen.

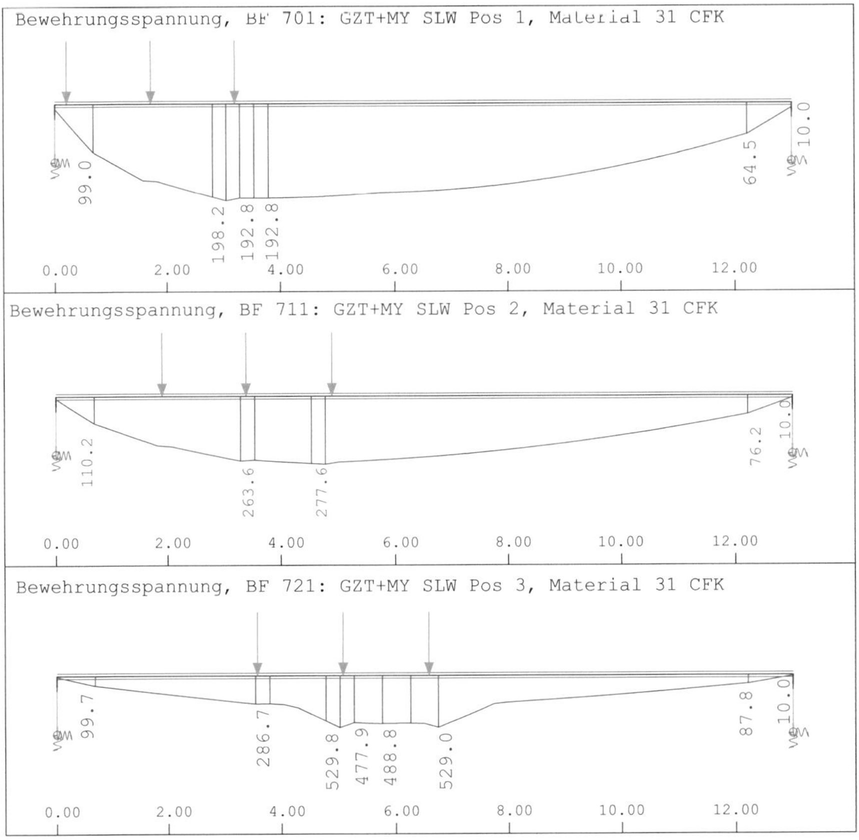

Abb. 9.13 Lamellenspannung im GZT unter Berücksichtigung des Zugkrafterhöhung mit $cot\theta = 1{,}0$ für die Laststellung 1 bis 3

9.6.2 Nachweis Laststellung 1

Über die Differenz der Lamellenkräfte zwischen zwei Rissen ergibt sich die Beanspruchung der Zwischenrisselemente, welche in Tab. 9.2 aufgelistet sind. In Tab. 9.2 ist $F_{LEd,1}$ die Lamellenkraft am ersten Riss x_1 und $F_{LEd,2}$ die Lamellenkraft am zweiten Riss x_2. Die Lamellenkräfte ergeben sich aus den Spannungen in Abb. 9.13 zu:

$$F_{LEd}(x) = A_L \cdot \sigma_{LEd}(x)$$

$$\Delta F_{LEd} = F_{LEd}(x + s_r) - F_{LEd}(x)$$

Der Nachweis wird an jedem Zwischenrisselement geführt, wobei die drei Anteile der aufnehmbaren Lamellenkraftänderung von der einwirkenden Lamellenkraft am niedriger beanspruchten Rissufer des Zwischenrisselementes abhängen

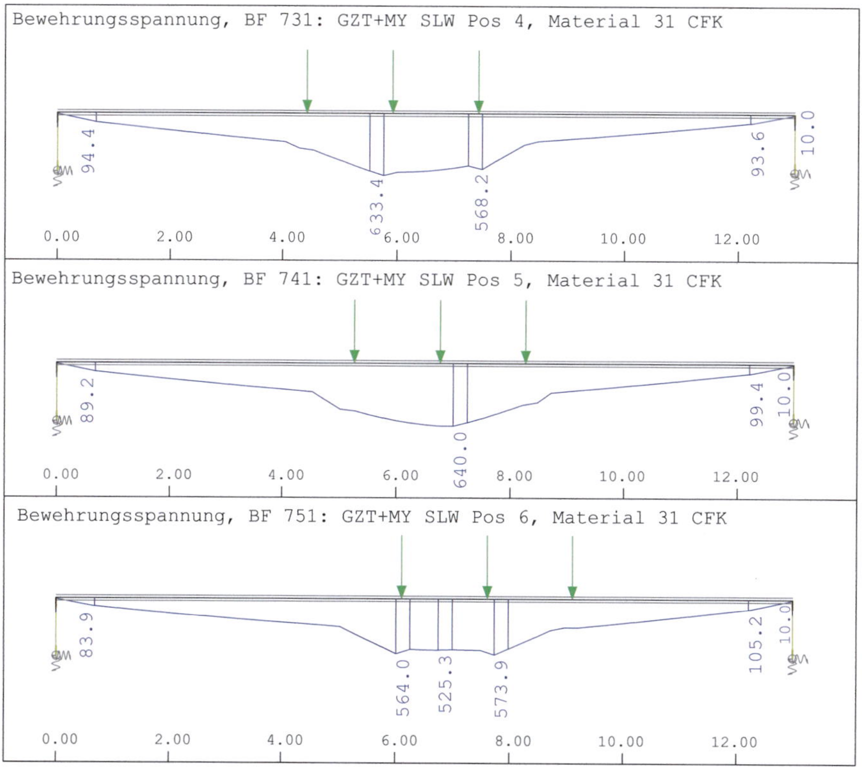

Abb. 9.14 Lamellenspannung im GZT unter Berücksichtigung des Zugkrafterhöhung mit $cot\theta = 1{,}0$ für die Laststellung 4 bis 6

und somit für jedes Zwischenrisselement neu berechnet werden müssen. Auf die detaillierte Wiedergabe der Formeln für den Nachweis wird hier verzichtet, da dies bereits im Abschn. 4.7.2 erfolgt ist. Das gleiche Prinzip wird auch hier angewendet.

Die aufnehmbare Lamellenkraftänderung ist in Tab. 9.3 der Lamellenkraftänderung aus der Einwirkung an jedem Zwischenrisselement gegenübergestellt. Das Zwischenrisselement 23a ist maßgebend. Der Verbundnachweis ist hier zu 12 % ausgenutzt.

9.6.3 Nachweis Laststellung 2

Wie in Abschn. 9.6.2 wird aus den Spannungen in Abb. 9.13 die Beanspruchung am Zwischenrisselement ermittelt, welche in Tab. 9.4 aufgelistet ist.

Ebenfalls wird wie in Abschn. 9.6.2 die aufnehmbare Lamellenkraftänderung in der Tab. 9.5 der Lamellenkraftänderung aus der Einwirkung an jedem

Tab. 9.2 Beanspruchungen der Zwischenrisselemente für Laststellung 1

ZRE	x_1	x_2	$\sigma_{LEd,1}$	$\sigma_{LEd,2}$	$F_{LEd,1}$	$F_{LEd,2}$	$\lvert\Delta F_{LEd}\rvert$
-	[m]	[m]	[N/mm²]	[N/mm²]	[N]	[N]	[N]
24a	0,68	0,842	98,79	109,2	165.967	183.456	17.489
23a	0,842	1,088	109,2	125,05	183.456	210.084	26.628
22a	1,088	1,334	125,05	140,81	210.084	236.561	26.477
21a	1,334	1,58	140,81	156,42	236.561	262.786	26.225
20a	1,58	1,826	156,42	158,38	262.786	266.078	3293
19a	1,826	2,072	158,38	166,83	266.078	280.274	14.196
18a	2,072	2,318	166,83	175,05	280.274	294.084	13.810
17a	2,318	2,564	175,05	183,04	294.084	307.507	13.423
16a	2,564	2,81	183,04	190,53	307.507	320.090	12.583
15a	2,81	3,056	190,53	198,04	320.090	332.707	12.617
14a	3,056	3,302	198,04	192,78	332.707	323.870	8837
13a	3,302	3,548	192,78	192,92	323.870	324.106	235
12a	3,548	3,794	192,92	192,81	324.106	323.921	185
11a	3,794	4,04	192,81	192,45	323.921	323.316	605
10a	4,04	4,286	192,45	191,83	323.316	322.274	1042
9a	4,286	4,532	191,83	190,97	322.274	320.830	1445
8a	4,532	4,778	190,97	189,78	320.830	318.830	1999
7a	4,778	5,024	189,78	188,26	318.830	316.277	2554
6a	5,024	5,27	188,26	186,42	316.277	313.186	3091
5a	5,27	5,516	186,42	184,26	313.186	309.557	3629
4a	5,516	5,762	184,26	182,39	309.557	306.415	3142
3a	5,762	6,008	182,39	181,8	306.415	305.424	991
2a	6,008	6,254	181,8	180,89	305.424	303.895	1529
1a	6,254	6,5	180,89	179,67	303.895	301.846	2050

Zwischenrisselement gegenübergestellt. Das Zwischenrisselement 20a ist maßgebend. Der Verbundnachweis ist hier zu 17 % ausgenutzt.

9.6.4 Nachweis Laststellung 3

Die aus den Spannungen in Abb. 9.13 ermittelte Beanspruchung am Zwischenrisselement ist in Tab. 9.6 aufgelistet.

In der Tab. 9.7 ist der Lamellenkraftänderung aus der Einwirkung an jedem Zwischenrisselement der aufnehmbare Lamellenkraftänderung gegenübergestellt. Das Zwischenrisselement 7a ist maßgebend. Der Verbundnachweis ist hier zu 71 % ausgenutzt.

Tab. 9.3 Gegenüberstellung der aufnehmbaren Lamellenkraftänderung und der Lamellenkraftänderung aus der Laststellung 1

ZRE	ΔF_{LEd}	$\Delta F_{\mathrm{Lk,BL}}$	$\Delta F_{\mathrm{Lk,BF}}$	$\Delta F_{\mathrm{Lk,KF}}$	ΔF_{LRd}	$\Delta F_{LEd}/\Delta F_{LRd}$
-	[N/m]	[N/m]	[N/m]	[N/m]	[N/m]	-
24a	17.489	297.994	0	3429	200.949	0,09
23a	26.628	297.762	34.603	5756	225.414	0,12
22a	26.477	281.902	38.781	6592	218.183	0,12
21a	26.225	267.300	42.628	7423	211.567	0,12
20a	3293	253.907	46.156	8246	205.539	0,02
19a	14.196	252.296	46.580	8349	204.817	0,07
18a	13.810	245.528	48.363	8794	201.790	0,07
17a	13.423	239.208	50.028	9228	198.976	0,07
16a	12.583	233.303	51.584	9649	196.357	0,06
15a	12.617	227.972	52.988	10.044	194.003	0,07
14a	8837	226.408	54.346	10.162	193.944	0,05
13a	235	226.408	53.400	10.162	193.314	0,00
12a	185	226.387	53.426	10.164	193.318	0,00
11a	605	226.636	53.406	10.145	193.458	0,00
10a	1042	227.066	53.340	10.112	193.679	0,01
9a	1445	227.665	53.227	10.067	193.972	0,01
8a	1999	228.497	53.069	10.004	194.380	0,01
7a	2554	229.567	52.850	9924	194.894	0,01
6a	3091	230.873	52.568	9827	195.512	0,02
5a	3629	232.421	52.224	9713	196.239	0,02
4a	3142	233.774	51.816	9615	196.804	0,02
3a	991	234.204	51.460	9583	196.831	0,01
2a	1529	234.869	51.347	9535	197.167	0,01
1a	2050	235.765	51.171	9471	197.605	0,01

9.6.5 Nachweis Laststellung 4

Wie in Abschn. 9.6.2 wird aus den Spannungen in Abb. 9.14 die Beanspruchung am Zwischenrisselement ermittelt, welche in Tab. 9.8 aufgelistet ist.

Wie in Abschn. 9.6.2 wird die aufnehmbare Lamellenkraftänderung in der Tab. 9.9 der Lamellenkraftänderung aus der Einwirkung an jedem Zwischenrisselement gegenübergestellt. Das Zwischenrisselement 10a ist maßgebend. Der Verbundnachweis ist hier zu 63 % ausgenutzt.

Tab. 9.4 Beanspruchungen der Zwischenrisselemente für Laststellung 2

ZRE	x_1	x_2	$\sigma_{LEd,1}$	$\sigma_{LEd,2}$	$F_{LEd,1}$	$F_{LEd,2}$	$\lvert\Delta F_{LEd}\rvert$
-	[m]	[m]	[N/mm²]	[N/mm²]	[N]	[N]	[N]
24a	0,68	0,842	109,99	122,89	184.783	206.455	21.672
23a	0,842	1,088	122,89	142,57	206.455	239.518	33.062
22a	1,088	1,334	142,57	162,21	239.518	272.513	32.995
21a	1,334	1,58	162,21	181,73	272.513	305.306	32.794
20a	1,58	1,826	181,73	201,11	305.306	337.865	32.558
19a	1,826	2,072	201,11	205,15	337.865	344.652	6787
18a	2,072	2,318	205,15	217,35	344.652	365.148	20.496
17a	2,318	2,564	217,35	229,31	365.148	385.241	20.093
16a	2,564	2,81	229,31	240,78	385.241	404.510	19.270
15a	2,81	3,056	240,78	252,31	404.510	423.881	19.370
14a	3,056	3,302	252,31	263,6	423.881	442.848	18.967
13a	3,302	3,548	263,6	260,42	442.848	437.506	5342
12a	3,548	3,794	260,42	264,31	437.506	444.041	6535
11a	3,794	4,04	264,31	267,98	444.041	450.206	6166
10a	4,04	4,286	267,98	271,36	450.206	455.885	5678
9a	4,286	4,532	271,36	274,54	455.885	461.227	5342
8a	4,532	4,778	274,54	277,44	461.227	466.099	4872
7a	4,778	5,024	277,44	268,65	466.099	451.332	14.767
6a	5,024	5,27	268,65	266,07	451.332	446.998	4334
5a	5,27	5,516	266,07	263,24	446.998	442.243	4754
4a	5,516	5,762	263,24	260,15	442.243	437.052	5191
3a	5,762	6,008	260,15	256,79	437.052	431.407	5645
2a	6,008	6,254	256,79	253,2	431.407	425.376	6031
1a	6,254	6,5	253,2	249,41	425.376	419.009	6367

9.6.6 Nachweis Laststellung 5

Die aus den Spannungen in Abb. 9.14 ermittelte Beanspruchung am Zwischenrisselement ist in Tab. 9.10 aufgelistet.

In der Tab. 9.11 ist der Lamellenkraftänderung aus der Einwirkung an jedem Zwischenrisselement der aufnehmbare Lamellenkraftänderung gegenübergestellt. Das Zwischenrisselement 7a ist maßgebend. Der Verbundnachweis ist hier zu 94 % ausgenutzt.

Tab. 9.5 Gegenüberstellung der aufnehmbaren Lamellenkraftänderung und der Lamellenkraftänderung aus Laststellung 2

ZRE	ΔF_{LEd}	$\Delta F_{\mathrm{Lk,BL}}$	$\Delta F_{\mathrm{Lk,BF}}$	$\Delta F_{\mathrm{Lk,KF}}$	ΔF_{LRd}	$\Delta F_{LEd}/\Delta F_{LRd}$
-	[N/m]	[N/m]	[N/m]	[N/m]	[N/m]	-
24a	21.672	284.062	0	3818	191.920	0,11
23a	33.062	283.992	38.230	6478	219.133	0,15
22a	32.995	265.738	43.039	7515	210.862	0,16
21a	32.794	249.194	47.398	8551	203.428	0,16
20a	32.558	234.255	51.333	9580	196.779	0,17
19a	6787	220.765	54.887	10.601	190.836	0,04
18a	20.496	218.109	55.587	10.814	189.673	0,11
17a	20.093	210.393	57.619	11.457	186.313	0,11
16a	19.270	203.253	59.500	12.088	183.228	0,11
15a	19.370	196.774	61.207	12.693	180.449	0,11
14a	18.967	190.602	62.833	13.300	177.824	0,11
13a	5342	186.454	64.344	13.728	176.350	0,03
12a	6535	186.454	63.926	13.728	176.072	0,04
11a	6166	184.518	64.436	13.933	175.258	0,04
10a	5678	182.724	64.909	14.126	174.506	0,03
9a	5342	181.097	65.337	14.305	173.826	0,03
8a	4872	179.589	65.735	14.472	173.197	0,03
7a	14.767	182.399	66.092	14.162	175.102	0,08
6a	4334	183.654	64.994	14.026	175.116	0,02
5a	4754	185.047	64.664	13.877	175.725	0,03
4a	5191	186.590	64.297	13.714	176.400	0,03
3a	5645	188.292	63.890	13.537	177.146	0,03
2a	6031	190.139	63.442	13.347	177.952	0,03
1a	6367	192.124	62.955	13.147	178.818	0,04

9.6.7 Nachweis Laststellung 6

Wie in Abschn. 9.6.2 wird aus den Spannungen in Abb. 9.14 die Beanspruchung am Zwischenrisselement ermittelt, welche in Tab. 9.12 aufgelistet ist.

Wie in Abschn. 9.6.2 wird die aufnehmbaren Lamellenkraftänderung in der Tab. 9.13 der Lamellenkraftänderung aus der Einwirkung an jedem Zwischenrisselement gegenübergestellt. Das Zwischenrisselement 3a ist maßgebend. Der Verbundnachweis ist hier zu 79 % ausgenutzt.

Tab. 9.6 Beanspruchungen der Zwischenrisselemente für Laststellung 3

ZRE	x_1	x_2	$\sigma_{LEd,1}$	$\sigma_{LEd,2}$	$F_{LEd,1}$	$F_{LEd,2}$	$\lvert\Delta F_{LEd}\rvert$
-	[m]	[m]	[N/mm^2]	[N/mm^2]	[N]	[N]	[N]
24a	0,68	0,842	99,27	110,44	166.774	185.539	18.766
23a	0,842	1,088	110,44	127,45	185.539	214.116	28.577
22a	1,088	1,334	127,45	144,32	214.116	242.458	28.342
21a	1,334	1,58	144,32	160,99	242.458	270.463	28.006
20a	1,58	1,826	160,99	177,45	270.463	298.116	27.653
19a	1,826	2,072	177,45	193,7	298.116	325.416	27.300
18a	2,072	2,318	193,7	209,8	325.416	352.464	27.048
17a	2,318	2,564	209,8	225,68	352.464	379.142	26.678
16a	2,564	2,81	225,68	241,08	379.142	405.014	25.872
15a	2,81	3,056	241,08	256,55	405.014	431.004	25.990
14a	3,056	3,302	256,55	271,81	431.004	456.641	25.637
13a	3,302	3,548	271,81	286,86	456.641	481.925	25.284
12a	3,548	3,794	286,86	285,69	481.925	479.959	1966
11a	3,794	4,04	285,69	293,36	479.959	492.845	12.886
10a	4,04	4,286	293,36	326,44	492.845	548.419	55.574
9a	4,286	4,532	326,44	395,35	548.419	664.188	115.769
8a	4,532	4,778	395,35	461,21	664.188	774.833	110.645
7a	4,778	5,024	461,21	528,94	774.833	888.619	113.786
6a	5,024	5,27	528,94	477,92	888.619	802.906	85.714
5a	5,27	5,516	477,92	485,7	802.906	815.976	13.070
4a	5,516	5,762	485,7	488,84	815.976	821.251	5275
3a	5,762	6,008	488,84	486,79	821.251	817.807	3444
2a	6,008	6,254	486,79	486,13	817.807	816.698	1109
1a	6,254	6,5	486,13	489,28	816.698	821.990	5292

9.6.8 Zusammenfassung

Der Nachweis am Zwischenrisselement kann für alle untersuchten Laststellungen geführt werden. Maßgebend ist hier die Laststellung 5, bei welcher das maßgebende Zwischenrisselement eine Ausnutzung von 94 % hat. In der Abb. 9.15 sind die Lamellenkraftdifferenzen am Zwischenrisselement aus den verschiedenen Laststellungen dargestellt. Man erkennt, dass aufgrund der Einzellasten und des Fließens der Bewehrung die Position der maximalen Lamellenkraftdifferenzen immer sehr unterschiedlich und somit kaum prognostizierbar ist.

In Abb. 9.16 ist der Ausnutzungsgrad des Zwischenrisselementnachweises aus den verschiedenen Laststellungen dargestellt. Hier erkennt man einen ähnlichen Verlauf wie in Abb. 9.15, welche jedoch Aufgrund der Nichtlinearität des Nachweises und der veränderlichen Lamellenkraft nicht identisch ist.

Tab. 9.7 Gegenüberstellung der aufnehmbaren Lamellenkraftänderung und der Lamellenkraftänderung aus Laststellung 3

ZRE	ΔF_{LEd}	$\Delta F_{\mathrm{Lk,BL}}$	$\Delta F_{\mathrm{Lk,BF}}$	$\Delta F_{\mathrm{Lk,KF}}$	ΔF_{LRd}	$\Delta F_{LEd}/\Delta F_{LRd}$
-	[N/m]	[N/m]	[N/m]	[N/m]	[N/m]	-
24a	18.766	296.732	0	3446	200.118	0,09
23a	28.577	296.477	34.941	5822	224.826	0,13
22a	28.342	279.605	39.386	6718	217.139	0,13
21a	28.006	264.198	43.445	7608	210.167	0,13
20a	27.653	250.176	47.139	8486	203.867	0,14
19a	27.300	237.410	50.502	9354	198.177	0,14
18a	27.048	225.774	53.568	10.211	193.035	0,14
17a	26.678	215.115	56.376	11.059	188.366	0,14
16a	25.872	205.377	58.941	11.897	184.143	0,14
15a	25.990	196.609	61.251	12.708	180.379	0,14
14a	25.637	188.414	63.410	13.524	176.898	0,14
13a	25.284	180.882	65.394	14.328	173.736	0,15
12a	1966	174.468	67.221	15.060	171.166	0,01
11a	12.886	174.468	67.084	15.060	171.075	0,08
10a	55.574	171.091	67.973	15.464	169.686	0,33
9a	115.769	157.752	71.487	17.208	164.298	0,70
8a	110.645	135.224	77.422	20.841	155.658	0,71
7a	113.786	118.633	81.793	24.312	149.825	0,76
6a	85.714	115.012	85.348	25.193	150.368	0,57
5a	13.070	115.012	82.747	25.193	148.635	0,09
4a	5275	113.395	83.173	25.603	148.114	0,04
3a	3444	113.172	83.342	25.661	148.116	0,02
2a	1109	113.307	83.232	25.626	148.110	0,01
1a	5292	113.307	83.196	25.626	148.086	0,04

9.7 Endverankerungsnachweis

Der Nachweis wird mit dem erforderlichen Lamellenquerschnitt $A_L = 1680\ \mathrm{mm}^2$ aus dem genaueren Nachweis am Zwischenrisselement geführt. Zum Nachweis der Endverankerung wird der Nachweis am letzten Biegeriss geführt. Dieser ergibt sich gemäß Abschn. 9.4 zu $x_{cr} = 68\ \mathrm{cm}$.

Zuerst wird die effektive Verbundlänge der geklebten Bewehrung nach mit dem Faktor $\kappa_{\mathrm{Lb}} = 1{,}128$ berechnet:

$$l_{bL,max} = \frac{2}{\kappa_{Lb}} \cdot \sqrt{\frac{E_L \cdot t_L \cdot s_{L0k}}{\tau_{L1k}}}$$

Tab. 9.8 Beanspruchungen der Zwischenrisselemente für Laststellung 4

ZRE	x_1	x_2	$\sigma_{LEd,1}$	$\sigma_{LEd,2}$	$F_{LEd,1}$	$F_{LEd,2}$	$\lvert\Delta F_{LEd}\rvert$
-	[m]	[m]	[N/mm²]	[N/mm²]	[N]	[N]	[N]
24a	0,68	0,842	94,01	104,4	157.937	175.392	17.455
23a	0,842	1,088	104,4	120,19	175.392	201.919	26.527
22a	1,088	1,334	120,19	135,85	201.919	228.228	26.309
21a	1,334	1,58	135,85	151,3	228.228	254.184	25.956
20a	1,58	1,826	151,3	166,52	254.184	279.754	25.570
19a	1,826	2,072	166,52	181,49	279.754	304.903	25.150
18a	2,072	2,318	181,49	196,2	304.903	329.616	24.713
17a	2,318	2,564	196,2	210,65	329.616	353.892	24.276
16a	2,564	2,81	210,65	224,55	353.892	377.244	23.352
15a	2,81	3,056	224,55	238,52	377.244	400.714	23.470
14a	3,056	3,302	238,52	252,29	400.714	423.847	23.134
13a	3,302	3,548	252,29	265,83	423.847	446.594	22.747
12a	3,548	3,794	265,83	279,17	446.594	469.006	22.411
11a	3,794	4,04	279,17	292,28	469.006	491.030	22.025
10a	4,04	4,286	292,28	355,89	491.030	597.895	106.865
9a	4,286	4,532	355,89	374,82	597.895	629.698	31.802
8a	4,532	4,778	374,82	430,58	629.698	723.374	93.677
7a	4,778	5,024	430,58	482,63	723.374	810.818	87.444
6a	5,024	5,27	482,63	537,33	810.818	902.714	91.896
5a	5,27	5,516	537,33	587,43	902.714	986.882	84.168
4a	5,516	5,762	587,43	632,53	986.882	1.062.650	75.768
3a	5,762	6,008	632,53	598,46	1.062.650	1.005.413	57.238
2a	6,008	6,254	598,46	595,91	1.005.413	1.001.129	4284
1a	6,254	6,5	595,91	587,99	1.001.129	987.823	13.306

$$l_{bL,max} = \frac{2}{1{,}128} \cdot \sqrt{\frac{168000 \cdot 1{,}4 \cdot 0{,}20}{2{,}91}} = 225{,}4 \text{ mm}$$

Ebenfalls wird die Verbundfestigkeit der aufgeklebten CFK-Lamelle benötigt, welche sich wie folgt ergibt:

$$f_{bLk,max} = \sqrt{\frac{E_L \cdot s_{L0k} \cdot \tau_{L1k}}{t_L}} = \sqrt{\frac{168000 \cdot 0{,}20 \cdot 2{,}91}{1{,}4}} = 264{,}3 \text{ N/mm}^2$$

Die Spannung am letzten Biegeriss ergibt sich aus Abb. 9.17 mit einer Berechnung unter Berücksichtigung des Versatzmaßes bei $\cot\theta = 1{,}0$ ohne Berücksichtigung der Vordehnung aus der maximalen Momentenkurve im GZT zu $\sigma_{LEd} = 143$ N/mm^2.

Tab. 9.9 Gegenüberstellung der aufnehmbaren Lamellenkraftänderung und der Lamellenkraftänderung aus Laststellung 4

ZRE	ΔF_{LEd}	$\Delta F_{\mathrm{Lk,BL}}$	$\Delta F_{\mathrm{Lk,BF}}$	$\Delta F_{\mathrm{Lk,KF}}$	ΔF_{LRd}	$\Delta F_{LEd}/\Delta F_{LRd}$
-	[N/m]	[N/m]	[N/m]	[N/m]	[N/m]	-
24a	17.455	302.878	0	3263	204.095	0,09
23a	26.527	302.810	33.273	5503	227.724	0,12
22a	26.309	286.636	37.534	6336	220.337	0,12
21a	25.956	271.775	41.449	7161	213.590	0,12
20a	25.570	258.187	45.028	7976	207.461	0,12
19a	25.150	245.771	48.299	8778	201.899	0,12
18a	24.713	234.430	51.287	9567	196.856	0,13
17a	24.276	224.064	54.018	10.343	192.283	0,13
16a	23.352	214.574	56.518	11.104	188.131	0,12
15a	23.470	206.046	58.765	11.837	184.432	0,13
14a	23.134	198.023	60.878	12.573	180.983	0,13
13a	22.747	190.613	62.830	13.299	177.828	0,13
12a	22.411	183.771	64.633	14.013	174.945	0,13
11a	22.025	177.431	66.303	14.716	172.300	0,13
10a	106.865	171.559	67.850	15.407	169.878	0,63
9a	31.802	147.352	74.227	18.760	160.226	0,20
8a	93.677	141.298	75.822	19.758	157.919	0,59
7a	87.444	125.852	79.891	22.698	152.294	0,57
6a	91.896	114.028	83.006	25.441	148.317	0,62
5a	84.168	103.669	85.735	28.325	145.153	0,58
4a	75.768	95.638	87.851	30.966	142.970	0,53
3a	57.238	94.028	89.503	31.547	143.386	0,40
2a	4284	94.395	88.275	31.413	142.722	0,03
1a	13.306	95.555	88.178	30.995	143.153	0,09

Die Lamelle wird bis 30 cm vor die Lagerachse verklebt, um eine gute Ausführbarkeit zu gewährleisten. Somit ergibt sich die Verbundlänge zu:

$$l_{bL} = x_{cr} - a_L = 680 - 300 = 380 \text{ mm}$$

Damit ergibt sich die maximale Verbundspannung zu:

$$f_{bLk}(l_{bL}) = \begin{cases} f_{bLk,max} \cdot \frac{l_{bL}}{l_{bL,max}} \left(2 - \frac{l_{bL}}{l_{bL,max}}\right) & l_{bL} < l_{bL,max} \\ f_{bLk,max} & l_{bL} \geq l_{bL,max} \end{cases}$$

$$f_{bLk}(l_{bL} = 380) = 264{,}3 \text{ N/mm}^2$$

$$f_{bLd}(l_{bL} = 380) = \frac{f_{bLk}(l_{bL})}{\gamma_{BA}} = \frac{264{,}3}{1{,}5} = 176{,}2 \text{ N/mm}^2$$

Tab. 9.10 Beanspruchungen der Zwischenrisselemente für Laststellung 5

ZRE	x_1	x_2	$\sigma_{LEd,1}$	$\sigma_{LEd,2}$	$F_{LEd,1}$	$F_{LEd,2}$	$\lvert\Delta F_{LEd}\rvert$
-	[m]	[m]	[N/mm²]	[N/mm²]	[N]	[N]	[N]
24a	0,68	0,842	88,76	98,35	149.117	165.228	16.111
23a	0,842	1,088	98,35	112,94	165.228	189.739	24.511
22a	1,088	1,334	112,94	127,37	189.739	213.982	24.242
21a	1,334	1,58	127,37	141,6	213.982	237.888	23.906
20a	1,58	1,826	141,6	155,59	237.888	261.391	23.503
19a	1,826	2,072	155,59	169,33	261.391	284.474	23.083
18a	2,072	2,318	169,33	182,8	284.474	307.104	22.630
17a	2,318	2,564	182,8	196	307.104	329.280	22.176
16a	2,564	2,81	196	208,65	329.280	350.532	21.252
15a	2,81	3,056	208,65	221,26	350.532	371.717	21.185
14a	3,056	3,302	221,26	233,6	371.717	392.448	20.731
13a	3,302	3,548	233,6	245,66	392.448	412.709	20.261
12a	3,548	3,794	245,66	257,47	412.709	432.550	19.841
11a	3,794	4,04	257,47	269,08	432.550	452.054	19.505
10a	4,04	4,286	269,08	280,46	452.054	471.173	19.118
9a	4,286	4,532	280,46	293,07	471.173	492.358	21.185
8a	4,532	4,778	293,07	382,87	492.358	643.222	150.864
7a	4,778	5,024	382,87	470,53	643.222	790.490	147.269
6a	5,024	5,27	470,53	485,96	790.490	816.413	25.922
5a	5,27	5,516	485,96	524,26	816.413	880.757	64.344
4a	5,516	5,762	524,26	557,61	880.757	936.785	56.028
3a	5,762	6,008	557,61	585,78	936.785	984.110	47.326
2a	6,008	6,254	585,78	608,7	984.110	1.022.616	38.506
1a	6,254	6,5	608,7	626,28	1.022.616	1.052.150	29.534

Mit dieser Spannung kann der Verbundnachweis geführt werden:

$$F_{LEd} = \sigma_{LEd} \cdot A_L \leq F_{LRd} = f_{bLd} \cdot A_L$$

$$\Rightarrow \sigma_{LEd} = 142{,}8 \text{ N/mm}^2 \leq 176,2 \text{ N/mm}^2$$

9.8 Nachweis gegen Versatzbruch

Für den Nachweis gegen Versatzbruchbildung muss zunächst der Querkraftwiderstand eines Bauteils ohne Querkraftbewehrung nach DIN EN 1992-1-1 (01.2011) in Verbindung mit der DIN EN 1992-1-1/NA (04.2013) berechnet werden. Die minimale Querkrafttragfähigkeit beträgt:

$$k = 1 + \sqrt{\frac{200}{d}} = 1 + \sqrt{\frac{200}{942,5}} = 1,46 < 2 \rightarrow k = 1,46$$

Tab. 9.11 Gegenüberstellung der aufnehmbaren Lamellenkraftänderung und der Lamellenkraftänderung aus Laststellung 5

ZRE	ΔF_{LEd}	$\Delta F_{\mathrm{Lk,BL}}$	$\Delta F_{\mathrm{Lk,BF}}$	$\Delta F_{\mathrm{Lk,KF}}$	ΔF_{LRd}	$\Delta F_{LEd}/\Delta F_{LRd}$
-	[N/m]	[N/m]	[N/m]	[N/m]	[N/m]	-
24a	16.111	309.035	0	3044	208.052	0,08
23a	24.511	309.340	31.553	5121	230.676	0,11
22a	24.242	293.909	35.618	5881	223.605	0,11
21a	23.906	279.681	39.366	6632	217.119	0,11
20a	23.503	266.597	42.813	7373	211.189	0,11
19a	23.083	254.593	45.975	8102	205.780	0,11
18a	22.630	243.579	48.877	8817	200.849	0,11
17a	22.176	233.477	51.538	9519	196.356	0,11
16a	21.252	224.200	53.982	10.206	192.259	0,11
15a	21.185	215.849	56.182	10.865	188.597	0,11
14a	20.731	208.014	58.246	11.521	185.188	0,11
13a	20.261	200.789	60.150	12.164	182.068	0,11
12a	19.841	194.122	61.906	12.792	179.213	0,11
11a	19.505	187.945	63.533	13.407	176.590	0,11
10a	19.118	182.191	65.049	14.011	174.168	0,11
9a	21.185	176.838	66.459	14.604	171.934	0,12
8a	150.864	171.216	67.940	15.261	169.612	0,89
7a	147.269	138.858	76.465	19.937	156.840	0,94
6a	25.922	116.587	82.332	24.501	148.947	0,17
5a	64.344	113.342	83.187	25.305	147.889	0,44
4a	56.028	105.979	85.127	27.299	145.603	0,38
3a	47.326	100.269	86.631	29.036	143.957	0,33
2a	38.506	95.884	87.786	30.502	142.782	0,27
1a	29.534	92.578	88.657	31.696	141.954	0,21

$$v_{min} = \left(\frac{0{,}0375}{\gamma_C}\right) \cdot k^{\frac{3}{2}} \cdot f_{ck}^{\frac{1}{2}} = \left(\frac{0{,}0375}{1{,}5}\right) \cdot 1{,}46^{\frac{3}{2}} \cdot 27{,}5^{\frac{1}{2}} = 0{,}23 \text{ MN/m}^2$$

$$V_{Rd,c,min} = v_{min} \cdot b_w \cdot d = 0{,}23 \cdot 3{,}0 \cdot 0{,}9425 = 0{,}653 \text{ MN}$$

Aufgrund der Längsbewehrung von 26 Ø 25, welche über das Auflage geführt wurde, würde sich folgende Querkrafttragfähigkeit ergeben:

$$\rho_{l,B} = \frac{127{,}6\ cm^2}{300\ cm \cdot 100\ cm} = 0{,}45\ \%$$

$$V_{Rd,c} = \frac{0{,}15}{\gamma_c} \cdot k \cdot (100 \cdot \rho_l \cdot f_{ck})^{\frac{1}{3}} \cdot b_w \cdot d \geq V_{Rd,c,min}$$

Tab. 9.12 Beanspruchungen der Zwischenrisselemente für Laststellung 6

ZRE	x_1	x_2	$\sigma_{LEd,1}$	$\sigma_{LEd,2}$	$F_{LEd,1}$	$F_{LEd,2}$	$\lvert\Delta F_{LEd}\rvert$
-	[m]	[m]	[N/mm²]	[N/mm²]	[N]	[N]	[N]
24a	0,68	0,842	83,5	92,31	140.280	155.081	14.801
23a	0,842	1,088	92,31	105,69	155.081	177.559	22.478
22a	1,088	1,334	105,69	118,9	177.559	199.752	22.193
21a	1,334	1,58	118,9	131,91	199.752	221.609	21.857
20a	1,58	1,826	131,91	144,67	221.609	243.046	21.437
19a	1,826	2,072	144,67	157,17	243.046	264.046	21.000
18a	2,072	2,318	157,17	169,41	264.046	284.609	20.563
17a	2,318	2,564	169,41	181,36	284.609	304.685	20.076
16a	2,564	2,81	181,36	192,77	304.685	323.854	19.169
15a	2,81	3,056	192,77	204,14	323.854	342.955	19.102
14a	3,056	3,302	204,14	215,22	342.955	361.570	18.614
13a	3,302	3,548	215,22	226,01	361.570	379.697	18.127
12a	3,548	3,794	226,01	236,51	379.697	397.337	17.640
11a	3,794	4,04	236,51	246,71	397.337	414.473	17.136
10a	4,04	4,286	246,71	256,61	414.473	431.105	16.632
9a	4,286	4,532	256,61	266,24	431.105	447.283	16.178
8a	4,532	4,778	266,24	275,64	447.283	463.075	15.792
7a	4,778	5,024	275,64	288,09	463.075	483.991	20.916
6a	5,024	5,27	288,09	359,23	483.991	603.506	119.515
5a	5,27	5,516	359,23	427,49	603.506	718.183	114.677
4a	5,516	5,762	427,49	494,52	718.183	830.794	112.610
3a	5,762	6,008	494,52	563,97	830.794	947.470	116.676
2a	6,008	6,254	563,97	518,19	947.470	870.559	76.910
1a	6,254	6,5	518,19	524,4	870.559	880.992	10.433

$$V_{Rd,c} = \frac{0,15}{1,5} \cdot 1,46 \cdot (0,45 \cdot 27,5)^{\frac{1}{3}} \cdot 3,0 \cdot 0,9425 \geq 0653 \text{ MN}$$

$$V_{Rd,c} = 0,955 \text{ MN} \geq 0,653 \text{ MN} \Rightarrow V_{Rd,c} = 955 \text{ kN}$$

Die Grenze, ab welcher keine Verbügelung am Lamellenende notwendig ist, ergibt sich Abhängigkeit des Lamellenabstandes vom Momentenullpunkt $a_L = 300$ mm:

$$V_{Rd,c,LE} = 0,75 \cdot \left(1 + 19,6 \cdot \frac{(100 \cdot \rho_{sl})^{0,15}}{a_L^{0,36}}\right) \cdot V_{Rd,c}$$

$$V_{Rd,c,LE} = 0,75 \cdot \left(1 + 19,6 \cdot \frac{(0,45)^{0,15}}{300^{0,36}}\right) \cdot 955 \text{ kN} = 2314 \text{ kN}$$

Tab. 9.13 Gegenüberstellung der aufnehmbaren Lamellenkraftänderung und der Lamellenkraftänderung aus Laststellung 6

ZRE	ΔF_{LEd}	$\Delta F_{\mathrm{Lk,BL}}$	$\Delta F_{\mathrm{Lk,BF}}$	$\Delta F_{\mathrm{Lk,KF}}$	ΔF_{LRd}	$\Delta F_{LEd}/\Delta F_{LRd}$
-	[N/m]	[N/m]	[N/m]	[N/m]	[N/m]	-
24a	14.801	315.182	0	2899	212.054	0,07
23a	22.478	316.050	29.785	4866	233.801	0,10
22a	22.193	301.442	33.633	5571	227.098	0,10
21a	21.857	287.911	37.198	6268	220.918	0,10
20a	21.437	275.407	40.492	6954	215.235	0,10
19a	21.000	263.892	43.526	7626	210.029	0,10
18a	20.563	253.289	46.319	8285	205.262	0,10
17a	20.076	243.517	48.893	8930	200.894	0,10
16a	19.169	234.525	51.262	9560	196.898	0,10
15a	19.102	226.415	53.399	10.162	193.317	0,10
14a	18.614	218.768	55.413	10.761	189.961	0,10
13a	18.127	211.708	57.273	11.345	186.884	0,10
12a	17.640	205.183	58.992	11.914	184.059	0,10
11a	17.136	199.145	60.583	12.467	181.464	0,09
10a	16.632	193.559	62.054	13.005	179.079	0,09
9a	16.178	188.384	63.418	13.527	176.886	0,09
8a	15.792	183.571	64.686	14.035	174.861	0,09
7a	20.916	179.072	65.871	14.530	172.982	0,12
6a	119.515	173.399	67.365	15.186	170.634	0,70
5a	114.677	146.250	74.518	18.937	159.803	0,72
4a	112.610	126.625	79.687	22.535	152.565	0,74
3a	116.676	111.614	83.642	26.068	147.550	0,79
2a	76.910	107.085	86.900	27.316	147.534	0,52
1a	10.433	107.085	84.835	27.316	146.157	0,07

Da die einwirkende Querkraft nach Abb. 9.9 kleiner als die Grenze nach DAfStb-RiLi VBgB (03.2012) ist, ist keine Verbügelung am Lamellenende notwendig:

$$A_{Ed} = V_{Ed} = 2107 \text{ kN} \leq V_{Rd,c,LE} = 2314 \text{ kN}$$

9.9 Querkraftnachweis

Vereinfacht wird die nachfolgende Bemessung mit dem inneren Hebealarm von $z = 0{,}9 \cdot d_s = 0{,}9 \cdot 94{,}25$ cm $= 84{,}8$ cm geführt. Es wurden lotrechte Bügel verwendet ($\alpha = 90°$). Für den Nachweis der Druckstrebe darf bei direkter Lagerung die Querkraft am Auflagerrand bestimmt werden:

$$V_{Ed,red1} = A_{Ed} - p_{Ed} \cdot \frac{t}{2} = 2107 - 178{,}9 \cdot \frac{0{,}4}{2} = 2071 \text{ kN}$$

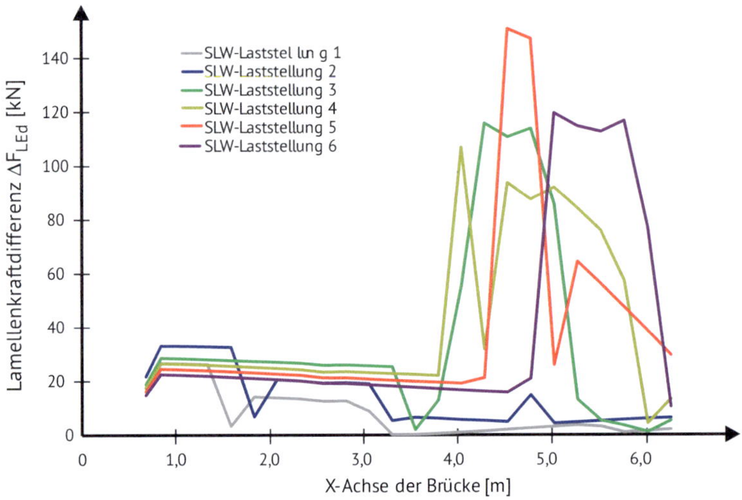

Abb. 9.15 Lamellenkraftdifferenzen am Zwischenrisselement aus den verschiedenen Laststellungen

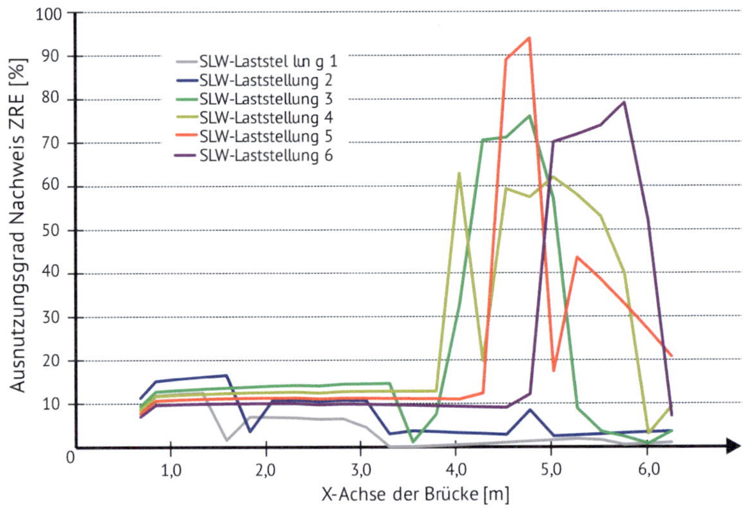

Abb. 9.16 Ausnutzungsgrad des Zwischenrisselementnachweises aus den verschiedenen Laststellungen

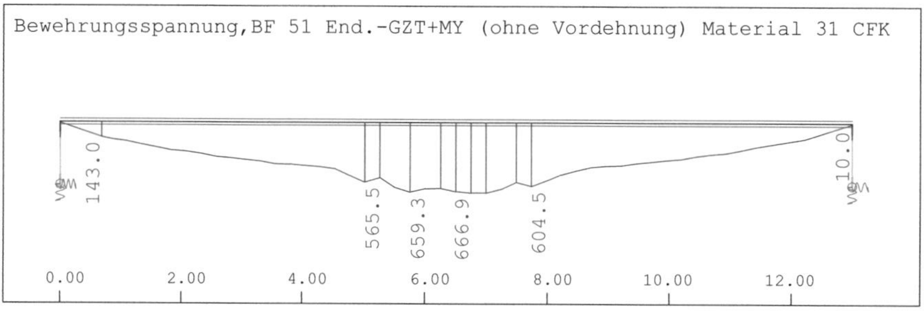

Abb. 9.17 Lamellenspannungen bei maximalen Momenten im GZT ohne Vordehnung

Dabei wurde als Streckenlast nur die Belastung aus den Streckenlasten verwendet:

$$p_{Ed} = \gamma_g \cdot (g_{k1} + g_{k2}) + \gamma_q \cdot p_{UDL} = 1{,}35 \cdot (83{,}12 + 24{,}5) + 1{,}5 \cdot 22{,}44 = 178{,}9 \text{ kN/m}$$

Der flachste Druckstrebenwinkel ergibt sich gemäß DIN EN 1992-2 (12.2010) in Verbindung mit der DIN EN 1992-2/NA (04.2013) zu:

$$1{,}0 \leq \cot\theta \leq \frac{1{,}2 + 1{,}4 \cdot \frac{\sigma_{cd}}{f_{cd}}}{1 - \frac{V_{Rd,cc}}{V_{Ed}}} \leq 1{,}75$$

Da bei der Zugkraftermittlung (Abb. 9.13) der Winkel $\cot\theta = 1{,}0$ angenommen wurde, muss hiermit auch der Nachweis geführt. Der Nachweis der Druckstrebe kann damit wie folgt geführt werden.

$$V_{Rd,max} = \frac{v_1 \cdot f_{cd} \cdot b_w \cdot z}{\tan\theta + \cot\theta} = \frac{0{,}75 \cdot 15{,}6 \cdot 3{,}0 \cdot 0{,}85}{1/1{,}0 + 1{,}0} = 14{,}9 \text{ MN}$$

$$V_{Ed} = 2071 kN \leq V_{Rd,max} = 14900 \text{ kN}$$

Für die Berechnung der Querkraftbewehrung darf bei direkter Lagerung die Beanspruchung im Abstand d vom Auflagerrand bestimmt werden:

$$V_{Ed,red} = A_{Ed} - p_{Ed} \cdot \left(\frac{t}{2} + d\right) = 2107 - 178{,}9 \cdot (0{,}2 + 0{,}94) = 1903 \text{ kN}$$

Der durch die Fließgrenze der Querkraftbewehrung begrenzte Querkraftwiderstand berechnet sich gemäß DIN EN 1992-1-1 (01.2011):

$$V_{Rd,s} = \left(\frac{A_{sw}}{s_w}\right) \cdot z \cdot f_{ywd} \cdot \cot\theta = 52{,}4 \cdot 10^{-4} \cdot 0{,}85 \cdot 435 \cdot 1{,}0 = 1{,}937 \text{ MN}$$

Da der Bemessungswert der Querkraft kleiner als der Widerstand der Bügelbewehrung ist, ist der Nachweis der Zugstrebe mit einem Ausnutzungsgrad von 98 % erfüllt:

$$V_{Rd,s} = 1937 \text{ kN} \geq V_{Ed,red} = 1903 \text{ kN}$$

9.10 Verbügelung

Es muss noch untersucht werden, ob eine allgemeine Verbügelung notwendig ist. Diese ist nötig, wenn die Grenzwerte nach DAfStb-RiLi VBgB (03.2012) überschritten werden. Hierfür wird die Bügelspannung σ_{sw} benötigt. Diese wird über den Ausnutzungsgrad zurückgerechnet $\sigma_{sw} = f_{ywd} \cdot 0{,}98 = 426$ N/mm^2 verwendet. Im Abstand d vom Auflagerrand ergibt sich:

$$\frac{V_{Ed} \cdot \sigma_{sw}}{V_{Rd,max}} = \frac{1903 \cdot 426}{14900} = \frac{54{,}4 \text{ N}mm^2}{\leq} 75 \text{ N/mm}^2$$

Somit ist aus diesem Grenzwert keine allgemeine Verbügelung erforderlich. Nun muss noch der zweite Grenzwert untersucht werden.

$$V_{Rd,grenz} = 0{,}33 \cdot f_{ck}{}^{2/3} \cdot b_w \cdot d = 0{,}33 \cdot 27{,}5^{2/3} \cdot 3{,}0 \cdot 0,94 = 8{,}5 \text{ MN}$$

Da dieser Grenzwert auch deutlich größer als V_{Ed} ist, ist keine Verbügelung erforderlich.

9.11 Grenzzustand der Gebrauchstauglichkeit

Gemäß DAfStb-RiLi VBgB (03.2012), muss im Gebrauchszustand die Betonstahldehnung $\varepsilon_s \leq f_{yk}/E_s = 500/200 = 2{,}5$ ‰ eingehalten werden. Falls zusätzlich unter seltener Einwirkungskombination die Dehnungen der CFK-Lamelle auf $\varepsilon_L \leq 2$ ‰ beschränkt sind, darf auf den Nachweis der Beschränkung der Rissbreite und der Bauteilverformung verzichtet werden. Unter seltener Einwirkung ergeben sich die Bewehrungsspannungen in Abb. 9.18.

Damit ist der Gebrauchstauglichkeitsnachweis der Betonstahlbewehrung erfüllt:

$$\varepsilon_s = \frac{388}{200} = 1{,}94 \text{ ‰} \leq 2{,}5 \text{ ‰}$$

Die Dehnung der CFK-Lamelle von $\varepsilon_L \leq 2$ ‰ kann ebenfalls eingehalten werden.

$$\varepsilon_L = \frac{173}{168} = 1{,}03 \text{ ‰} \leq 2{,}0 \text{ ‰}$$

9.12 Ermüdungsnachweis aufgeklebte Bewehrung

9.12.1 Spannungsermittlung

Die Spannungen werden für jede LKW-Überfahrt mit dem Programm (SOFiSTiK AG, 2025) unter Berücksichtigung der Vordehnungen ermittelt. Dabei werden für die Überfahrt aus dem LKW 1 die Spannungen an 25 verschiedenen

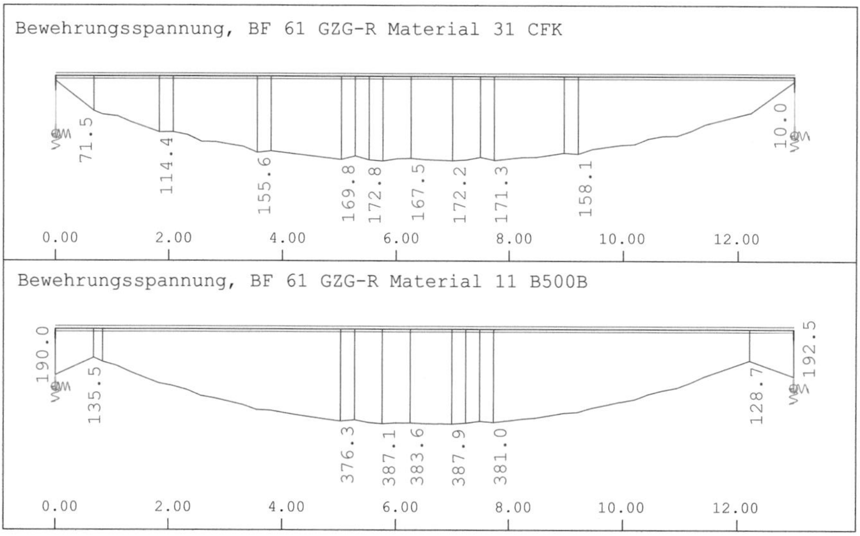

Abb. 9.18 GZG Lamellen- und Bewehrungsspannungen unter seltener Einwirkungskombination

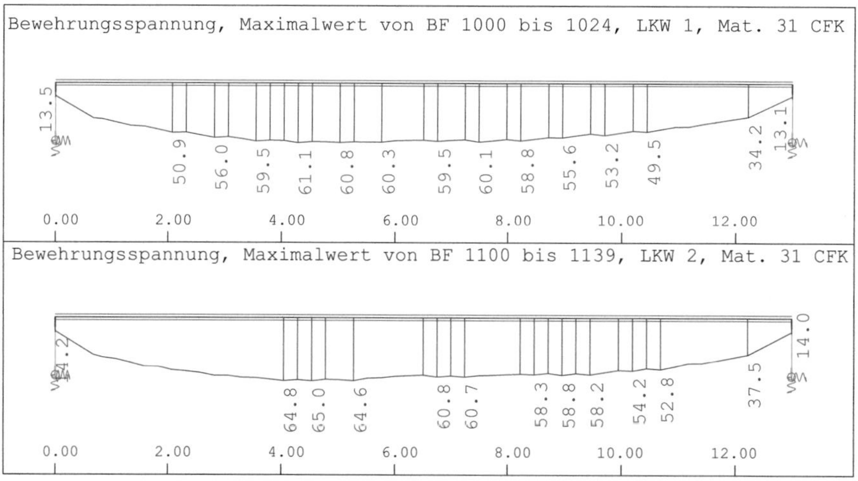

Abb. 9.19 Maximale Lamellenspannungen aus den LKW-Überfahrten

Laststellungen und für den LKW 2 die Spannungen an 40 verschiedenen Laststellungen ermittelt. In der Abb. 9.19 sind exemplarisch die maximalen Lamellenspannung aus allen Laststellungen für den LKW 1 und den LKW2 dargestellt.

9.12.2 Endverankerungsnachweis

Der Nachweis wird nach dem genauen Verfahren gemäß DAfStb-RiLi VBgB (03.2012) und DAfStb-RiLi VBgB (10.2020) wie in Abschn. 8.3.3.3 beschrieben geführt. Dazu muss zunächst der Verbundwiderstand bestimmt werden. Aus Abschn. 9.7 ergibt sich:

$$F_{bL,Rd} = f_{bLd} \cdot A_L = 176{,}2 \cdot 1680 = 296000N = 296 \text{ kN}$$

Für den letzten Biegeriss ergeben sich für die LKW-Überfahren die Lamellenspannungen aus Abb. 9.20.

LKW1

Für den LKW 1 ergibt sich somit folgende Ober und Unterlast:

$$F_{LEd}{}^{O} = \sigma_{LEd}{}^{O} \cdot A_L = 36{,}3 \cdot 1680 = 60984 \text{ N} = 61 \text{ kN}$$

$$F_{LEd}{}^{U} = \sigma_{LEd}{}^{U} \cdot A_L = 0 \cdot 1680 = 0 \text{ kN}$$

Damit ergibt sich der Bemessungswert der Schwingbreite am Endverankerungspunkt zu

$$F_{LEd,fat} = F_{LEd}{}^{O} - F_{LEd}{}^{U} = 61 \text{ kN}$$

Der Ermüdungswiderstand $F_{LRd,fat2}$ kann für $N_{LKW1} = 5{,}2 \cdot 10^6$ mit $k = 45{,}4$ für $N \geq N^*$ dann wie folgt berechnet werden:

$$c = 0{,}342 \cdot \left(\frac{N}{N^*}\right)^{-\frac{1}{k}} = 0{,}342 \cdot \left(\frac{5{,}2 \cdot 10^6}{2 \cdot 10^6}\right)^{-\frac{1}{45{,}4}} = 0{,}3349$$

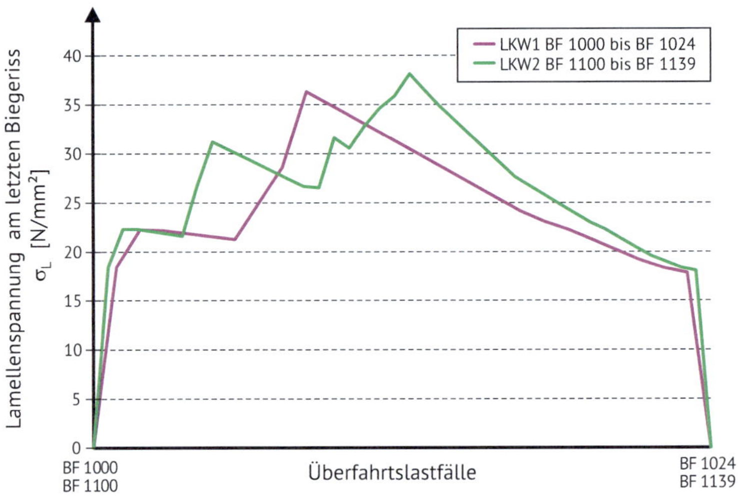

Abb. 9.20 Lamellenspannungen am Endverankerungspunkt aus einer Überfahrt

$$\alpha = -c \cdot \frac{F_{LEd}{}^{U}}{F_{bL,Rd}} + c = -0{,}3349 \cdot \frac{0}{296} + 0{,}3349 = 0{,}3349$$

$$F_{LRd,fat2} = \alpha \cdot F_{bL,Rd} = 0{,}3349 \cdot 296 = 99{,}13 \text{ kN}$$

Damit kann für den LKW 1 der Nachweis geführt werden:

$$F_{LRd,fat2} = 99 \; kN \geq F_{LEd,fat} = 61 \text{ kN}$$

Als nächstes wird die Schädigung berechnet. Dazu muss zunächst der Ermüdungswiderstand $F^*_{LRd,fat}$ an der Knickstelle N^* ermittelt werden:

$$F^*_{LRd,fat} = \left(0{,}342 - 0{,}342 \cdot \frac{F_{LEd}{}^{U}}{F_{bL,Rd}}\right) \cdot F_{bL,Rd} = 0{,}342 \cdot 296 = 101{,}2 \text{ kN}$$

Da die Einwirkung $F_{LEd,fat}$ kleiner als $F^*_{LRd,fat}$ ist, kann dann mit $k = 45{,}4$ die Schädigung ermittelt werden

$$D_{Ed,1} = \frac{n(F_{LEd,fat,1})}{\left(\frac{F^*_{LRd,fat}}{F_{LEd,fat,1}}\right)^{k} \cdot N^*} = \frac{5{,}2 \cdot 10^6}{\left(\frac{101{,}2}{61}\right)^{45{,}4} \cdot 2 \cdot 10^6} = 2{,}7 \cdot 10^{-10}$$

LKW2

Für den LKW 2 ergibt sich somit folgende Ober und Unterlast:

$$F_{LEd}{}^{O} = \sigma_{LEd}{}^{O} \cdot A_L = 38{,}1 \cdot 1680 = 64008 \; N = 64 \text{ kN}$$

$$F_{LEd}{}^{U} = \sigma_{LEd}{}^{U} \cdot A_L = 0 \cdot 1680 = 0 \text{ kN}$$

Damit ergibt sich der Bemessungswert der Schwingbreite am Endverankerungspunkt zu

$$F_{LEd,fat} = F_{LEd}{}^{O} - F_{LEd}{}^{U} = 64 \text{ kN}$$

Der Ermüdungswiderstand kann für $N_{LKW2} = 1{,}3 \cdot 10^6$ mit $k = 23{,}2$ für $N \geq N^*$ dann wie folgt berechnet werden:

$$c = 0{,}342 \cdot \left(\frac{N}{N^*}\right)^{-\frac{1}{k}} = 0{,}342 \cdot \left(\frac{1{,}3 \cdot 10^6}{2 \cdot 10^6}\right)^{-\frac{1}{23{,}2}} = 0{,}348$$

$$\alpha = -c \cdot \frac{F_{LEd}{}^{U}}{F_{bL,Rd}} + c = -0{,}348 \cdot \frac{0}{296} + 0{,}348 = 0{,}348$$

$$F_{LRd,fat2} = 0{,}348 \cdot 296 = 103{,}1 \text{ kN}$$

Damit kann für den LKW 2 der Nachweis geführt werden:

$$F_{LRd,fat2} = 103{,}1 \; kN \geq F_{LEd,fat} = 64 \text{ kN}$$

Da die Einwirkung $F_{LEd,fat}$ kleiner als $F^*_{LRd,fat}$ ist, kann dann mit $k = 45{,}4$ die Schädigung ermittelt werden:

$$D_{Ed,2} = \frac{n(F_{LEd,fat,2})}{\left(\frac{F^*_{LRd,fat}}{F_{LEd,fat,2}}\right)^k \cdot N^*} = \frac{1{,}2 \cdot 10^6}{\left(\frac{101{,}2}{64}\right)^{45{,}4} \cdot 2 \cdot 10^6} = 5{,}5 \cdot 10^{-10}$$

Die Gesamtschädigung beträgt dann:

$$D_{Ed} = \sum\nolimits_i \frac{n(F_{LEd,fat,i})}{N(F_{LEd,fat,i})} = 5{,}5 \cdot 10^{-10} + 2{,}7 \cdot 10^{-10} = 8{,}2 \cdot 10^{-10} \leq 1{,}0$$

Damit ist der Ermüdungsnachweis an der Endverankerung erfüllt. Man erkennt, dass die Schädigung sehr gering ist und somit deutlich mehr Lastwechsel möglich wären.

9.12.3 Zwischenrisselemente

Da in Abschn. 9.6 das Zwischenrisselement 7a maßgebend wurde, wird hier zuerst der Nachweis durchgeführt. Am Zwischenrisselement ergibt sich die Lamellenspannungsdifferenz bei Oberlast und Lamellenspannung am niedriger beanspruchten Rissufer in Abb. 9.21.

LKW1

Für den LKW 1 ergibt sich somit folgende Ober und Unterlast:

$$\Delta F_{LEd}{}^O = \Delta\sigma_{LEd}{}^O \cdot A_L = 1{,}88 \cdot 1680 = 2369 \text{ N} = 3{,}2 \text{ kN}$$

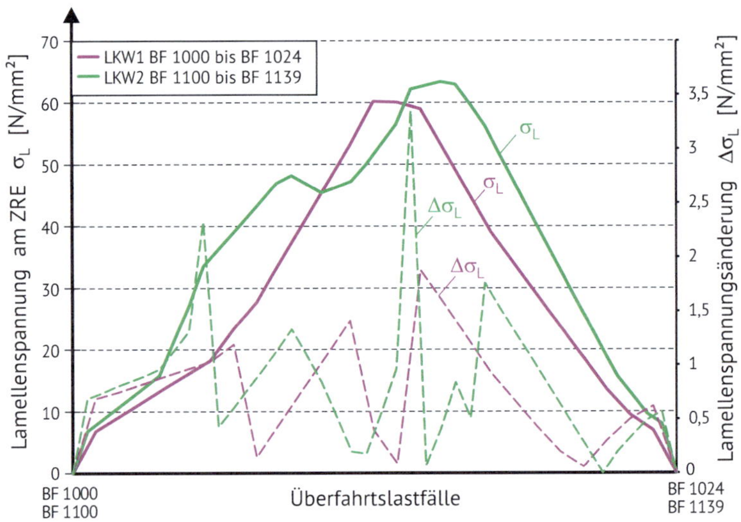

Abb. 9.21 Lamellenspannungsdifferenz bei Oberlast und Lamellenspannung am niedriger beanspruchten Rissufer des ZRE 7a

$$F_{LEd}{}^{U} = \Delta\sigma_{LEd}{}^{U} \cdot A_L = 0 \cdot 1680 = 0 \text{ kN}$$

Damit ergibt sich der Bemessungswert der Schwingbreite zu:

$$\Delta F_{LEd,fat} = \Delta F_{LEd}{}^{O} - \Delta F_{LEd}{}^{U} = 3{,}2 \text{ kN}$$

Die zughörige Lamellenkraft am niedriger beanspruchten Rissufer ergibt sich mit den Werten aus Abb. 9.21 zu:

$$F_{LEd}{}^{O} = \sigma_{LEd}{}^{O} \cdot A_L = 58{,}93 \cdot 1680 = 99002\, N = 99 \text{ kN}$$

Für den Ermüdungsnachweis muss zunächst der Verbundwiderstand am Zwischenrisselement berechnet werden, welcher sich bei der Ermüdung aus dem bilinearen-Verbundansatz ergibt:

$$\Delta F_{Lk,BL} = \begin{cases} \Delta F^{G}_{\text{Lk,BL}} - \frac{\Delta F^{G}_{\text{Lk,BL}} - \Delta F^{D}_{\text{Lk,BL}}}{\Delta F^{D}_{\text{Lk,BL}}} F_{\text{LEd}} & \text{für} \quad F_{LEd} \leq F^{D}_{Lk,BL} \\ \sqrt{b_L{}^2 \cdot \tau_{L1k} \cdot s_{L0k} \cdot E_L \cdot t_L + F_{LEd}{}^2} - F_{LEd} & \text{für } F^{D}_{Lk,BL} < F_{LEd} \leq F_{Lud} \end{cases}$$

Hierfür wird die Lamellenkraft im Punkt D benötigt.

$$F^{D}_{Lk,BL} = \frac{s_{L0k} \cdot E_L \cdot b_L \cdot t_L}{s_r} - \tau_{L1k} \frac{s_r b_L}{4}$$

$$F^{D}_{Lk,BL} = \frac{0{,}20 \cdot 168000 \cdot 1200 \cdot 1{,}4}{246} - 2{,}91 \frac{246 \cdot 1200}{4} = 14700 \text{ N}$$

Da die Lamellenkraft im Punkt D kleiner als die Lamellenkraft am niedriger beanspruchten Rissufer ist, ergibt sich der charakteristische Verbundwiderstand am Zwischenrisselement wie folgt:

$$\Delta F_{Lk,BL} = \sqrt{b_L{}^2 \cdot \tau_{L1k} \cdot s_{L0k} \cdot E_L \cdot t_L + F_{LEd}{}^2} - F_{LEd}$$

$$\Delta F_{Lk,BL} = \sqrt{1200^2 \cdot 2{,}91 \cdot 0{,}2 \cdot 168000 \cdot 1{,}4 + 99002^2} - 99002 = 355880 \text{ kN}$$

Der Bemessungswert des Verbundwiderstands am Zwischenrisselement ergibt sich dann zu:

$$\Delta F_{LRd} = \frac{\Delta F_{Lk,BL}}{\gamma_{BA}} = \frac{355{,}9}{1{,}5} = 237{,}3 \text{ kN}$$

Der Ermüdungswiderstand kann für $N_{LKW1} = 5{,}2 \cdot 10^6$ mit $k = 45{,}4$ für $N \geq N^*$ dann wie folgt berechnet werden:

$$c = 0{,}342 \cdot \left(\frac{N}{N^*}\right)^{-\frac{1}{k}} = 0{,}342 \cdot \left(\frac{5{,}2 \cdot 10^6}{2 \cdot 10^6}\right)^{-\frac{1}{45{,}4}} = 0{,}3349$$

$$\alpha = -c \cdot \frac{\Delta F_{LEd}{}^{U}}{\Delta F_{bRd}} + c = -0{,}3349 \cdot \frac{0}{237{,}3} + 0{,}3349 = 0{,}3349$$

$$F_{LRd,fat2} = 0{,}3349 \cdot 237{,}3 = 79{,}6 \text{ kN}$$

Damit kann für den LKW 1 der Nachweis geführt werden:

$$\Delta F_{LRd,fat2} = \alpha \cdot \Delta F_{LRd} \geq \Delta F_{LEd,fat}$$

$$\Delta F_{LRd,fat2} = 79{,}6\ kN \geq \Delta F_{LEd,fat} = 3{,}2 \text{ kN}$$

Als nächstes wird die Schädigung berechnet. Dazu muss zunächst Ermüdungswiderstand bei der Knickstelle von N^* ermittelt werden:

$$\Delta F^*_{LRd,fat} = \left(0{,}342 - 0{,}342 \cdot \frac{\Delta F_{LEd}{}^U}{\Delta F_{bRd}}\right) \cdot F_{LRd} = 0{,}342 \cdot 237{,}3 = 81 \text{ kN}$$

Da die Einwirkung $\Delta F_{LEd,fat}$ kleiner als $\Delta F^*_{LRd,fat}$ kann dann mit $k = 45{,}4$ die Schädigung ermittelt werden

$$D_{Ed,1} = \frac{n(F_{LEd,fat,1})}{\left(\frac{F^*_{LRd,fat}}{F_{LEd,fat,1}}\right)^k \cdot N*} = \frac{5{,}2 \cdot 10^6}{\left(\frac{81}{3{,}2}\right)^{45{,}4} \cdot 2 \cdot 10^6} = 2{,}3 \cdot 10^{-64}$$

LKW2

Für den LKW 2 ergibt sich somit folgende Ober und Unterlast:

$$\Delta F_{LEd}{}^O = \Delta\sigma_{LEd}{}^O \cdot A_L = 3{,}53 \cdot 1680 = 5628N = 5{,}6 \text{ kN}$$

$$F_{LEd}{}^U = \Delta\sigma_{LEd}{}^U \cdot A_L = 0 \cdot 1680 = 0 \text{ kN}$$

Damit ergibt sich der Bemessungswert der Schwingbreite am Endverankerungspunk zu

$$\Delta F_{LEd,fat} = \Delta F_{LEd}{}^O - \Delta F_{LEd}{}^U = 5{,}6 \text{ kN}$$

Die zughörige Lamellenkraft am niedriger beanspruchten Rissufer ergibt sich mit den Werten aus Abb. 9.21 zu:

$$F_{LEd}{}^O = \sigma_{LEd}{}^O \cdot A_L = 62{,}14 \cdot 1680 = 104395 \text{ N} = 104 \text{ kN}$$

Da die Lamellenkraft im Punkt D kleiner als die Lamellenkraft am niedriger beanspruchten Rissufer ist, ergibt sich der charakteristische Verbundwiderstand am Zwischenrisselement wie folgt:

$$\Delta F_{Lk,BL} = \sqrt{b_L{}^2 \cdot \tau_{L1k} \cdot s_{L0k} \cdot E_L \cdot t_L + F_{LEd}{}^2} - F_{LEd}$$

$$\Delta F_{Lk,BL} = \sqrt{1200^2 \cdot 2{,}91 \cdot 0{,}2 \cdot 168000 \cdot 1{,}4 + 104395^2} - 104395 = 352565 \text{ kN}$$

Der Bemessungswert des Verbundwiderstands am Zwischenrisselement ergibt sich dann zu:

$$\Delta F_{LRd} = \frac{\Delta F_{Lk,BL}}{\gamma_{BA}} = \frac{352{,}6}{1{,}5} = 235{,}0 \text{ kN}$$

Der Ermüdungswiderstand kann für $N_{LKW2} = 1{,}3 \cdot 10^6$ mit $k = 23{,}2$ für $N \geq N^*$ dann wie folgt berechnet werden:

$$c = 0{,}342 \cdot \left(\frac{N}{N^*}\right)^{-\frac{1}{k}} = 0{,}342 \cdot \left(\frac{1{,}3 \cdot 10^6}{2 \cdot 10^6}\right)^{-\frac{1}{23{,}2}} = 0{,}348$$

$$\alpha = -c \cdot \frac{\Delta F_{LEd}{}^U}{\Delta F_{bRd}} + c = -0{,}348 \cdot \frac{0}{235{,}0} + 0{,}348 = 0{,}348$$

$$F_{LRd,fat2} = 0{,}348 \cdot 235{,}0 = 81{,}8 \text{ kN}$$

Damit kann für den LKW 2 der Nachweis geführt werden:

$$\Delta F_{LRd,fat2} = \alpha \cdot \Delta F_{LRd} \geq \Delta F_{LEd,fat}$$

$$\Delta F_{LRd,fat2} = 81{,}8 \; kN \geq \Delta F_{LEd,fat} = 5{,}6 \text{ kN}$$

Als nächstes wird die Schädigung berechnet. Dazu muss zunächst der Ermüdungswiderstand $\Delta F^*_{LRd,fat}$ an der Knickstelle von N^* ermittelt werden:

$$\Delta F^*_{LRd,fat} = \left(0{,}342 - 0{,}342 \cdot \frac{\Delta F_{LEd}{}^U}{\Delta F_{bRd}}\right) \cdot F_{LRd} = 0{,}342 \cdot 235 = 80 \text{ kN}$$

Da die Einwirkung $\Delta F_{LEd,fat}$ kleiner als $\Delta F^*_{LRd,fat}$ ist, kann dann mit $k = 45{,}4$ die Schädigung ermittelt werden:

$$D_{Ed,2} = \frac{n(F_{LEd,fat,2})}{\left(\frac{F^*_{LRd,fat}}{F_{LEd,fat,2}}\right)^k \cdot N^*} = \frac{1{,}2 \cdot 10^6}{\left(\frac{80}{5{,}6}\right)^{45{,}4} \cdot 2 \cdot 10^6} = 2{,}2 \cdot 10^{-53}$$

Die Gesamtschädigung beträgt dann:

$$D_{Ed} = \sum_i \frac{n(F_{LEd,fat,i})}{N(F_{LEd,fat,i})} = 2{,}3 \cdot 10^{-64} + 2{,}2 \cdot 10^{-53} = 2{,}2 \cdot 10^{-53} \leq 1{,}0$$

Damit ist der Ermüdungsnachweis an diesem Zwischenrisselement erfüllt.

Für alle weiteren Zwischenrisselemente ergeben sich die maximalen Schwingbreiten mit den zugehörigen Lamellenkräften am niedriger beanspruchten Rissufer Zwischenrisselement nach Tab. 9.14.

Der Nachweis wird dann mit den Werten aus Tab. 9.14 wie beim Zwischenrisselement 7a geführt. Damit erhält man das Ergebnis in Tab. 9.15.

Man erkennt, dass der Nachweis überall erfüllt ist und die Schädigung äußerst gering ist. Im Vergleich zum Endverankerungsnachweis ist hier die Schädigung noch einmal deutlich geringer.

Tab. 9.14 Maximale Schwingbreite und zugehörige Beanspruchung für jedes Zwischenrisselement

ZRE	x_1	x_2	LKW 1		LKW 2	
			$\max\lvert\Delta F_{LEd}\rvert$	$\mathrm{zug}F_{LEd,1}$	$\max\lvert\Delta F_{LEd}\rvert$	$\mathrm{zug}F_{LEd,1}$
-	[m]	[m]	[N]	[N]	[N]	[N]
24a	0,68	0,842	58.733	3528	64.042	4334
23a	0,842	1,088	62.261	5544	65.117	6115
22a	1,088	1,334	67.805	5662	71.232	6216
21a	1,334	1,58	69.804	5191	77.448	6317
20a	1,58	1,826	74.995	5242	78.842	5729
19a	1,826	2,072	80.237	5275	84.571	5762
18a	2,072	2,318	80.270	4771	84.739	5225
17a	2,318	2,564	85.042	4771	74.071	6586
16a	2,564	2,81	89.813	4318	95.189	4771
15a	2,81	3,056	87.293	4234	77.330	5090
14a	3,056	3,302	91.526	4234	97.322	4654
13a	3,302	3,548	95.760	4250	93.559	4099
12a	3,548	3,794	92.837	7006	97.658	4082
11a	3,794	4,04	95.273	3713	92.198	3528
10a	4,04	4,286	98.986	3713	84.034	6535
9a	4,286	4,532	98.918	7358	52.097	4452
8a	4,532	4,778	42.470	3209	83.866	5040
7a	4,778	5,024	99.002	3158	104.395	5628
6a	5,024	5,27	101.774	7711	89.225	2570
5a	5,27	5,516	46.082	3427	85.411	8030
4a	5,516	5,762	91.140	2906	58.682	5477
3a	5,762	6,008	101.371	5830	85.882	6686
2a	6,008	6,254	87.226	2083	90.031	2184
1a	6,254	6,5	89.309	2050	92.215	3310

9.13 Ermüdungsnachweise Stahlbeton

9.13.1 Betonstahl Biegung

Die Schwingbreiten für den Betonstahl wurden direkt mit (SOFiSTiK AG, 2025) berechnet. Diese sind in Abb. 9.22 dargestellt.

Für die Biegebewehrung ergibt sich aus dem LKW 1 folgende Schädigung:

$$D_{Ed,1} = \frac{n(\Delta\sigma_1)}{N(\Delta\sigma_1)} = \frac{n(\Delta\sigma_1)}{\left(\frac{\Delta\sigma_{Rsk}(N^*)}{\gamma_{s,fat}\cdot\Delta\sigma_{Ed,s}}\right)^m \cdot N^*}$$

Tab. 9.15 Schwingbreitennachweis für jedes Zwischenrisselement

ZRE	LKW 1			LKW 2			D_{Ed}
	$\Delta F_{LEd,fat}$	$\Delta F_{LRd,fat2}$	$\Delta F_{LEd}/\Delta F_{LRd}$	$\Delta F_{LEd,fat}$	$\Delta F_{LRd,fat2}$	$\Delta F_{LEd}/\Delta F_{LRd}$	
-	[N]	[N]		[N]	[N]		
24a	3528	83.400	0,04	4334	86.662	0,05	1,1E-59
23a	5544	86.393	0,06	6115	89.204	0,07	2,0E-53
22a	5662	85.334	0,07	6216	88.000	0,07	7,7E-53
21a	5191	84.956	0,06	6317	86.796	0,07	2,9E-52
20a	5242	83.983	0,06	5729	86.528	0,07	4,1E-54
19a	5275	83.014	0,06	5762	85.439	0,07	9,5E-54
18a	4771	83.008	0,06	5225	85.407	0,06	1,1E-55
17a	4771	82.137	0,06	6586	87.447	0,08	1,3E-51
16a	4318	81.278	0,05	4771	83.464	0,06	5,1E-57
15a	4234	81.730	0,05	5090	86.818	0,06	1,6E-56
14a	4234	80.971	0,05	4654	83.073	0,06	2,0E-57
13a	4250	80.221	0,05	4099	83.763	0,05	1,2E-58
12a	7006	80.738	0,09	4082	83.012	0,05	6,4E-49
11a	3713	80.307	0,05	3528	84.014	0,04	2,5E-61
10a	3713	79.655	0,05	6535	85.541	0,08	2,6E-51
9a	7358	79.666	0,09	4452	91.830	0,05	1,1E-47
8a	3209	90.295	0,04	5040	85.572	0,06	1,9E-56
7a	3158	79.652	0,04	5628	81.795	0,07	2,2E-53
6a	7711	79.169	0,10	2570	84.566	0,03	1,2E-46
5a	3427	89.569	0,04	8030	85.281	0,09	3,4E-47
4a	2906	81.040	0,04	5477	90.491	0,06	6,6E-56
3a	5830	79.239	0,07	6686	85.192	0,08	9,2E-51
2a	2083	81.743	0,03	2184	84.416	0,03	1,6E-72
1a	2050	81.368	0,03	3310	84.011	0,04	2,3E-64

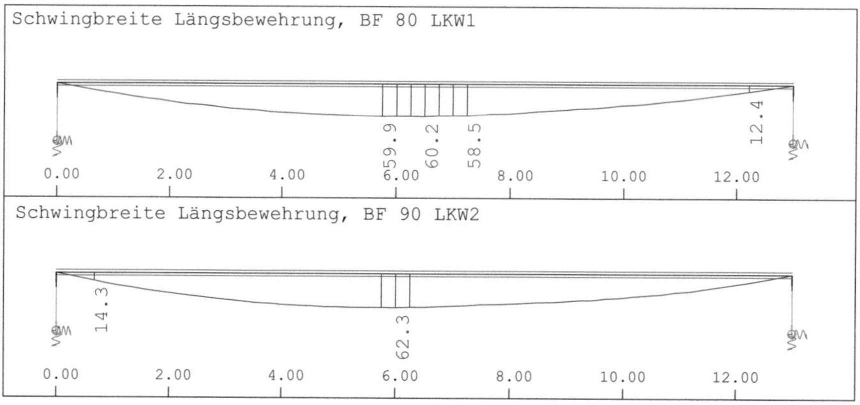

Abb. 9.22 Schwingbreit der Betonstahllängsbewehrung unter dem LKW1 und LKW 2

$$\Delta\sigma_{s,1} = 60{,}2\frac{N}{mm^2} < \frac{\Delta\sigma_{Rsk}}{\gamma_{s,fat}} = \frac{175}{1{,}15} = 152\frac{N}{mm^2} \Rightarrow m = k_2 = 9$$

Damit gilt:

$$D_{Ed,1} = \frac{n(\Delta\sigma_1)}{N(\Delta\sigma_1)} = \frac{5{,}2 \cdot 10^6}{\left(\frac{175}{1{,}15 \cdot 60{,}2}\right)^9 \cdot 1 \cdot 10^6} = 1{,}23 \cdot 10^{-3}$$

Aus dem LKW 2 ergab sich folgende Schädigung:

$$D_{Ed,2} = \frac{n(\Delta\sigma_2)}{N(\Delta\sigma_2)} = \frac{1{,}2 \cdot 10^6}{\left(\frac{175}{1{,}15 \cdot 62{,}3}\right)^9 \cdot 1 \cdot 10^6} = 0{,}39 \cdot 10^{-3}$$

Daraus folgt die Gesamtschädigung für die Biegebewehrung:

$$D_{Ed} = \sum_i \frac{n(\Delta\sigma_i)}{N(\Delta\sigma_i)} = 1{,}23 \cdot 10^{-3} + 0{,}39 \cdot 10^{-3} = 1{,}62 \cdot 10^{-3} \leq 1{,}0$$

9.13.2 Betondruckspannungen

Für den Nachweis der Betons unter Druck wird zunächst überprüft, ob unter seltener Lastfallkombination die Betondruckspannung kleiner als $0{,}6 \cdot f_{ck}$ ist. Die Druckspannungen unter seltener Lastfallkombination sind in Abb. 9.23 ausgegeben.

Somit ist der Betondruckspannung $\sigma_{ck} = 13{,}53\ \text{MN/m}^2 \leq 0{,}6 \cdot 27{,}5 = 16{,}5\ \text{MN/m}^2$ und es braucht kein Ermüdungsnachweis der Biegedruckzone erfolgen.

9.13.3 Querkraft

9.13.3.1 Allgemeines

Zunächst wird versucht den Nachweis vereinfacht unter häufiger Einwirkungskombination zu führen. Hier ergeben sich die Querkraft aus Abb. 9.24.

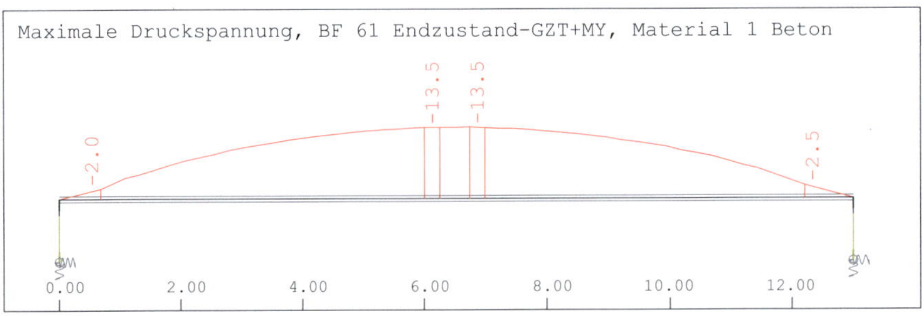

Abb. 9.23 Betondruckspannungen unter seltener EWK

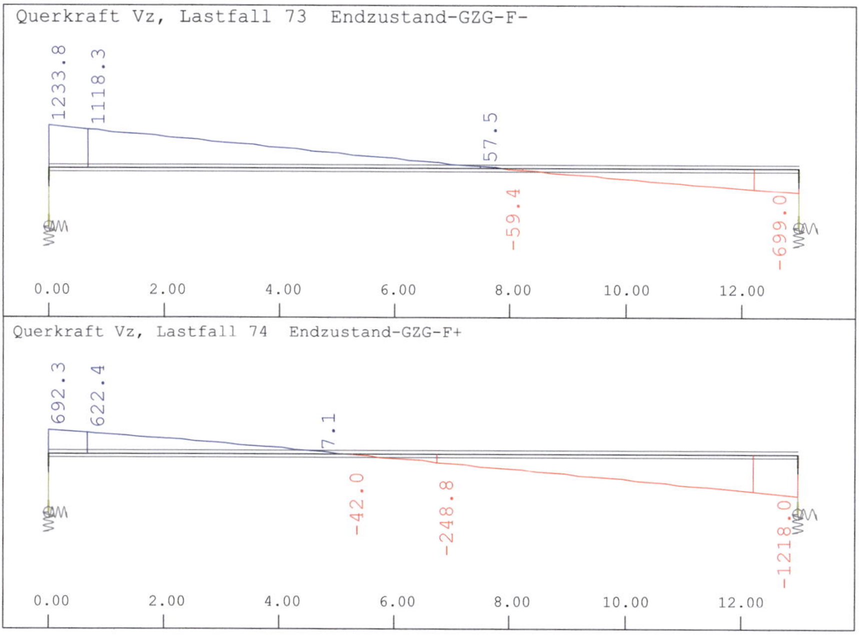

Abb. 9.24 Querkräfte unter häufiger EWK

Bei der Bemessung der Querkraftbewehrung muss die Druckstrebenneigung θ_{fat} ermittelt werden.

$$\tan\theta_{fat} = \sqrt{\tan\theta} \leq 1{,}0$$

$$\tan\theta_{fat} = \sqrt{1/1{,}0} = 1{,}0 \Rightarrow \cot\theta_{fat} = 1{,}0$$

Der untere Wert für das Querkraft unter häufiger Einwirkung beträgt nach Abb. 9.24 $V_{freq,min} = 692$ kN und der oberer Wert beträgt $V_{freq,max} = 1234$ kN.

9.13.3.2 Nachweis Druckstrebe

Der Nachweis der Druckstrebe erfolgt über den Nachweis der Ermüdung des Betons gemäß DIN EN 1992-2 (12.2010) Abschn. 6.8.7. Hierfür wird der Bemessungswert der einaxialen Festigkeit des Betons auf Ermüdung benötigt:

$$f_{cd,fat} = k_1 \cdot \beta_{cc}(t_0) \cdot f_{cd} \cdot \left(1 - \frac{f_{ck}}{250}\right)$$

$$f_{cd,fat} = 1 \cdot 1 \cdot 15{,}6 \cdot \left(1 - \frac{27{,}5}{250}\right) = 13{,}9 \frac{\text{N}}{\text{mm}^2}$$

Betondruckfestigkeit ist für die Querkraftdruckstrebe mit dem Festigkeitsabminderungsbeiwert ν_1 zu reduzieren. Dies darf nach DIN EN 1992-2/NA (04.2013) NDP zu 6.2.3 (103) erfolgen.

$$\sigma_{Rd,max,fat} = 13{,}9 \cdot 0{,}75 = 10{,}4 \frac{\text{N}}{\text{mm}^2}$$

Die einwirkende Spannung in der Druckstrebe ergibt sich wie folgt:

$$\sigma_{cd,V} = \frac{V}{b_w \cdot z} \cdot (\cot\theta + \tan\theta)$$

$$\sigma_{cd,V,min} = \frac{0{,}692 \text{ MN}}{3{,}0 \text{ m} \cdot 0{,}848 \text{ m}}(1{,}0 + 1/1{,}0) = 0{,}54 \text{ MN/m}^2$$

$$\sigma_{cd,V,max} = \frac{1{,}234\text{MN}}{3{,}0 \text{ m} \cdot 0{,}848 \text{ m}}(1{,}0 + 1/1{,}0) = 0{,}97 \text{ MN/m}^2$$

Damit kann der Nachweis der Druckstrebe geführt werden:

$$\frac{\sigma_{c,max}}{f_{cd,fat}} \leq 0{,}5 + 0{,}45 \cdot \frac{\sigma_{c,min}}{f_{cd,fat}} \leq 0{,}9$$

$$\frac{0{,}92}{10{,}4} \leq 0{,}5 + 0{,}45 \cdot \frac{0{,}54}{10{,}4} \leq 0{,}9$$

$$0{,}09 \leq 0{,}52 \leq 0{,}9$$

Der Nachweis der Druckstrebe ist somit erfüllt.

9.13.3.3 Nachweis Zugstrebe

Die Spannungen in der Zugstrebe ergeben sich wie folgt:

$$\sigma_{swd} = \frac{V}{\frac{A_{sw}}{s} \cdot z \cdot \cot\theta_{fat}}$$

$$\sigma_{swd,freq,min} = \frac{692 \text{ kN}}{52,4 \text{ cm}^2/\text{m} \cdot 0{,}848 \text{ m} \cdot 1{,}0} = 15{,}6 \text{ kN/cm}^2$$

$$\sigma_{swd,freq,max} = \frac{1234 \text{ kN}}{52{,}4 \text{ cm}^2/\text{m} \cdot 0{,}848 \text{ m} \cdot 1{,}0} = 27{,}7 \text{ kN/cm}^2$$

Aus der Differenz kann die Schwingbreite der Zugstrebe ermittelt werden:

$$\Delta\sigma_s = 27{,}7 - 15{,}6 = 12{,}1 \frac{\text{kN}}{\text{cm}^2} = 121 \text{ N/mm}^2$$

Der Nachweis lautet dann wie folgt:

$$\Delta\sigma_s = 121 \text{ N/mm}^2 \nleq 70 \text{ N/mm}^2$$

Da der Nachweis nicht erfüllt ist, muss der genauere Nachweis erfolgen. Die Querkräfte aus den LKW sind in Abb. 9.25 aufgelistet.

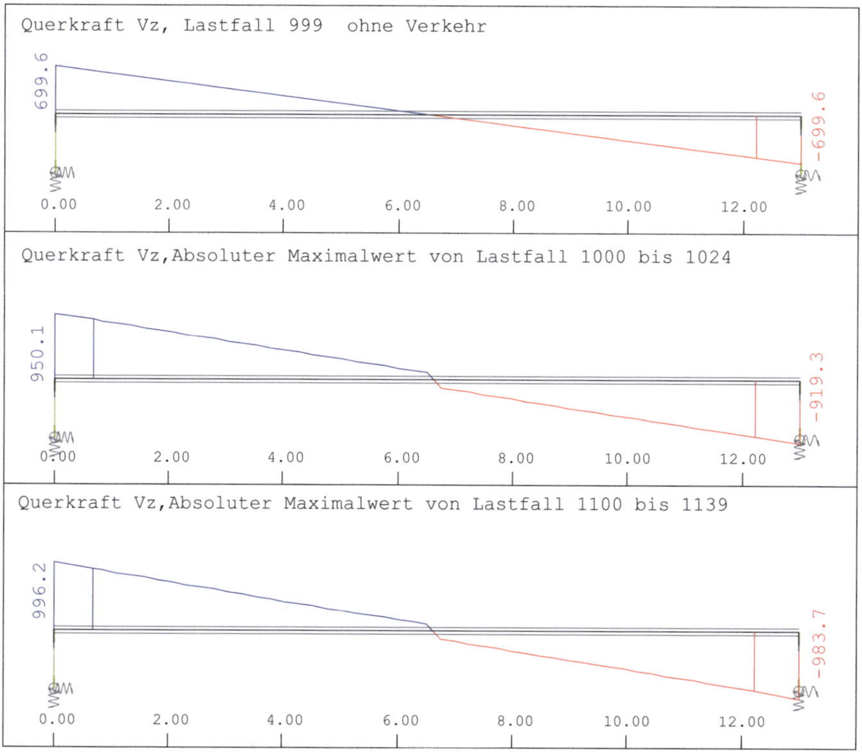

Abb. 9.25 Minimale Querkraft und Maximale Querkraft unter LKW 1 und LKW2

Damit können die Spannungen ausgerechnet werden:

$$\sigma_{swd,min} = \frac{699\ \text{kN}}{52{,}4\ \text{cm}^2/\text{m} \cdot 0{,}848\ \text{m} \cdot 1{,}0} = 15{,}6\ \text{kN/cm}^2$$

$$\sigma_{swd,max,1} = \frac{950\ \text{kN}}{52{,}4\ \text{cm}^2/\text{m} \cdot 0{,}848\ \text{m} \cdot 1{,}0} = 21{,}4\ \text{kN/cm}^2$$

$$\sigma_{swd,max,2} = \frac{996\ \text{kN}}{52{,}4\ \text{cm}^2/\text{m} \cdot 0{,}848\ \text{m} \cdot 1{,}0} = 22{,}4\ \text{kN/cm}^2$$

Schwingbreite der Bügel beträgt somit:

$$\Delta\sigma_{s,1} = 21{,}4 - 15{,}6 = 5{,}8\frac{\text{kN}}{\text{cm}^2} = 58\ \text{N/mm}^2$$

$$\Delta\sigma_{s,2} = 22{,}4 - 15{,}6 = 6{,}8\frac{\text{kN}}{\text{cm}^2} = 68\ \text{N/mm}^2$$

Für den LKW 1 und 2 gilt:

$$\Delta\sigma_{s,\max} = 68\frac{N}{mm^2} > \frac{\Delta\sigma_{Rsk}}{\gamma_{s,fat}} = \frac{175}{1{,}15} = 152\frac{N}{mm^2} \Rightarrow m = k_1 = 9$$

Für die Bügelbewehrung ergibt sich aus dem LKW 1 somit folgende Schädigung:

$$D_{Ed,1} = \frac{n(\Delta\sigma_1)}{N(\Delta\sigma_1)} = \frac{5,2 \cdot 10^6}{\left(\frac{175}{1,15 \cdot 58}\right)^9 \cdot 1 \cdot 10^6} = 8{,}8 \cdot 10^{-4}$$

Aus dem LKW 2 ergibt sich die folgende Schädigung der Bügelbewehrung:

$$D_{Ed,2} = \frac{n(\Delta\sigma_2)}{N(\Delta\sigma_2)} = \frac{1{,}2 \cdot 10^6}{\left(\frac{175}{1,15 \cdot 68}\right)^9 \cdot 1 \cdot 10^6} = 8{,}5 \cdot 10^{-4}$$

Daraus folgt folgende Gesamtschädigung für die Biegebewehrung:

$$D_{Ed} = \sum_i \frac{n(\Delta\sigma_i)}{N(\Delta\sigma_i)} = 8{,}8 \cdot 10^{-4} + 8{,}5 \cdot 10^{-4} = 1{,}73 \cdot 10^{-3} \leq 1{,}0$$

Damit ist der Ermüdungsnachweis erbracht.

9.14 Konstruktive Durchbildung

Es werden 12 CFK-Lamellen des Typs 150/2000 mit den Abmessung $100 \times 1{,}4$ mm nach ZZ-36.12-86 (01.2025)an die Unterseite der Brücke verklebt, wie dies Abb. 9.26 zeigt.

Aufgeklebte Stahllaschenbügel sind nicht erforderlich.

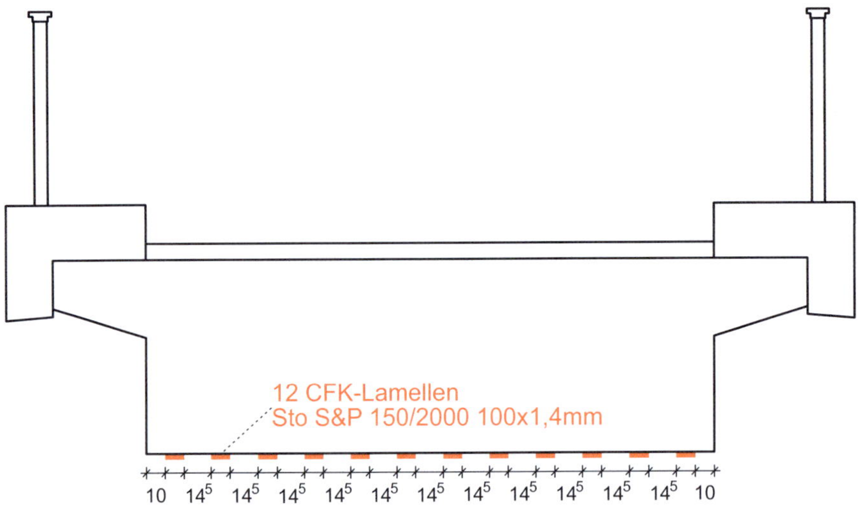

Abb. 9.26 Anordnung der CFK-Lamellen im Querschnitt

Literatur

BASt-NaReLi (05.2011) Richtlinie zur Nachrechnung von Straßenbrücken im Bestand (Nachrechnungsrichtlinie), Bergisch-Gladbach

DAfStb-RiLi VBgB (03.2012) Richtlinie Verstärken von Betonbauteilen mit geklebter Bewehrung

DAfStb-RiLi VBgB (10.2020) Verstärken von Betonbauteilen mit geklebter Bewehrung, Erste Korrektur und Ergänzung

DIN 1045 (07.1988) Beton- und Stahlbetonbau – Bemessung und Ausführung

DIN 1072 (12.1985) Straßen- und Wegbrücken; Lastannahmen.

DIN EN 1542 (07.1999) Produkte und Systeme für den Schutz und die Instandsetzung von Betontragwerken – Prüfverfahren – Messung der Haftfestigkeit im Abreißversuch; Deutsche Fassung EN 1542:1999.

DIN EN 1991-2 (12.2010) Eurocode 1: Einwirkungen auf Tragwerke – Teil 2: Verkehrslasten auf Brücken; Deutsche Fassung EN 1991-2:2003 + AC:2010.

DIN EN 1992-1-1 (01.2011) Eurocode 2: Bemessung und Konstruktion von Stahlbeton- und Spannbetontragwerken – Teil 1-1: Allgemeine Bemessungsregeln und Regeln für den Hochbau; Deutsche Fassung EN 1992-1-1:2004 + AC:2010.

DIN EN 1992-1-1/NA (04.2013) Nationaler Anhang – National festgelegte Parameter – Eurocode 2: Bemessung und Konstruktion von Stahlbeton- und Spannbetontragwerken – Teil 1-1: Allgemeine Bemessungsregeln und Regeln für den Hochbau; Deutsche Fassung EN 1992-1-1:2004 + AC:2010.

DIN EN 1992-2 (12.2010). Eurocode 2: Bemessung und Konstruktion von Stahlbeton- und Spannbetontragwerken – Teil 2: Betonbrücken – Bemessungs- und Konstruktionsregeln; Deutsche Fassung EN 1992-2:2005 + AC:2008, Berlin

DIN EN 1992-2/NA (04.2013). Nationaler Anhang – National festgelegte Parameter – Eurocode 2: Bemessung und Konstruktion von Stahlbeton- und Spannbetontragwerken – Teil 2: Betonbrücken – Bemessungs- und Konstruktionsregeln.

Finckh W (2024). *Verstärken von Betonbauteilen; Tragwerksplanung im Bestand.* Springer Fachmedien Wiesbaden; Imprint Springer Vieweg.

SOFiSTiK AG (2025). Finite Elemente Methode Software für Bauingenieure. https://www.sofistik.de/produkte/statik-fem/sofistik-fem-pakete. Zugegriffen: 2025

Z-36.12-86 (01.2025). Bausatz zum Verstärken von Beton-, Stahl- und Spannbetonbauteilen durch schubfest aufgeklebte Sto S&P CFK Lamellen nach der DAfStb-Verstärkungs-Richtlinie

Herstellung eines Ankündigungsverhaltens 10

Zusammenfassung

Gegenstand von Kap. 10 ist die Spannungsrisskorrosion. Zunächst wird dieses Phänomen erläutert und die gefährdeten Spannstähle und Verfahren dargestellt. Danach werden die Nachweise zur Überprüfung, ob ein Ankündigungsverhalten vorliegt, erläutert. Falls kein Ankündigungsverhalten vorliegt, wird eine Methode vorgestellt, wie dieses nachträglich mit geklebter Bewehrung hergestellt werden kann. Dies wird abschließend an einer Beispielrechnung verdeutlicht.

10.1 Grundlagen Spannungsrisskorrosion

10.1.1 Phänomen Spannungsrisskorrosion

Korrosion wird in der DIN EN ISO 8044 (05.2025) als die „chemische oder elektrochemische Wechselwirkung zwischen einem Werkstoff, in der Regel einem Metall, und seiner Umgebung" definiert. Dies umfasst eine Vielzahl von Korrosionsarten, welche meist in zwei Hauptgruppen unterteilt werden (vgl. z. B. (Roos et al., 2022)):

- Korrosion ohne mechanische Beanspruchung: Dies betrifft bei Beton- und Spannstahl gleichmäßige oder großflächige Korrosion wie Mikroelementkorrosion, z. B. infolge Karbonatisierung. Gilt nicht für Lochkorrosion[1], (Makroelementkorrosion, z. B. infolge chloridinduzierter Korrosion oder Kontaktkorrosion). Dieser Korrosionstyp beeinflusst vor allem die Dauerhaftigkeit von Bauwerken, da er eine Querschnittsreduzierung von Bewehrungs-

[1] Umgangssprachlich auch Lochfraßkorrosion genannt.

W. Finckh et al., *Brückenverstärkung mit geklebter Bewehrung*,
https://doi.org/10.1007/978-3-658-49258-8_10

elementen hervorruft. Gemäß (Schießl & Mayer, 2007) ist die chloridinduzierte Korrosion mit einem Anteil von 66 % aller Schäden an Brückenbauwerken im deutschen Autobahnnetz der dominierende Schädigungsprozess.
- Korrosion unter mechanischer Belastung: Hierbei sind Spannungsrisskorrosion und Schwingungsrisskorrosion bzw. Ermüdungsrisskorrosion die vorherrschenden Arten der Korrosion. Da der Spannstahl durch die Vorspannung ständig hohen Zugspannungen ausgesetzt ist, treten diese Korrosionsarten vor allem bei Spannstahl auf.

Im Weiteren wird speziell auf die Spannungsrisskorrosion (SpRK) eingegangen. Gemäß (Kaesche, 1990) versteht man unter Spannungsrisskorrosion die Ausbreitung von Rissen in Werkstücken unter der gleichzeitigen Einwirkung von Korrosion und statischer mechanischer Zugspannung.

Eine Schädigung durch Spannungsrisskorrosion erfolgt gemäß (Nürnberger, 1995) in drei Phasen:

1. Rissbildungsprozess – Inkubationsphase der Anrissbildung
2. Risswachstumsprozess – Rissausbreitung infolge von Spannungsrisskorrosion
3. Reißphase

Der Bruch erfolgt in der Regel plötzlich und verformungsarm. Im Unterschied zu anderen Korrosionsarten ist in keiner der genannten Phasen zwangsläufig ein mit dem bloßen Auge erkennbarer Korrosionsangriff feststellbar.

Nach (Gräfen, 1969) und (Hickling, 1982) müssen für die Entstehung von Spannungsrisskorrosion folgende drei Voraussetzungen gegeben sein (vgl. auch Abb. 10.1):

- eine dauerhafte Zugspannung im Grundmaterial (auch Eigenspannungen)
- die grundsätzliche Anfälligkeit des Spannstahls für diese spezielle Korrosionsart
- Angebot an Wasserstoff, der in das Metallgefüge eindiffundieren kann

Um Spannungsrisskorrosion zu vermeiden, ist es ausreichend, eine der drei Bedingungen auszuschalten.

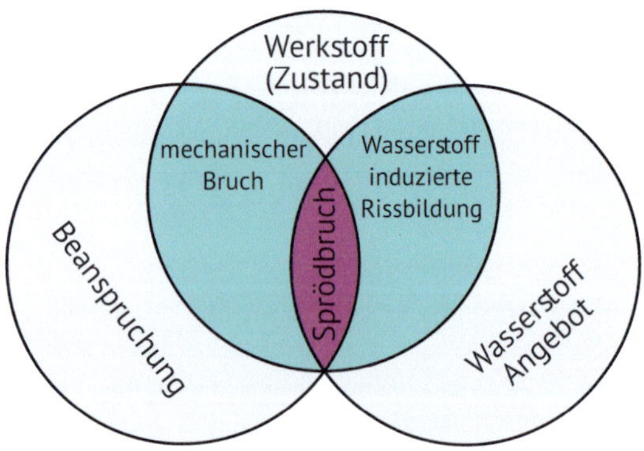

Abb. 10.1 Voraussetzungen einer wasserstoffinduzierten SpRK in Anlehnung an (Wilhelm, 2014)

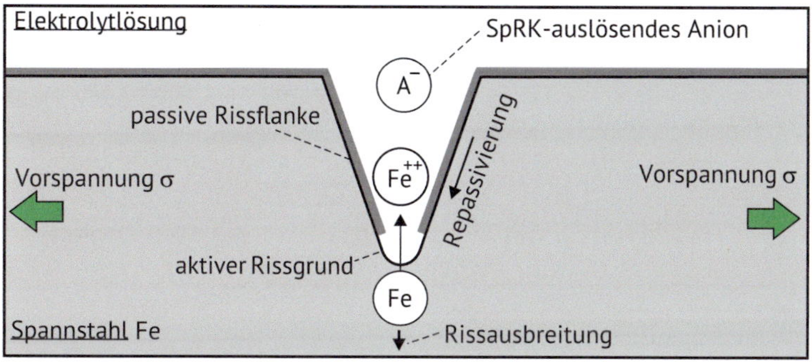

Abb. 10.2 Elektrochemisches Modell der anodischen Metallauflösung in Anlehnung an (Wild, 2021)

10.1.2 Arten der Spannungsrisskorrosion

10.1.2.1 Anodische Spannungsrisskorrosion

Anodische Spannungsrisskorrosion tritt infolge eines lokalisierten elektrolytischen Auflösungsprozesses auf. Dieser Prozess kann in Kombination mit einer mechanischen Zugbeanspruchung, die nach (Kurt & Martinek, 1970) eine materialspezifische Grenzspannung überschreitet, zu Rissbildung an der Werkstoffoberfläche oder zur Rissfortschreitung an der Spitze eines bestehenden Anrisses führen (vgl. (Nürnberger et al., 1988)).

Gemäß (Rehm et al., 1981) tritt dieser Prozess typischerweise nur auf, wenn die Metalloberfläche an der Phasengrenze zwischen Metall und Angriffsmittel mit einer Passivschicht oder einer anderen schützenden Deckschicht bedeckt ist und diese lokal zerstört wurde, wie die Abb. 10.2 zeigt. Die Zerstörung der Deckschicht kann gemäß (Isecke, 1983) sowohl durch chemische als auch durch mechanische Beanspruchung verursacht werden.

Grundvoraussetzung für das Auftreten dieser Korrosionsform ist eine spezifische Kombination aus einem empfindlichen Werkstoff, einem korrosiv wirkenden Medium sowie einer statischen Zugbelastung auf das Bauteil. Neben Nitraten sind gemäß (Lingemann, 2009) unter anderem Sulfate und Chloride bekannte Promotoren der anodischen Spannungsrisskorrosion

Ein bekanntes Beispiel für diese Art der SpRK war das Versagen von Spannstählen in Viehstalldecken, wie es z. B. in (Rehm et al., 1973) dokumentiert ist, bei denen durch die Verwendung von Tonerdeschmelzzement (TSZ)[2] kein ausreichender Korrosionsschutz gewährleistet war. In Verbindung mit nitrathaltiger

[2] Der ursprünglich hauptsächlich nur für den Feuerstättenbau eingesetzte TSZ erhärtet wesentlich schneller als der im Betonbau übliche Portlandzement (PZ). Die Betonwerke konnten dadurch die Produktion vorgespannter Deckenträger erheblich steigern. Das war der Hauptgrund, warum die Betonwerke TSZ anstelle des PZ verwendet haben, obwohl er dreimal teurer war.

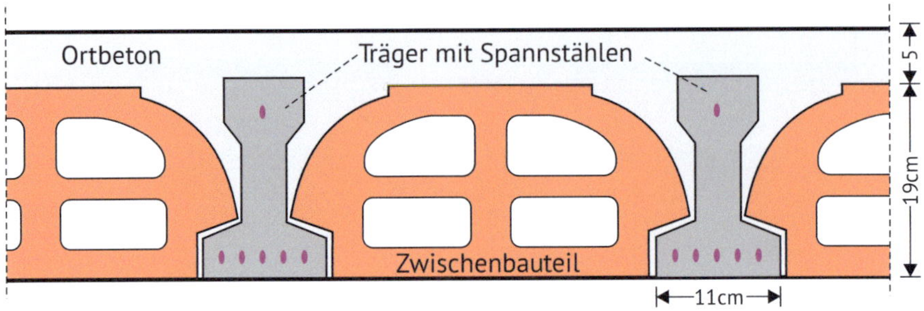

Abb. 10.3 Aufbau einer typischen Decke mit Spannbetonträgern mit dem Bindemittel Tonerdeschmelzzement, in Anlehnung an (BstMi, 05.1984)

Umgebung und SpRK-empfindlichem Spannstahl kam es dabei zu zahlreichen Spannstahlbrüchen. In Abb. 10.3 ist eine typische Spannbetondecken mit dem Bindemittel Tonerdeschmelzzement dargestellt, wie sie in den Jahren 1952 bis 1963 hergestellt worden sind. Aufgrund der seinerzeit gewonnenen Erkenntnisse durften gemäß (BstMi, 06.1993) Decken mit Tonerdeschmelzzement danach nicht mehr hergestellt und eingebaut werden. Obwohl dieser Fall historisch von hoher Relevanz war, tritt die anodische SpRK unter realen Randbedingungen im Bauwesen heute nur noch in seltenen Ausnahmefällen auf. In der Regel fehlt gemäß (Lingemann, 2009) in der Praxis mindestens eine der für das Auftreten notwendigen Bedingungen, sodass reine anodische Spannungsrisskorrosion als Schadensmechanismus derzeit als untypisch gilt.

10.1.2.2 Kathodische Spannungsrisskorrosion

Für das Auftreten der kathodischen Spannungsrisskorrosion, welche auch als wasserstoffinduzierte Spannungsrisskorrosion bezeichnet wird, sind die Voraussetzungen deutlich weniger spezifisch. Im Bereich des Spannbetonbaus handelt es sich bei praktisch relevanten Fällen meist um diese kathodische Spannungsrisskorrosion. Besonders betroffen sind hochfeste Spannstähle mit einer ausgeprägten Empfindlichkeit gegenüber Wasserstoffaufnahme.

Folgende Voraussetzungen sind hierfür notwendig:

- Empfindlichkeit des Werkstoffes
- Aufhebung der Passivität bzw. Zutritt von korrosionsfördernden Medien zur Stahloberfläche
- mechanische Belastung des Werkstoffes

Bei der kathodischen Spannungsrisskorrosion dringt der verfügbare atomare Wasserstoff in das Metallgitter ein und induziert dort innerhalb des Metallgefüges Risse. Der erforderliche atomare Wasserstoff kann gemäß (Kurt & Martinek, 1970) unter anderem aus einem klassischen Korrosionsprozess oder durch Ionisation von H_2S oder anderen Säuren entstehen.

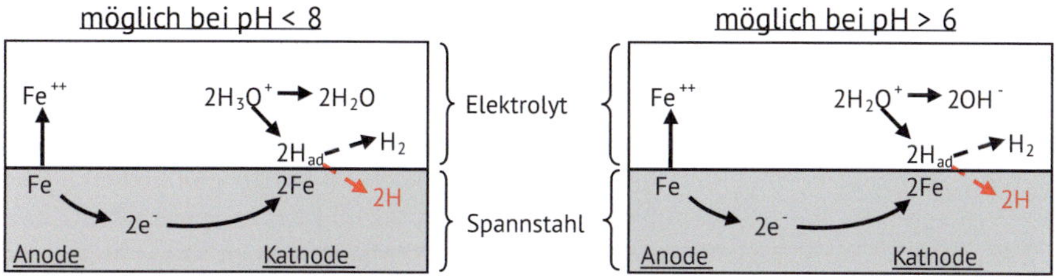

Abb. 10.4 Darstellung der chemischen Reaktionen bei flächiger Korrosion des Spannstahls in einem Elektrolyt mit Wasserstoffentwicklung an der Kathode nach (Lingemann, 2009)

Die notwendige Wasserstoffaktivität kann bereits durch geringe Feuchtigkeitseinwirkungen in Kombination mit minimalen Korrosionsreaktionen erreicht werden. Die Analyse zeigt, dass schon geringe Mengen Wasserstoff ausreichend sind, um zu einer wirksamen Versprödung von Spannstählen zu führen. Dieser Wasserstoff kann, wie Abb. 10.4 zeigt, entweder in sauren oder neutralen Medien als Korrosionswasserstoff oder in stark alkalischen Medien durch Elektrolyse entstehen. Da die Wasserstoffproduktion im Bereich der Kathode wesentlich für den Ablauf der Spannungsrisskorrosion ist, spricht man in diesem Zusammenhang von kathodischer bzw. wasserstoffinduzierter SpRK oder Wasserstoffversprödung.

Selbst an passivem, also im technischen Sinne korrosionsfreiem Stahl, kann in alkalischen Lösungen eine Wasserstoffentwicklung nachgewiesen werden.

Wasserstoffversprödung ist ein Prozess, bei dem atomarer Wasserstoff in Stahl eindringt und ihn schwächt. Fehlstellen, Anrisse und Zugspannungen fördern diesen Vorgang. Der Wasserstoff diffundiert ins Gefüge und vergrößert durch Rekombination das Volumen, was zu Rissen und Blasenbildung führt. Dies führt zu irreversiblen Schäden am Material. Weitere Details finden sich bei (Kurt & Martinek, 1970).

Der Prozess hängt neben der Festigkeit und dem Gefüge des Stahls wesentlich von der Menge des verfügbaren adsorbierbaren Wasserstoffs ab. Zugspannungen sind in der Bruchphase für das endgültige Versagen eines Spannstahls erforderlich, spielen jedoch nach (Hickling, 1982) im Prozess der wasserstoffinduzierter SpRK nur eine untergeordnete Rolle.

10.1.2.3 Zusammenfassung

Ein wesentlicher Unterschied zwischen anodischer und kathodischer Spannungsrisskorrosion liegt laut (Isecke, 1983) in der Risseinleitung. Anodische SpRK erfordert das Aufreißen von Deckschichten, während Wasserstoffversprödung Risse auch in inneren Bereichen des Materials verursachen kann. Es ist nahezu unmöglich, die beiden Korrosionsarten durch Bruchflächenanalyse zu unterscheiden, da sich diese sehr ähneln.

Eine gleichzeitige Einwirkung von anodischer und kathodischer Spannungsrisskorrosion ist möglich. Schäden an Spannstählen können grundsätzlich sowohl auf anodische als auch auf kathodische Spannungsrisskorrosion zurückgeführt werden. Welcher Mechanismus im Einzelfall maßgeblich ist oder die dominante Rolle spielt, hängt von den jeweiligen spezifischen Bedingungen des Einzelfalls ab. In Bezug auf das Schadensergebnis kann diese Fragestellung jedoch vernachlässigt werden, da beide Formen der Spannungsrisskorrosion zu einem plötzlichen, spröden Versagen des Werkstoffs führen, ohne dass im Vorfeld Korrosionsangriffe, beispielsweise in Form von Abbauprodukten oder Abplatzungen in Folge Volumenvergrößerung äußerlich erkennbar wären.

10.1.3 Spannungsrisskorrosionsgefährdete Spannstähle

10.1.3.1 Historisches

Bereits zu einem sehr frühen Zeitpunkt war die spezifische Neigung hochfester Spannstähle zu spröden Versagensformen bekannt. Eine Reihe von Schadensfällen an Viehstalldecken in den 1960er Jahren zeigt dies eindrucksvoll (vgl. (Rehm, 1963)). Auch in der Deutschen Demokratischen Republik (DDR) wurde 1970 in (Kurt & Martinek, 1970) für Hennigsdorfer Spannstahl eine erhöhte spezifische Empfindlichkeit gegenüber Spannungsrisskorrosion erwähnt. Ein sprödes Versagen von Spannstahl trat oft bereits bei Transport, Einbau oder beim Spannvorgang ein, hier meist noch vor Abschluss der Verpressarbeiten. In der Literatur sind entsprechende Schadensfälle in Rehm et al., (1981), Nürnberger (1980), Lingemann (2009), Wilhelm (2014) und Wild (2021) dokumentiert und analysiert.

In Westdeutschland wurden aufgrund der Schadensfälle an Viehstalldecken die Produktionsprozesse der stark gefährdeten Spannstähle 1965 angepasst und die gefährdeten Spannstähle ab 1978 nicht mehr produziert. In den Werken der DDR wurden die stark gefährdet Spannstähle jedoch bis 1993 produziert.

Seit 1978 wird für bauaufsichtliche Zulassung von Spannstählen ein Korrosionsversuch gefordert, den der Spannstahl mit einer Mindeststandzeit überstehen muss. Unter baupraktischen Bedingungen sind die nach 1978 in der Bundesrepublik Deutschland zugelassenen Spannstähle bei Einhaltung der Regelungen der Zulassung nicht mehr empfindlich gegenüber Spannungsrisskorrosion.

10.1.3.2 Gefährdete Spannstähle

Nach dem jetzigem Wissenstand (vgl. Ehmann, 2006; Wölfel, 1992)gelten gemäß HA-SPK (06.2011) folgende Spannstähle als gefährdet und stark gefährdet gegenüber Spannungsrisskorrosion:

- Vergüteter Spannstahl St 145/160, Querschnitt rund oder oval, Hersteller Felten & Guilleaume Carlswerke AG, Handelsname Neptun, Produktionszeitraum 1959 bis 1965 stark gefährdet
- Vergüteter Spannstahl St 145/160, Querschnitt rund oder oval, Hersteller Hütten- und Bergwerke Rheinhausen AG, Handelsname Sigma, Produktionszeitraum bis 1965 stark gefährdet

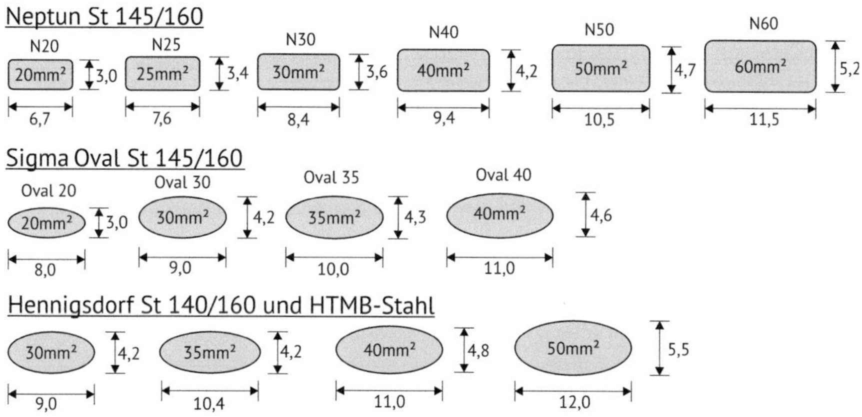

Abb. 10.5 Querschnitte der Ovalstähle, Abmessungen aus (Ehmann, 2006) und (Schnell et al., 2016)

- Vergüteter Spannstahl St 145/160, Querschnitt oval, Hersteller Hütten- und Bergwerke Rheinhausen AG, Handelsname Sigma, Produktionszeitraum 1995 bis 1978 gefährdet.
- Bei diesem Stahl wurde der Widerstand gegenüber SpRK im Vergleich zum Spannstahl aus der Produktion bis 1965 gemäß (Bertram et al., 2002) durch eine Vergrößerung des Silizium-Mangan-Verhältnisses sowie durch den Ersatz eines Teils des Kohlenstoffes durch Chrom erhöht. Dennoch ist ein Schadensfall mit diesem Spannstahl bekannt.
- Vergüteter Hennigsdorfer Spannstahl St 140/160, Querschnitt rund oder oval, Hersteller VEB Stahl- und Walzwerk Hennigsdorf (ehemals DDR); 1960 bis 1983 stark gefährdet. (vgl. (Wilhelm, 2014))
- HTMB-Stahl (Lankau, 1984): Querschnitt oval, Hersteller VEB Stahl- und Walzwerk Hennigsdorf (ehemals DDR), Produktionszeitraum 1981 bis 1993, stark gefährdet. In (Mietz, 1999) wird auch für diese Produktionszeiträume eine erhöhte SpRK-Empfindlichkeit festgestellt.

Insbesondere die ovalen bzw. rechteckigen Querschnitte, wie diese in Abb. 10.5 dargestellt sind, gelten aufgrund der eingewalzten Eigenspannungen als besonders problematisch.

Für den Hennigsdorfer Spannstahl wurden ovale Querschnitte mit den Querschnittsflächen von 30, 35, 40 und 50 mm² gefertigt. Mit der Umstellung der Produktion auf HTMB-Stahl[3] wurde der Querschnitt 30 mm² aus dem Lieferprogramm entfernt.

[3] Hennigsdorfer Spannstähle der ersten Generationen wurden im Stahl- und Walzwerk „Wilhelm Florin" in Hennigsdorf bis Anfang der 1980er Jahre produziert. Das Herstellungsverfahren wurde dann auf „hochtemperatur-thermomechanische Behandlung" (HTMB-Vergütung) umgestellt.

Neben der Verwendung in Spannverfahren wurden die ovalen Querschnitte besonders oft beim Vorspannen im sofortigen Verbund verwendet, da die Eintragungslängen aufgrund der ovalen Form sehr kurz werden.

10.1.3.3 Gefährdete Spannverfahren

Die im Abschn. 10.1.3.2 genannten Spannstähle wurden bei zahlreichen Spannverfahren verwendet. Gemäß (Ehmann, 2006) sind in Westdeutschland die folgenden Spannverfahren mit den gefährdeten Spannstählen verbaut worden und somit gegen Spannungsrisskorrosion gefährdet oder stark gefährdet:

- **Polensky & Zöllner:** Zulassung II A 4-2.420 NR.1389-60; Gegenstand: Spannverfahren Polensky & Zöllner [SIGMA St 145/160]; Prüfstelle: Ministerium NRW; Antragsteller: Polensky & Zöllner; 27.05.1960, Einzeldrähte SIGMA St 145/160, vergütet, oval 20, oval 30 und oval 40 gerippt
- **Philipp Holzmann AG:**
  - Zulassung VB-64 A 16/27-1/58; Gegenstand: Spannverfahren Holzmann (SH); Prüfstelle: Ministerium Hessen; Antragsteller: Phillip Holzmann AG; 12.12.1958, Einzeldrähte Sigma St 145/160 vergütet, oval 30 mit Rippen
  - Zulassung VB64 B 08/27-10/61, VB-64 B 08/27-11/61; Gegenstand: HG-Spannbewehrung; Prüfstelle: Ministerium Hessen; Antragsteller: Phillip Holzmann AG; 15.05.1961, vergütete Spannstähle St 145/160, Sigma oval 40 mit Rippen oder Neptun N 40 rechteckig mit Rippen
  - Zulassung V A2-64B 08/27-10/68, Gegenstand: Spannverfahren KA; Prüfstelle: Ministerium Hessen; Antragsteller: Phillip Holzmann AG; 20.07.1961, 10.12.1968, Erg. 10.10.1969; Erg. 16.02.1971; Änderung 29.04.1972; Änderung 02.09.1973. vergütete Spannstähle St 145/160, Sigma oval 40 mit Rippen oder Neptun N 40 rechteckig mit Rippen
- **Ed. Züblin AG:** Zulassung V 6225 ZUEBLIN A.G./I, V 6225 ZUEBLIN A.G./ II, Prüfstelle: Ministerium Baden-Württemberg; Antragsteller: Ed. Züblin AG; 15.08.1959, 29.04.1963, vergüteter Spannstahl St 145/160 Neptun N 40 rechteckig mit Rippen
- **Beton- und Monierbau AG:** Zulassung II A 4-2.420 NR.1898/57; Gegenstand: Spannverfahren Monierbau (SIGMA-St 145/160); Prüfstelle: Ministerium NRW; Antragsteller: Beton- und Monierbau AG; 14.09.1957; Sigmastahl St 145/165 oval 20 gerippt

Da es sich bei vorherigen genannten Baufirmen zu dieser Zeit mitunter um die umsatzstärksten handelt, sind mit diesen Spannverfahren zahlreiche Bauwerke vorgespannt.

In der DDR gab es die genormten Spannglieder TGL 118-0785 (06.1963) und deren Nachfolger TGL 33419/02 (06.1984), welche alle den vergüteten Hennigsdorfer Spannstahl St 140/160 mit ovalem Querschnitt verwendeten. Vor dem Inkrafttreten der Normen gab es z. B. die Zulassung Nr. 140 für Spannglied SG 25-1 vom 01.09.1960, welches ebenfalls den vergüteten Hennigsdorfer Spannstahl

St 140/160 mit ovalem Querschnitt verwendete. Da neben diesen Spannverfahren kaum weitere Spannverfahren in der DDR zugelassen waren, ist davon auszugehen, dass die überwiegende Anzahl der Spannbetonbauwerke in der DDR mit spannungsrisskorrosionsgefährdetem Spannstahl vorgespannt sind.

10.1.4 Spannungsrisskorrosion in der Baupraxis

Neben dem im vorherigen Abschnitt erwähnten spannungsrisskorrosionsgefährdeten Spannstählen können weitere Faktoren eine Spannungsrisskorrosion in der Baupraxis begünstigen. Diese Faktoren werden nachfolgend nach (Lingemann, 2009) kurz dargestellt und erläutert. Im Wesentlichen können drei Zeiträume für einen durch SpRK verursachten Spannstahlbruch und Anrisse ausgemacht werden:

- Spannstahlbrüche und Anrisse während der Bauzeit
- Verzögerte Spannstahlbrüche während der Nutzung

Auf diese Zeiträume wird nachfolgend kurz eingegangen.

Spannstahlbrüche und Anrisse während der Bauzeit
Laut (Moersch, 2005) besteht ein höheres Risiko für Spannstahlbrüche durch SpRK, wenn die Spannglieder vor dem Verpressen nicht richtig transportiert, gelagert oder eingebaut wurden. Unsachgemäße Lagerung der Spannglieder ist nach (Grimme et al., 1983) die häufigste Ursache für SpRK. Schäden während der Bauzeit traten häufig auf, weil Spannglieder nah am Boden auf feuchtem Untergrund oder unter Abdeckplanen gelagert wurden, was Feuchtigkeit und Korrosion verursachte.

Mechanische Schäden und Belastungen bis zur Streckgrenze erhöhen die Empfindlichkeit des Spannstahls, indem sie lokale Plastifizierung und vermehrte Gitterfehlstellen verursachen, wo sich Wasserstoff ansammeln und Anrisse hervorrufen kann. So sind gemäß (Wild, 2021) bei der Donaubrücke in Donaumünster im Jahr 1952 zahlreiche Drahtbrüche kurze Zeit nach dem Vorspannen aufgetreten, welche auf eine Vorschädigung während der Lagerung im Ring zurückzuführen sind. Der Spannstahl wurde nach der Produktion in Ringen auf zu enge Spannstahlhaspeln gewickelt, wodurch Ringspannungen in der Größenordnung von 1250 MPa entstanden.

Nach dem Einbau der Spannglieder in die Hüllrohre sind Temperatur und Feuchtigkeit maßgebend für die Korrosion. Die Ursachen für SpRK vor dem Verpressen sind in Abb. 10.6 zusammengefasst. Bereits geringe Flüssigkeitsmengen führen zu 100 % relativer Luftfeuchtigkeit in den Hüllrohren. Zwischen Betonage und Verpressen wurde gemäß (Grimme et al., 1983) ebenfalls eine relative Feuchte von 100 % gemessen. Durch den Temperaturrückgang sinkt die Temperatur meist unter den Taupunkt, was ausreichend Feuchtigkeit für Korrosionsprozesse bietet.

Beim Betonieren kann leicht Restwasser in die Hüllrohre eindringen. Dieses Wasser enthält oft hohe Mengen an Chloriden und Sulfaten. Typische pH-Werte

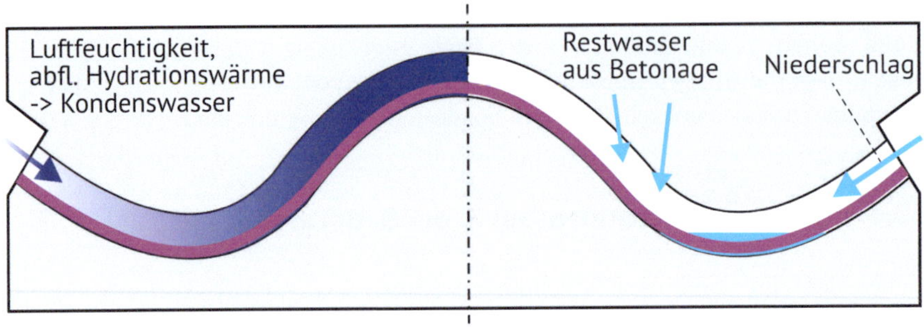

Abb. 10.6 Darstellung möglicher Ursachen für SpRK vor dem Verpressen in Anlehnung an (Lingemann, 2009)

liegen nach (Moersch, 2005) bei 10 bis 13, können aber auch neutral sein, wenn das Wasser lange in den Hüllrohren verbleibt. Für empfindliche Spannstähle sind diese Bedingungen kritisch. Auch durch Regenwasser in den Hüllrohren kann es zur Korrosion des Spannstahls kommen.

Bei niedriger Luftfeuchtigkeit (< 60 %) wird Korrosion wegen fehlender Feuchtigkeit stark behindert. Die Luftfeuchtigkeit kann durch Spülen der Hüllrohre mit trockener Luft oder Stickstoff gesenkt werden.

Nach (Nürnberger, 1980) traten viele Schäden durch Spannungsrisskorrosion an Spannstählen im unverpressten Zustand oder kurz nach dem Verpressen auf. Auch bei später auftretenden Schäden wurden schlecht verpresste Hüllrohre gefunden. Der Zeitraum zwischen dem Spannen und Verpressen ist kritisch, da hohe Zugspannungen auftreten und der Korrosionsschutz fehlt. Außerdem können die vorherigen genannten korrosionsfördernde Bedingungen hinzukommen.

Aus diesem Grund ist gemäß den aktuellen Regelwerken der Zeitraum zwischen der Herstellung und dem Verpressen von Spanngliedern auf zwölf Wochen nach DIN 1045-3 (08.2023) bzw. sechs Wochen nach ZTV-ING (02.2025) begrenzt. Darüber hinaus darf der Zeitraum zwischen dem Vorspannen und dem Verpressen gemäß DIN 1045-3 (08.2023) höchstens zwei Wochen betragen.

Verzögerte Spannstahlbrüche während der Nutzung

Ohne korrosive Substanzen ist Spannstahl im vollständig verpressten Hüllrohr vor Korrosion geschützt. Wasserstoffentwicklung wird vermieden und Rissbildung bleibt auch nach langer Zeit gemäß (Isecke et al., 1995) unwahrscheinlich. Allerdings kann empfindlicher Spannstahl dennoch reißen. Auch können gemäß (Wölfel, 1992) weniger empfindliche Spannstähle bei zusätzlicher Einwirkung wie Korrosion oder Vorschädigung beschädigt werde.

Gemäß (Moersch, 2005) nimmt Spannstahl keinen Wasserstoff auf, solange der pH-Wert des Mörtelelektrolyten über 12,6 liegt und keine korrosionsfördernden Substanzen wie Chlorid an den Stahl gelangen. Ausnahmen an denen Wasserstoff entstehen könnte sind Fremdmetallkontakt (z. B. mit verzinkten Hüllrohren) oder

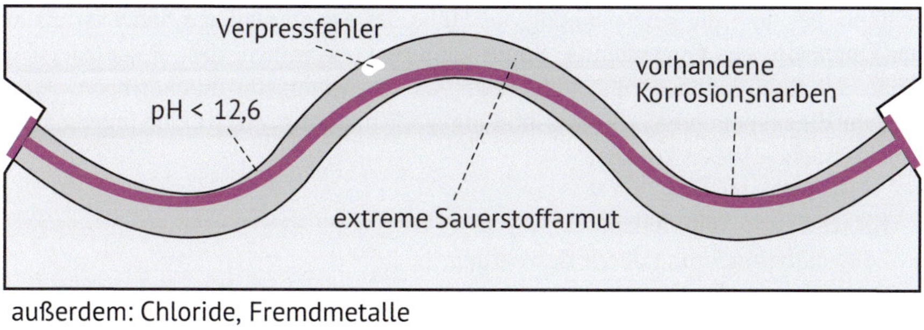

Abb. 10.7 Darstellung möglicher Randbedingungen für SpRK nach dem Verpressen in Anlehnung an (Lingemann, 2009)

starke Sauerstoffarmut. Sinkt der pH-Wert unter 12,6, ist SRK möglich, zum Beispiel bei Karbonatisierung des Betons, Verpressfehlern oder Spalten an den Berührstellen zwischen Spanndrähten. Chloride verstärken die SRK erheblich.

Wenn Spannstähle vor dem Verpressen korrodiert sind, hängt der weitere Korrosionsablauf gemäß (Moersch, 2005) vom Vorschädigungsgrad ab. Bei starker Narbenkorrosion vor dem Verpressen kann eine vollständige Repassivierung ausbleiben, was die Wasserstoffproduktion fortsetzt und Risse verursacht. Kurzzeitig aufgenommener Wasserstoff kann entweder entweichen oder sich in Gefügestörungen anreichern. Die Randbedingungen für SpRK nach dem Verpressen sind in Abb. 10.6 zusammengefasst (Abb. 10.7).

Gemäß (Moersch & Schießl, 2000) verringert eine Zugschwellbeanspruchung mit Schwingbreiten von 50 MPa die Standzeiten von Spannstählen erheblich. Bei Schwingbreiten unter 10 MPa wurde kein signifikanter Einfluss festgestellt.

10.1.5 Möglichkeiten zur Detektion von Anrissen

10.1.5.1 Indirekte Detektionsverfahren

Die Erkennung von Spanngliedbrüchen ist schwierig, da sie meist im Inneren des Betons auftreten. Indirekte Methoden beobachten Veränderungen im Bauteil, nicht am Spannstahl selbst.

Ein sichtbares Zeichen für Spannstahlbrüche ist die Rissbildung im Beton. Diese tritt auf, wenn die durch das Versagen der Spannstähle reduzierte Vorspannkraft nicht mehr ausreicht, um Zugbeanspruchungen aufzunehmen. Mehrere nahe beieinanderliegende Spannstahlbrüche und eine hohe äußere Belastung sind dafür nötig. In schwach beanspruchten Bereichen können Spannstahlbrüche unbemerkt bleiben. Auch können Spannstahlbrüche unter Abdeckungen und Abdichtungen unentdeckt bleiben. Des Weiteren kann die Rissbildung durch zahlreiche Randbedingungen beeinflusst werden. So entsteht an der Verankerung der Spannstähle auf beiden Seiten des Bruchquerschnitts im Stegbereich ein Scheibenspannungszustand, bei dem die Zugspannung auf Höhe der Spanngliedlage höher ist als an der Unterseite des Querschnitts. Somit kann es vorkommen, dass Risse zuerst in Höhe der Spannglieder entstehen, bevor sie zur Unterseite durchdringen. Auch können Eigenspannungen die Rissbildung stark beeinflussen, welche unterschiedliche Ursachen haben können:

- Kriechen und Schwinden
- Schwindbehinderung durch Bewehrung.
- Bauverfahren: Zeitlich versetzte Herstellung von Querschnittsteilen
- Temperaturgradienten

Zusätzlich oder alternativ zur visuellen Überprüfung der Betonoberfläche auf Risse können auch andere Verfahren zur Untersuchung der Rissbildung angewendet werden. So sind folgende Systeme gängig:

- faseroptische Sensoren
  - Rissdetektionssysteme
  - Dehnungsmesssysteme
- photogrammetrische Rissbreitenmessung

Aufgrund der guten Verbundeigenschaften des ovalen, gerippten Spannstahls verankern sich die Spannstähle im Bereich eines Spannstahlbruches auf relativ kurzer Länge. Spanngliedbrüche beeinflussen die Steifigkeit von vorgespannten Bauteilen daher nur geringfügig, sofern diese nicht in weiten Bereichen des Bauteils in hoher Anzahl auftreten. Die Erfassung der Änderung der Verformungen oder der Eigenfrequenz eines Bauteils sind daher in der Regel gemäß (Lingemann, 2009) nicht geeignet, um Spannstahlbrüche frühzeitig zu erkennen.

Indirekte Detektionsverfahren basieren auf der Erkennung von Rissen oder Dehnungsänderungen im Beton. Sie sind vor allem in stark beanspruchten Bereichen präzise und erfordern meist eine relevante Anzahl lokaler Spannstahlbrüche. Moderne sensorische Verfahren wie faseroptische Sensoren oder Photogrammmetrie ergänzen die Sichtprüfung. Eine umfassende und zuverlässige Überwachung erfordert eine Kombination aus klassischen und sensorischen Verfahren sowie eine fundierte Interpretation der Eigenspannungszustände im Bauteil.

10.1.5.2 Direkte Detektionsverfahren

Direkte Detektionsverfahren untersuchen Spannglieder direkt, im Gegensatz zu indirekten Methoden, die sich auf Auswirkungen auf den umgebenden Beton stützen. Diese Verfahren können Spannstahlbrüche, Anrisse oder Korrosion direkt nachweisen und werden in zerstörungsfreie und zerstörende Methoden unterteilt. Folgende zerstörende Verfahren sind möglich:

- **Magnetpulverprüfverfahren**: Eine freigelegte Probe wird zunächst magnetisiert und anschließend mit einem Prüfmittel aus fluoreszierenden, ferro-

magnetischen Partikeln behandelt. Oberflächenfehler wie Anrisse erzeugen sichtbare Pulverraupen, die unter UV-Licht gut erkennbar sind.
- **Entnahme und Untersuchung von Spannstahlproben**: Falls statisch vertretbar, können an solchen Proben zahlreiche Untersuchungen im Labor wie Zugversuche, Korrosionsuntersuchungen oder chemische Analysen durchgeführt werden. Aber auch schon bei der Entnahme kann die Rückdehnung und somit die im Draht vorhandene Restvorspannung ermittelt werden.

Es ist zu beachten, dass die Ergebnisse nur für die jeweils untersuchten Proben gelten. Eine Übertragungen auf andere Spannglieder des Bauwerks sind nicht ohne weiteres möglich, da dort die Beanspruchungs- und Schädigungsgeschichte unterschiedlich sein kann.

Zerstörungsfreie Methoden zur direkten Lokalisierung von Spannstahlbrüchen ermöglichen Untersuchungen, ohne das Spannglied selbst mechanisch zu beeinträchtigen. Folgende Verfahren sind gängig:

- **Magnetische Streufeldmessung** und Remanenzmagnetismus-Verfahren: Erkennung von alten Drahtbrüchen
- **Schallemissionsanalyse**: Messungen neuer Drahtbrüche während einer Überwachung

Die Magnetische Streufeldmessung und das Remanenzmagnetismus-Verfahren beruhen auf der gleichen Grundlage. An den Bruchufern von Spannstahlbrüchen bilden sich Nord- und Südpole des Magnetfeldes aus. Das in diesem Bereich entstehende magnetische Streufeld kann bei der Messung des Magnetfeldes an der Bauteiloberfläche lokalisiert werden. Beim Remanenzmagnetismus-Verfahren wird der Spannstahl magnetisiert und es erfolgt die Messung ohne aktives Magnetfeld, was Störeinflüsse aus umgebender Bewehrung reduzieren kann.

Bei Schallemissionsanalyse werden, die beim Bruch eines Spannstahls entstehenden Schallwellen erfasst. Die Spannstahlbrüche könnten hierbei aufgrund der Frequenz des Schallsignals eindeutig identifiziert werden. Mit diesem Verfahren ist es möglich, neue Brüche des Spannstahls zu erkennen und zu lokalisieren. Weitere Information finden sich z. B. in (Fiedler et al., 2025). Der vorhandene Schädigungszustand kann jedoch grundsätzlich nicht erfasst werden.

Weitere Hinweise zur Überwachung von Bauwerken mit Spannungsrisskorrosionsgefährdeten Spannstählen sind z. B. in (Schacht et al., 2019) enthalten.

10.2 Nachweis zum Ankündigungsverhalten bei Spannungsrisskorrosion

10.2.1 Grundlagen

Aufgrund der ersten Schadensfälle (vgl. z. B. (Wild, 2021)) mit verzögerten Spannstahlbrüchen nach langjähriger Nutzung wurde die BMV (07.1993) als erste

Vorschrift für SpRK-gefährdete Bauwerke erlassen. Das prinzipielle Vorgehen nach diesen Empfehlungen basiert auf einem Vorschlag von (Wölfel, 1992). Laut BMV (07.1993) wird in einer querschnittsweisen Betrachtung gefordert, dass bei sukzessiv reduziertem Spannstahl unter häufigen Lasten eine Rissbildung im Beton auftritt und zugleich unter der vollen Verkehrslast die Tragfähigkeit noch gewährleistet werden kann. Dieses Verhalten wird als Ankündigungsverhalten (AKV) des Tragwerks bezeichnet. In allen betrachteten Querschnitten, wie beispielsweise den Zehntelspunkten, ist ein Ankündigungsverhalten nachzuweisen.

Die Erfahrungen aus den bisherigen Berechnungen nach BMV (07.1993) zeigten (Marzahn & Krüger, 2009) ein Problem bei der Nachweisführung in gering belasteten Querschnitten. Um im Betonquerschnitt unter häufiger Belastung eine Rissbildung zu erreichen, müssen in einzelnen Bereichen, wie beispielsweise im Momentennulldurchgang, aufgrund der geringen Bewehrung mit Betonstahl sehr hohe Mengen an Spannstahl ausfallen. Die Tragfähigkeit unter voller Verkehrslast kann mit der geringen verbleibenden Menge an Spannstahl nicht nachgewiesen werden. Das gesamte Bauwerk muss daher aufgrund des querschnittsweisen Nachweises als SpRK-gefährdet eingestuft werden. In anderen Querschnitten, wie etwa in der Feldmitte, würde jedoch bereits bei einer deutlich geringeren Ausfallquote des Spannstahls ein Riss entstehen.

Es wurde von (Marzahn & Krüger, 2009) angenommen, dass ein lokal signifikant unterschiedliches Verhalten des Spannstahls über die Bauteillänge nicht zu erwarten ist. Aus diesem Grund wurde auf Basis der querschnittsweisen Vorgehensweise von (Lingemann, 2009) ein stochastischer Nachweis auf Systemebene entwickelt. Dieser stochastische Nachweis wurde in vereinfachter Form in die HA-SPK (06.2011) implementiert.

Neben den Regelungen der Bundesfernstraßen hat auch die Deutsche Bahn AG Regelungen für Eisenbahnbrücken mit spannungsrisskorrosionsgefährdeten Spannstählen in der RiL 805 (03.2022)[4] erlassen. Die rechnerischen Nachweise sind mit Nachrechnungskonzept (NK SpRK) durchzuführen, welche z. B. auszugsweise in (Wilhelm, 2014) enthalten ist.

Nachfolgend ist das Konzept der HA-SPK (06.2011) wiedergeben und erläutert. Hintergründe zu stochastischen Beurteilungsverfahren, welche die Basis für das vereinfachte stochastische Verfahren nach HA-SPK (06.2011) bilden, sind in (Lingemann, 2009) und in (Rauert & Zehetmaier, 2018) enthalten. In (Wild, 2021) wird die HA-SPK (06.2011) für Brücken in Längstragrichtung analysiert und eine Optimierung vorgeschlagen. Auf Basis eines stochastischen Ansatzes schlägt (Wild, 2021) ein praxistaugliches Bewertungskonzept für die SpRK-Gefährdung in Quertragrichtung vor.

Zusätzlich zur HA-SPK (06.2011) wurde in (Dier, 2015) ein probabilistisches Verfahren entwickelt, um Prüfintervalle für SpRK-gefährdete Bauwerke festzulegen. Eine Zusammenfassung zu „Spannungsrisskorrosion bei Massivbrücken“

[4] Modul: 805.0202A01: Tragsicherheit bestehender Eisenbahnbrücken mit spannungsrisskorrosionsgefährdeten Spannstählen.

findet sich z. B. in (Lingemann et al., 2021). Weitere Informationen zur Integration der Handlungsanweisung Spannungsrisskorrosion in die Nachrechnungsrichtlinie (BASt-NaReLi (05.2011)) finden sich in (Zilch et al., 2023).

10.2.2 Querschnittweise Untersuchung des Ankündigungsverhaltens

10.2.2.1 Grundlagen und Voraussetzungen

Der rechnerische Nachweis des Ankündigungsverhaltens hat das Ziel, bei vorgespannten Betonbauteilen mit spannungsrisskorrosionsgefährdetem Spannstahl die Fähigkeit zur frühzeitigen Erkennung eines drohenden Versagens nachzuweisen. Es soll gezeigt werden, dass vor dem eigentlichen Versagen eine Veränderung im Verformungsverhalten oder in der Traglastaufnahme des Bauteils auftritt, was bei einer Rissbildung der Fall ist. Diese Risse dienen als sichtbare oder messbare Vorankündigungen, die eine rechtzeitige Detektion des Schadenszustands und damit ein Eingreifen zur Schadensbegrenzung oder Verstärkung ermöglichen.

Der rechnerische querschnittsweise Nachweis erfolgt in zwei aufeinander aufbauenden Schritten:

- Schritt 1: Bestimmung der Restspannstahlfläche bei Rissbildung (Abschn. 10.2.2)
- Schritt 2: Nachweis der Restsicherheit (Abschn. 10.2.3)

Der Querschnittsnachweis sollte in den Zehntelspunkten der einzelnen Feldlängen des Bauwerks durchgeführt werden, um eine Vergleichbarkeit der Berechnungsergebnisse mit anderen Bauwerken zu erhalten. Bei Querschnittsänderungen oder Spanngliedverankerungen kann ein zusätzlicher Schnitt eingefügt oder verschoben werden.

In (Lingemann et al., 2021) wird darauf hingewiesen, dass ein Spannglied beim Nachweis des Ankündigungsverhaltens in einem Querschnitt als „gerissen“ und gleichzeitig im benachbarten Querschnitt als „ungerissen“ und somit voll wirksam betrachtet werden kann. Aus diesem Grund muss der minimale Abstand der Untersuchungsquerschnitte größer oder gleich der Verankerungslänge der vorhandenen Spannglieder sein, um Auswirkungen eines Spanndrahtbruchs auf die Tragfähigkeit in benachbarten Querschnitten auszuschließen. Bei Bauteilen mit geringem Bewehrungsgrad entspricht der Abstand zwischen Biegerissen in etwa der Bauteilhöhe. Daher sollte auch der Abstand zwischen Untersuchungsquerschnitten nicht viel kleiner als die Bauteilhöhe sein.

In den Querschnittsnachweisen werden nur die Einwirkungen aus Biegung und Längskraft berücksichtigt. Ein Hauptzugspannungsnachweis, der die Querkraftbeanspruchung berücksichtigt, führt gemäß (König et al., 1994) in der Regel nur zu einer geringfügigen Verbesserung der rechnerischen Vorhersage und wird daher normalerweise nicht durchgeführt. Darüber hinaus ist ein plötzliches

Querkraftversagen nach (König et al., 1994) aufgrund des Ausfalls von Spanngliedern in der Regel nicht entscheidend.

10.2.2.2 Lasten

Die Verkehrslast ist gemäß der Ausführungsstatik bzw. analog der zuletzt erfolgten Nachrechnung anzusetzen. Bei Brücken entspricht dies meist den Lastmodellen SLW 30 und SLW 60 inklusiver Berücksichtigung des Schwingbeiwerts nach DIN 1072 (12.1985). Neben den Verkehrslasten sind lineare Temperaturunterschiede gemäß DIN 1072 (12.1985) in beiden Nachweisschritten jeweils gleichsinnig wie folgt anzusetzen:

- Oberseite wärmer als Unterseite: $\Delta T = 7{,}0K$
- Unterseite wärmer als Oberseite: $\Delta T = 3{,}5K$

Bei der Ermittlung der Restspannstahlfläche bei Rissbildung sind die Einwirkungen aus Verkehr und aus Temperatur in der häufigen Einwirkungskombination (EWK) jeweils mit 50 % anzusetzen.

Bei statisch unbestimmten Systemen ist gemäß HA-SPK (06.2011) die statisch unbestimmte Wirkung der Vorspannung vereinfachend in voller Größe unter Berücksichtigung von Kriechen und Schwinden zu berücksichtigen. Weitere Zwangsschnittgrößen z. B. aus Stützensenkungen werden in HA-SPK (06.2011) nicht berücksichtigt, da die Stützensenkungen in der Regel zum Nachweiszeitpunkt abgeschlossen sind und davon auszugehen ist, dass sich die zugehörigen Schnittgrößen durch Kriechen und Schwinden weitgehend abgebaut haben. Die Schnittgrößenermittlung darf im ungerissenen Zustand I erfolgen.

10.2.2.3 Materialkennwerte

Für die mechanischen Kennwerte des Betons dürfen in der HA-SPK (06.2011) die Werte nach den Bestandsunterlagen gemäß der damalig gültigen Normen angesetzt werden, wie Sie in Tab. 10.1 zusammengefasst sind.

Hierbei geht die Betonzugfestigkeit β_Z bei der Ermittlung der Restspannstahlfläche bei Rissbildung ein und die Betondruckfestigkeit β_R wird für den Nachweis der Restsicherheit benötigt. Für die Berechnung dürfen die Spannungs-Dehnungs-Linien für den Beton nach DIN 4227 (12.1988) in Form einer Parabel-Rechteck-Funktion bzw. vereinfacht bilinear verwendet werden.

Die Rechenwerte der Streckgrenzen des Betonstahls und des Spannstahls der HA-SPK (06.2011) sind in Tab. 10.2 aufgelistet. Die Werte des Betonstahls ent-

Tab. 10.1 Materialkennwerte des Betons

Regelwerk der Bemessung	DIN 4227 (10.1953) bzw. TGL 0-4227 (06.1963)			DIN 4227 (06.1973)		
Beton	B 300	B 450	B 600	Bn 350	Bn 450	Bn 550
β_R in N/mm²	15	24	33	21	27	33
β_Z in N/mm²	2,7	2,9	3,6	2,7	3,2	3,6

Tab. 10.2 Rechenwerte der Streckgrenze des Betonstahls und Streck- bzw. Dehngrenzen des Spannstahls in N/mm^2

Betonstahl		Spannstahl	
Art	Streckgrenze $\beta_{0,2}$	Produkt	Streckgrenze $\beta_{0,2}$
BSt I	242	Neptun	1.420
BSt IIa/b	396	Sigma	1.420
BSt IIIa/b	462	Hennigsdorfer	1.370
BSt IVa/b	550	HTMB-Stahl	1.370

sprechen dabei der 1,1-fachen Nennstreckgrenze und repräsentierten Überfestigkeiten der Materialkennwerte, die in Versuchen von (König et al., 1996) verifiziert wurden. Für den Betonstahl darf gemäß DIN 4227 (12.1988) eine bilineare Spannungs-Dehnungs-Beziehung mit einem Elastizitätsmodul von 210.000 N/mm^2 angesetzt werden. Auch für den Spannstahl darf eine bilineare Spannungs-Dehnungs-Beziehung mit einem Elastizitätsmodul gemäß der jeweiligen allgemeinen bauaufsichtlichen Zulassung des Spannstahls verwendet werden. Die Dehnung des Betonstahls bzw. die Zusatzdehnung des Spannstahls ist gemäß HA-SPK (06.2011) auf 5 ‰ zu begrenzen.

10.2.2.4 Bestimmung der Restspannstahlfläche bei Rissbildung

Im ersten Schritt wird die Restspannstahlfläche $A_{Z,r}$ berechnet, bei der im betrachteten Querschnitt unter der häufigen Einwirkungskombination die zentrische Betonzugfestigkeit überschritten wird. Dies wird als Indiz für die Bildung sichtbarer Biegerisse gewertet, die im Sinne des Ankündigungsverhaltens als Frühsymptom eines bevorstehenden Versagens interpretiert werden. Die Restspannstahlfläche kann dabei mit Gl. (10.1) berechnet werden. Vereinfachend werden zur Ermittlung aller Spannungen Bruttoquerschnittswerte angesetzt.

$$A_{Z,r} = \frac{\sigma_{b,\Delta q} - \beta_{bZ} + \frac{M_{vx,\infty}}{W_b} + \frac{M_{\Delta T,freq}}{W_b}}{\varepsilon_{v,\infty}^{(0)} \cdot E_Z \cdot \left(\frac{1}{A_b} + \frac{y_{bz}}{W_b}\right)} \tag{10.1}$$

Dabei ist:

β_{bZ} Zentrische Betonzugfestigkeit; mindestens jedoch 2,7 N/mm^2
$\sigma_{b,\Delta q}$ Betonrandspannung infolge häufiger Einwirkung aus Verkehr und ständiger Last
Δq Häufige Einwirkung
$A_{Z,r}$ Restspannstahlfläche
$\varepsilon_{v,\infty}^{(0)}$ Vordehnung des Spannstahls zum Zeitpunkt $t = \infty$; der Verlust der Vorspannkraft infolge Kriechen und Schwinden darf ohne besonderen Nachweis mit 10 % angesetzt werden
E_Z Elastizitätsmodul des Spannstahls (i. d. R. 205.000 N/mm^2)
A_b Betonquerschnittsfläche (Bruttoquerschnitt)

y_{bz} Abstand des Spannstahlschwerpunkts zum Schwerpunkt des Betonquerschnitts (Bruttoquerschnitt)
W_b Widerstandsmoment der Randfaser des Betonbruttoquerschnitts
$M_{vx,\infty}$ Statisch unbestimmter Anteil des Moments aus Vorspannung zum Zeitpunkt $t = \infty$
$M_{\Delta T,freq}$ Moment infolge eines häufigen Anteils aus linearem Temperaturunterschied

Die Gl. (10.1) wurde gemäß (Lingemann et al., 2021) für reine Biegebeanspruchung hergeleitet. Bei Einwirkung äußerer Normalkraft wie z. B. Erddruck sind die Betonspannungen aus den jeweiligen Normalkräften zusätzlich zu berücksichtigen.

Ein Riss tritt nur auf, wenn die Spannung am Rand die Zugfestigkeit des Betons übersteigt. In weniger belasteten Bereichen, wie nahe den Momentennullpunkten, kann der Spannstahl komplett ausfallen, ohne dass Risse entstehen.

Der auftretende Riss an der Betonoberfläche bei reduzierter Restspannstahlfläche muss eindeutig erkennbar sein. Gemäß HA-SPK (06.2011) ist sicherzustellen, dass ein unter häufiger Belastung entstandener Riss in der Randfaser der Zugzone auch bei geringeren konstanten Lasten während einer visuellen Inspektion, beispielsweise im Rahmen einer Bauwerksprüfung, sichtbar bleibt. Im Feldbereich ist die Unterseite des Querschnitts in der Regel detektierbar, sofern keine rissüberbrückende Beschichtung auf der Betonoberfläche vorhanden ist. Im Stützbereich sind die Risse häufig nicht detektierbar, da die Oberseite meist mit einer Abdichtung versehen ist. Eine Detektierbarkeit an der Unterseite der Fahrbahnplatte im Stützbereich ist auch kritisch zu bewerten, da die Druckzonenhöhen im Stützbereich meist groß ist und somit kaum Rotationsfähigkeit vorhanden ist, um die Risse an der Unterseite gut sichtbar zu machen.

Wenn rechnerisch auftretende Risse nicht sichtbar sind oder durch ein Monitoring nicht entdeckt werden können, gibt es im entsprechenden Untersuchungsquerschnitt kein Ankündigungsverhalten.

10.2.2.5 Nachweis der Restsicherheit

Im zweiten Schritt wird überprüft, ob das Bauteil bei der zuvor berechneten Restspannstahlfläche $A_{Z,r}$ unter der seltenen Einwirkungskombination noch ausreichende Tragreserven besitzt. Gemäß HA-SPK (06.2011) gilt eine ausreichende Restsicherheit gegenüber einem Biegebruch als sichergestellt, wenn nach Gl. (10.3) die Verkehrseinwirkung unter Berücksichtigung der sonstigen Einwirkungen mit einer Sicherheit von mindestens $\gamma_p \geq 1{,}10$ aufgenommen werden kann.

$$\gamma_g \cdot M_g + \gamma_p \cdot M_p + M_{vx,\infty} + M_{\Delta T} \leq M_{Az,r} + M_{As} \tag{10.2}$$

$$\gamma_p = \frac{M_{Az,r} + M_{As} - M_{vx,\infty} - M_{\Delta T} - \gamma_g \cdot M_g}{M_p} \tag{10.3}$$

Dabei ist:

γ_g Teilsicherheitsbeiwert für ständige Einwirkung ($\gamma_{g,sup} = 1{,}1$ bzw. $\gamma_{g,inf} = 0{,}9$; der ungünstigere Wert ist maßgebend)
M_g Biegemoment infolge ständiger Einwirkung (Eigen- und Ausbaulasten)
M_p Biegemoment infolge voller Verkehrsbeanspruchung inkl. Schwingbeiwert φ bei Verkehrslasten nach DIN 1072
$M_{vx,\infty}$ Statisch unbestimmtes Biegemoment infolge Vorspannung zum Zeitpunkt

$$t = \infty$$

$M_{\Delta T}$ Biegemoment infolge linearen Temperaturunterschieds
$M_{Az,r}$ Tragmoment der restlichen, nicht ausgefallenen Spannbewehrung
M_{As} Tragmoment der vorhandenen Betonstahlbewehrung

In Gl. (10.3) werden Biegemomente aus Einwirkungen den Widerständen gegenübergestellt. Die Eingangswerte müssen zwingend vorzeichenkorrekt eingesetzt werden.

Ist die Summe der Biegemomente aus ständigen Lasten, Vorspannung und Temperatur höher als das aufnehmbare Moment der Bewehrung und des Spannstahls, entstehen rechnerisch negative Werte für γ_p. Auch wenn dies nicht sinnvoll erscheint, sollte das Ergebnis trotzdem dokumentiert werden, um auf Ausnutzung des Querschnitts zurückschließen zu können.

Ein Bauwerk erfüllt die Anforderungen an ein ausreichendes Ankündigungsverhalten („Riss-vor-Bruch"-Kriterium), wenn in sämtlichen betrachteten Querschnitten unter Ansatz der ermittelten Restspannstahlfläche eine ausreichende Restsicherheit nachgewiesen werden kann.

Ist dies nicht gegeben, so kann bei statisch unbestimmten Systemen gemäß HA-SPK (06.2011) noch überprüft werden, ob die erforderliche Sicherheit von $\gamma_p \geq 1{,}10$ für das Gesamtsystem unter Ausnutzung von Umlagerungsmöglichkeiten für Schnittgrößen erreicht wird. Mit Rücksicht auf ein ggf. begrenztes Dehnungsvermögen des Spannstahls sollte eine Schnittgrößenumlagerung restriktiv gehandhabt werden und 15 % bezogen auf das lokal auftretende Gesamtmoment nicht übersteigen.

Sofern mit dem querschnittsweisen Verfahren nicht in allen relevanten Bereichen ein ausreichendes Ankündigungsverhalten nachgewiesen werden kann, steht alternativ das stochastische Nachweisverfahren zur Verfügung. Dieses geht über die rein querschnittsbezogene Betrachtung hinaus und wird im nächsten Abschnitt erläutert. Bei Ansatz des stochastischen Nachweisverfahrens ist eine Schnittgrößenumlagerung generell nicht zulässig.

10.2.3 Stochastisches Verfahren zur Abschätzung der Auftretenswahrscheinlichkeit

10.2.3.1 Allgemeines

Das stochastische Verfahren dient der weiterführenden Beurteilung des Ankündigungsverhaltens, wenn beim querschnittsweise geführten Nachweis des Ankündigungsverhaltens in einzelnen Querschnitten kein Ankündigungsverhalten nachgewiesen werden konnte oder die Risse nicht in allen Querschnitten detektiert werden können.

Beim Nachweis mit stochastischen Verfahren wird die Querschnittsebene verlassen und das Verhalten des Bauteils auf Systemebene betrachtet.

Ziel des vereinfachten stochastischen Verfahrens ist es, die Wahrscheinlichkeit zu quantifizieren, mit der im betrachteten Systembereich ein Versagen ohne vorherige Ankündigung eintritt. Hierzu werden die Ergebnisse aus dem querschnittsweisen Nachweis einschließlich der angesetzten Teilsicherheitsbeiwerte als Grundlage herangezogen. Wird dabei festgestellt, dass die berechnete Wahrscheinlichkeit des Auftretens eines solchen nicht angekündigten Versagens unterhalb des definierten Schwellenwertes liegt, so kann die Restsicherheit des Systems insgesamt als ausreichend bewertet werden.

10.2.3.2 Anwendungsgrenzen

Für die Anwendung des Verfahrens müssen nach HA-SPK (06.2011) folgende Bedingungen erfüllt sein:

- Für die Anwendung des vereinfachten Verfahrens müssen mindestens 8 Untersuchungsquerschnitte je Untersuchungsbereich vorliegen. Als Untersuchungsquerschnitte gelten die Querschnitte in den Zehntelspunkten der Einzelfelder. Ein Untersuchungsbereich dagegen erstreckt sich entweder auf einen Bauwerksabschnitt von Koppelfuge zu Koppelfuge oder auf ein ganzes Einzelfeld.
- In jedem Untersuchungsquerschnitt müssen mindestens vier Spannglieder vorhanden sein.
- In den einzelnen Querschnitten eines Untersuchungsbereiches dürfen unterschiedliche Spanngliedanzahlen vorliegen. Hierbei darf die maximale Spanngliedanzahl jedoch maximal doppelt so groß sein wie die minimale Spanngliedanzahl im Untersuchungsbereich.
- Das Verfahren ist nur dann anwendbar, wenn in mindestens 50 % der Querschnitte Ankündigungsverhalten vorliegt.
- Bei Anwendung des vereinfachten Verfahrens in Bauwerkslängsrichtung müssen je Hüllrohr mindestens 20 Drähte vorhanden sein.
- Bei Bauteilen mit Vorspannung im sofortigen Verbund ist das Auftreten von SpRK nach aktuellem Kenntnisstand unwahrscheinlich. Das vereinfachte Verfahren kann jedoch auch auf solche Bauteile angewendet werden. Hierfür sind jeweils 10 Drähte zu einem gedachten Spannglied zusammenzufassen.

10.2.3.3 Ermittlung der Restspanngliedanzahl bei Rissbildung

Zunächst muss in jedem Querschnitt die Restspannstahlfläche $A_{Z,r}$ mit Gl. (10.1) berechnet werden. Diese liegt meist schon aus dem Nachweis in Abschn. 10.2.2 vor. Aus der Restspannstahlfläche ergibt sich dann die Restspanngliedanzahl $n_{cr,i}$ bei Rissbildung im Querschnitt i, welche auf die nächstkleinere ganzzahlige Spanngliedanzahl abgerundet wird.

10.2.3.4 Ermittlung der erforderlichen Restspannngliedanzahl

Die Ermittlung der erforderlichen Restspanngliedanzahl $n_{br,i}$ erfolgt auf Grundlage der erforderlichen Restspannstahlfläche $A_{Z,r,erf}$, die wiederum aus der Umstellung der Gl. (10.3) abgeleitet wird.

$$A_{Z,r,erf} = \frac{\gamma_g \cdot M_g + \gamma_p \cdot M_p + M_{vx,\infty} + M_{\Delta T} - M_{As}}{\varepsilon_{v,\infty}^{(0)} \cdot E_z \cdot z_z} \tag{10.4}$$

Dabei ist:

- γ_p Teilsicherheitsbeiwert für den Verkehr mit $\gamma_p = 1{,}1$
- γ_g Teilsicherheitsbeiwert für ständige Einwirkung ($\gamma_{g,sup} = 1{,}1$ bzw. $\gamma_{g,inf} = 0{,}9$; der ungünstigere Wert ist maßgebend)
- M_g Biegemoment infolge ständiger Einwirkung (Eigen- und Ausbaulasten
- M_p Biegemoment infolge voller Verkehrsbeanspruchung inkl. Schwingbeiwert φ bei Verkehrslasten nach DIN 1072
- $M_{vx,\infty}$ Statisch unbestimmtes Biegemoment infolge Vorspannung zum Zeitpunkt $t = \infty$
- $M_{\Delta T}$ Biegemoment infolge linearen Temperaturunterschieds
- M_{As} Tragmoment der vorhandenen Betonstahlbewehrung
- z_Z innerer Hebelarm zwischen der Spannstahlkraft und der Druckkraftresultierenden im Zustand II (Anmerkung: die inneren Hebelarme z_Z für den Spannstahl und z_S für den Betonstahl sind ggf. iterativ zu ermitteln)
- $\varepsilon_{V,\infty}$ Gesamtdehnung des Spannstahls (Vordehnung zum Zeitpunkt $t = \infty$ zuzüglich der Zusatzdehnung)

Damit kann die erforderliche Restspanngliedanzahl $n_{br,i}$ ermittelt werden, welche sich aus der Spannstahlfläche $A_{Z,r,erf}$ aufgerundet auf die nächstgrößere ganzzahlige Spanngliedanzahl ergibt.

10.2.3.5 Stochastischer Nachweis

Zur Abschätzung der Auftretenswahrscheinlichkeit einer Unterschreitung der in der HA-SPK (06.2011) geforderten Restsicherheit gegen Versagen ohne Vorankündigung ist zunächst der Eingangswert x zu nach Gl. (10.5) ermitteln.

$$x = \kappa_{cr,max} - \kappa_{br,max} \tag{10.5}$$

$$\kappa_{cr,max} = \max\left(\frac{n_{cr,i}}{s_i}\right) \tag{10.6}$$

$$\kappa_{br,max} = \max\left(\frac{n_{br,i}}{s_i}\right) \tag{10.7}$$

Dabei ist:

- s_i Spanngliedanzahl im Querschnitt i
- $n_{cr,i}$ Restspanngliedanzahl bei Rissbildung im Querschnitt i nach Abschn. 10.2.3.3

$n_{br,i}$ Erforderliche Restspanngliedanzahl im Querschnitt i nach Abschn. 10.2.3.4

Mit dem Eingangswert x erfolgt anschließend der Nachweis in Gl. (10.8). Dazu darf die logarithmierte Auftretenswahrscheinlichkeit p_L den Wert -4 nicht überschreiten. Dieser Grenzwert entspricht einer maximal zulässigen Wahrscheinlichkeit von $p \leq 10^{-4}$

$$p_L = a \cdot x + b \leq -4 \tag{10.8}$$

$$a = \frac{47}{\left[s_{min} + \frac{q_s}{q} \cdot (s_{max} - s_{min})\right]^{0,1}} - 60 \tag{10.9}$$

$$b = \frac{25}{\left[s_{min} + \frac{q_s}{q} \cdot (s_{max} - s_{min})\right]^{2}} + 0{,}25 \tag{10.10}$$

Dabei ist:

s_{min} minimale Spanngliedanzahl im untersuchten Bereich (i. d. R. in den Feldquerschnitten)

s_{max} maximale Spanngliedanzahl im untersuchten Bereich (falls z. B. im Stützbereich eine größere Spanngliedanzahl vorhanden ist als im Feld), für den Fall einer konstanten Spanngliedanzahl im Untersuchungsbereich gilt $s_{max} = s_{min}$

$n_{br,i}$ Erforderlichen Restspanngliedanzahl im Querschnitt i nach Abschn. 10.2.3.4

q Anzahl der Untersuchungsquerschnitte

q_s Anzahl der Querschnitte mit Spanngliedanzahl s_{max}. Bei konstanter Spanngliedanzahl im Untersuchungsbereich, z. B. im Feld- und Stützbereich, gilt $q_s = q$ bzw. $q_s/q = 1$

Falls das vereinfachte Verfahren nicht erfüllt ist oder nicht angewendet werden kann, können auch das genaue stochastische Verfahren in (Lingemann, 2009) oder die Monte-Carlo-Simulationsverfahren in (Rauert & Zehetmaier, 2018) oder (Dier, 2015) angewendet werden.

10.3 Herstellung eines Ankündigungsverhaltens mit eingeklebter Bewehrung

Bei spannungsrisskorrosionsgefährdetem Spannstahl kann es möglicherweise zu einem plötzlichen und verformungsarmen Bruch der beanspruchten Stähle zumeist ohne eine mit bloßem Auge sichtbare Korrosionsausbildung kommen. Um einen plötzlichen und unangekündigten Biegebruch des Bauteils auszuschließen, soll mithilfe der HA-SPK (06.2011) überprüft werden, ob ein Spannstahlausfall durch Rissbildung am Bauwerk angezeigt wird und sich somit ein drohender Biegebruch rechtzeitig ankündigt (Riss vor Bruch). Falls der Nachweis nicht erfüllt werden kann, ist es möglich durch die Anordnung einer zusätzlichen Bewehrung das Ankündigungsverhalten des Bauteils zu verbessern. Ziel ist dabei, so viel Bewehrung anzubringen, dass nach einer Rissbildung an einem Träger aufgrund des Ausfalls der Spanndrähte die vorhandene Belastung mit ausreichender Sicherheit abgetragen werden kann. Diese Möglichkeit ist in der HA-SPK (06.2011) genannt, eine Beschreibung wie dies im Falle einer Verstärkung mit geklebter Bewehrung durchzuführen ist, wird jedoch nicht angegeben. Diese Lücke wird nachfolgend unter Berücksichtigung der Besonderheiten der geklebten Bewehrung geschlossen.

Zum Nachweis des Ankündigungsverhaltens mit einer Verstärkung muss die Gl. (10.3) für die Ermittlung der Restsicherheit wie folgt modifiziert werden.

$$\gamma_p = \frac{M_{Az,r} + M_{As} + M_L - M_{vx,\infty} - M_{\Delta T} - \gamma_g \cdot M_g}{M_p} \geq 1{,}1 \qquad (10.11)$$

Dabei ergibt sich der zusätzliche Widerstand der Verstärkung M_L bei eingeklebter Bewehrung aufgrund des robusten Verbundverhaltens einfach über die Kraft und den inneren Hebelarm der Lamelle.

$$M_L = f_{Ld} \cdot A_L \cdot z_L \qquad (10.12)$$

Es sollte jedoch beachtet werden, dass die in der HA-SPK (06.2011) vorgesehene maximale zusätzliche Dehnung von 5 ‰ bei einem Bruch einzelner Spanglieder nicht überschritten wird. Damit ergibt sich die maximale Festigkeit vereinfacht zu:

$$f_{Ld} = E_{Lm} \cdot 5‰ \leq f_{LRd} = \kappa_\varepsilon \cdot \alpha_{zeit} \cdot \frac{f_{Luk}}{\gamma_{LL}} \qquad (10.13)$$

Die Beiwerte der Festigkeiten können den Zulassungen bzw. der DAfStb-RiLi VBgB (03.2012) entnommen werden (siehe z. B. auch (Finckh, 2024)). Bei den Nachweisen des Ankündigungsverhaltens in der HA-SPK (06.2011) ist für die vorhandene Betonstahlbewehrung ein Teilsicherheitsbeiwert von 1,0 zu verwenden. Daher sollte auch für die eingeklebte Bewehrung die Teilsicherheitsbeiwerte für die außergewöhnliche Bemessungssituation nach DAfStb-RiLi VBgB (03.2012) verwendet werden. Diese ergeben sich nach DAfStb-RiLi VBgB (03.2012) zu $\gamma_L = 1{,}05$ für die CFK-Lamelle.

Neben der Kraft muss auch nachgewiesen werden, dass an der Nachweisstelle die Kraft in der Lamelle über Verbund aufgenommen werden kann. Auch hier können die Teilsicherheitsbeiwerte für die außergewöhnliche Bemessungssituation nach DAfStb-RiLi VBgB (03.2012) verwendet werden.

10.4 Herstellung eines Ankündigungsverhalten mit aufgeklebter Bewehrung

Auch mit aufgeklebter Bewehrung lässt sich ein Ankündigungsverhalten herstellen. Besondere Bedeutung kommt bei dem Verfahren der aufgeklebten Bewehrung dem Verbundverhalten zu. Die oberflächig aufgeklebte Bewehrung weist eine mäßige Verbundtragfähigkeit auf, die durch die geringe Zugfestigkeit oberflächennaher Betonschichten geprägt ist. Da am Einzelriss somit nur geringe Verbundbruchkräfte verankert werden können, gehen die Ansätze davon aus, dass eine weitere Verbundkraftübertragung im Bauteil über weitere Risse stattfindet. In der DAfStb-RiLi VBgB (03.2012) wird dies konsequent realitätsnah über die Nachweise am Zwischenrisselement gemäß (Zilch et al., 2012) beschrieben. Die Besonderheit bei der Anwendung der aufgeklebten Bewehrung zur Herstellung eines Ankündigungsverhaltens eines Spannbetonbauteils ist jedoch, dass bei einem angenommen Ausfall nur ein Riss an der Stelle des Ausfalls entsteht. Eine Anwendung der Nachweise am Zwischenrisselement ist somit nicht möglich. Dies ist in der DAfStb-RiLi VBgB (03.2012) auch so beschrieben[5] und die Anwendung der Verbundkraftübertragung am Zwischenrisselement sowie die zugehörigen Vereinfachungen auf den gerissen Zustand beschränkt. Des Weiteren wird das veränderte Rissbild der Spannbetonbauteile konsequent gemäß (Finckh, 2012) in der DAfStb-RiLi VBgB (03.2012) und in den zugehörigen Erläuterungen (DAfStb 2013) berücksichtigt. Dies würde im vorliegenden Fall ebenfalls zu einem Ausschluss der Verbundkraftübertragung am Zwischenrisselement führen.

Für den vorliegenden Fall kann somit nur eine Verbundkraftübertragung am Einzelriss stattfinden. Dies wird in der DAfStb-RiLi VBgB (03.2012) als örtliche Verstärkung bezeichnet und ist in der Richtlinie für den vorliegenden Anwendungsfall vorgesehen.

Da wie im Vorherigen beschrieben am Einzelriss und somit auch über die örtliche Verstärkung nur geringe Kräfte übertragen werden können und die Festigkeit der CFK-Lamelle somit nicht ausgenutzt werden kann, wird es wahrscheinlich nicht möglich sein, ohne weitere Maßnahmen die freiwerdenden Kräfte bei einem Spannstahlausfall durch die aufgeklebte Bewehrung aufzunehmen. Hierfür ist in der DAfStb-RiLi VBgB (03.2012) zusätzlich die Möglichkeit vorgesehen, die verbundkrafterhöhende Wirkung von Umschließungsbügeln gemäß (Husemann, 2009) anzurechnen. Hier tritt jedoch im vorliegenden Fall die Besonderheit auf, dass ein Spannstahlbruch an jeder Stelle im Bauteil auftreten kann und somit eventuell der Bügel weit von der Rissstelle entfernt sein kann. Um eine geringe Entkopplungslänge vor dem Umschließungsbügel und eine weitere Mitwirkung der gerissenen Spannstähle in dem restlichen Bauteil zu gewährleisten sollte nicht nur ein Bügel am Ende angebracht werden, sondern immer in einem bestimmten Abstand. Des Weiteren soll damit verhindert werden, dass der verbleibende Spannstahl die in der HA-SPK (06.2011) vorgesehene maximale zusätzliche Dehnung von 5 ‰ bei einem Bruch einzelner Spanglieder nicht überschreitet und somit kein Versagen eintritt. Um dies zu gewährleisten, muss bei der Bemessung zunächst die zusätzliche Dehnung des Spannstahls im Riss bei einer Querschnittsbemessung beschränkt werden und die Bügel so angeordnet werden, dass die Aktivierung der Lamelle keine weiteren größeren Verformungen des Spannstahls nötig

[5] RV 6.1.1.1 (RV 4); RV 6.1.1.2 (RV 1); RV 6.1.1.3.5 (RV 4); RV 6.1.1.3.6 (RV 4).

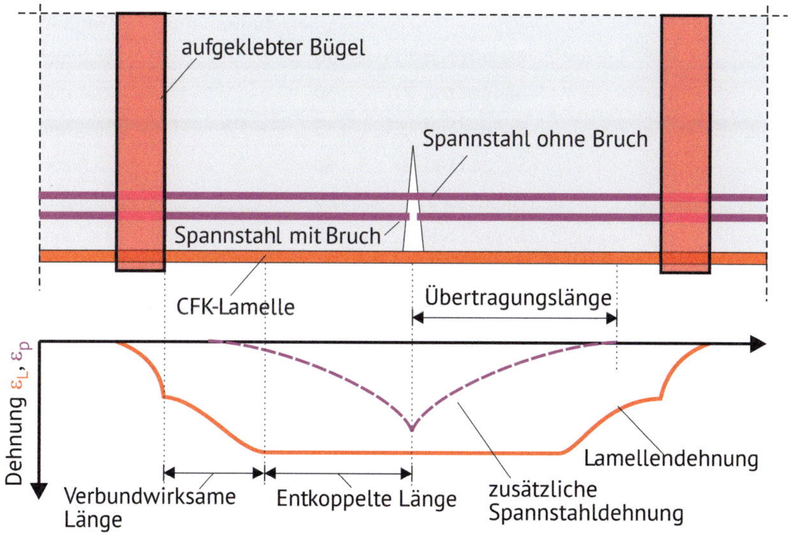

Abb. 10.8 Schematische Darstellung der Dehnungen und zugehörigen wirksamen Längen an dem kritischen Einzelriss

macht. Im Weiteren wird der dafür nötige Bügelabstand anhand der Rissbreiten gemäß Abb. 10.8 abgeschätzt.

Die Rissbreite am Einzelriss ergibt sich aus der zweifachen Eintragungslänge l_t mal die mittlere Dehnungsunterschiede $(\varepsilon_{sm} - \varepsilon_{cm})$ (vgl. z. B. (Finckh, 2023)).

$$w_p = 2 \cdot l_{t,p} \cdot \left(\varepsilon_{pm} - \varepsilon_{cm}\right) = \varepsilon_{r,p} \cdot l_{t,p} \cdot 2 \cdot (1 - \beta_t) \tag{10.14}$$

Dabei ist:

$\varepsilon_{\mathrm{r,p}}$ Dehnungszuwachs des Spannstahls im Riss
$l_{t,p}$ Eintragungslänge des intakten Spannstahls
β_t Völligkeitsbeiwert

Vereinfacht kann als Dehnungszuwachs des Spannstahls im Riss die maximale zusätzliche Dehnung von $\varepsilon_{r,p} = 5‰$ der HA-SPK (06.2011) angenommen werden. Als Völligkeitsbeiwert kann nach DIN EN 1992-1-1 (01.2011) in Verbindung mit der DIN EN 1992-1-1/NA (04.2013) $\beta_t = 0{,}4$ angenommen werden.

Die der DIN EN 1992-1-1/NA (04.2013) zugrunde liegende Eintragungslänge ergibt sich am Einzelriss gemäß (König & Tue, 1996) zu Gl. (10.15).

$$l_t \approx \frac{\beta_{0,2} \cdot A_p}{U_p \cdot \tau_{pm}} \tag{10.15}$$

Dabei ist:

U_p Umfang des Spanndrahts nach Tab. 10.3
τ_{pm} Verbundspannung der Spanndrahts nach Gl. (10.18)

Tab. 10.3 Fläche und Umfang der Ovaldrähte

Typ	Querschnitt in mm^2	Umfang in mm
Sigma Oval 20	20	18,2 mm
Sigma Oval 30	30	21,4 mm
Sigma Oval 35	35	23,4 mm
Sigma Oval 40	40	25,6 mm
Neptun N20	20	19,4 mm
Neptun N40	40	27,2 mm
Neptun N60	60	33,4 mm
Hennigsdorfer 30	30	21,4 mm
Hennigsdorfer 35	35	23,6 mm
Hennigsdorfer 40	40	25,7 mm
Hennigsdorfer 50	50	28,5 mm

A_p Querschnitt des Spanndrahts Tab. 10.3
$\beta_{0,2}$ Rechenwert der Streckgrenze nach Tab. 10.2

Für Bündelspannglieder ist für A_p Querschnitt aller Spannglieder anzusetzen und der für den Umfang ist $U_p = 1{,}6 \cdot \pi \cdot \sqrt{A_p}$ nach DIN 4227-1 (12.1979) bzw. DIN EN 1992-1-1 (01.2011) in Verbindung mit der DIN EN 1992-1-1/NA (04.2013) zu verwenden.

Verbundspannungen für Ovaldrähte wurden von (Vill, 2005) an im Hüllrohr verpressten Einzeldrähten und in (Trost et al., 1980) an Spanngliedern mit 12 und 48 Drähten an Pull-out Versuchen bestimmt. Anhand der Versuche und der Umrechnung zwischen sofortigen und nachträglichem Verbund nach der DIN EN 1992-1-1 (01.2011) können die Verbundspannungen mit Gl. (10.18) abgeschätzt werden. Dies deckt sich auch mit der in (Wild, 2021) angegeben Spannbreite.

$$\tau_{sm} = k \cdot f_{ck} \quad (10.16)$$

Dabei ist:
k 0,16 für Bündelspannglieder mit mehr als 12 Spanndrähten je Hüllrohr
0,23 für Bündelspannglieder weniger 12 Spanndrähten je Hüllrohr
0,27 für Spandrähte im sofortigen Verbund

Der Umfang und der Querschnitt der Ovaldrähte ist näherungsweise in Tab. 10.3 angegeben. Hierbei sind die Messungen aus (Vill, 2005) an Sigma Oval 40 Drähten auf die anderen Ovaldrähte übertragen und für den Neptunstahl der Umfang des Rechtecks nach Abb. 10.5 angenommen.

Für die weitere Abschätzung des Bügelabstandes wird die verbundwirksame Länge der Lamelle vor der Bügelumschließung benötigt, welche sich aus der Randbedingung ergibt, dass die Lamelle am Umschließungsbügel nahezu keine Verschiebung hat. Diese entspricht aufgrund der äquivalenten Problemstellung ungefähr der maximal wirksamen Verbundlänge der aufgeklebten Bewehrung nach DAfStb-RiLi VBgB (03.2012) am Einzelriss (vgl. z. B. (Finckh, 2024)):

$$l_{bL.eff} = l_{bL,max} = \frac{2}{\kappa_{Lb}} \cdot \sqrt{\frac{E_{Lm} \cdot t_L \cdot s_{L0}}{\tau_{L1}}} \tag{10.17}$$

Dieser Länge ist nach der DGL des verschieblichen Verbundes der Schlupfwert s_{L0} nach DAfStb-RiLi VBgB (03.2012) zugeordnet. Der maximale Abstand zwischen zwei Bügeln ergibt sich gemäß Abb. 10.8 nun zu:

$$s_{Lw} - b_{Lw} = 2 \cdot l_{bL.eff} + \frac{\left(w_p - 2 \cdot s_{L0}\right)}{\varepsilon_L} \tag{10.18}$$

Vereinfacht kann $\varepsilon_L = \varepsilon_{r,p} = 5‰$ angenommen werden. Bei den Nachweisen des Ankündigungsverhaltens in der HA-SPK (06.2011) ist für die vorhandene Betonstahlbewehrung ein Teilsicherheitsbeiwert von 1,0 zu verwenden. Da die aufgeklebte Bewehrung durch ein deutlich spröderes Verhalten als die Betonstahlbewehrung gekennzeichnet ist, sollte hier nicht der Teilsicherheitsbeiwert von 1,0 angewendet werden. Ein Teilsicherheitsbeiwert von 1,0 für den Betonstahl ist gemäß DIN EN 1992-1-1/NA (04.2013) für die außergewöhnliche Bemessungssituation vorgesehen. Daher sollten auch für die aufgeklebte Bewehrung die Teilsicherheitsbeiwerte für die außergewöhnliche Bemessungssituation nach DAfStb-RiLi VBgB (03.2012) verwendet werden. Diese ergeben sich nach DAfStb-RiLi VBgB (03.2012) zu $\gamma_L = 1{,}05$ für die CFK-Lamelle und zu $\gamma_{BA} = 1{,}2$ für den Verbund der aufgeklebten Bewehrung.

10.5 Beispiel: Herstellung des Ankündigungsverhaltens

10.5.1 Ausgangsbasis

10.5.1.1 Allgemeines

Für einen Hallenbinder aus dem Jahre 1970, welcher mit 24 Stück Sigma Stahl 145/160 Oval 40 im sofortigen Verbund hergestellt wurde, soll das Ankündigungsverhalten untersucht werden. Der Querschnitt des Hallenbinders in Feldmitte und am Auflagerrand ist in Abb. 10.9 dargestellt.

Der Längsschnitt des Binders ist in Abb. 10.10 dargestellt. Es handelt es sich um einen Einfeldträger mit der Stützweite von 20,3 m, welcher mit einem B450 hergestellt wurde.

Der Spannbettbinder hat als Längsbewehrung nur Spannlitzen Sigma Oval 40 und keine zusätzliche Betonstahlbewehrung.

10.5.1.2 Belastung

Der Binder ist durch das Eigengewicht, eine Ausbaulast (Dachaufbau) und die Schneelast mit folgenden Größen belastet:

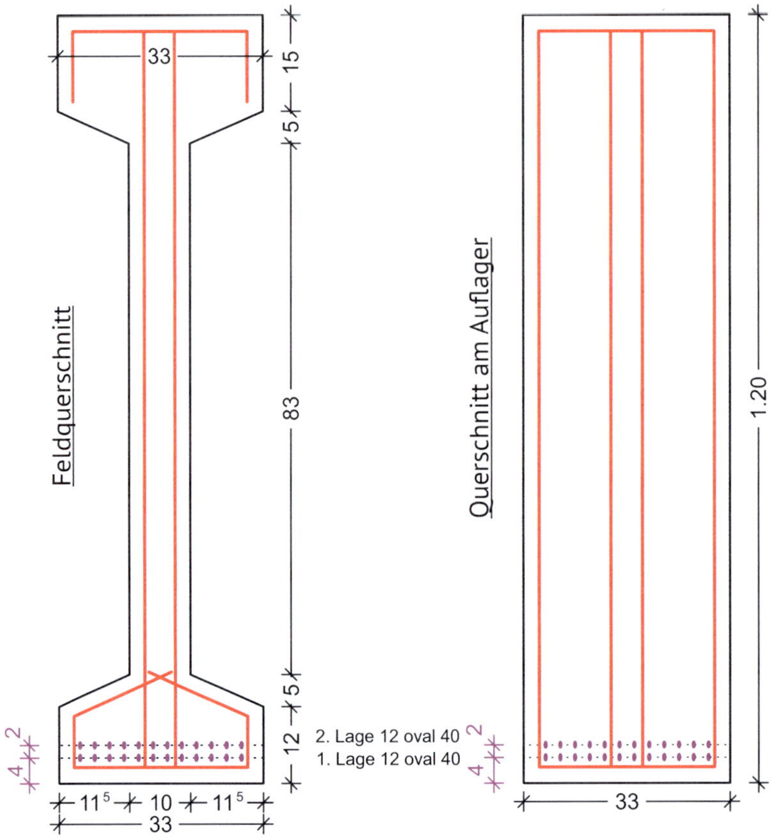

Abb. 10.9 Querschnitte des Hallenbinders

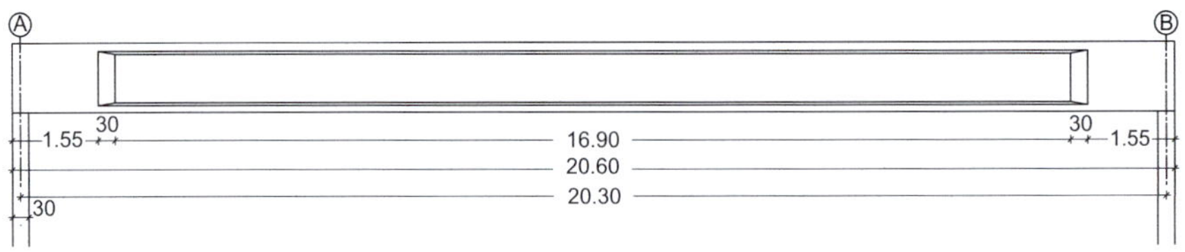

Abb. 10.10 Hallenbinder im Längsschnitt

- Eigengewicht: $g_{k1} = 4{,}8\mathrm{kN/m}$
- Ausbaulast: $g_{k2} = 3{,}6\mathrm{kN/m}$
- Schneelast: $s_k = 9{,}0\mathrm{kN/m}$

Da der Träger statisch bestimmt gelagert ist, erzeugen Temperaturlasten hier keine Schnittgrößen.

10.5.1.3 Vorspannung

Der Träger wurde mit 24 Ovaldrähten Sigma Stahl 145/160 Oval 40 im sofortigen Verbund vorgespannt. Dabei wurde gemäß Bestandsplan folgende Vorspannung aufgebracht:

- Vorspannung: 3,58Mp je Draht
- Pressdruck: 234 atü

Die Vorspannung betrug somit:

$$\sigma_{v,0}^{(0)} = 3{,}58 \cdot 1000 \text{ kg} \cdot \frac{9{,}81\text{N/kg}}{40 \text{ mm}^2} = 878 \text{ N/mm}^2$$

Gemäß HA-SPK (06.2011) dürfen die Verluste aus Kriechen und Schwinden zu 10 % angenommen werden. Da es sich bei dem Binder um ein Bauteil im Spannbett handelt und sich der Binder im Innenraum mit einer geringeren Luftfeuchte befindet werden die für den Brückenbau angenommen Verluste leicht erhöht und es wird von Kriech- und Schwindverlusten von 13 % ausgegangen. Somit ergibt sich die Vorspannung zum Betrachtungszeitpunkt zu:

$$\sigma_{v,\infty}^{(0)} = \frac{\sigma_{v,0}^{(0)}}{1{,}13} = \frac{878}{1{,}13} = 777 \text{ N/mm}^2$$

10.5.1.4 Schnittgrößen

Für die Betrachtung des Ankündigungsverhaltens sind nur die äußeren Schnittgrößen aus Biegemoment relevant. Diese lassen sich für die ständigen Lasten und die Lasten aus Schnee am Einfeldträger wie folgt beschreiben:

$$M_g(x) = \frac{g_k \cdot l}{2} \cdot x - \frac{g_k \cdot x^2}{2}$$

$$M_g(x) = \frac{(4{,}8 + 3{,}6) \cdot 20{,}3}{2} \cdot x - \frac{(4{,}8 + 3{,}6) \cdot x^2}{2} = 85{,}3 \cdot x - 4{,}2 \cdot x^2$$

$$M_p(x) = M_s(x) = \frac{s_k \cdot l}{2} \cdot x - \frac{s_k \cdot x^2}{2}$$

$$M_p(x) = \frac{9 \cdot 20{,}3}{2} \cdot x - \frac{9 \cdot x^2}{2} = 91{,}35 \cdot x - 4{,}5 \cdot x^2$$

Da der Träger statisch bestimmt gelagert ist, erzeugen Temperaturlasten hier keine Schnittgrößen. Auch die Vorspannung erzeugt hier keine statisch unbestimmte Wirkung. Somit ist $M_{\Delta T,freq} = 0$ und $M_{vx,\infty} = 0$.

10.5.1.5 Querschnittskennwerte

Die Querschnittskennwerte wurden mit dem Programm (SOFiSTiK AG, 2025) ermittelt und sind in Abb. 10.11 dargestellt.

Somit ergibt sich das Widerstandsmoment für die untere Randfaser zu:

$$W_{b,Feld} = \frac{3{,}432 \cdot 10^{-2}}{1{,}2 - 0{,}5843} = 5{,}57 \cdot 10^{-2}\mathrm{m}^3$$

$$W_{b,AL} = \frac{4{,}752 \cdot 10^{-2}}{1{,}2 - 0{,}6} = 7{,}92 \cdot 10^{-2}\mathrm{m}^3$$

Der Abstand des Spannglieds zum Schwerpunkt ergibt sich zu:

$$y_{bz,Feld} = 1{,}2 - 0{,}5843 - 0{,}05 = 0{,}566$$

$$y_{bz,AL} = 1{,}2 - 0{,}6 - 0{,}05 = 0{,}550$$

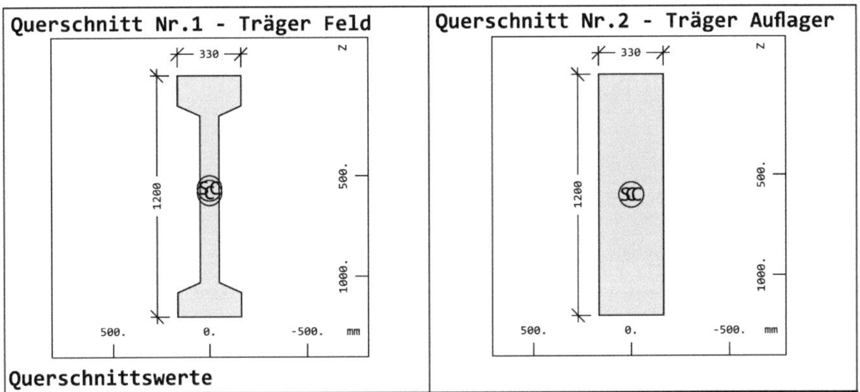

Querschnittswerte

QNr	Mat	A[m2] It[m4]	Ay[m2] Az[m2]	Iy[m4] Iz[m4]	yc[mm] zc[mm]	ysc[mm] zsc[mm]	g[kg/m]
1	1	1.9360E-01 1.194E-03	1.126E-01 1.120E-01	3.432E-02 9.843E-04	0.0 584.3	0.0 561.6	484.0 (BIEGE)
2	1	3.9600E-01 1.193E-02	3.343E-01 3.304E-01	4.752E-02 3.594E-03	0.0 600.0	0.0 600.0	990.0 (BIEGE)

QNr	Querschnittsnummer	yc[mm],zc[mm]	Ordinate des elastischen Zentrums
Mat	Materialnummer	ysc[mm],zsc[mm]	Ordinate des Schubmittelpunkts
A[m2]	Querschnittsfläche		
Ay[m2],Az[m2]	Schubverformungsfläche	g[kg/m]	längenbezogene Masse
Iy[m4],Iz[m4]	Flächenträgheitsmoment		

Abb. 10.11 Querschnittskennwerte Spannbettbinder

10.5.2 Untersuchung des Ankündigungsverhaltens

10.5.2.1 Vorgehen

Es wird mit der querschnittweisen Untersuchung des Ankündigungsverhaltens nach Abschn. 10.2.2 (Riss-vor-Bruch-Kriterium) das Versagensrisiko des Bauwerks beurteilt. Eine ausreichende Ankündigung und damit eine Risikominimierung ist gewährleistet, wenn bereits frühzeitig unter Gebrauchslasten eine deutlich erkennbare Rissbildung auftritt, bevor die Tragfähigkeit unter voller Verkehrsbelastung auf ein unzulässig niedriges Niveau absinkt.

Die Ermittlung des Ankündigungsverhaltens des Dachtragwerks erfolgt analog zu dem in der HA-SPK (06.2011) für den Brückenbau vorgeschlagenen Vorgehensweise. Dort gibt es keine detaillierten Regeln für eine Vorspannung im sofortigen Verbund, aber die Methode kann gemäß HA-SPK (06.2011) sinngemäß auch auf diese Vorspannungsart angewendet werden.

Auf den Binder wirken ständige Lasten (Eigengewicht Träger, Dachkonstruktion) und Schneelasten. Nachfolgend wird nun untersucht, wie viele Spanndrähte im Querschnitt brechen müssten, sodass sich an der Querschnittsunterseite ein Riss im Beton bilden kann. Voraussetzung für einen Riss ist die Überschreitung der Zugfestigkeit des Betons unter Berücksichtigung der häufigen Lastfallkombination und der verbleibenden Vorspannkraft im betrachteten Schnitt. Die häufige Lastfallkombination ergibt sich im Falle des Hallenbinders gemäß DIN EN 1990 (10.2021) in Verbindung mit der DIN EN 1990/NA (12.2010) zu:

$$M_{freq} = M_g + \psi_1 \cdot M_s = M_g + 0{,}2 \cdot M_s$$

Mit der ermittelten Restspannstahlfläche beim Auftreten eines Risses wird dann der verbleibende Teilsicherheitsbeiwert γ_p für die Verkehrseinwirkung (hier Schnee) ermittelt. Von einer Vorankündigung kann nach HA-SPK (06.2011) ausgegangen werden, wenn an jeder Stelle des Tragwerks die Sicherheit $\gamma_p > 1{,}1$ ist.

10.5.2.2 Materialkennwerte

Gemäß HA-SPK (06.2011) ergeben sich die Baustoffkenngrößen für den Beton B450 nach Tab. 10.1 und für den Spannstahl Sigma Stahl 145/160 nach Tab. 10.2 zu:

- $\beta_R = 24 \ \text{N/mm}^2$
- $\beta_Z = 2{,}9 \ \text{N/mm}^2$
- $\beta_{0,2} = \beta_{s,Z} = 1420 \ \text{N/mm}^2$
- $E_Z = 200000 \ \text{N/mm}^2$

Gemäß (Schnell et al., 2016) entspricht der Beton B450 circa einem C30/37 mit $f_{ck} = 30 \ \text{N/mm}^2$.

10.5.2.3 Schnitte

Die Auswertung des Ankündigungsverhaltens erfolgt aufgrund der Symmetrie am halben System anhand von 11 Querschnitten, die im Abstand von 101,5 cm angeordnet sind. Nun wird überprüft, ob die Schnitte weit genug voneinander entfernt sind. Gemäß HA-SPK (06.2011) muss der minimale Abstand der Untersuchungsquerschnitte größer oder gleich der Verankerungslänge der vorhandenen Spannglieder sein, um Auswirkungen eines Spanndrahtbruchs auf die Tragfähigkeit in benachbarten Querschnitten auszuschließen. Nach Abschn. 10.4 kann die mittlere Verbundfestigkeit und die Verankerungslänge wie folgt berechnet werden:

$$\tau_{sm} = k \cdot f_{ck} = 0{,}27 \cdot 30 = 8{,}1\text{N/mm}^2$$

$$l_b \approx \frac{\sigma_{v,\infty}^{(0)} \cdot A_p}{U_p \cdot \tau_{pm}} = \frac{777 \cdot 40}{25{,}6\ \cdot 8{,}1} = 150\text{mm} = 15\text{cm}$$

Somit ist der gewählte Abstand der Schnitte größer als die Verankerungslänge, die zur Wiederverankerung der vorhandenen Vorspannkraft erforderlich ist und der gewählte Abstand ist in Ordnung.

10.5.2.4 Bestimmung der Restspannstahlfläche bei Rissbildung

Zunächst wird Restspannstahlfläche bei Rissbildung nach Abschn. 10.2.2.4 ermittelt. Exemplarisch wird dies am Beispiel des Querschnitts in Feldmitte bei x = 10,15 m durchgeführt. Hier ergibt sich die Einwirkung zu:

$$M_g = 85{,}3 \cdot 10{,}15 - 4{,}2 \cdot 10{,}15^2 = 433{,}1\text{kNm}$$

$$M_p = 91{,}35 \cdot 10{,}15 - 4{,}5 \cdot 10{,}15^2 = 463{,}6\text{kNm}$$

Damit kann das Moment unter häufiger Verkehrseinwirkung und die daraus folgende Randspannung bestimmt werden.

$$M_{freq} = 433{,}1 + 0{,}2 \cdot 463{,}6 = 525{,}8\text{kNm}$$

$$\sigma_{b,\Delta q} = \frac{M_{freq}}{W_b} = \frac{0{,}5258\text{MNm}}{5{,}57 \cdot 10^{-2}\text{m}^3} = 9{,}44\frac{\text{MN}}{\text{m}^2}$$

Damit kann die Restspannstahlfläche bei Rissbildung bestimmt werden

$$A_{Z,r} = \frac{\sigma_{b,\Delta q} - \beta_{bZ} + \frac{M_{vx,\infty}}{W_b} + \frac{M_{\Delta T,freq}}{W_b}}{\varepsilon_{v,\infty}^{(0)} \cdot E_Z \cdot \left(\frac{1}{A_b} + \frac{y_{bz}}{W_b}\right)}$$

$$A_{Z,r} = \frac{9{,}44 - 2{,}9 + 0 + 0}{777 \cdot \left(\frac{1}{1{,}936 \cdot 10^{-1}} + \frac{0{,}566}{5{,}57 \cdot 10^{-2}}\right)} = 5{,}5 \cdot 10^{-4}\ \text{m}^2$$

Tab. 10.4 Restspannfläche zum Zeitpunkt der Rissbildung

Nr	x	A_b	W_b	y_{bz}	M_g	M_p	$\sigma_{b,\Delta q}$	$A_{Z,r}$	Z
–	m	m^2	m^3	m	kNm	kNm	N/mm^2	cm^2	–
1	0,00	0,396	0,0792	0,550	0,0	0,0	0,00	−3,94	0
2	1,02	0,396	0,0792	0,550	82,2	88,1	1,26	−2,23	0
3	2,03	0,194	0,0557	0,566	155,8	166,9	3,40	0,42	1
4	3,05	0,194	0,0557	0,566	220,7	236,4	4,81	1,60	4
5	4,06	0,194	0,0557	0,566	276,9	296,7	6,04	2,63	6
6	5,08	0,194	0,0557	0,566	324,5	347,7	7,07	3,51	8
7	6,09	0,194	0,0557	0,566	363,5	389,4	7,92	4,22	10
8	7,11	0,194	0,0557	0,566	393,8	421,9	8,58	4,77	11
9	8,12	0,194	0,0557	0,566	415,4	445,1	9,06	5,17	12
10	9,14	0,194	0,0557	0,566	428,4	459,0	9,34	5,41	13
11	10,15	0,194	0,0557	0,566	432,7	463,6	9,43	5,49	13

Es werden somit 5,5 cm^2 benötigt. Die ganzzahlige Anzahl Z der restlichen Drähte beträgt damit:

$$\frac{5{,}5\ \text{cm}^2}{0{,}4\ \text{cm}} = 13{,}75 \Rightarrow Z = 13$$

Für die restlichen Querschnitte ergeben sich die Werte in Tab. 10.4

10.5.2.5 Ermittlung der Restsicherheit

Für die Ermittlung der Restsicherheit nach dem Bruch muss die nachfolgende Gleichung gemäß Abschn. 10.2.2.5 ausgewertet werden.

$$\gamma_p = \frac{M_{Az,r} + M_{As} - M_{vx,\infty} - M_{\Delta T} - \gamma_g \cdot M_g}{M_p}$$

Für das statisch bestimmte System ohne Betonstahl vereinfacht sich diese wie folgt:

$$\gamma_p = \frac{M_{Az,r} - \gamma_g \cdot M_g}{M_p}$$

Der Momentwiderstand der Restspannglieder ergibt sich zu:

$$M_{Az,r} = F_{Az,r} \cdot z = F_{Az,r} \cdot (d_z - k_a \cdot x)$$

Exemplarisch wird dies am Beispiel des Querschnitts in Feldmitte bei x = 10,15 m durchgeführt. Die noch mögliche Kraft der Restspannglieder ergibt sich zu:

$$F_{Az,r} = \beta_{s,Z} \cdot A_z = 1420 \cdot 13 \cdot 40 \cdot 10^{-6} = 0{,}7384\text{MN}$$

Gemäß HA-SPK (06.2011) darf die zusätzlich Spannstahldehnung von 5 ‰ nicht überschritten werden. Damit kann die Druckzonenhöhe definiert werden:

$$x = \frac{\varepsilon_c}{\varepsilon_c + \Delta\varepsilon_z} \cdot d_z = \frac{\varepsilon_c}{\varepsilon_c + 5} \cdot (1{,}2 - 0{,}05) = \frac{\varepsilon_c}{\varepsilon_c + 5‰} \cdot 1{,}15\text{m}$$

Unter Annahme, dass die Druckzonenhöhe vollständig in der oberen Verdickung ist, kann mit dem Parabel-Rechteck Diagramm die Betonstauchung über die Summe der horizontalen Kräfte bestimmt werden. Unter Annahme einer Betonstauchung $\varepsilon_c < 2‰$ kann die Betondruckkraft wie folgt beschrieben werden:

$$F_{Az,r} = F_b = b \cdot \alpha_R \cdot x \cdot \beta_R = b \cdot \left(\frac{\varepsilon_c}{2} - \frac{{\varepsilon_c}^2}{12}\right) \cdot \frac{\varepsilon_c}{\varepsilon_c + \Delta\varepsilon_z} \cdot d_z \cdot \beta_R$$

$$0{,}7384 = 0{,}33 \cdot \left(\frac{\varepsilon_c}{2} - \frac{{\varepsilon_c}^2}{12}\right) \cdot \frac{\varepsilon_c}{\varepsilon_c + 5‰} \cdot 1{,}15 \cdot 24$$

Über eine Iteration ergibt sich die Betonstauchung zu $\varepsilon_c = 1{,}10‰$. Damit kann die Druckzonenhöhe bestimmt werden:

$$x = \frac{\varepsilon_c}{\varepsilon_c + \Delta\varepsilon_z} \cdot d_z = \frac{1{,}1}{1{,}1 + 5} \cdot 1{,}15\text{ m} = 0{,}207\text{ m}$$

Die Druckzone erstreckt sich geringfügig in den Stegbereich. Somit war die Annahme bei der Iteration nicht ganz korrekt. Da die Überschreitung jedoch marginal ist und am unteren Rand der Druckzone ohnehin kleine Druckspannungen herrschen, ist der Fehler extrem gering[6]. Mit der Druckzonenhöhe kann nun der Angriffspunkt der Betondruckkraft bestimmt werden.

$$k_a = \frac{8 - \varepsilon_c}{24 - 4 \cdot \varepsilon_c} = \frac{8 - 1{,}1}{24 - 4 \cdot 1{,}1} = 0{,}352$$

Der Momentwiderstand der Restspannglieder ergibt sich damit zu:

$$M_{Az,r} = F_{Az,r} \cdot (d_z - k_a \cdot x) = 738{,}4 \cdot (1{,}15 - 0{,}352 \cdot 0{,}207) = 795{,}2\text{ kNm}$$

Damit kann die Restsicherheit des Querschnitts bestimmt werden:

$$\gamma_p = \frac{M_{Az,r} - \gamma_g \cdot M_g}{M_p} = \frac{795{,}2 - 1{,}1 \cdot 433{,}1}{463{,}6} = 0{,}69$$

Für die restlichen Querschnitte ergeben sich die Werte in Tab. 10.5.

Da die Restsicherheit nirgends größer ist als 1,1 ist eine Verstärkung grundsätzlich erforderlich. Das Ergebnis über die Trägerlänge ist in Abb. 10.12 dargestellt.

[6] Bei einer genauen Iteration würde sich die Druckzone von 0,207475 auf 0,207488 vergrößern und die Betonstauchungen von 1,1006 auf 1,1007 ansteigen.

Tab. 10.5 Restsicherheit zum Zeitpunkt der Rissbildung

Nr	x	$F_{Az,r}$	ε_c	x	$M_{Az,r}$	γ_p
–	m	kN	‰	m	kNm	–
1	0,00	0	–	–	0,0	0,0
2	1,02	0	–	–	0,0	0,0
3	2,03	56,8	0,262	0,057	64,22	-0,64
4	3,05	227,2	0,552	0,114	252,40	0,04
5	4,06	340,8	0,694	0,140	375,47	0,24
6	5,08	454,4	0,820	0,162	497,04	0,40
7	6,09	568	0,937	0,181	617,26	0,56
8	7,11	624,8	0,993	0,190	676,89	0,58
9	8,12	681,6	1,047	0,199	736,21	0,63
10	9,14	738,4	1,101	0,207	795,23	0,71
11	10,15	738,4	1,101	0,207	795,22	0,69

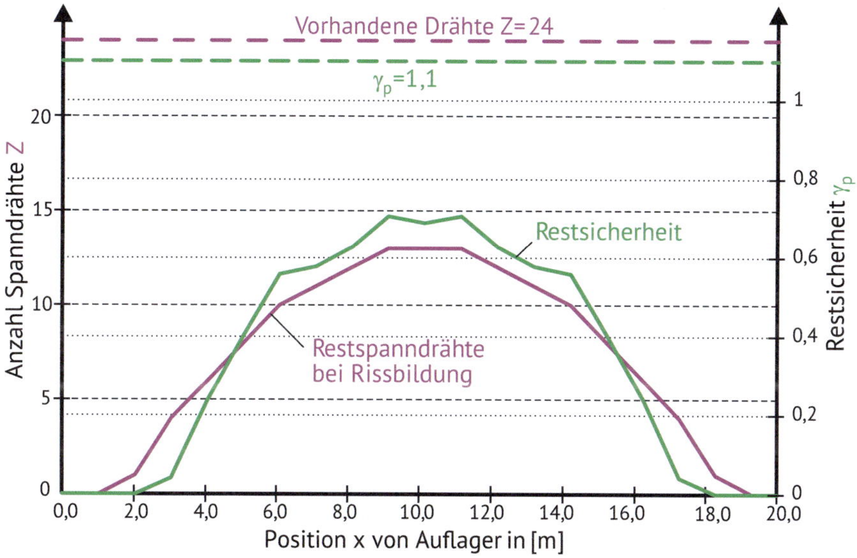

Abb. 10.12 Ankündigungsverhalten der Träger

10.5.3 Herstellung des Ankündigungsverhalten mit aufgeklebter Bewehrung

10.5.3.1 Ermittlung der erforderlichen Verstärkungskraft

Um die erforderliche Verstärkungskraft zu ermitteln, wird die Formel der Restsicherheit wie in Abschn. 10.3 beschrieben um die Verstärkung erweitert. Wenn die Restsicherheit genau bei 1,1 liegt, entspricht dies der erforderlichen Verstärkungskraft.

$$\gamma_p = \frac{M_{Az,r} + M_L - \gamma_g \cdot M_g}{M_p} = 1{,}1$$

Der Momentwiderstand der Verstärkung ergibt sich zu:

$$M_L = F_L \cdot z = F_L \cdot (d_L - k_a \cdot x)$$

Exemplarisch wird dies am Beispiel des Querschnitts mit der geringsten Sicherheit bei x = 2,03 m durchgeführt. Die noch mögliche Kraft der Restspannglieder ergibt sich zu:

$$F_{Az,r} = \beta_{s,Z} \cdot A_z = 1420 \cdot 1 \cdot 40 \cdot 10^{-6} = 0{,}0568 \text{ MN}$$

Es wird nun die Verstärkungskraft von $F_L = 0{,}253$ MN geschätzt und es wird überprüft, ob mit dieser Verstärkungskraft die Restsicherheit von 1,1 erreicht wird. Gemäß HA-SPK (06.2011) darf die zusätzlich Spannstahldehnung von 5 ‰ nicht überschritten werden. Damit kann die Druckzonenhöhe definiert werden:

$$x = \frac{\varepsilon_c}{\varepsilon_c + \Delta\varepsilon_z} \cdot d_z = \frac{\varepsilon_c}{\varepsilon_c + 5} \cdot (1{,}2 - 0{,}05) = \frac{\varepsilon_c}{\varepsilon_c + 5‰} \cdot 1{,}15\text{m}$$

Unter Annahme, dass die Druckzonenhöhe vollständig in der oberen Verdickung ist, kann mit dem Parabel-Rechteck Diagramm die Betonstauchung über die Summe der horizontalen Kräfte bestimmt werden. Unter Annahme einer Betonstauchung $\varepsilon_c < 2‰$ kann die Betondruckkraft wie folgt beschrieben werden:

$$F_{Az,r} + F_L = F_b = b \cdot \alpha_R \cdot x \cdot \beta_R = b \cdot \left(\frac{\varepsilon_c}{2} - \frac{{\varepsilon_c}^2}{12}\right) \cdot \frac{\varepsilon_c}{\varepsilon_c + \Delta\varepsilon_z} \cdot d_z \cdot \beta_R$$

$$0{,}0568 + 0{,}253 = 0{,}33 \cdot \left(\frac{\varepsilon_c}{2} - \frac{{\varepsilon_c}^2}{12}\right) \cdot \frac{\varepsilon_c}{\varepsilon_c + 5‰} \cdot 1{,}15 \cdot 24$$

Über eine Iteration ergibt sich die Betonstauchung zu $\varepsilon_c = 0{,}657‰$. Damit kann die Druckzonenhöhe bestimmt werden:

$$x = \frac{\varepsilon_c}{\varepsilon_c + \Delta\varepsilon_z} \cdot d_z = \frac{0{,}657}{0{,}687 + 5} \cdot 1{,}15 \text{ m} = 0{,}096 \text{ m}$$

Die Druckzone liegt somit vollständig in der der oberen Verdickung. Mit der Druckzonenhöhe kann nun der Angriffspunkt der Betondruckkraft bestimmt werden.

$$k_a = \frac{8 - \varepsilon_c}{24 - 4 \cdot \varepsilon_c} = \frac{8 - 0{,}657}{24 - 4 \cdot 0{,}657} = 0{,}340$$

Der Momentwiderstand der Restspannglieder und der Verstärkung ergibt sich damit zu:

$$M_{Az,r} = F_{Az,r} \cdot (d_z - k_a \cdot x) = 56{,}8 \cdot (1{,}15 - 0{,}340 \cdot 0{,}096) = 62{,}7 \text{ kNm}$$

Tab. 10.6 Erforderliche Verstärkungskraft zum Zeitpunkt der Rissbildung

Nr	x	$F_{Az,r}$	F_L	ε_c	x	$M_{Az,r}$	M_L	γ_p
–	m	kN	kN	‰	m	kNm	kNm	–
1	0,00	0	**0**	0,000	0,000	0,0	0	–
2	1,02	0	**160,4**	0,456	0,096	0,00	187,22	1,10
3	2,03	56,8	**252,9**	0,657	0,134	62,71	291,87	1,10
4	3,05	227,2	**221,6**	0,814	0,161	248,60	253,57	1,10
5	4,06	340,8	**228,5**	0,938	0,182	370,33	259,76	1,10
6	5,08	454,4	**218,7**	1,039	0,198	491,02	247,26	1,10
7	6,09	568	**191,6**	1,120	0,211	611,05	215,75	1,10
8	7,11	624,8	**201,1**	1,181	0,220	669,94	225,66	1,10
9	8,12	681,6	**192,6**	1,225	0,226	729,11	215,64	1,10
10	9,14	738,4	**166,0**	1,253	0,230	788,71	185,57	1,10
11	10,15	738,4	**175,0**	1,261	0,232	788,36	195,61	1,10

$$M_L = F_L \cdot (d_L - k_a \cdot x) = 253 \cdot (1{,}20 - 0{,}340 \cdot 0{,}096) = 291{,}9 \text{ kNm}$$

Damit kann die Restsicherheit des Querschnitts mit den Momenten aus Tab. 10.4 bestimmt werden:

$$\gamma_p = \frac{M_{Az,r} - \gamma_g \cdot M_g}{M_p} = \frac{62{,}7 + 291{,}9 - 1{,}1 \cdot 155{,}8}{166{,}9} = 1{,}1$$

Die Restsicherheit von 1,1 des Querschnitts ist somit der Verstärkungskraft von $F_L = 0{,}253\text{MN}$ genau eingehalten. Für die restlichen Querschnitte ergeben sich die Werte in Tab. 10.6

Man erkennt, dass die maximal erforderliche Verstärkungskraft 253 kN ist.

10.5.3.2 Wahl einer Verstärkung und Ermittlung der Restsicherheit

Zum Herstellen der Restsicherheit sollen aufgeklebte CFK-Lamellen Sto S&P 150/2000 nach Z-36.12-86 (01.2025) mit einer Dicke von $t_L = 1{,}4$ mm zum Einsatz kommen. Für die Lamelle ergibt sich die maximal ansetzbare Zugfestigkeit mit den Werten aus Z-36.12-86 (01.2025) unter der außergewöhnlichen Bemessungssituation zu:

$$f_{LRd} = \alpha_{\text{zeit}} \cdot \frac{f_{Luk}}{\gamma_{LL}} = 0{,}9 \cdot \frac{2350}{1{,}05} = 2014 \ \text{N/mm}^2$$

Ebenfalls kann aus Z-36.12-86 (01.2025) der E-Modul $E_L = 168000$ N/mm^2 und die Bruchdehnung $\varepsilon_{Luk} = 15‰$ abgelesen werden. Da gemäß HA-SPK (06.2011) die zusätzlich Spannstahldehnung von 5 ‰ nicht überschritten werden darf, wird dies auch für die aufgeklebte Lamelle angesetzt.

$$f_{Ld} = E_{Lm} \cdot 5‰ = 168 \cdot 5 = 840 \text{ N/mm}^2 \leq f_{LRd} = 2014 \text{ N/mm}^2$$

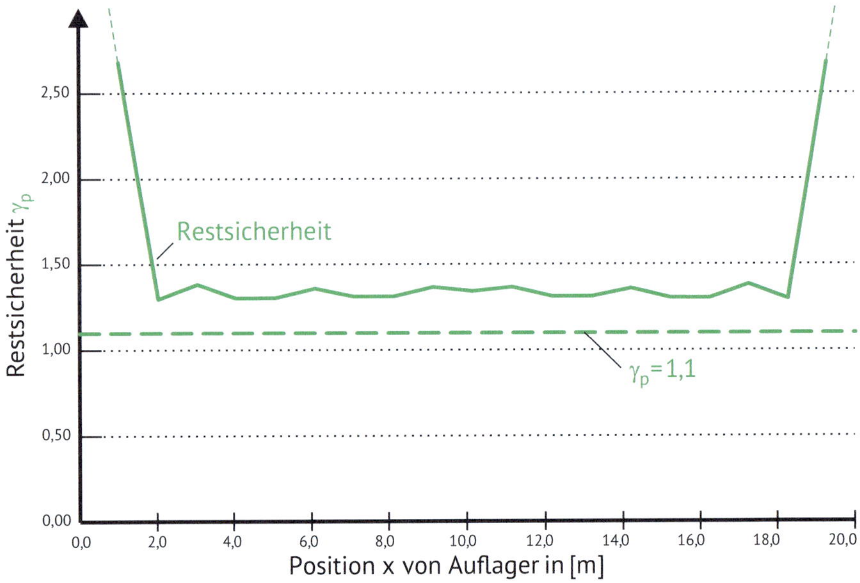

Abb. 10.13 Restsicherheit mit der gewählten Verstärkung

Mit der maximalen Verstärkungskraft von 253 kN kann nun die erforderliche Lamellenfläche ermittelt werden:

$$A_{L,erf} = \frac{F_L}{f_{Ld}} = \frac{253000}{840} = 301 \text{ mm}^2$$

Es werden somit 3 Lamellen mit der Breite von je $b_L = 80$ mm und der Dicke von $t_L = 1{,}4$ mm gewählt. Mit dem gewählten Querschnitt erhält man folgende Verstärkungskraft:

$$A_L = n_L \cdot b_L \cdot t_L = 3 \cdot 80 \cdot 1{,}4 = 336 \text{ mm}^2$$

$$F_L = A_L \cdot f_{Ld} = 336 \cdot 840 = 282\,240 \text{ N}$$

Mit dieser Kraft kann dann analog zu der Berechnung in Abschn. 10.5.3.1 die Restsicherheit bestimmt werden. Die sich daraus ergebende Restsicherheit ist in Abb. 10.13 dargestellt.

Bei der Verwendung von aufgeklebter Bewehrung ist die Oberflächenzugfestigkeit eine entscheidende Eingangsgröße. Diese wurde deshalb bei dem Binder vorab mit Haftzugprüfungen nach DIN EN 1542 (07.1999) an der zu verklebenden Bauteilunterseite und an den Seitenflächen durchgeführt und nach der DAfStb-RiLi VBgB (03.2012) Teil 4 ausgewährtet. Es ergaben sich dabei folgende Werte:

- Unterseite $f_{ctm,surf} = 3{,}1\ \text{N/mm}^2$
- Seitenfläche $f_{ctm,surf} = 2{,}9\ \text{N/mm}^2$

10.5.3.3 Ermittlung des Bügelabstandes

Um zu gewährleisten, dass die Spannstahldehnung nicht größer als 5 ‰ wird, muss bei der Bemessung zunächst die zusätzliche Dehnung des Spannstahls im Riss bei einer Querschnittsbemessung beschränkt werden und die Bügel so angeordnet werden, dass die Aktivierung der Lamelle keine weiteren größeren Verformungen des Spannstahls nötig macht. Dazu wird gemäß Abschn. 10.4 der maximal zulässige Abstand zwischen den Bügeln ermittelt. Dazu wird die Rissbreite bei Spannstahlbruch abgeschätzt:

$$w_p = 2 \cdot l_{t,p} \cdot \left(\varepsilon_{pm} - \varepsilon_{cm}\right) = \varepsilon_{r,p} \cdot l_{t,p} \cdot 2 \cdot (1 - \beta_t)$$

$$l_t \approx \frac{\beta_{0,2} \cdot A_p}{U_p \cdot \tau_{pm}} = \frac{1420 \cdot 40}{25{,}6 \cdot 8{,}1} = 274\ \text{mm}$$

$$w_p = \varepsilon_{r,p} \cdot l_{t,p} \cdot 2 \cdot (1 - \beta_t) = 5‰ \cdot 274 \cdot 2 \cdot (1 - 0{,}4) = 1{,}6\ \text{mm}$$

Es werden noch die Randwerte des Verbundansatzes benötigt, welche sich mit der Haftzugfestigkeit an der Bauteilunterseite wie folgt ergeben:

$$\tau_{L1k} = 0{,}366 \cdot \sqrt{\alpha_{cc} \cdot f_{cm} \cdot \alpha_{ct} \cdot f_{ctm,surf}} = 0{,}366 \cdot \sqrt{0{,}85 \cdot 38 \cdot 0{,}85 \cdot 3{,}1} = 3{,}38\ \text{N/mm}^2$$

$$s_{L0k} = 0{,}201\ \text{mm}$$

Damit kann die maximale Verbundlänge am Einzelriss berechnet werden:

$$l_{bL.eff} = l_{bL,max} = \frac{2}{\kappa_{Lb}} \cdot \sqrt{\frac{E_{Lm} \cdot t_L \cdot s_{L0}}{\tau_{L1}}}$$

$$l_{bL.eff} = \frac{2}{1{,}128} \cdot \sqrt{\frac{168000 \cdot 1{,}4 \cdot 0{,}20}{3{,}38}} = 209{,}2\ \text{mm}$$

Damit kann der maximal zulässige Zwischenraum zwischen den Bügeln berechnet werden:

$$s_{Lw} - b_{Lw} = 2 \cdot l_{bL.eff} + \frac{\left(w_p - 2 \cdot s_{L0}\right)}{\varepsilon_L} = 2 \cdot 209{,}2 + \frac{(1{,}6 - 2 \cdot 0{,}2)}{5‰} = 658{,}2\ \text{mm}$$

Bei einer Bügelbreite von $b_{Lw} = 140$ mm darf somit der Bügelabstand nicht größer werden als:

$$s_{Lw} = 658{,}2\ \text{mm} + 140\ \text{mm} = 798{,}2\ \text{mm}$$

Auf der sicheren Seite wird ein Abstand von $s_{LW} = 750$ mm gewählt.

10.5.3.4 Nachweis der Bügelumschließung

Am Schluss muss noch nachgewiesen werden, dass die Verstärkungskraft von 253 kN auch durch lokale Verstärkung mit Bügelumschließung aufgenommen werden kann. Die Bügel werden so angeordnet, dass die maximale Verbundlänge von 210 mm immer hinter dem Bügel vorhanden ist. Es werden Stahllaschenbügel mit der $b_{Lw} = 140\ mm$ und $t_{Lw} = 8\ mm$ in Form der Standardausführung nach der DAfStb-RiLi VBgB (03.2012) mit 2 L-Winkel und Abschlusswinkel verbaut. Die drei Lamellen werden mit einem Abstand von je 1 cm angeordnet (Siehe auch Abschn. 10.5.4). Somit ergibt sich die effektive Lamellenbreite für den Nachweis der Bügelumschließung zu:

$$b_{Leff} = 80 + 10 + 80 + 10 + 80 = 260\ \text{mm}$$

Das Verhältnis zwischen der aufgeklebten Bewehrung und der Stegbreite ist für den Nachweis ein zentraler Parameter.

$$\alpha_b = \frac{b_{Leff}}{b_w} = \frac{260}{330} = 0{,}788$$

Bei dem Nachweis der Endverankerung mit Bügelumschließung wird zunächst die Steifigkeit des Umschließungsbügels berechnet.

$$I_S = \frac{t_{Lw}{}^3 \cdot b_{Lw}}{12} = \frac{8^3 \cdot 140}{12} = 5973\ \text{mm}^4$$

$$A_S = t_{Lw} \cdot b_{Lw} = 8 \cdot 140 = 1120\ \text{mm}^2$$

Die Biegesteifigkeit im Bereich A (Ecke ohne Abschlusswinkel) ergibt sich nach DAfStb-RiLi VBgB (03.2012) zu:

$$EI_{S,A} = 2 \cdot E_S \cdot \left(I_S + A_S \cdot z_S{}^2\right)$$

Dabei ist:

$$z_S = \frac{1}{2} \cdot t_{Lw} + 0{,}5 = \frac{1}{2} \cdot 8 + 0{,}5 = 4{,}5\ \text{mm}$$

$$EI_{S,A} = 2 \cdot 200000 \cdot \left(5973 + 1120 \cdot 4{,}5^2\right) = 1{,}15 \cdot 10^{10}\ \text{Nmm}^2$$

Die Biegesteifigkeit im Bereich B (Ecke mit Abschlusswinkel) ergibt sich nach DAfStb-RiLi VBgB (03.2012) zu:

$$EI_{S,B} = 2 \cdot E_S \cdot \left(I_S + A_S \cdot z_S{}^2\right) + E_S I_S$$

Dabei ist:

$$z_S = t_{Lw} + 1 = 8 + 1 = 9\ \text{mm}$$

$$EI_{S,B} = 2 \cdot 200000 \cdot \left(5973 + 1120 \cdot 9^2\right) + 5973 \cdot 200000 = 3{,}99 \cdot 10^{10}\ \text{Nmm}^2$$

Zur Berechnung der Verbundkrafterhöhung müssen zunächst zwei Grenzfallbetrachtungen für das Verhältnis zwischen der aufgeklebten Bewehrung und der Stegbreite durchgeführt werden. Zunächst wird der **Grenzfall $\boldsymbol{\alpha_b} = 0,4$** untersucht. Für diesen Grenzfall ergibt sich die Steifigkeit zu:

$$EI_{s,g,\alpha_b=0,4} = 2 \cdot \frac{EI_{S,A} \cdot EI_{S,B}}{EI_{S,A} + EI_{S,B}} = 2 \cdot \frac{1{,}15 \cdot 10^{10} \cdot 3{,}99 \cdot 10^{10}}{1{,}15 \cdot 10^{10} + 3{,}99 \cdot 10^{10}} = 1{,}78 \cdot 10^{10}\ \text{Nmm}^2$$

Die Rissöffnung des Bügels ergibt sich für diesen Grenzfall zu:

$$w_1 = w - \left(1 - \frac{EI_{s,g,\alpha_b=0,4}}{4583 \cdot l_1{}^3 + EI_{s,g,\alpha_b=0,4}}\right) \cdot 0{,}1$$

Mit $l_1 = 0{,}3 \cdot b_w - 20 = 0{,}3 \cdot 330 - 20 = 79$ mm und $w = 0{,}35$ mm nach DAfStb-RiLi VBgB (03.2012) ergibt sich:

$$w_1 = 0{,}35 - \left(1 - \frac{1{,}78 \cdot 10^{10}}{4583 \cdot 79^3 + 1{,}78 \cdot 10^{10}}\right) \cdot 0{,}1 = 0{,}339\ \text{mm}$$

Die zugehörige Rissöffnungsbehinderungskraft ergibt sich zu:

$$F_{u,2} = \frac{2 \cdot 24 \cdot EI_{s,g,\alpha_b=0,4}}{(3 \cdot \alpha - 4 \cdot \alpha^3) \cdot l_2{}^3} \cdot w_1 + \frac{26400 \cdot EI_{s,g,\alpha_b=0,4}}{11000 \cdot l_1{}^3 + 2{,}4 \cdot EI_{s,g,\alpha_b=0,4}}$$

Dabei ist:

$$l_2 = b_w - 40 = 330 - 40 = 290\ \text{mm}$$

$$\alpha = \frac{0{,}3 \cdot b_w - 20}{b_w - 40} = \frac{0{,}3 \cdot 290 - 20}{290 - 40} = 0{,}272$$

$$F_{u,2} = \frac{48 \cdot 1{,}78 \cdot 10^{10}}{(3 \cdot 0{,}272 - 4 \cdot 0{,}272^3) \cdot 290^3} \cdot 0{,}321 + \frac{26400 \cdot 1{,}78 \cdot 10^{10}}{11000 \cdot 79^3 + 2{,}4 \cdot 1{,}78 \cdot 10^{10}} = 25880\ \text{N}$$

Als nächstes wird der **Grenzfall $\boldsymbol{\alpha_b} = 0,8$** untersucht. Für diesen Grenzfall ergibt sich die Steifigkeit zu:

$$EI_{\text{s,g},\alpha_b=0,8} = 2 \cdot \frac{EI_{\text{S,A}} \cdot E_S I_S}{EI_{\text{S,A}} + E_S I_S} = 2 \cdot \frac{1{,}15 \cdot 10^{10} \cdot 200000 \cdot 5973}{1{,}15 \cdot 10^{10} + 200000 \cdot 5973} = 2{,}16 \cdot 10^9\ \text{Nmm}^2$$

Die Rissöffnung ergibt sich für diesen Grenzfall zu:

$$w_2 = w - \left(1 - \frac{EI_{s,g,\alpha_b=0,8}}{4583 \cdot l_3{}^3 + EI_{s,g,\alpha_b=0,8}}\right) \cdot 0{,}1$$

Mit $l_3 = 20 + t_{Lw} = 20 + 8 = 28$ mm und $w = 0{,}35$ mm nach DAfStb-RiLi VBgB (03.2012) ergibt sich:

$$w_2 = 0{,}35 - \left(1 - \frac{2{,}16 \cdot 10^9}{4583 \cdot 28^3 + 2{,}16 \cdot 10^9}\right) \cdot 0{,}1 = 0{,}346\ \text{mm}$$

Die zugehörige Rissöffnungsbehinderungskraft ergibt sich zu:

$$F_{u,4} = \frac{48 \cdot EI_{s,g,\alpha_b=0,8}}{l_4{}^3} \cdot w_2 + \frac{26400 \cdot EI_{s,g,\alpha_b=0,8}}{11000 \cdot l_3{}^3 + 2{,}4 \cdot EI_{s,g,\alpha_b=0,8}}$$

Mit $l_4 = 2 \cdot l_3 = 2 \cdot 28 = 56$ mm ergibt sich:

$$F_{u,4} = \frac{48 \cdot 2{,}16 \cdot 10^9}{56^3} \cdot 0{,}344 + \frac{26400 \cdot 2{,}16 \cdot 10^9}{11000 \cdot 28^3 + 2{,}4 \cdot 2{,}16 \cdot 10^9} = 214879 \text{ N}$$

Die Rissöffnungsbehinderungskraft für den vorliegenden Fall ergibt sich nun aus der Interpolation zwischen den Grenzwerten:

$$F_u(\alpha_b) = F_{u,2} \cdot \left(\frac{0{,}8 - \alpha_b}{0{,}4}\right) + F_{u,4} \cdot \left(\frac{\alpha_b - 0{,}4}{0{,}4}\right)$$

$$F_u(0{,}788) = 25880 \cdot \left(\frac{0{,}8 - 0{,}788}{0{,}4}\right) + 214879 \cdot \left(\frac{0{,}8 - 0{,}788}{0{,}4}\right) = 209151 \text{ N}$$

Die aufnehmbare Steigerung $\Delta F_{\mathrm{L},1}$ der Lamellenzugkraft durch die Bügelumschließung ergibt sich nun zu.

$$\Delta F_{L,1} = \frac{t_L \cdot b_L \cdot b_{Lw}}{120} \cdot \frac{\sqrt{f_{ctm,surf}}}{1{,}33} \cdot \left[230 \cdot \kappa_l \cdot \frac{F_u(\alpha_b)}{b_L \cdot b_{Lw}} - 23 \cdot \left(\kappa_l \cdot \frac{F_u(\alpha_b)}{b_L \cdot b_{Lw}}\right)^2\right]$$

Hierbei ist der Wert $\kappa_l = 0{,}48$ für mehrere nebeneinanderliegende CFK-Lamellen. Gemäß (DAfStb 2013) ist noch folgende Bedingung zu prüfen:

$$\kappa_l \cdot \frac{F_u(\alpha_b)}{b_L \cdot b_{\mathrm{Lw}}} = 0{,}48 \cdot \frac{209151}{240 \cdot 140} = 2{,}99 \leq 5 \text{ N/mm}^2$$

$$\Delta F_{L,1} = \frac{1{,}4 \cdot 240 \cdot 140}{120} \cdot \frac{\sqrt{3{,}1}}{1{,}33} \cdot \left[230 \cdot 2{,}99 - 23 \cdot 2{,}99^2\right] = 250168 \text{ N}$$

Dieser Wert muss nun auf die eigentliche Lamellenbreite zurückgerechnet werden:

$$\Delta F_{L,1} = \Delta F_{L,1,eff} \cdot \frac{\Sigma b_L}{b_{L,eff}} = 250{,}2 \cdot \frac{240}{260} = 231 \text{ kN}$$

Bemessungswert des Verbundkraftwiderstandes der geklebten Bewehrung kann nun wie folgt bestimmt werden.

$$F_{bLRd} = b_L \cdot t_L \cdot f_{bLd}(l_{bL}) + \frac{\Delta F_{L,1}}{\gamma_{BA}}$$

Hierbei wird der Bemessungswert der Verbundfestigkeit benötigt, der sich wie folgt ergibt:

$$f_{bLk,max} = \sqrt{\frac{E_L \cdot s_{L0k} \cdot \tau_{L1k}}{t_L}} = \sqrt{\frac{168000 \cdot 0{,}20 \cdot 3{,}38}{1{,}4}} = 284{,}8 \text{ N/mm}^2$$

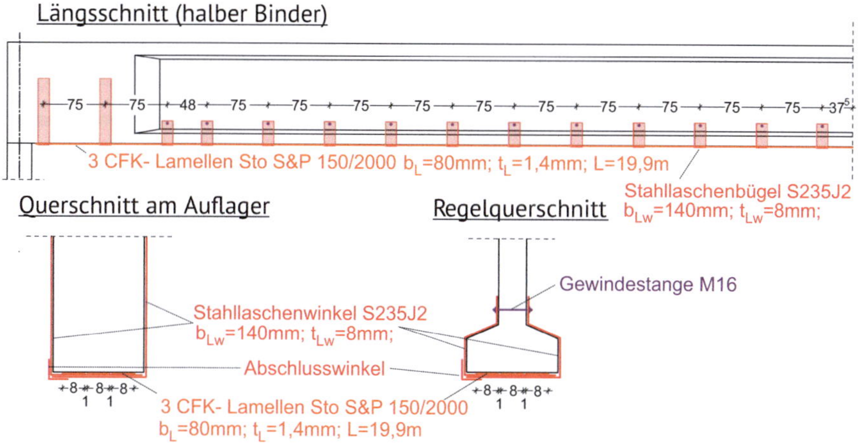

Abb. 10.14 Konstruktive Durchbildung der SpRK-Verstärkung

$$f_{bLd}\left(l_{bL} \geq l_{bL,max}\right) = \frac{f_{bLk}(l_{bL})}{\gamma_{BA}} = \frac{264{,}3}{1{,}2} = 220\ \text{N/mm}^2$$

Damit kann der Verbundkraftwiderstandes der geklebten Bewehrung berechnet werden, wobei für den Teilsicherheitsbeiwert für den Verbund $\gamma_{BA} = 1{,}2$ für das außergewöhnliche Lastereignis verwendet wird.

$$F_{bLRd} = b_L \cdot t_L \cdot f_{bLd}(l_{bL}) + \frac{\Delta F_{L,1}}{\gamma_{BA}} = 240 \cdot 1{,}4 \cdot 220 + \frac{231000}{1{,}2} = 266420\ \text{N}$$

Da der Widerstand von $F_{bLRd} = 266$ kN größer als die Einwirkung von $F_{Ld} = 253$ kN ist, ist der Nachweis erfüllt. Es müsste nun noch nachgewiesen werden, dass die Bügel die Kraft $F_u(\alpha_b)$ aufnehmen können. Aufgrund der in Abschn. 10.5.4 dargestellten I-Form ist dies jedoch bereits der Fall, wenn die Stahlspannung nicht überschritten wird. Die Spannung in einem Bügelschenkel ergibt sich zu:

$$\sigma_{Lw} = \frac{F_u(\alpha_b)}{2 \cdot b_{Lw} \cdot t_{Lw}} = \frac{209151}{2 \cdot 140 \cdot 8} = 93{,}3\ \frac{\text{N}}{\text{mm}^2} < f_{yd} = 235\ \frac{\text{N}}{\text{mm}^2}$$

10.5.4 Konstruktive Durchbildung

Die konstruktive Durchbildung der Verstärkungsmaßnahme ist schematisch in Abb. 10.14 dargestellt.

Gegebenenfalls müssten im Bereich der Gewindestange und der Kraftumlenkung noch weitere Detailnachweise geführt werden.

Literatur

BASt-NaReLi. (2011). *Richtlinie zur Nachrechnung von Straßenbrücken im Bestand* (Nachrechnungsrichtlinie). Bergisch-Gladbach

Bertram, D., Hartz, U., Isecke, B., Jungwirth, D., Litzner, H.-U., Manleitner, S., Nürnberger, U., Riedinger, H., & Rustler, G. (2002). Gefährdung älterer Spannbetonbauwerke durch Spannungsrißkorrosion an vergütetem Spannstahl in nachträglichem Verbund. *Beton und Stahlbetonbau, 97*, 236–238. https://doi.org/10.1002/best.200201060

BMV. (1993). *Empfehlungen zur Überprüfung und Beurteilung von Brückenbauwerken, die mit vergütetem Spannstahl St 145/160 Neptun N40 bis 1965 erstellt wurden.*

BstMi. (1984). *Hinweise für Eigentümer und Mieter von Wohngebäuden und Wohnungen in denen Spannbetondecken mit Tonerdeschmelzzement eingebaut sind.* Bayerisches Staatsministerium des Innern

BstMi. (1993). *Hinweise für Eigentümer und Mieter von Wohngebäuden, Wohnungen und Nebengebäuden mit Spannbetondecken mit dem Bindemittel Tonerdeschmelzzement, hergestellt in den Jahren 1952 bis 1963.* Bayerisches Staatsministerium des Innern

DafStb. (Hrsg). (2013). *Erläuterungen und Beispiele zur DAfStb-Richtlinie: „Verstärken von Betonbauteilen mit geklebter Bewehrung"; DAfStb-Heft 595.* Beuth

DAfStb-RiLi VBgB. (03.2012). *Richtlinie Verstärken von Betonbauteilen mit geklebter Bewehrung*

Dier, F. (2015). *Zur zuverlässigkeitsbasierten Bauwerksprüfung unter Berücksichtigung von Spannstahlausfällen infolge von Spannungsrisskorrosion.*

DIN 1045-3. (2023). *Tragwerke aus Beton, Stahlbeton und Spannbeton – Teil 3: Bauausführung.*

DIN 1072. (1985). *Straßen- und Wegbrücken; Lastannahmen.*

DIN 4227. (1973). *Richtlinie für die Bemessung und Ausführung von Spannbetonbauteilen.*

DIN 4227. (1953). *Spannbeton – Richtlinie für Bemessung und Ausführung.*

DIN 4227. (1988). *Spannbeton – Teil 1: Bauteile aus Normalbeton mit beschränkter oder voller Vorspannung.*

DIN 4227-1. (1979). *Spannbeton – Bauteile aus Normalbeton mit beschränkter oder voller Vorspannung.*

DIN EN 1542. (1999). *Produkte und Systeme für den Schutz und die Instandsetzung von Betontragwerken – Prüfverfahren – Messung der Haftfestigkeit im Abreißversuch*; Deutsche Fassung EN 1542:1999.

DIN EN 1990. (2021). *Eurocode: Grundlagen der Tragwerksplanung; Deutsche Fassung EN 1990:2002 + A1:2005 + A1:2005/AC*

DIN EN 1990/NA. (2010). *Nationaler Anhang – National festgelegte Parameter – Eurocode.* Grundlagen der Tragwerksplanung

DIN EN 1992-1-1. (2011). *Eurocode 2: Bemessung und Konstruktion von Stahlbeton- und Spannbetontragwerken – Teil 1-1: Allgemeine Bemessungsregeln und Regeln für den Hochbau; Deutsche Fassung EN 1992-1-1:2004 + AC:2010*

DIN EN 1992-1-1/NA. (2013). *Nationaler Anhang – National festgelegte Parameter – Eurocode 2: Bemessung und Konstruktion von Stahlbeton- und Spannbetontragwerken – Teil 1–1: Allgemeine Bemessungsregeln und Regeln für den Hochbau;* Deutsche Fassung EN 1992-1-1:2004 + AC:2010.

DIN EN ISO 8044. (2025). *Korrosion von Metallen und Legierungen – Begriffe* (ISO 8044:2024).

Ehmann, R. (2006). Spannungsrisskorrosion von Spannstählen; BAWBrief 3/2006. Bundesanstalt für Wasserbau

Fiedler, M., Pirskawetz, S., Kaplan, F., Holst, R., Saloga, K., Schmidt, S., & Sodeikat, C. (2025). Detektion von Spanndrahtbrüchen mit Schallemissionsanalyse. *Beton und Stahlbetonbau, 120*, 150–164. https://doi.org/10.1002/best.202400098

Finckh, W. (2012). *Einfluss bauteilspezifischer Effekte auf die Bemessung von mit CFK-Lamellen verstärkten Stahlbetonbauteilen.*

Finckh, W. (2023). *Stahlbetonkonstruktion; Von der Bewehrungskonstruktion zum Bewehrungsplan*. Springer Vieweg; Springer Fachmedien Wiesbaden

Finckh, W. (2024). *Verstärken von Betonbauteilen*. Wiesbaden: Tragwerksplanung im Bestand. Springer Fachmedien Wiesbaden; Imprint Springer Vieweg.

Gräfen, H. (1969). Derzeitiger Stand der Kenntnisse über die Spannungsrißkorrosion unlegierter und schwach legierter Stähle. *Materials and Corrosion, 20*, 305–313.

Grimme, D., Isecke, B., Nürnberger, U., Riecke, E. M., & Uhlig, G. (1983). *Spannungsrisskorrosion in Spannbetonbauwerken*. Düsseldorf: Stahleisen.

HA-SPK. (06.2011). Handlungsanweisung zur Überprüfung und Beurteilung von älteren Brückenbauwerken, die mit vergütetem, spannungsrisskorrosionsgefährdetem Spannstahl erstellt wurden (Handlungsanweisung Spannungsrisskorrosion)

Hickling, J. (1982). Dehnungsinduzierte Rißkorrosion: Spannungsrißkorrosion oder Schwingungsrißkorrosion? *Der Maschinenschaden, 55*, 95–105.

Husemann, U. (2009). *Erhöhung der Verbundtragfähigkeit von nachträglich aufgeklebten Lamellen durch Bügelumschließungen*.

Isecke, B. (1983). Neuartige Korrosionsprobleme an Bündelspanngliedern mit nachträglichem Verbund. *Bautechnik, 60*, 1–7.

Isecke, B., Menzel, K., Mietz, J., & Nürnberger, U. (1995). Gefährdung älterer Spannbetonbauwerke durch Spannungsrisskorrosion. *Beton- und Stahlbetonbau, 90*, 120–123.

Kaesche, H. (1990). *Die Korrosion der Metalle; Physikalisch-chemische Prinzipien und aktuelle Probleme*. Springer.

König, G., & Tue, V. (1996). *Grundlagen und Bemessungshilfen für die Rissbreitenbeschränkung im Stahlbeton und Spannbeton; DAfStb-Heft 466*. Beuth.

König, G., Tue, V., Bauer, T., & Pommerening, D. (1994). Ankündigungsverhalten der Spannbetontragwerke. *Beton- und Stahlbetonbau, 89*, 45–49, 76–79

König, G., Tue, V., & Bauer, T. (1996). *Schadensablauf bei Korrosion der Spannbewehrung; DAfStb-Heft 469*. Beuth.

Kurt, E., & Martinek, F. (1970). *Grundlagen des Spannbetonbaus*. Verlag für Bauwesen VEB.

Lankau, G. (1984). *Produktion und Weiterentwicklung des vergüteten Spannstahls St 140/160. Betontechnik*, 40–44

Lingemann, J. (2009). *Zum Ankündigungsverhalten von älteren Brückenbauwerken bei Spannstahlausfällen infolge von Spannungsrisskorrosion*.

Lingemann, J., Fischer, O., & Wild, M. R. (2021). Spannungsrisskorrosion bei Massivbrücken. In J. Hegger & P. Mark (Hrsg.), *Stahlbetonbau-Fokus: Brückenbau. Beispiele zu Entwurf, Bemessung und Konstruktion* (H1–H46). Beuth Verlag GmbH.

Marzahn, G., & Krüger, D. (2009). Handlungsanweisung zum Ankündigungsverhalten bei Spannstahlausfall – Sachstand der Überarbeitung / Guideline for Assessing the Collapse Behavior of Bridges facing Prestressing Losses. *Restoration of Buildings and Monuments, 15*, 315–324. https://doi.org/10.1515/rbm-2009-6316

Mietz, J. (1999). Wasserstoffinduzierte Spannungsrisskorrosion an vergüteten Spannstählen. *Bauingenieur, 74*, 403–411.

Moersch, J. (2005). *Zur wasserstoffinduzierten Spannungsrisskorrosion von hochfesten Spannstählen; DAfStb-Heft 563*. Beuth.

Moersch, J., & Schießl, P. (2000). Untersuchungen zum Rißkorrosionsverhalten von Spannstählen unter Betriebsbedingungen. In R. Eligehausen (Hrsg.), *Bewehrte Betonbauteile unter Betriebsbedingungen* (S 291–296). Wiley-VCH

Nürnberger, U. (1980). *Analyse und Auswertung von Schadens- faellen an Spannstaehlen. Hrsg. vom Bundesminister f. Verkehr, Abteilung Strassenbau: Forschung Straßenbau und Straßenverkehrstechnik; Forschung Straßenbau und Straßenverkehrstechnik H. 308*. FSGV

Nürnberger, U., Menzel, K., Löhr, A., & Frey, R. (1988). *Korrosion von Stahl in Beton – einschließlich Spannbeton; DAfStb-Heft 393–2*. Beuth.

Nürnberger, U. (1995). *Korrosion und Korrosionsschutz im Bauwesen*. Bauverlag.

Rauert, T., & Zehetmaier, G. (2018). Alternatives stochastisches Nachweisverfahren für den Spannungsrisskorrosionsnachweis von Straßenbrücken. *Beton und Stahlbetonbau, 113*, 807–820. https://doi.org/10.1002/best.201800066

Rehm, G. (1963). *Schäden an Spannbetonbauteilen, die mit Tonerdeschmelzzement hergestellt wurden*. Betonstein-Zeitung.

Rehm, G, Nürnberger, U., Waubke, U., & Valerian, N. (1973). Untersuchungen an Betonstählen aus Viehstalldecken im Hinblick auf Spannungsrißkorrosionserscheinungen. *BETONWERK + FERTIGTEIL-TECHNIK, 9*, 642–651.

Rehm, G., Nürnberger, U., & Frey, R. (1981). Zur Korrosion und Rißkorrosion bei Spannstählen. *Werkstoffe und Korrosion, 32*, 211–221.

RiL 805. (2022). *Tragsicherheit bestehender Eisenbahnbrücken, Karlsruhe.*

Roos, E., Maile, K., & Seidenfuß, M. (2022). *Werkstoffkunde für Ingenieure; Grundlagen, Anwendung, Prüfung*. Springer Berlin Heidelberg

Schacht, G., Käding, M., Bolle, G., & Marx, S. (2019). Konzepte für die Bewertung von Brücken mit Spannungsrisskorrosionsgefahr. *Beton und Stahlbetonbau, 114*, 85–94. https://doi.org/10.1002/best.201800087

Schießl, P., & Mayer, T. F. (2007). Lebensdauermanagementsystem – Teilprojekt A2. In DAfStb (Hrsg.), *Schlussberichte zur ersten Phase des DAfStb/BMBF-Verbundforschungsvorhabens "Nachhaltig Bauen mit Beton". DAfStb Heft 572* (S. 49–100). Beuth.

Schnell, J., Zilch, K., Dunkelberg, D., & Weber, M. (2016). *Sachstandbericht Bauen im Bestand – Teil I: Mechanische Kennwerte historischer Betone, Betonstähle und Spannstähle für die Nachrechnung von bestehenden Bauwerken; DAfStb-Heft 616*. Beuth Verlag.

SOFiSTiK AG. (2025). Finite Elemente Methode Software für Bauingenieure. https://www.sofistik.de/produkte/statik-fem/sofistik-fem-pakete.

TGL 0-4227. (1963). *Spannbeton – Berechnung und Ausführung*

TGL 118-0785. (1963). *Spannbeton mit nachträglichem Verbund.* Bündelspannglieder.

TGL 33419/02. (1984). *Betonbau, Spannbewehrung, Bündelspannglieder aus Spannstahl St 140/160*

Trost, H., Cordes, H., Thomählen, U., & Hagen, H. (1980). *Teilweise Vorspannung – Verbundfestigkeit von Spanngliedern und ihre Bedeutung für Rißbildung und Rißbreitenbeschränkung; DAfStb-Heft 310*. Ernst & Sohn.

Vill, M. (2005). *Zum Tragverhalten von Massivbrücken mit geschädigten Spanngliedern.*

Wild, M. R. (2021). *Zur Beurteilung des Zustands von Brücken bei Spannstahlausfällen infolge von Spannungsrisskorrosion.*

Wilhelm, T. (2014). *Wasserstoffinduzierte Spannungsrisskorrosion: Ein Beitrag zur Beurteilung der Zuverlässigkeit von Spannbetonbrücken mit Hennigsdorfer Spannstahl.*

Wölfel, E. (1992). Einzelne Spannbetonbauteile möglicherweise durch verzögerte Spannstahlbrüche gefährdet. *Beton- und Stahlbetonbau, 87*, 155–156.

Z-36.12-86. (2025). *Bausatz zum Verstärken von Beton-, Stahl- und Spannbetonbauteilen durch schubfest aufgeklebte Sto S&P CFK Lamellen nach der DAfStb-Verstärkungs-Richtlinie*

Zilch, K., Niedermeier, R., & Finckh, W. (2012). *Praxisgerechte Bemessungsansätze für das wirtschaftliche Verstärken von Betonbauteilen mit geklebter Bewehrung – Verbundtragfähigkeit unter statischer Belastung; DAfStb-Heft 592*. Beuth.

Zilch, K., Kriechbaum, M., Maurer, R., Heinrich, J., Weiher, H., & Runtemund, K. (2023). *Integration der Handlungsanweisungen Spannungsrisskorrosion und Koppelfugen in die Nachrechnungsrichtlinie; Berichte der Bundesanstalt für Straßenwesen – Heft B 186* (Fachverlag NW in der Carl Ed.). Schünemann KG

ZTV-ING. (2025). *Zusätzliche Technische Vertragsbedingungen und Richtlinien für Ingenieurbauten.*

Stichwortverzeichnis

W. Finckh et al., *Brückenverstärkung mit geklebter Bewehrung*,
https://doi.org/10.1007/978-3-658-49258-8

MIX
Papier aus verantwortungsvollen Quellen
Paper from responsible sources
FSC® C105338

If you have any concerns about our products,
you can contact us on
ProductSafety@springernature.com

In case Publisher is established outside the EU,
the EU authorized representative is:
Springer Nature Customer Service Center GmbH
Europaplatz 3, 69115 Heidelberg, Germany

Printed by Libri Plureos GmbH
in Hamburg, Germany